COMPREN R

COLLECTION DIRIGÉE

MW01687541

LA FRANCE EN FICHES

Deuxième édition

Bernard BRAUN
Agrégé de géographie
Professeur en classe de première supérieure
au lycée Henri-Poincaré à Nancy

Francis COLLIGNON
Agrégé de géographie
Professeur en classes préparatoires ECS
au lycée Henri-Poincaré à Nancy

Bréal

1, rue de Rome - 93561 Rosny Cedex

Dans la même collection :

Les États-Unis en fiches (C. Jeannot, J.-P. Regad-Pellagru)

Le Japon en fiches (G. Bacconnier)

Le Tiers monde en fiches (J.-M. Henriet)

L'Union européenne en fiches (J.-F. Malterre, C. Pradeau)

L'Espace Asie-Pacifique en fiches (G. Bacconnier)

© Bréal 1997
Toute reproduction, même partielle, interdite
ISBN : 2 84291 025 7
Dépôt légal : juin 1997

ISBN : 2 84291 214 4

« Le logo ci-contre mérite une explication. Son objet est d'alerter le lecteur sur la menace que représente pour l'avenir de l'écrit, tout particulièrement dans le domaine des ouvrages d'enseignement, le développement massif du **photocopillage**.

Le code de la propriété intellectuelle du 1er juillet 1992 interdit en effet expressément la photocopie à usage collectif sans autorisation des ayants droit. Or, cette pratique s'est généralisée dans les lycées et les établissements d'enseignement supérieur, provoquant une baisse brutale des achats de livres, au point que la possibilité même pour les auteurs de créer des œuvres nouvelles et de les faire éditer correctement est aujourd'hui menacée.

Nous rappelons donc que toute reproduction, partielle ou totale, du présent ouvrage est interdite sans autorisation de l'auteur, de son éditeur ou du Centre français d'exploitation du droit de copie (CFC, 3, rue Hautefeuille, 75006 Paris) ».

DANGER
LE PHOTOCOPILLAGE TUE LE LIVRE

AVANT-PROPOS

Depuis la Libération, le territoire, l'économie et la société ont connu de **profondes mutations**. Elles sont la conséquence des défis successifs qui ont dû être relevés par la France. Montrer ces bouleversements, les expliquer, en dresser un bilan, en voir les répercussions sectorielles, sociales et, surtout, spatiales, faisait l'objet de la première édition de cet ouvrage.

Depuis 1995, certains points sont devenus obsolètes. D'autres problèmes ont surgi. Cette nouvelle édition, en tenant compte des évolutions observées, **reste fidèle** aux principes et aux démarches qui ont guidé la première publication. Elle en reprend l'essentiel **en l'actualisant** et en dressant, ainsi, un tableau de la France au premier semestre de 1997.

Les différentes fiches posent les **principales problématiques** et s'efforcent d'apporter les **connaissances essentielles**. Claires et bien structurées, accompagnées de **nombreux documents**, elles constituent, pour chaque thème, une **synthèse** facile à appréhender.

Cet ouvrage est destiné à tous ceux qui ont à étudier la géographie économique de la France. Il s'adresse plus particulièrement **aux élèves des classes préparatoires aux grandes écoles de commerce**, mais il intéressera également les élèves des classes préparatoires littéraires, les étudiants de DEUG et de licence et tous les candidats aux concours où la géographie de la France est au programme. Il peut également constituer un outil documentaire intéressant pour les professeurs de l'enseignement secondaire.

SOMMAIRE

TABLE DES CARTES

TABLE DES SCHÉMAS ET DES TABLEAUX

TABLE DES TEXTES ET DES DOCUMENTS

CHAPITRE 1

LA PLACE DE LA FRANCE DANS LE MONDE. LES MILIEUX PHYSIQUES

La plupart des Français considèrent leur pays comme la plus petite des grandes puissances. En revanche, la France n'est souvent perçue par les étrangers que comme une puissance moyenne.

Dans tous les cas, il est évident qu'elle joue, en Europe et dans le monde, un rôle plus important que celui qui est tenu par les autres pays dont la population et l'économie sont comparables.

Il faut voir là le rôle déterminant de l'histoire.

1 LA SITUATION GÉOGRAPHIQUE ET GÉOPOLITIQUE DE LA FRANCE

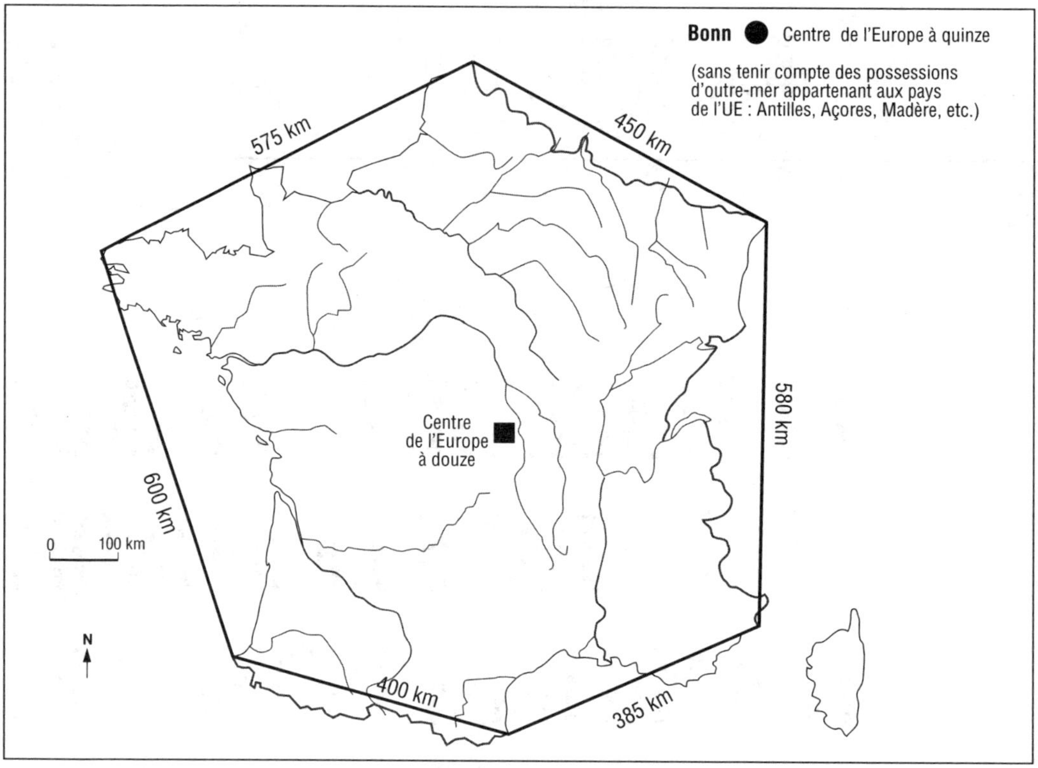

L'HEXAGONE ET LES CENTRES DE GRAVITÉ DE L'EUROPE

Située au milieu de l'hémisphère Nord, la France métropolitaine occupe une situation favorable en Europe.

La France d'outre-mer est dispersée dans 3 océans, ce qui permet le contrôle de plus de 10 millions de kilomètres carrés d'espaces maritimes.

À partir de cette situation géographique, **quelle géopolitique* la France a-t-elle pu conduire** ?

A. Le territoire français : deux grands ensembles

1. La France métropolitaine

- Couvrant près de **550 000 kilomètres carrés**, la France se situe au quarante-septième rang mondial et au deuxième rang européen derrière l'Ukraine.
- Elle est située entre le 42e et le 51e degré de latitude nord. Sa forme, ramassée, se caractérise par des distances Nord-Sud et Est-Ouest quasi semblables : 900 kilomètres à vol d'oiseau.

- Elle bénéficie d'ouvertures continentales et maritimes comparables. En effet, les 3 côtés terrestres de l'Hexagone ont une longueur presque égale à celle des 3 côtés maritimes (1 435 kilomètres et 1 560 kilomètres).
- Ces éléments, **dont il ne faut pas exagérer l'importance**, ont facilité les échanges intérieurs, extérieurs, terrestres et maritimes.
- Toutefois, les relations continentales ont toujours dominé les relations maritimes, ce qui explique, en partie, un plus grand développement des activités à l'est de la ligne Le Havre-Paris-Lyon-Marseille et une mise en valeur plus tardive des littoraux.
- Trois grands axes d'échanges structurent le territoire métropolitain :
  – l'axe qui, depuis Lille et Le Havre, relie Paris, Lyon et Marseille ;
  – l'axe rhénan qui effleure la France dans la plaine d'Alsace ;
  – la grande voie maritime Manche-mer du Nord.

2. La France d'outre-mer

- Elle ne couvre que **120 000 kilomètres carrés** (sans la terre Adélie), mais elle est éparpillée dans les 2 hémisphères entre le 47e degré de latitude nord et le 50e degré de latitude sud.
- Contrairement à la métropole, ces territoires sont politiquement et administrativement différents :
  – 4 ont le statut de département d'outre-mer (DOM) : Réunion, Guadeloupe, Martinique, Guyane ;
  – 3 ont le statut de territoire d'outre-mer (TOM) : Nouvelle-Calédonie, Polynésie française, Wallis-et-Futuna ;
  – 3 ont le statut de collectivité territoriale : Mayotte, Saint-Pierre-et-Miquelon, les terres Australes et Antarctiques (Saint-Paul, Nouvelle-Amsterdam, Crozet, Kerguelen). Les 2 premières ont un statut proche de celui des DOM.
- Essentiellement insulaires, à l'exception de la Guyane, ces territoires assurent à la France le contrôle de **10 millions de kilomètres carrés** d'espaces océaniques, dans le cadre encore discuté de la convention de Montego Bay** qui fixe à 200 milles nautiques (370 kilomètres) la limite des zones maritimes d'exploitation exclusive (ZEE).

** **Géopolitique :** étude des rapports qui existent entre les États, leur politique et les données naturelles, ces dernières déterminant les autres.*

*** **Convention de Montego Bay :** elle s'est tenue à la Jamaïque en décembre 1982 et prévoit de partager entre les États côtiers 40 % des eaux marines. Mais elle n'a pas été signée par les États-Unis, le Royaume-Uni et l'Allemagne. Cette convention n'a été ratifiée que par 12 pays, alors qu'il en faudrait 60 pour qu'elle soit appliquée. Elle a pour but d'éviter les conflits maritimes de tous ordres.*

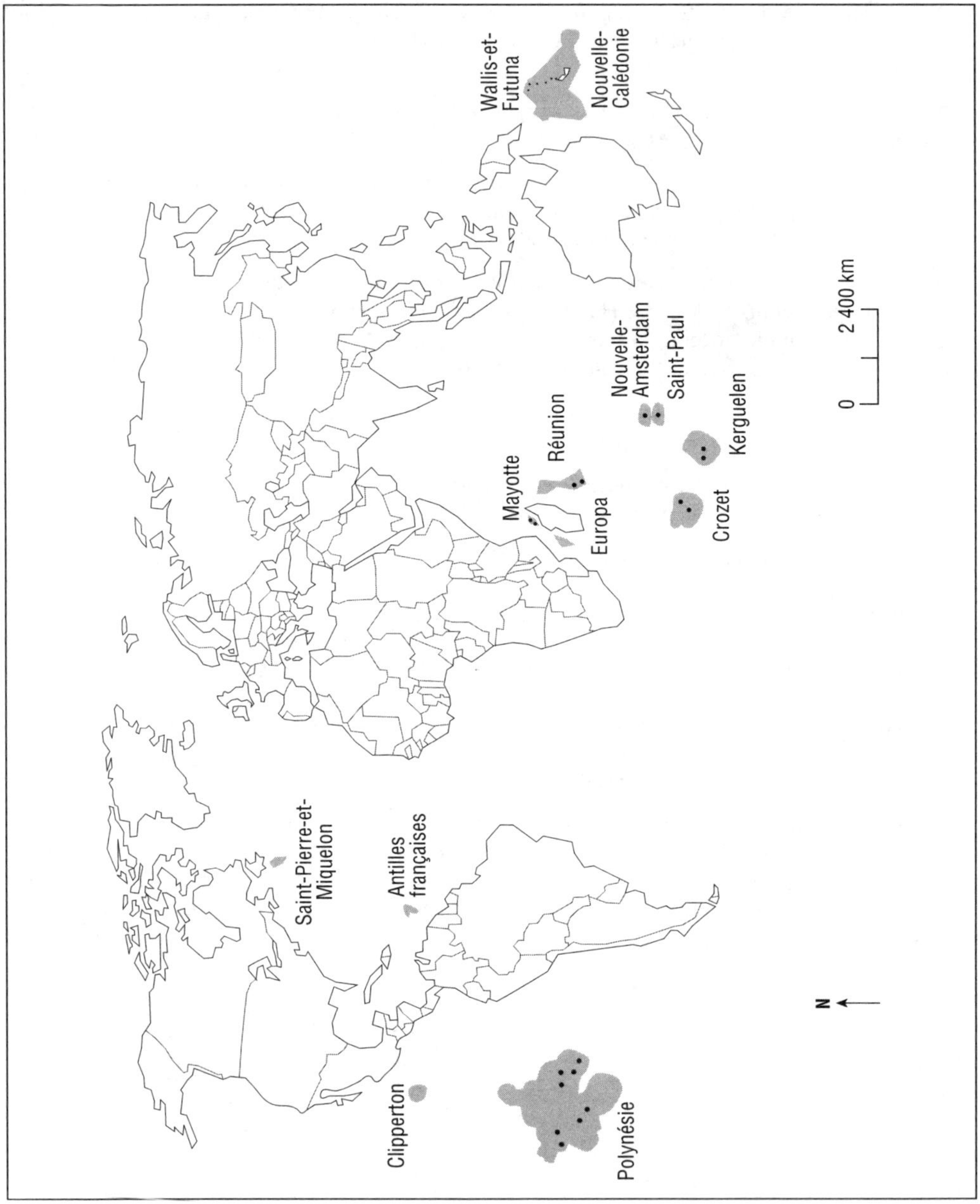

Les zones françaises d'intérêts économiques

B. La situation géopolitique de la France

1. Caractéristiques

- Son appartenance à l'Union européenne : la France est, avec l'Allemagne, le pays le plus actif dans la construction de l'Europe; or, celle-ci détient les premières places mondiales pour la production de richesses et les échanges.
- Son insertion dans le Système monétaire international : la France fait partie du G7*, et les présidents du FMI** sont souvent français.

- Son ouverture sur le monde et son attachement aux valeurs démocratiques : l'image de la France, patrie des droits de l'homme, terre d'asile pour de nombreux réfugiés politiques et travailleurs étrangers, demeure très forte sur l'ensemble de la planète.

- Les liens tissés avec les pays francophones :
  - le français est la langue usuelle de 120 millions de personnes;
  - le nombre de francophones augmente, en particulier dans les 17 États africains où le français est la langue officielle.

- Les accords et les traités qu'elle a signés : la France, membre du Conseil de sécurité de l'ONU et de l'alliance atlantique, est un des garants de la stabilité du monde.

2. La France vit dans un monde de contraintes, d'interdépendance et de solidarités

- **Une dépendance par rapport à ses pays fournisseurs**. Celle-ci atteint 48 % dans le domaine énergétique et près de 80 % pour les matières premières non énergétiques. En outre, de nombreux produits manufacturés proviennent très largement d'achats effectués à l'étranger : informatique, vidéo, aéronautique...

- **La précarité de ses approvisionnements**. Comme les autres grandes nations industrielles, la France a été plongée dans la crise économique à la suite des chocs pétroliers de 1973 et de 1979, de la guerre du Golfe et ses approvisionnements sont à la merci des événements politiques qui peuvent survenir dans les pays fournisseurs de matières premières (exemple : mouvements sociaux au Gabon, en 1993). La sensibilité des voies et des passages maritimes lui a imposé un déploiement stratégique mondial : Djibouti, la Réunion...

- **Des solidarités multiples** en compensation des garanties importantes que lui apporte le réseau de ses alliances économiques, monétaires et politiques.

- Ainsi la France utilise-t-elle les instances internationales pour faire entendre sa voix en faveur du Tiers monde. Depuis 3 décennies, elle privilégie le dialogue Nord-Sud.

L'aide publique au tiers-monde représente environ 0,7 % de son PNB : 25 000 coopérants sont en permanence sur le « terrain ».

L'aide privée dispensée par les Organisations non gouvernementales (ONG) a doublé depuis quinze ans. L'influence internationale de la France vient immédiatement après celle des États-Unis et de la Russie. Cela tient en grande partie au fait que, depuis de Gaulle, la France s'oppose à la politique des blocs tout en appartenant au camp occidental.

** **G7** : groupe des 7 principales puissances industrielles (États-Unis, Japon, Allemagne, France, Royaume-Uni, Italie, Canada). Créé en 1975, il représente 60 % de la production mondiale.*

*** **FMI (Fonds monétaire international)** : créé en 1944 par la conférence de Bretton Woods (États-Unis), il constitue la clé de voûte du Système monétaire international (SMI). Il compte 172 États membres. Sa principale fonction actuelle est d'octroyer des prêts à court terme aux pays en développement qui s'engagent à mettre en œuvre des Plans d'ajustement structurel destinés à permettre la résorption de leur dette extérieure.*

2 UNE PUISSANCE MOYENNE À VOCATION MONDIALE

Au quarante-septième rang par sa superficie, au vingtième par sa population, la France est la **quatrième puissance économique mondiale** après les États-Unis, le Japon et l'Allemagne.

Toutefois, elle ne peut prétendre jouer un rôle de « locomotive » car elle est largement dépendante des États-Unis et de l'Allemagne dans les domaines de l'économie et de la finance.

De quelle manière la France occupe-t-elle une position originale parmi les puissances mondiales ?

A. Depuis longtemps, la France est plus une grande puissance politique, intellectuelle et artistique qu'économique

1. Un grand rayonnement culturel du XVIIe au XXe siècle

- Aux XVIIe et XVIIIe siècles, la France est le pays le plus peuplé d'Europe (Russie exclue). Elle est le plus grand foyer artistique, et le français est parlé dans toutes les cours européennes.
- Aux XIXe et XXe siècles, l'influence artistique reste considérable, particulièrement grâce au rayonnement intellectuel de Paris.

2. Au XIXe siècle, déjà, la France n'est plus que la quatrième puissance économique mondiale

- Après la première révolution industrielle, lorsque l'économie devient le premier critère de classement des États, la France se place derrière les États-Unis, l'Allemagne et la Grande-Bretagne.
- La puissance française repose largement sur la taille de son empire colonial, la puissance de ses armées et la force de sa diplomatie.

3. Son déclin relatif au XXe siècle

- En 1944, la France est toujours au quatrième rang mondial pour l'économie malgré un recul démographique sévère.
- En revanche, les 2 guerres mondiales lui ont fait perdre une partie notable de son poids diplomatique : d'abord au profit des États-Unis et de l'URSS et, depuis six ans, des seuls États-Unis.
- C'est dans le domaine culturel que le recul est peut-être le plus sensible face à la montée de l'influence anglo-saxonne (langue, cinéma, mode de vie).

4. Elle demeure une puissance vivante

- La France s'est moins endormie sur les lauriers d'un passé brillant que le Royaume-Uni.
- Bien restructurée depuis un demi-siècle, l'économie française demeure dynamique et le mode de vie des Français suscite l'envie de nombreux étrangers, pauvres ou riches.
- Rarement première, la France est souvent bien placée dans les secteurs clés de l'économie : agriculture, industrie, services, recherche, protection sociale.

B. Un pays riche, démocratique et en paix

- **Les pays qui cumulent ces 3 avantages sont un peu plus d'une vingtaine** et appartiennent tous à l'ancien « Bloc occidental ».
- La Triade (Amérique anglo-saxonne, Europe occidentale, Japon) regroupe la quasi-totalité de ces pays privilégiés.

1. Un pays riche

- **Une richesse ancienne** : elle est fondée au départ sur des ressources naturelles abondantes (sols, forêts, fer, charbon, hydroélectricité). Aux XVIIIe et XIXe siècles, l'agriculture a été suffisamment productrice pour nourrir une population en forte augmentation et éviter les famines.
- **La richesse actuelle a d'autres fondements**. À l'exception de bons sols agricoles, la France ne dispose plus de ressources naturelles importantes : le fer lorrain n'est plus exploité ; le charbon (moins de 8 millions de tonnes), le pétrole (2,5 millions de tonnes) et le gaz naturel (3 milliards de mètres cubes) ne sont plus que des productions d'appoint. L'origine de la richesse est ailleurs. Elle réside dans l'efficacité du système de formation ; celui-ci donne aux Français un grand savoir-faire dans l'organisation économique et financière, qui fait de la France un pays compétitif, ainsi que dans l'organisation sociale, qui en fait un pays solidaire.
- **Cependant, tous les Français ne sont pas riches**. Parmi les 16 pays qui ont un PNB annuel par habitant supérieur à 20 000 dollars, la France est au neuvième rang (25 000 dollars). Toutefois, malgré un bon système de protection sociale, la crise économique a fait apparaître un îlot important de pauvreté relative*. Selon la Caisse nationale d'allocations familiales, 5,5 millions d'habitants (près de 10 % de la population) vivaient avec moins de 90 francs par jour en 1995 et, parmi eux, 2,5 millions avec moins de 60 francs. Les exclus du logement ou les très mal logés étaient 2,3 millions, dont 250 000 sans-abri. Le nombre des RMistes est passé de 357 000 en juin 1989 à 1 million au 31 décembre 1996. Les principaux foyers de pauvreté sont en Île-de-France, dans les DOM, dans les régions Rhône-Alpes et Provence-Alpes-Côte d'Azur (PACA), mais l'exclusion sociale se rencontre dans toutes les grandes villes et gagne aujourd'hui le monde rural. La France est pourtant loin de connaître la situation la plus difficile parmi les pays riches.

2. Un pays démocratique et en paix

- La France fait partie de la trentaine de pays où la vie démocratique est une pratique ancienne et non contestée.
- Certes, l'armée française a été engagée dans les guerres coloniales (Indochine, Algérie) de 1946 à 1962, puis dans de nombreuses interventions à l'étranger, le plus souvent dans le cadre de l'ONU.
- Mais le territoire métropolitain n'a pas connu de guerre depuis cinquante ans, ce qui constitue un record de durée dans l'histoire du pays.

C. Les formes de la puissance

1. Les échanges et la conduite de l'économie mondiale

- La France est la **quatrième puissance commerciale** avec 5,5 % des échanges mondiaux en 1995.
- Elle est particulièrement compétitive dans l'exportation des services, où elle occupe la deuxième place derrière les États-Unis.
- Elle participe à toutes les réunions du G7 (groupe des 7 principales puissances économiques qui représentent 60 % de la richesse mondiale).
- Toutefois, la France est devenue **très dépendante** des évolutions et des décisions économiques et financières des États-Unis et de l'Allemagne.

2. Le rayonnement culturel

- Il est fondé sur la francophonie *(cf. chapitre 1, fiche 4)* et la créativité des artistes, des savants et des intellectuels français.
- C'est dans ce domaine que le recul de l'influence française est le plus sensible par rapport à la période allant du XVIIe au XIXe siècle.

3. Une diplomatie omniprésente et un rôle militaire original

- La troisième puissance nucléaire. Créée par le général de Gaulle, la force de frappe nucléaire permet à la France d'assurer sa défense par ses propres moyens. Constituée par la force aérienne stratégique (bombardiers Mirage IV et Mirage 2000 N) et les sous-marins nucléaires lanceurs d'engins (SNLE), cette force de dissuasion a permis à la France de renoncer au parapluie nucléaire américain et à l'OTAN en 1966, tout en restant membre de l'alliance atlantique (1949). Cette force nucléaire est aujourd'hui l'objet de bien des interrogations depuis la disparition de la menace à l'Est. Depuis 1990, l'accent est mis davantage sur la Force d'action rapide (FAR), créée en 1983. Composée de 50 000 hommes biens équipés, elle permet d'assurer la présence militaire de la France sur la plupart des théâtres d'opérations : seule comme au Tchad ou au Rwanda ou aux côtés de ses alliés pendant la guerre du Golfe ou en Somalie.
- Une diplomatie active. La France est un des 5 membres permanents du Conseil de sécurité de l'ONU et, à ce titre, elle participe aux tentatives de règlement pacifique de nombreux conflits, comme au Cambodge ou en Bosnie-Herzégovine. Cependant, des puissances de même ordre (Royaume-Uni, Allemagne, Italie) estiment que la place militaire et diplomatique de la France est trop grande par rapport à sa puissance économique et au déclin relatif de son rôle culturel.

La France demeure une puissance qui compte; l'effacement de la Russie lui redonne une importance qu'elle avait en partie perdue lors de la période de confrontation entre les deux Grands.

* ***Pauvreté relative :*** *situation matérielle qui permet tout juste de survivre dans un pays riche.*

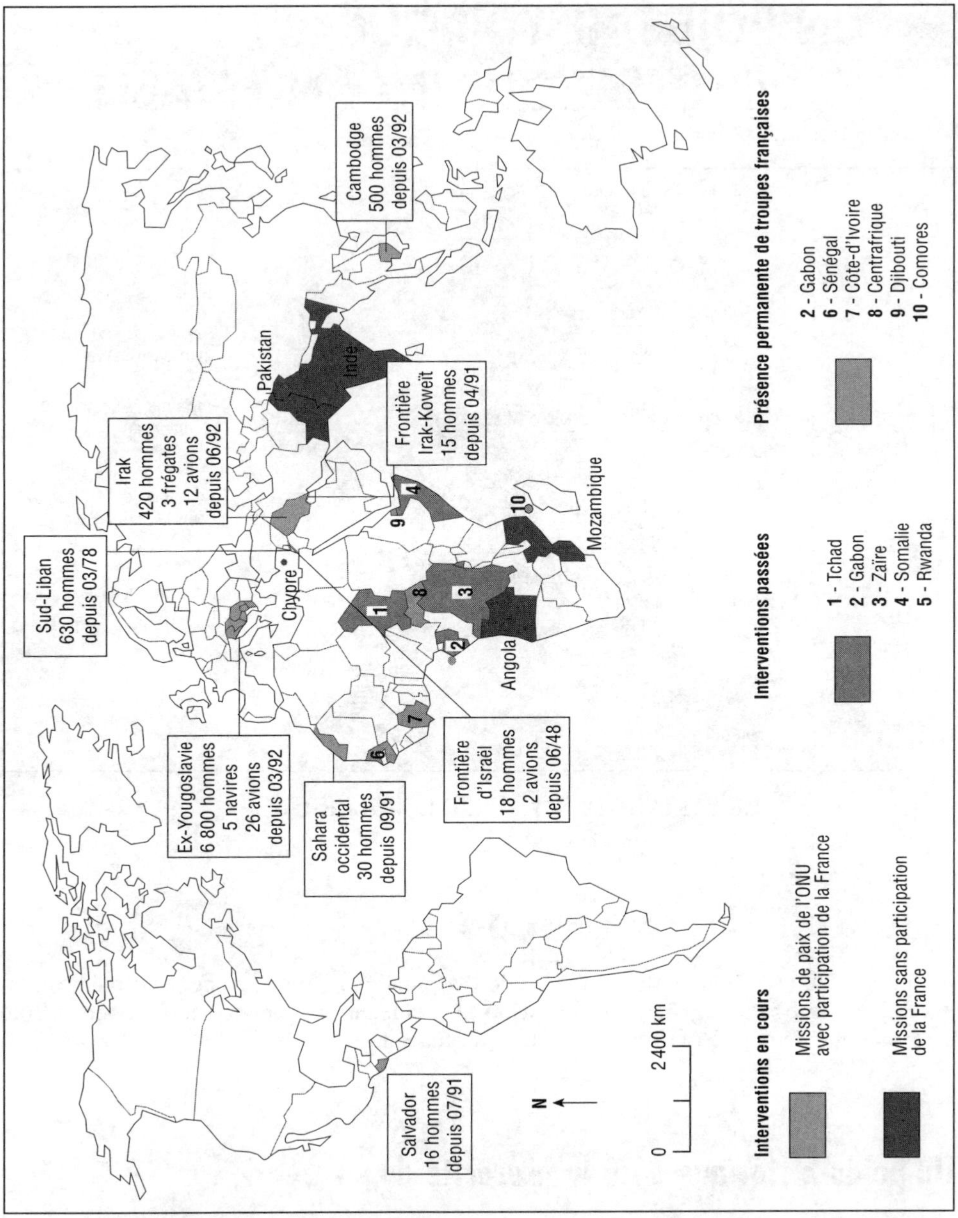

Présence et interventions militaires de la France dans le monde en octobre 1996

3 UN POIDS HISTORIQUE ET DIPLOMATIQUE INCONTESTABLE

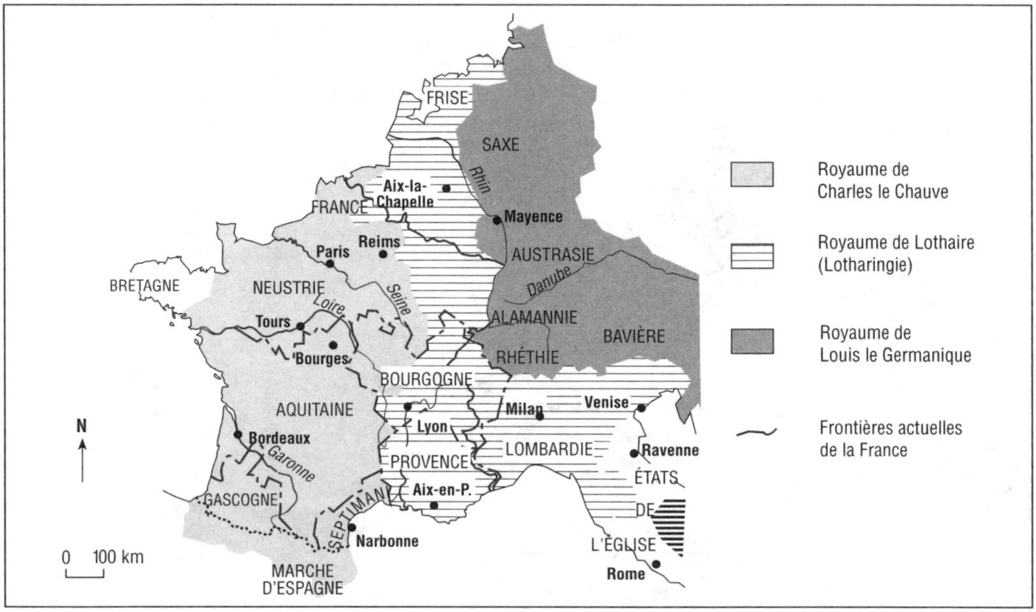

LE PARTAGE DE L'EMPIRE CAROLINGIEN

À l'inverse de la Belgique, de l'Italie ou de l'Allemagne, qui ne furent constituées qu'au XIXe siècle, **la France, grâce à sa création et à son unité précoces**, a pu jouer un rôle diplomatique de première importance depuis plusieurs siècles.

A. Un poids historique dû à la précocité de sa création

1. Les grandes étapes de la création de la France

- Jusqu'au traité de Verdun (843), les Gaulois, fraction du peuple celte, s'installèrent dans le pays qui devait devenir la Gaule vers 500 av. J.-C. Lors de sa conquête (58-51 av. J.-C.), César dénombra 90 tribus gauloises et fixa les frontières de la Gaule romaine sur le Rhin, les Alpes et les Pyrénées. La Gaule conserva ces frontières jusqu'aux invasions barbares, c'est-à-dire pendant cinq cents ans. Puis le gigantesque empire édifié par Charlemagne déborda largement les frontières de la Gaule, mais il fut partagé en 3 par le traité de Verdun.
- L'importance du traité de Verdun. L'empire de Charlemagne fut divisé en 3 bandes longitudinales du nord au sud : Louis le Germanique reçut le territoire le plus vaste à l'est (la Germanie); Charles le Chauve reçut la France marquée par les « 4 rivières », l'Escaut, la Meuse, la Saône et le Rhône; Lothaire obtint la bande centrale qui, dès 960, fut divisée en une haute Lotharingie, future Lorraine, et une basse Lotharingie, futurs Pays-Bas. Cette bande centrale allait être disputée pendant près de mille ans entre la France et l'Allemagne.

■ La formation de l'hexagone. Les gouvernements qui se succédèrent en France de 843 jusqu'au XXe siècle s'efforcèrent de conserver ou de retrouver les frontières que César avait données à la Gaule : le Rhin, les Alpes et les Pyrénées. Mais, pour les atteindre, il était indispensable de détruire la Lotharingie. Cela ne fut possible que lorsque la France fut suffisamment forte, c'est-à-dire à partir d'Hugues Capet; alors, pendant cinq siècles, les rois de France firent des efforts considérables pour modifier les frontières de la Lotharingie et étendre le « domaine royal » à la France entière.

2. L'identité nationale

Lentement mais sûrement, l'idée d'une France unie, d'un État-nation, progressa dans l'esprit des dirigeants, puis dans celui du peuple. Ça n'est toutefois qu'à partir du XVIIIe siècle que le concept de nation prit toute sa signification. L'unité et l'identité nationale françaises actuelles reposent donc sur un long passé de vie en commun, fait de guerres extérieures contre les nations concurrentes et d'acquis démocratiques et sociaux à l'intérieur.

B. Une grande place dans la diplomatie mondiale

Historiquement, la France a toujours été très ouverte sur l'ensemble du monde.

1. La France est un des 5 pays membres permanents du Conseil de sécurité de l'ONU et dispose d'un droit de veto

■ **La Déclaration universelle des droits de l'homme.** Dès la création de la Commission des droits de l'homme aux Nations unies en 1946, René Cassin, vice-président du Conseil d'État français, en fut le vice-président. C'est lui qui rédigea l'avant-projet de la Déclaration universelle des droits de l'homme qui fut adoptée à Paris, en décembre 1948. Ce texte est fortement inspiré par la Déclaration française de 1789.

■ Une participation active aux interventions de l'ONU. La France est présente partout où l'ONU décide d'envoyer des Casques bleus pour tenter d'apaiser les conflits. Les exemples les plus récents sont ceux du Sud-Liban (650 hommes), du Cambodge (1 450 hommes) et de l'ex-Yougoslavie (6 500 hommes). Plus de 10 000 soldats français ont servi sous la bannière de l'ONU pendant l'année 1995.

2. Une coopération bilatérale avec de nombreux pays, en particulier africains

■ La France exerce un rôle de gendarme dans une grande partie de l'Afrique depuis 1960.

■ La France est liée avec de nombreux pays par des accords et des traités d'amitié et de coopération culturelle, scientifique et technique.

■ Une vingtaine de pays africains, 4 pays latino-américains, la Pologne et la Russie ont signé des traités et des accords généraux de coopération avec la France.

3. La vocation européenne de la France

■ La France est membre du Conseil de l'Europe depuis sa création, en mai 1949.

■ C'est la déclaration de Robert Schuman, en mai 1950, qui fut à l'origine de la mise en place des communautés européennes; son initiative aboutit à l'entrée en vigueur, en 1952, de la Communauté européenne du charbon et de l'acier (CECA).

■ Robert Schuman et Jean Monnet furent, avec Konrad Adenauer, Alcide De Gasperi et Paul Henri Spaak, les « pères fondateurs » de l'Europe.

■ Par sa double vocation, européenne et mondiale, la France occupe une place de choix dans la diplomatie mondiale. Elle se préoccupe de la défense des droits de l'homme. Au nom des droits des peuples à l'autodétermination, elle s'oppose à toutes les ingérences étrangères dans les pays tiers.

4 LA FRANCOPHONIE

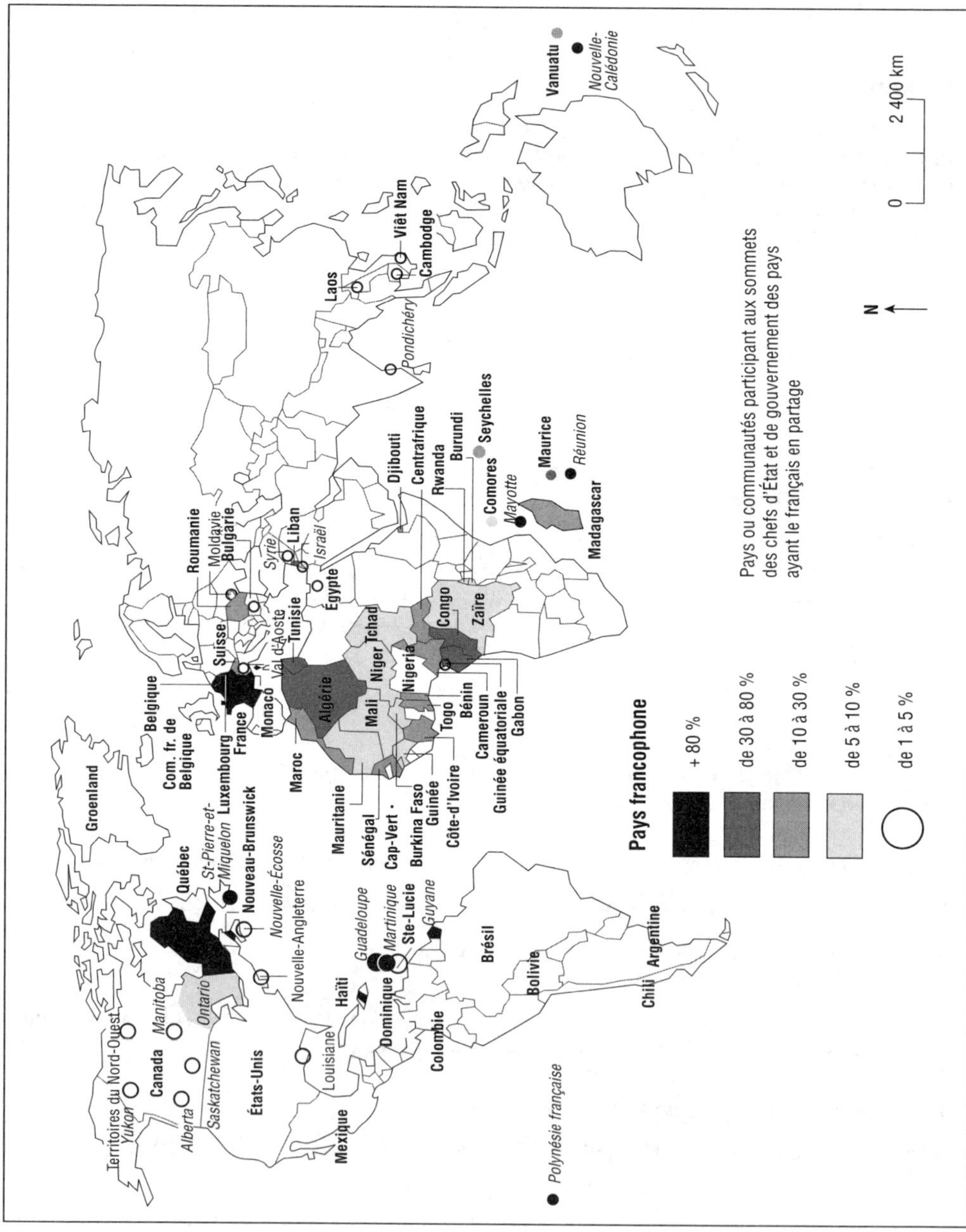

LA CARTE DE LA FRANCOPHONIE DANS LE MONDE

Le terme « francophonie » désigne la communauté linguistique regroupant tous les pays où le français est langue maternelle, officielle ou langue d'enseignement.

Le mot a été prononcé pour la première fois en 1887 par le géographe Élisée Reclus, et réactualisé en 1962 à la fin de la décolonisation.

La France voit à travers le mouvement francophone **un moyen de partager son rayonnement linguistique et culturel à l'échelle mondiale**, mais également une façon de résister à l'américanisation progressive de la culture occidentale et même mondiale.

Un Haut Conseil de la francophonie a été créé en 1984 ; 47 pays se sont réunis à l'île Maurice, en octobre 1993, lors du dernier sommet de la francophonie.

A. Le monde francophone

Selon les critères retenus, les francophones sont entre 135 et 450 millions ! Soit, au sens large, près de 10 % des habitants de la planète.

1. La francophonie incontestable

Elle concerne 135 millions de personnes sur les 5 continents.

- 71,5 millions en Europe, dont 58 en France, 7 en Belgique, 3 en Suisse, 3,5 au Luxembourg, à Monaco, en Andorre, en Roumanie...
- 13,5 millions en Amérique, dont 8 au Canada, 3,6 en Haïti, 0,96 dans les DOM, 0,5 en Louisiane, aux Antilles ex-anglaises...
- 21,7 millions en Afrique noire et dans l'océan Indien, dont 0,78 à la Réunion et à Mayotte...
- 25 millions en Afrique blanche, dont 12,5 en Algérie, 8 au Maroc, 3,5 en Tunisie, 0,5 en Mauritanie, 0,25 en Égypte.
- 1,8 million en Asie, dont 1,1 au Liban, 0,8 en Israël, 0,7 en Indochine, 0,15 en Syrie...
- 0,45 million en Océanie pacifique, dont 0,4 en Nouvelle-Calédonie et en Polynésie.

2. La francophonie au sens plus large

- À ces 135 millions de vrais francophones on peut ajouter tous les habitants des pays où le français est langue administrative, juridique ou de travail ; la francophonie concerne alors 320 millions de personnes supplémentaires.
- Cette volonté de recenser le maximum de francophones (450 millions est un chiffre avancé par l'Académie française) est sous-tendue par le désir de présenter un nombre de francophones qui ne soit pas trop faible par rapport aux anglophones.
- Il n'en reste pas moins que le français est une langue universelle.

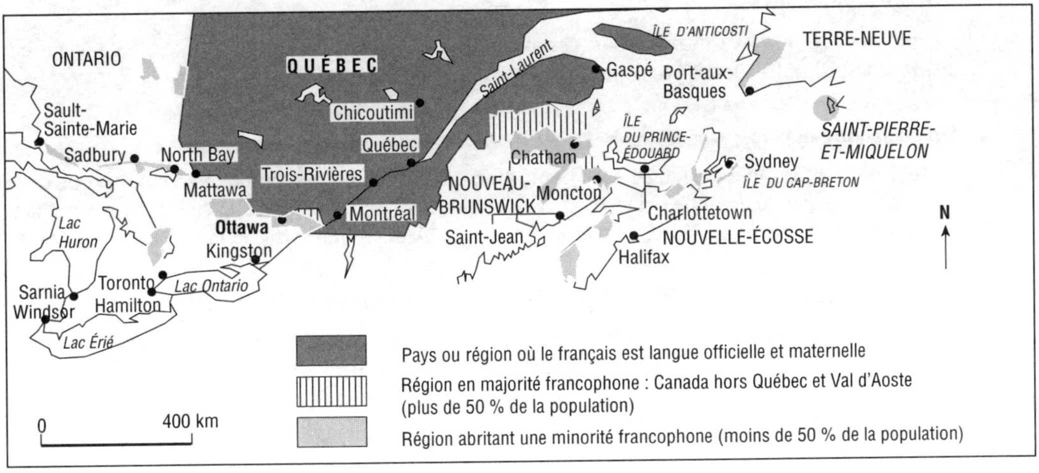

LES PROVINCES ORIENTALES DU CANADA

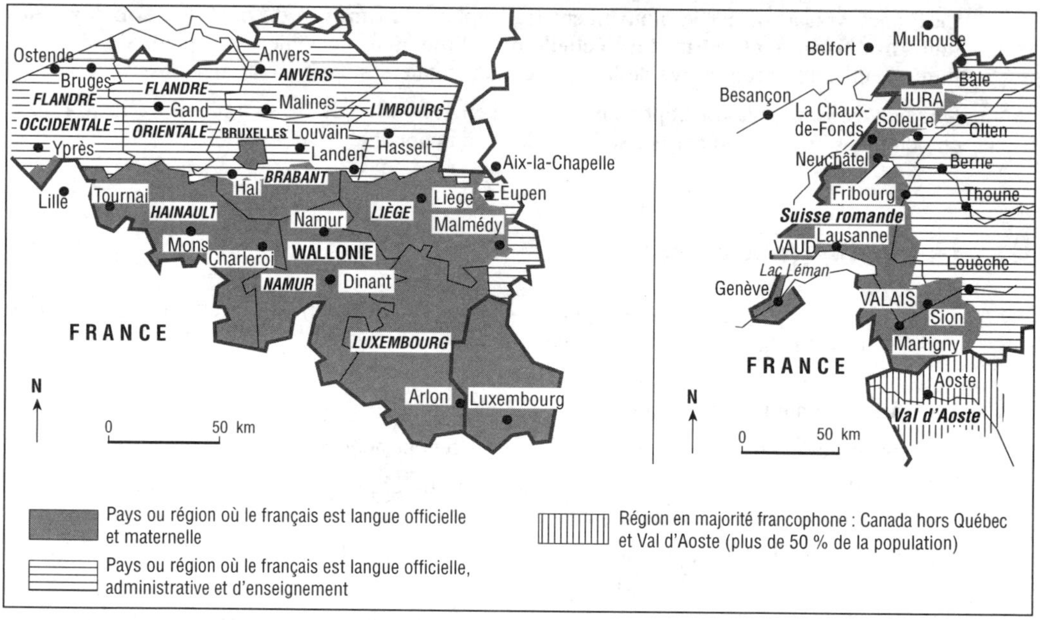

La Belgique, le Luxembourg et la Suisse

B. Cinq cercles francophones

Selon que le français constitue un moyen d'affirmation des identités nationales ou régionales ou, au contraire, un héritage linguistique plus ou moins pesant, le monde francophone peut se diviser en 5 cercles.

1. Le premier cercle de la francophonie

Il rassemble les pays ou les régions où le français est langue maternelle : la France et les communautés francophones du pourtour de l'Hexagone et d'outre-Atlantique : Québec, provinces maritimes, Ontario, Nouvelle-Angleterre et Louisiane.

2. Un deuxième cercle où le français est langue officielle, administrative et d'enseignement

Il regroupe les Antilles francophones, certaines îles de l'océan Indien (la Réunion, l'île Maurice, les Seychelles...). Ces territoires sont dits « créolophones ».

3. Un troisième cercle

Le français n'est qu'une langue de communication ou de circonstance pratiquée par une partie de la population. Ce cercle englobe les territoires de colonisation récente où le français n'a pas été abandonné depuis leur indépendance, particulièrement au Maghreb, en Afrique noire et à Madagascar.

4. Le quatrième cercle est constitué par des îlots francophones résiduels

Le français n'est utilisé que par quelques groupes limités (Roumanie, Proche-Orient, ex-Indochine). Depuis quelques années, le Maghreb et Madagascar souhaiteraient aller vers ce quatrième cercle.

5. Un cinquième cercle très flou

Le français est uniquement seconde langue sur les plans administratif, juridique ou de travail (Afrique non francophone, Amérique latine).

FRANÇOIS MITTERRAND, LÉOPOLD SÉDAR SENGHOR ET LA FRANCOPHONIE

« Parce qu'elle dépasse les divisions traditionnelles, la communauté francophone, communauté libre de toute allégeance et de toute nostalgie des temps anciens, peut être le support d'actions nouvelles originales. »

François Mitterrand

« La francophonie, cet humanisme intégral qui se tisse autour de la Terre : cette symbiose des énergies dormantes de toutes les consciences, de toutes les races qui se réveillent à leur chaleur complémentaire. »

Léopold Sédar Senghor

C. La francophonie, vecteur du rayonnement de la France

1. Le français : une langue prestigieuse et en expansion jusqu'au début du XXe siècle

- Tout au long des XVIIIe et XIXe siècles, le français est la langue des élites et des diplomates. Un grand nombre d'ouvrages littéraires ou scientifiques publiés hors de France sont rédigés en français, la plupart des traités internationaux (jusqu'au traité de Versailles) sont en français, malgré la concurrence grandissante de l'anglais à partir de la seconde moitié du XIXe siècle.
- L'expansion de l'empire colonial a été un puissant facteur de diffusion du français aux quatre coins du monde, et particulièrement en Afrique, où il demeure souvent le seul moyen de communication entre ethnies. La pratique courante du français explique dans une large mesure l'arrivée de nombreux Africains dans l'Hexagone, où la langue ne constitue pas une barrière supplémentaire à l'intégration.

2. La francophonie, seule réponse efficace au défi culturel américain

- L'anglais devient progressivement la seule langue universelle et, bien que le nombre de francophones ne cesse d'augmenter, la langue et la culture françaises sont en déclin relatif. La France ne peut lutter seule face à l'hégémonie de l'anglais imposée par les États-Unis. La promotion de la francophonie, idée gaullienne dans les années 60, a été prolongée et amplifiée par les différents gouvernements français depuis 1981.
- Pour l'instant, la communauté française reste divisée et manque encore de moyens ; l'essentiel de l'effort est réalisé par la France (l'alliance française, qui enseigne le français à 300 000 élèves dans le monde, Radio France internationale...). Il est vrai qu'en France même nombreux sont ceux qui ne croient pas à la pertinence du mouvement francophone.

La francophonie n'est ni un gadget ni une nouvelle manifestation de la vanité française, **elle est une priorité absolue** qui passe par le renforcement des industries de la culture et de la communication. Notons, à ce propos, que le retard pris sur l'anglais en matière d'informatique peut être préjudiciable au mouvement francophone.

5 LE RÔLE ET LA PLACE DE LA FRANCE EN EUROPE

La France vue par les Espagnols (!) lors du conflit de la pêche (1986)

Par sa position et sa superficie, la France est géographiquement au cœur de l'Union européenne. Son rôle dans la construction de l'Europe a été et demeure primordial.

Cependant, son territoire est-il bien intégré au noyau dynamique de la Communauté ?

A. Une position géographique centrale, un rôle politique déterminant

1. Sans la France, l'UE n'a plus de continuité territoriale

- La France a des frontières communes avec 5 autres pays de l'Union européenne, 6, en tenant compte du lien que constitue désormais le tunnel sous la Manche.
- Seule l'Allemagne a davantage de voisins membres de l'UE à la suite de l'entrée de l'Autriche dans une Europe à 15.
- Alors que les liens de l'Allemagne avec l'UE sont continentaux et nordiques, ceux de la France sont continentaux et méditerranéens.
- Nous sommes en présence de 2 pays qui constituent l'espace géographique central de l'Europe, là où passent les axes de transport qui structurent l'Union européenne.

- La France possède un des grands axes (Londres-Paris-Méditerranée), une petite partie du puissant axe rhénan et un grand tronçon de l'axe naissant Barcelone-Marseille-Milan.
- Dans ce domaine des transports, l'Allemagne, la Belgique et les Pays-Bas sont mieux pourvus que la France.

2. Sans la France, la Communauté européenne n'aurait jamais vu le jour

- La création de l'Europe s'est faite en 2 phases. La France a tenu un rôle créateur lors de la première phase.
- En mai 1950, Robert Schuman, ministre français des Affaires étrangères, inspiré par Jean Monnet, commissaire général au plan, a proposé de « placer l'ensemble de la production franco-allemande de charbon et d'acier sous une haute autorité commune, dans une organisation ouverte à la participation des autres États d'Europe ».
- La CECA a, ainsi, été créée, par le traité de Paris, en juillet 1952.
- Après l'échec d'une Communauté européenne de défense (CED), préconisée par le gouvernement français en 1953-1954, la seconde phase de la construction européenne est intervenue en 1957 : **par le traité de Rome**, les 6 États de la CECA créent la CEE ou « petite Europe ».
- Le renforcement progressif de l'entente franco-allemande, amorcé par de Gaulle et Adenauer, va faire des 2 pays les moteurs de la construction européenne. Les différents élargissements (Communauté à 9 en 1973, à 12 dans les années 80 et à 15 en 1995) n'ont pu se faire qu'avec le plein accord de la France et de l'Allemagne.

B. Les espaces européens les plus dynamiques ne couvrent qu'une petite partie du territoire français

1. La France est à la marge de la dorsale européenne

- La dorsale européenne ou Mégalopole est un espace international qui s'étend du bassin de Londres à la Lombardie. Plusieurs grands pôles d'activité se succèdent le long de cet axe et les densités de population y sont élevées.
- Trois régions françaises y sont directement rattachées : le Nord-Pas-de-Calais, l'Alsace et Rhône-Alpes.
- Bien qu'isolée à 250 ou 300 kilomètres à l'ouest de cet espace majeur, l'Île-de-France en fait partie par son niveau d'activité et de développement.
- Le reste du territoire français est, pour des raisons diverses, à la périphérie de la dorsale européenne. Les régions à l'ouest de la ligne Le Havre-Marseille en sont trop éloignées et manquent encore, pour la plupart, de dynamisme économique. Les régions à l'est de cette ligne qui n'appartiennent pas à la Mégalopole sont faiblement peuplées, dotées d'activités et de réseaux urbains peu dynamiques.
- L'appartenance de certaines régions frontières à la dorsale européenne révèle une intégration à deux vitesses du territoire français à la partie la plus dynamique de l'UE. Les risques d'effrangement du territoire national sont réels.
- Une double nécessité apparaît dans l'aménagement du territoire :
  – relier l'espace atlantique à la dorsale française Le Havre-Paris-Lyon-Marseille ;
  – relier la dorsale française à la dorsale européenne.
- Cela implique la mise en œuvre d'une organisation spatiale moins centralisée et moins méridienne de notre territoire au profit de liens de direction est-ouest.

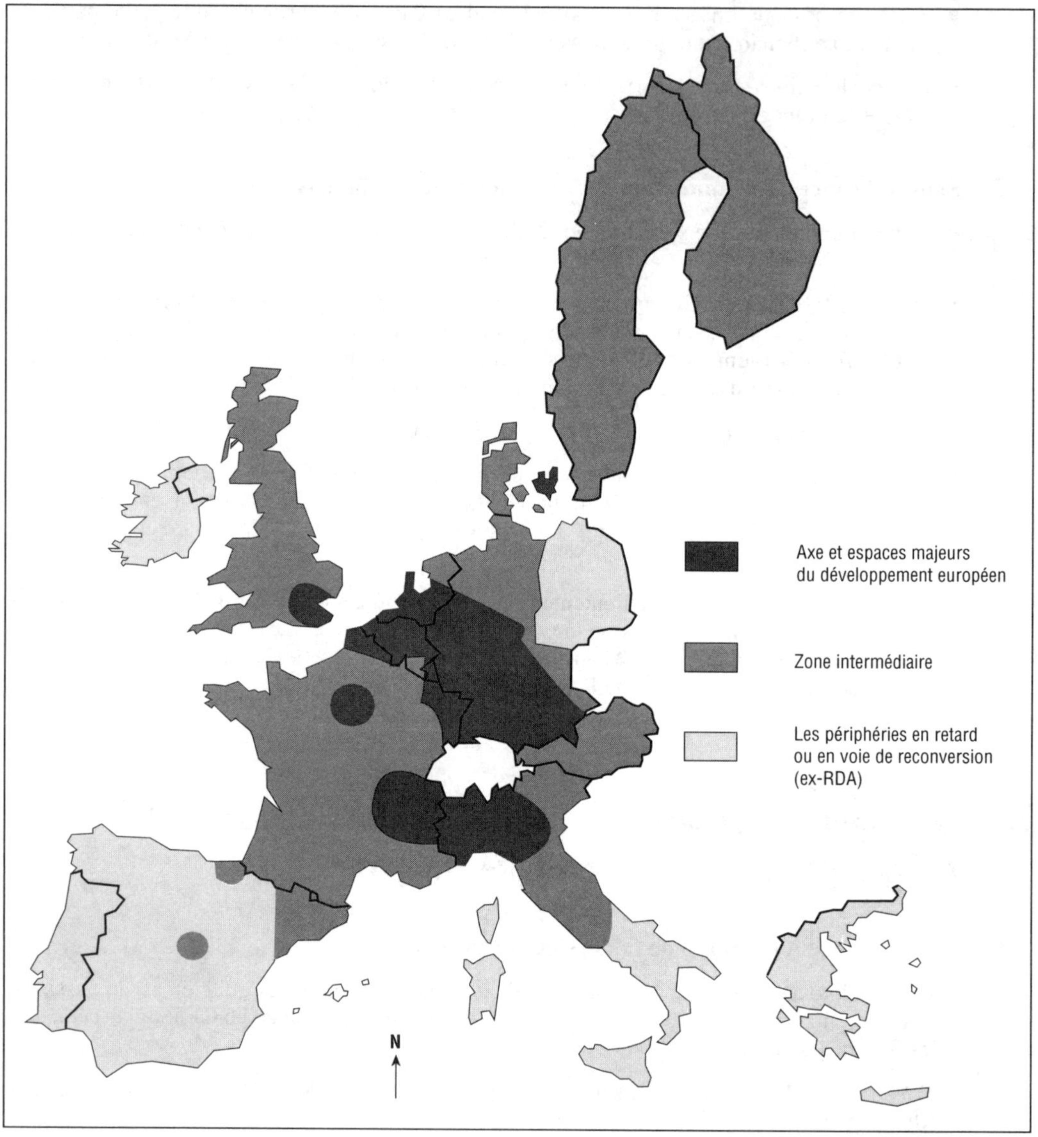

LES ESPACES DE L'UNION EUROPÉENNE

2. Quelle place et quel rôle pour les régions françaises dans l'UE ?

La participation active de la France à la construction de l'Europe dépend, dans une large mesure, de la capacité de l'intégration des régions françaises dans l'espace européen. Or, en raison de la jeunesse des institutions régionales françaises (1982), la plupart des régions manquent de dynamisme.

- Des superficies acceptables, des populations souvent insuffisantes. La taille moyenne des régions françaises (25 000 kilomètres carrés) supporte la comparaison avec celle des autres pays de l'UE. Mais, sur 22 régions, 11 ont moins de 2 millions d'habitants ; la Corse (240 000 habitants) et le Limousin (720 000 habitants) en comptent moins d'un million.
- Des **moyens financiers très insuffisants** souvent mal utilisés. Même si leurs budgets ont été multipliés par 11 depuis dix ans, les collectivités régionales ont une faible capacité

d'intervention. À part Rhône-Alpes et l'Île-de-France, les régions françaises ne sont pas financièrement à la taille européenne. En 1995, les régions métropolitaines ont géré 57 milliards de francs, soit un peu plus de 8 % des sommes brassées par l'ensemble des collectivités locales de France (680 milliards). La même année, les 11 Länder de l'ex-RFA ont disposé de 960 milliards de francs et la Catalogne de 67 milliards. Enfin, ces maigres ressources ont été souvent mal utilisées, et les exemples de gaspillage sont nombreux.

- Les régions françaises frontalières de l'Allemagne, de la Flandre et de la Catalogne subissent une rude concurrence. La région Nord-Pas-de-Calais subit la forte attraction de la Flandre belge, qui, avec 3 ports de mer, 3 autoroutes internationales et des secteurs industriels clés (chimie, agroalimentaire), risque de menacer sa voisine française, pourtant bien équipée en infrastructures de transports, de ne devenir qu'une région de passage.
- L'arc méditerranéen connaît une situation régionale contrastée. La région PACA, malgré les difficultés de Marseille, s'appuie sur un environnement économique assez favorable. Le Languedoc-Roussillon cumule de nombreux handicaps face à la Catalogne : un fort taux de chômage, un tissu industriel modeste, un exécutif faible. Les Catalans multiplient leurs investissements dans l'industrie et dans l'immobilier, en particulier dans les Pyrénées-Orientales, qui sont le département le plus en difficulté de la région.
- À l'est, la Lorraine vit largement des subsides de l'UE ; l'Alsace est une des régions françaises les plus dynamiques, mais sa petite taille demeure un handicap face au puissant Bade-Wurtemberg. Tous les jours, 74 000 Alsaciens et Lorrains vont travailler en Allemagne, en Suisse et au Luxembourg.
- L'intégration des régions françaises dans la Mégalopole européenne ne se fait donc pas dans les meilleures conditions.

3. L'espace et les infrastructures de communications sont les meilleurs atouts pour arrimer la France à l'Europe

- La France dispose d'un vaste espace pour assurer une circulation fluide des personnes et des marchandises à travers l'UE. Il commence à faire défaut dans la dorsale européenne : Londres, les Pays-Bas, l'axe rhénan, la Lombardie frôlent tous les jours la thrombose. En France, seule l'Île-de-France connaît une situation comparable.
- Les TGV et les autoroutes ne manquent pas de place et valorisent bien l'espace français.
- Les réseaux de télécommunication, ces « autoroutes du futur », devraient permettre la délocalisation de nombreuses activités vers les régions sous-occupées.
- En revanche, les ports ne contribuent que modestement à valoriser les 2 façades maritimes françaises, qui disposent encore de beaucoup de place par rapport aux littoraux belge, néerlandais et allemand. Ces ports perdent, en effet, chaque année, de nombreuses parts de marché en tonnage et, surtout, en valeur. Le surcoût de la manutention portuaire est, par rapport aux grands ports étrangers, la cause principale de ce déclin.

La France est **indispensable**, géographiquement et politiquement, à la construction européenne. Mais la plus grande partie de son territoire est **mal intégrée** dans la Mégalopole européenne dont le centre de gravité s'est déplacé vers le nord-est avec la réunification allemande et l'entrée dans l'UE de l'Autriche et des 2 pays de l'Europe du Nord. Ces adhésions, qui représentent un apport de 39 millions d'habitants et de 1,3 million de kilomètres carrés, ont déplacé le centre géographique de la Communauté de Bourges à Bonn.

6 LE RELIEF DE LA FRANCE

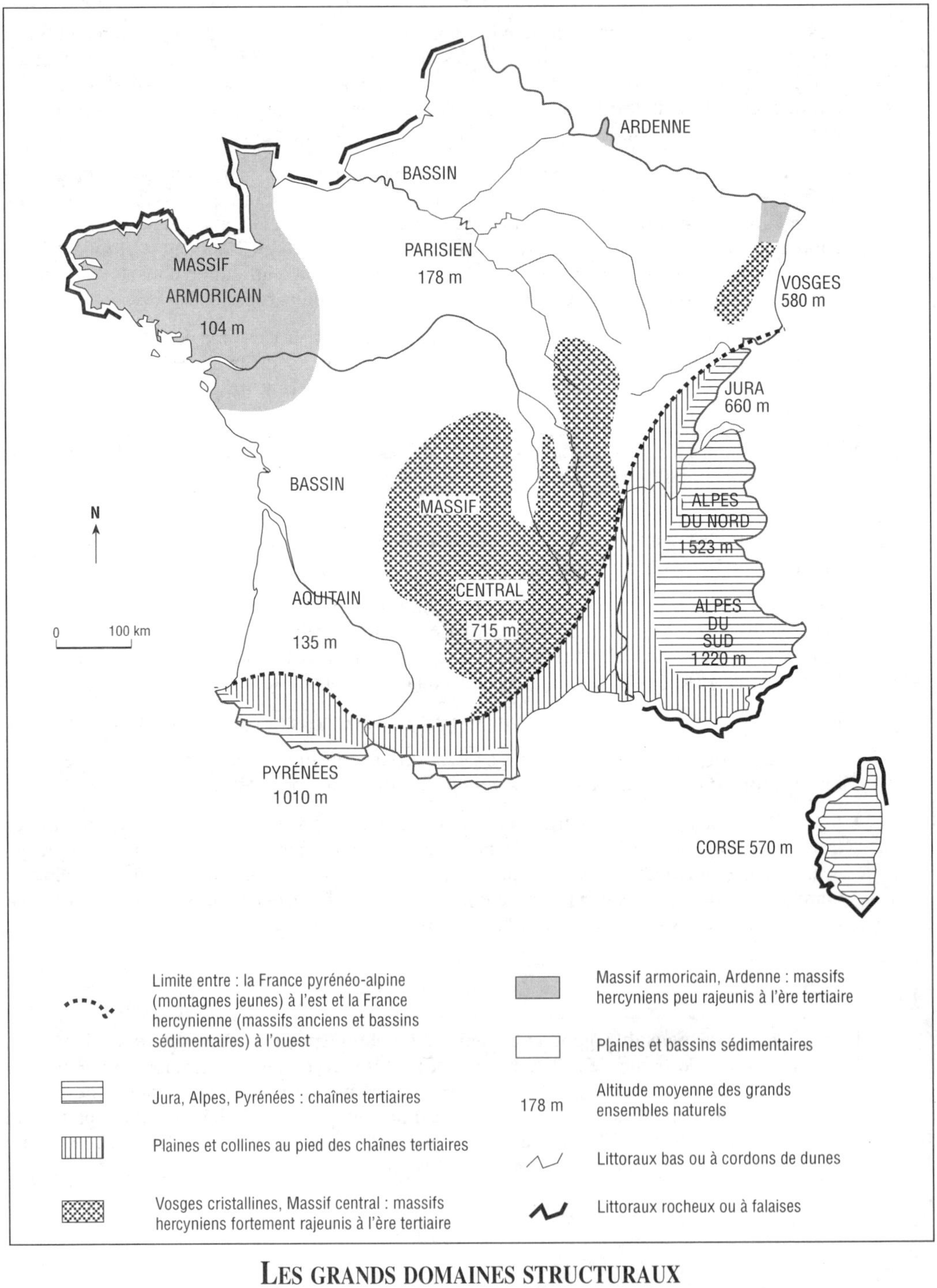

Les grands domaines structuraux et le relief de la France métropolitaine

La France est constituée par 2 ensembles de relief séparés par une ligne qui court du nord des Vosges à Bayonne, en passant par Poitiers. **Au nord-ouest de cette ligne, dominent les plaines et les plateaux peu encaissés, au sud-est de cette ligne, les massifs montagneux séparés par de grandes vallées.**

A. La France des plaines et des plateaux au nord-ouest

1. C'est la France des vastes horizons où les hauteurs dépassent rarement 400 mètres

- Malgré son nom, le Massif armoricain a une altitude moyenne (104 mètres), inférieure à celles du Bassin parisien (178 mètres) ou du Bassin aquitain (135 mètres).

- Les dénivellations sont le fait :
  - des vallées (Marne, Dordogne, Lot...) et des reliefs en creux du Massif armoricain ou de l'Ardenne ;
  - de lignes de hauteurs peu élevées mais continues : cuestas de l'est, du sud-est et du sud du Bassin parisien, bombement de l'Artois, arêtes ou bombements rocheux du Massif armoricain (monts d'Arrée, Montagne Noire, Avaloirs...) ;
  - de quelques buttes sédimentaires isolées (mont des Flandres) ou en chapelet (buttes de meulière au nord-est de Paris, de part et d'autre de Dammartin-en-Goële) ;
  - de collines, comme celles de l'Armagnac ;
  - de dépressions dans les bombements calcaires, comme la boutonnière du pays de Bray ou la demi-boutonnière du Boulonnais.

- **Ces accidents topographiques n'ont jamais constitué d'obstacles à l'installation ou aux déplacements des hommes** ; seuls les chemins de fer, lors de leur mise en place dans la seconde moitié du XIXe siècle, ont dû effectuer de légers détours pour éviter le franchissement de quelques lignes de hauteurs un peu escarpées, comme les cuestas de l'est du Bassin parisien.

- **C'est l'homme qui, à travers ses aménagements, a contribué à apporter des éléments de diversification dans cette France des basses altitudes :**
  - le bocage s'oppose à l'openfield. Cette différence s'observe à petite échelle entre la France de l'Ouest et l'essentiel du Bassin parisien mais, aussi, à grande échelle entre la Champagne crayeuse et la Champagne humide, par exemple ;
  - des espaces boisés (plaine sableuse des Landes ou de Sologne, plateaux calcaires de l'Est ou du Périgord, forêt du massif hercynien de l'Ardenne) s'opposent aux terroirs sans arbres par-delà les contingences géologiques ou altitudinales.

2. Les littoraux de la France au nord-ouest

En dehors de l'opposition classique entre littoraux bas et littoraux élevés, l'intérêt le plus évident du littoral occidental de la France **repose sur son caractère hospitalier ou inhospitalier**.

- **Littoraux offrant à l'homme des possibilités d'installation :**
  - les 3 grands estuaires de la Seine, de la Loire et de la Gironde, moyennant des aménagements, permettent la création d'ensembles portuaires qui s'enfoncent profondément dans le continent ;
  - les multiples rias, rades ou baies du Massif armoricain ;
  - dans une moindre mesure, les côtes basses et sableuses bordées de ports en grande partie artificiels (Dunkerque, Calais, La Rochelle) ;
  - dans tous les cas, la marée, dont le marnage décroît de part et d'autre du Massif armoricain, impose la construction de bassins à flots.

■ **Les littoraux peu hospitaliers :**
- les côtes à falaises calcaires ou cristallines : Picardie, pays de Caux, nord de la Bretagne;
- les côtes sableuses et bordées de hautes dunes du littoral aquitain entre la Gironde et l'Adour. Cependant, grâce à des travaux spectaculaires, l'homme peut s'y implanter, comme sur le littoral cauchois, où ont été construits le port artificiel d'Antifer et 2 centrales nucléaires (Paluel et Penly), installées sur des plates-formes creusées dans la falaise crayeuse.

B. La France des montagnes et des grandes vallées au sud-est

1. Deux générations de montagnes

■ Les massifs anciens rajeunis par les mouvements orogéniques de l'ère tertiaire :
- les Vosges dissymétriques, avec des altitudes plus élevées au sud qu'au nord et un versant oriental plus raide que le versant occidental;
- le Massif central, relevé sur ses bordures est et sud, dominé par des chaînes volcaniques en son centre, haché par des dépressions méridiennes drainées par la Loire et l'Allier;
- les Maures, l'Esterel et les deux tiers occidentaux de la Corse.

■ Les chaînes récentes datant de l'orogenèse pyrénéo-alpine (début de l'ère tertiaire) :
- les Alpes, arc montagneux de 300 kilomètres du nord au sud et de 30 à 180 kilomètres de large. Élevées et découpées en 4 ensembles structuraux dans la moitié nord (Préalpes, Sillon alpin, massifs centraux et zone intra-alpine), elles présentent un relief moins élevé et plus confus dans la moitié méridionale, où la zone préalpine occupe les deux tiers de l'espace;
- les Pyrénées, qui s'étirent sur 450 kilomètres, sont plus élevées dans leur partie centrale qu'aux 2 extrémités où se situent les points de passage les plus commodes vers l'Espagne;
- le tiers oriental de la Corse.

2. De grands couloirs facilitent la circulation des hommes

■ La plaine du bas Languedoc, le couloir Aude-Garonne et surtout l'axe Rhin-Saône-Rhône aèrent ces grands ensembles montagneux.

■ Le système des vallées intramontagnardes est plus développé dans les Alpes du Nord (Tarentaise, Maurienne) que dans les autres massifs montagneux.

3. L'occupation humaine de ces massifs montagneux est très différenciée

■ Elle se fait suivant 2 critères : l'altitude et l'éloignement par rapport à l'agglomération parisienne.

■ Les altitudes plus élevées et de bonnes liaisons avec Paris expliquent le dynamisme économique et humain des Alpes du Nord.

■ Les autres massifs handicapés par des altitudes médiocres pour un enneigement suffisant (Vosges, Jura, Massif central) ou par un éloignement relatif par rapport à Paris (Pyrénées, Corse, Alpes du Sud) connaissent un déclin économique et démographique; à l'exception des Alpes les plus méridionales, qui bénéficient d'un redressement démographique depuis vingt-cinq ans.

4. Les littoraux de la France au sud-est (façade méditerranéenne)

Ils se divisent en 2 grands ensembles de part et d'autre du delta du Rhône.

- Un littoral peu hospitalier du delta du Rhône à la frontière espagnole. Il s'agit d'une côte basse et sableuse à lagunes, longtemps répulsive pour l'homme. Seuls les pointements rocheux ont offert des points d'installation : Sète, la Côte Vermeille (au sud d'Argelès-sur-Mer).
- Un littoral offrant de nombreux abris : du delta du Rhône à la frontière italienne. Rocheuse, échancrée par des calanques (Cassis), des baies (Nice, Saint-Tropez) ou des rades (Toulon), la côte a été l'objet d'une installation humaine très ancienne et présente actuellement de nombreux symptômes de saturation.

Les conditions de relief rendent le territoire pénétrable, accessible et largement ouvert sur les espaces maritimes et continentaux.

7 LES CLIMATS DE LA FRANCE

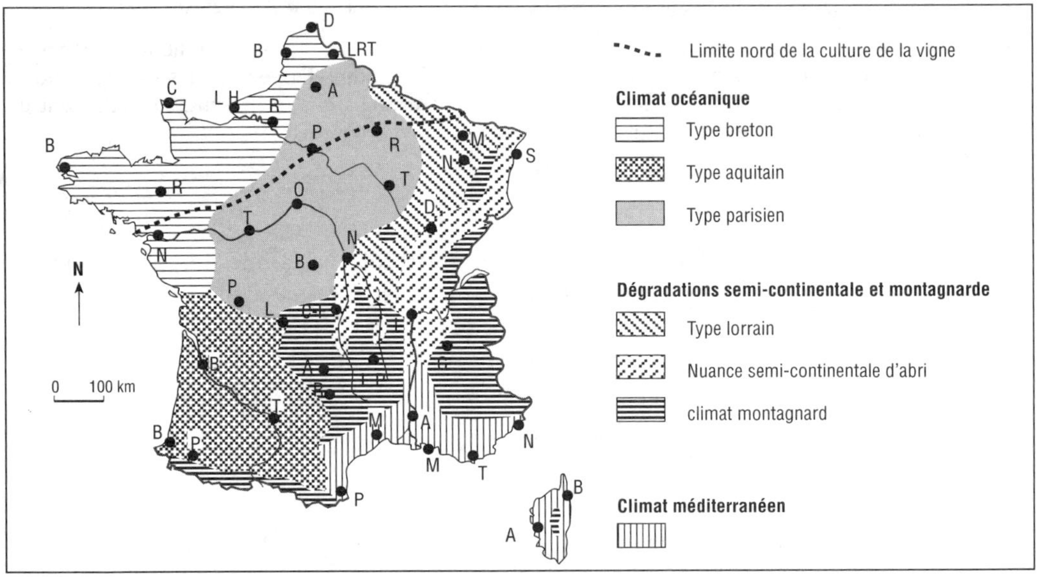

LES GRANDS DOMAINES CLIMATIQUES EN FRANCE

Entièrement située dans la zone du climat tempéré, la France est soumise aux 3 grandes composantes de ce climat : océanique à l'ouest, continentale au nord et à l'est, méditerranéenne au sud-est. **Le climat océanique** domine sur la moitié ouest du pays. Il se dégrade progressivement vers les espaces continentaux et montagnards de la moitié est.

Le climat méditerranéen n'occupe qu'un espace restreint autour de la Méditerranée et en Corse (environ un douzième du territoire) en se dégradant rapidement vers les montagnes qui l'encadrent.

A. Le climat océanique et ses nuances

Caractérisé par des précipitations moyennes (600 à 900 millimètres), mais réparties sur un grand nombre de jours (plus de 150), et des amplitudes thermiques annuelles faibles, le climat océanique se subdivise en 3 grands types.

- Le type « breton » :
  - c'est le plus océanique par la faiblesse des amplitudes thermiques annuelles (8 à 10 °C), par l'importance du nombre de jours de précipitations (180 à 200), par un ensoleillement modeste (1600 à 1700 heures par an) et des gelées très rares ;
  - l'influence de l'océan (courant marin tiède « nord-atlantique ») explique cette modération générale.
- Le type « parisien », qui correspond à une lente modification vers l'est du type breton et se caractérise par :
  - des amplitudes annuelles plus fortes (12 à 15 °C) car l'hiver et l'été sont plus marqués ;
  - des précipitations moins abondantes (500 à 700 millimètres) ;
  - un ensoleillement plus fort (1 800 à 1 900 heures par an).
- Le type « aquitain ». Les étés plus chauds et l'ensoleillement supérieur à 2 000 heures par an différencient le climat aquitain des 2 précédents. **Dans cette France océanique, les excès climatiques sont rares**, si l'on fait abstraction des vents violents qui affectent le littoral.

B. Les dégradations continentales et montagnardes du climat océanique

1. Les deux nuances du climat océanique

Elles concernent les régions basses de la France de l'Est et sont qualifiées de semi-continentales pour les différencier du vrai climat continental qui affecte l'Europe centrale et orientale.

- Le type « lorrain ». La semi-continentalité se traduit par des amplitudes thermiques annuelles plus fortes (16 à 18 °C), des hivers froids marqués par des gelées et des chutes de neige fréquentes, un ensoleillement modeste (1 600 à 1 700 heures par an) car les étés sont souvent pluvieux.
- Le type « semi-continental d'abri » est situé à l'est du type précédent; il concerne les grands fossés d'effondrement (Alsace, sillon séquano-rhodanien, Limagne) protégés par des lignes de hauteurs parfois modestes. Les précipitations sont faibles (Colmar : 500 millimètres par an, Clermont-Ferrand : 680 millimètres), souvent orageuses en été. Les hivers sont bien marqués. L'ensoleillement atteint 1 800 à 2 000 heures par an.

2. La nuance montagnarde du climat océanique

Selon la latitude et l'exposition, le climat montagnard affecte les régions situées au-dessus de 600 à 800 mètres. Les températures diminuent d'un degré tous les 170 mètres; les précipitations dépassent les 1 000 millimètres; la neige tombe et tient pendant 3 à 6 mois. On observe des excès climatiques dus au froid vif et aux fortes précipitations neigeuses. La végétation est étagée.

C. Le climat méditerranéen

1. Ses caractères essentiels

- **Son originalité majeure réside dans la chaleur et surtout la sécheresse estivale** alors que les autres régions habitées du globe à étés chauds connaissent pendant cette saison leur maximum pluviométrique.
- L'essentiel des précipitations tombe d'octobre à avril, donnant un climat humide et doux (température moyenne de janvier à Nice : 8 °C); c'est pendant cette période que se place la plus grande partie des 100 jours annuels de précipitations.
- L'ensoleillement est élevé (2 600 à 3 000 heures par an), favorisant une luminosité sans égale dans le reste du pays.
- Le climat méditerranéen s'insinue dans les grandes vallées (Durance, Rhône, Aude) mais sa dégradation est rapide au contact des versants des massifs montagneux qui encadrent l'espace méditerranéen français.

2. Des conséquences pour la vie des hommes

- **La végétation est adaptée à la sécheresse estivale** : feuilles de petite taille, aiguilles et épines pour limiter l'évapotranspiration.
- **Les excès du climat sont nombreux et fréquents** dans cette France méditerranéenne :
  - brutalité des précipitations et des crues dévastatrices (Vaison-la-Romaine en septembre 1992) ;
  - fréquence des vents violents : mistral, tramontane.
- **La maîtrise et la gestion de l'eau sont des problèmes fondamentaux** pour les régions méditerranéennes : de grands aménagements ont été effectués pour limiter les crues et assurer un approvisionnement régulier en eau (Verdon, Durance, Rhône, canal du bas Rhône-Languedoc).

Les conditions climatiques sont favorables à l'installation de l'homme sur l'ensemble du territoire français, à l'exception de la très haute montagne.

8 L'HOMME, CRÉATEUR DES TERRITOIRES ET DES PAYSAGES

La France ne s'identifie pas uniquement comme la quatrième puissance mondiale, elle est également un espace de civilisation et de culture dont les racines sont profondément ancrées dans son territoire. **Quel rôle la géographie a-t-elle joué pour transformer ces 550 000 kilomètres carrés en un espace exemplaire sur les plans économique et humain ?**

A. L'occupation d'un territoire et son humanisation : un acte géographique

1. Un hexagone imparfait

Ses 6 côtés n'ayant pas la même longueur, l'hexagone est imparfait ; ses 2 axes majeurs (Dunkerque-Perpignan et Brest-Strasbourg) se recoupent en région parisienne, tissant des liens géométriques évidents entre Paris et le territoire français.

2. L'homme a créé les paysages

La formation des paysages est la résultante d'une action géographique constante ; l'homme a pris en compte toutes les données physiques (nature des roches, relief, pente, climat) pour construire à travers le temps une multitude de paysages.

3. Chaque espace humanisé a un nom

L'attribution de noms (toponymie) aux espaces ainsi humanisés a constitué une démarche géographique déterminante : chaque paysage, chaque ensemble régional disposent d'une toponymie spécifique.

B. Une grande diversité de territoires et de paysages

1. La plus grande diversité de régions naturelles en Europe

- La France appartient à la fois aux espaces méditerranéen, atlantique, rhénan, flamand, alpin et pyrénéen.
- Quatre France naturelles se détachent : méditerranéenne, océanique, atlantique et continentale.

2. Le territoire français s'est humanisé à partir de ce découpage géographique

- La France du Midi est celle des toits de tuiles à faible pente, de la langue d'oc, du droit écrit. C'est également celle d'une civilisation agraire originale :
  - paysans individualistes habitant des maisons isolées (sauf dans les régions méditerranéennes où les villages perchés et resserrés l'emportent) ;
  - terres cultivées (*ager*) bien séparées des pâturages (*saltus*) ;
  - des parcelles massives sur lesquelles on pratiquait jadis un assolement biennal.
- La France du Nord, au contraire, est celle :
  - des villages groupés aux toits en forte pente ;
  - des champs ouverts et allongés ;
  - de la langue d'oïl et du droit coutumier ;
  - des pratiques communautaires et de l'assolement triennal.

3. La division Nord-Sud se double d'une division Est-Ouest

On observe une division entre une France atlantique et une France continentale beaucoup plus montagnarde.

- La France atlantique est marquée par une civilisation tournée vers la mer, des relations océaniques développées, un climat doux et humide. Le bocage largement répandu implique un habitat dispersé.
- À l'opposé, la France de l'Est est continentale et montagnarde, marquée par les influences italiennes et germaniques, structurée par des échanges méridiens entre Méditerranée et mer du Nord favorisés par de longs couloirs (Rhin-Saône-Rhône). C'est la France commerçante et industrielle.

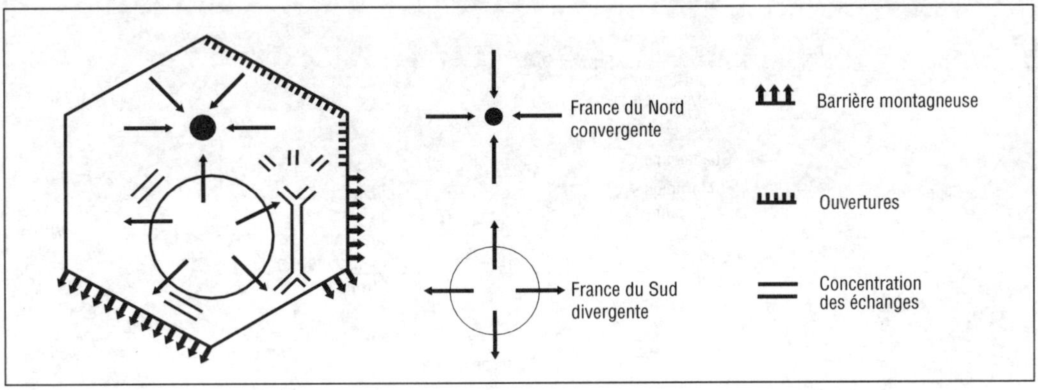

DEUX STRUCTURES OPPOSENT LA FRANCE DU NORD ET LA FRANCE DU SUD

C. Géologie et relief opposent également l'organisation spatiale de la France du Nord et de la France du Sud

1. Deux structures circulaires différencient la France du Nord de celle du Sud

- Dans la France du Nord, le cadre naturel est constitué par une vaste cuvette dont les hauteurs périphériques sont très modestes, à l'exception des Vosges. Cette organisation facilite la circulation des hommes et des marchandises et favorise l'attraction du pôle central : Paris.
- En revanche, dans la France du Midi, le Massif central sépare les régions basses du Bassin aquitain et le chapelet de plaines qui s'étend du sillon rhodanien au Languedoc. Ces espaces bas sont également fermés par les Alpes et les Pyrénées.
- On peut donc différencier une France du Nord, basse et convergente, et une France du Sud, élevée et divergente.

2. Ces schémas sont-ils en train de disparaître ? Peut-on évoquer la fin des paysages ?

- Fréquemment reprise depuis un quart de siècle, la fin des paysages est un thème récurrent des mouvements écologiques. L'expansion, souvent anarchique, des banlieues, le bétonnage de nombreux littoraux (Côte d'Azur) et des montagnes (Alpes du Nord), la construction de voies de communication de plus en plus mutilantes, de bâtiments agricoles modernes en tôles ondulées concourent à transformer les paysages.
- De plus en plus concentrés sur une infime partie de l'espace, de nombreux Français ont le sentiment qu'il y a rupture entre les hommes et leur territoire.
- Cette rupture est d'autant plus mal ressentie qu'elle intervient dans une période où les politiques d'aménagement du territoire et de protection de l'environnement sont des préoccupations prioritaires des différents gouvernements.

Comme tous les espaces humanisés, **le territoire français est le produit de données naturelles incontestables et de l'action permanente de l'homme** dont l'objectif est d'adapter ces données naturelles à ses besoins.

9 LES TRAITS COMMUNS DE LA FRANCE D'OUTRE-MER

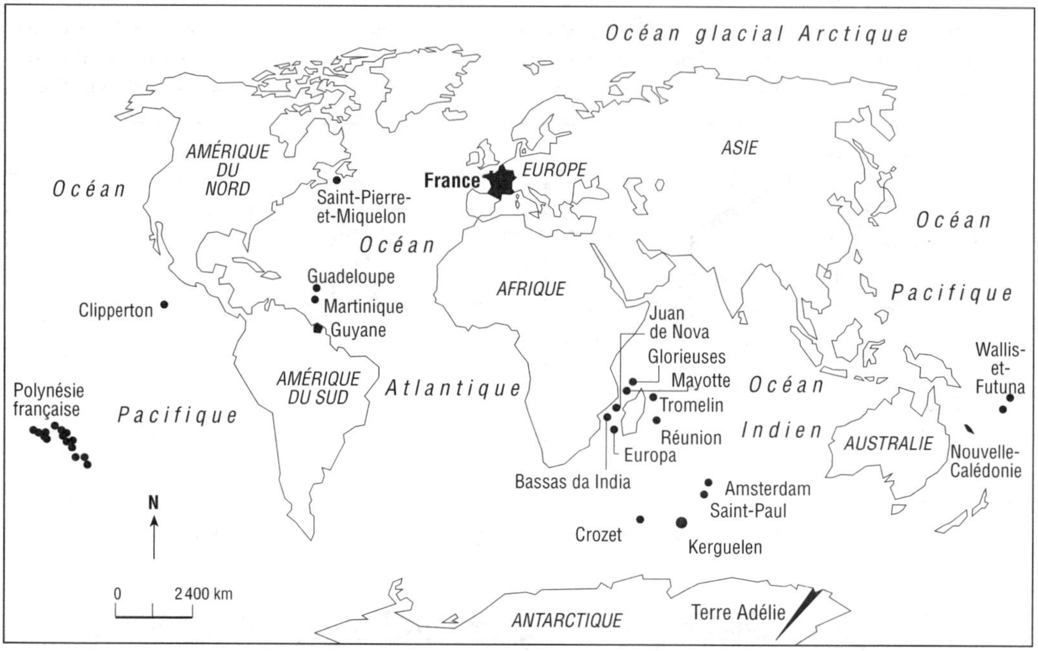

	Statut (date de l'acquisition)	Superficie (km²) et nombre d'îles	Superficie de la ZEE (1) (km²)	Nombre d'habitants en 1995 (milliers)	Villes principales*	Effectifs militaires en 1994
Clipperton	DPE (2)	1 (1)	425 000	81 000	–	–
Saint-Pierre-et-Miquelon	CT (3) (1956)	242 (3)	54 900	7 600	Saint-Pierre	32
Guadeloupe	DOM (4) (1946)	1 787 (8)	100 000	423 000	Pointe-à-Pitre Basse-Terre	2 000
Martinique	DOM (4) (1946)	1 090 (1)	71 000	383 000	Fort-de-France Le Lamentin	2 000
Mayotte	CT (3) (1976)	375 (1)	431 320	88 000	Mamoudzou	–
La Réunion	DOM (4) (1946)	2 512 (1)	313 360	640 000	Saint-Denis Saint-Paul	3 400
Polynésie française	TOM (5) (1946)	4 200 (118)	4 867 370	215 000	Papeete	4 080
Guyane	DOM (4) (1946)	90 000 (–)	130 140	146 000	Cayenne	3 720
Wallis-et-Futuna	TOM (5) (1958)	255 (5)	271 050	16 000	Mata Ubu	690
TAAF (6)	TOM (5) (1958)	439 777 (5)	1 863 900	0	Port-aux-Français** Dumont-d'Urville**	–
Nouvelle-Calédonie	TOM (5) (1956)	19 058 (16)	2 105 090	185 000	Nouméa	4 000

(1) Zone économique exclusive. **(2)** Domaine privé de l'État. **(3)** Collectivité territoriale. **(4)** Département d'outre-mer. **(5)** Territoire d'outre-mer. **(6)** Terres Australes et Antarctiques françaises : terre Adélie, îles Crozet, îles Kerguelen, île Saint-Paul, île Amsterdam.

* Nombre d'habitants des principales villes : Saint-Pierre, 5 800 ; Pointe-à-Pitre, 135 000 ; Basse-Terre, 16 000 ; Fort-de-France, 138 000 ; Le Lamentin, 30 000 ; Mamoudzou, 45 000 ; Saint-Denis, 140 000 ; Saint-Paul, 59 000 ; Papeete, 85 000 ; Cayenne, 73 000 ; Mata Utu, 1 000.

** Bases scientifiques. Port-aux-Français est situé aux Kerguelen, et Dumont-d'Urville en terre Adélie.

La France d'outre-mer

Les DOM-TOM se caractérisent par **une importante dispersion et un grand éloignement géographique, par un comportement démographique spécifique et par une forte dépendance à l'égard de la métropole**. Ils se situent économiquement entre tiers-monde et pays développés.

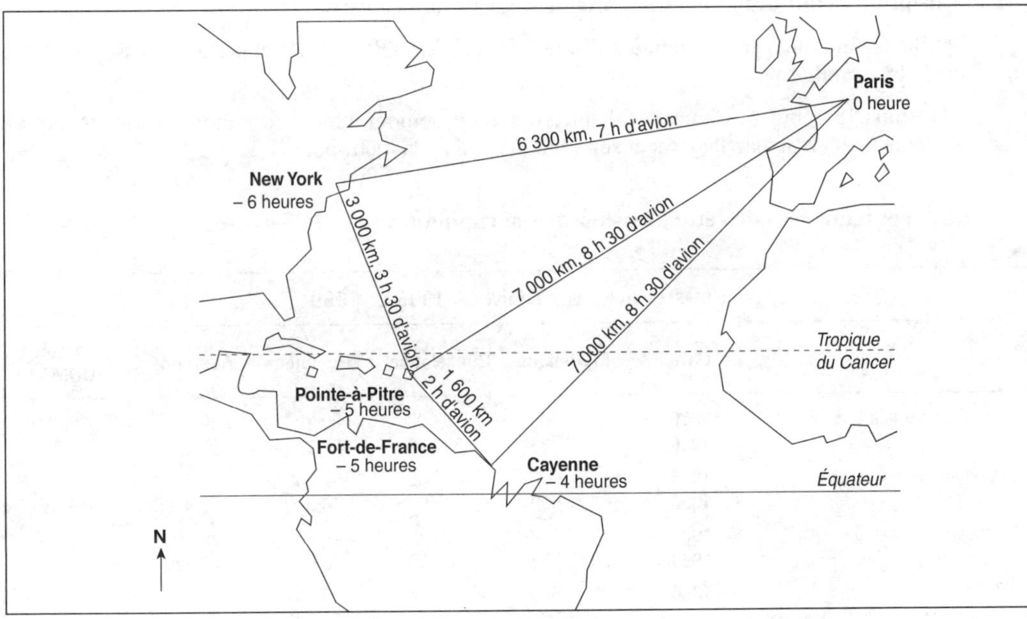

LES DISTANCES ET LES DÉCALAGES HORAIRES ENTRE LA MÉTROPOLE ET LES DÉPARTEMENTS D'OUTRE-MER DE L'HÉMISPHÈRE NORD

A. Dispersion et éloignement géographique

1. Pour la plupart, ils sont un héritage du premier empire colonial français, celui de l'Ancien Régime

- Les DOM-TOM sont dispersés dans les océans Atlantique, Indien et Pacifique.
- À l'exception de la Guyane et de la terre Adélie, ce sont des îles dont la superficie varie de quelques kilomètres carrés à 19 100 kilomètres carrés pour la Nouvelle-Calédonie : au total, un peu plus de 120 000 kilomètres carrés pour 2 millions d'habitants.
- Majoritairement situés entre le 16e degré de latitude nord et le 25e degré de latitude sud, l'éloignement de la métropole est considérable : près de 20 000 kilomètres pour la Nouvelle-Calédonie ; cette situation d'extrême périphérie entraîne des surcoûts liés aux transports.
- Toutefois, la dispersion de ces territoires permet à la France de contrôler le troisième domaine maritime mondial (10 millions de kilomètres carrés) et de disposer de points stratégiques dans 3 océans, ce qui favorise son rayonnement planétaire.

2. Les 3 îles (Guadeloupe, Martinique, Réunion) présentent des aspects très semblables

- Ce sont des blocs volcaniques juxtaposant des dômes coniques et des collines aux flancs raides (les mornes). Les plaines sont rares.
- Les menaces naturelles sont présentes partout : cyclones, séismes, volcanisme…
- Le climat, rythmé par les alizés, oppose les étés humides et les hivers plus secs, les côtes au vent très arrosées et les côtes sous le vent plus sèches. C'est sur ces dernières que se regroupe l'essentiel de la population.

B. Des comportements démographiques très ressemblants

1. Jusqu'au début des années 80, une démographie explosive

- Elle est marquée par le maintien d'une forte natalité (30 à 35 ‰) et par une baisse constante de la mortalité.
- Depuis le début des années 80, la croissance démographique est moins forte, mais elle demeure à un niveau largement supérieur à celui de la métropole (+ 1,5 à 2 % contre + 0,4 %).

2. Les conséquences de cette pression démographiques sont de 5 ordres

L'EMPLOI DANS LES DOM EN 1986 ET 1990

	Date	Martinique	Guadeloupe	Guyane	Réunion	Ensemble DOM
Population totale (INSEE)	**1986**	334 000	335 100	90 200	550 500	1 309 800
	1990	387 000	359 600	114 600	597 820	1 459 020
Population active (INSEE)	**1986**	133 800	137 400	37 600	210 000	518 800
	1990	171 000	163 100	48 300	233 430	615 830
Population active ayant un emploi (INSEE)	**1986**	97 300	94 800	29 100	137 000	358 200
	1990	117 500	110 100	36 600	146 120	410 320
Chômeurs (BIT)	**1986**	36 500	42 600	8 500	73 000	160 600
Taux de chômage (BIT)		27 %	31 %	22,6 %	37 %	31 %
Chômeurs (BIT)	**1990**	53 500	53 000	11 700	86 110	204 310
Taux de chômage (BIT)		31,2 %	32,5 %	24,2 %	36,9 %	33,2 %
Chômeurs (ANPE)	**31/12/1990**	29 358	26 762	4 358	53 785	114 263
Taux de chômage (ANPE)		17,2 %	16,4 %	9 %	23 %	18,6 %

- Des densités de population élevées (de 238 à 347 habitants par kilomètre carré dans les îles).
- 40 % des habitants ont moins de 20 ans.
- Un taux de chômage qui touche 31 à 38 % des actifs.
- Un exode important vers la métropole jusqu'au milieu des années 80; toutefois, dans les années 90, on relève une inversion des flux migratoires : les retours vers les DOM-TOM sont plus nombreux que les arrivées en métropole grâce aux prestations sociales et en particulier au RMI (820 RMistes pour 10 000 habitants à la Réunion, contre 112 en métropole).
- Une situation sociale tendue (quartier du Chaudron à Saint-Denis de la Réunion).

C. Une grande dépendance économique

1. Des échanges très déséquilibrés

- En 1995, les importations ont été de 29 milliards de francs, et les exportations de 2,8 milliards de francs, pour la Guadeloupe, la Martinique et la Réunion réunies.
- Le manque de dynamisme économique est à la base de ce déséquilibre.

2. Les îles se nourrissent de moins en moins

- 70 % de l'alimentation sont importés, car les goûts alimentaires s'européanisent. La production des petites exploitations agricoles locales est devenue marginale (patates douces, mangues, papayes, volailles, porcs).

- Bien qu'occupant les meilleures terres, l'agriculture de plantation est de moins en moins performante : la canne à sucre est en déclin et les bananeraies souffrent de la concurrence des autres pays intertropicaux (Colombie, Équateur, Côte-d'Ivoire); quelques cultures demeurent florissantes : citrons verts, avocats, fleurs.
- L'agriculture n'occupe plus que 14 % des actifs.

3. L'industrie est embryonnaire

À cause du manque d'énergie, de la faible qualification de la main-d'œuvre et de l'étroitesse du marché, elle n'occupe que 20 % de la population active (agroalimentaire, matériaux de construction, artisanat).

4. Le secteur tertiaire pléthorique constitue le « moteur » de l'économie (66 % des actifs)

- La fonction publique qui confère à ses membres un prestige social certain (prime de vie chère) est l'activité tertiaire la plus développée.
- Le commerce de détail se présente sous 2 formes :
  – les petites boutiques tenues par la population locale;
  – les grandes surfaces aux mains des békés (blancs de vieille souche).
- Le tourisme, généralement de luxe (croisières, clubs, hôtels) : surtout aux Antilles pendant l'hiver boréal.

Malgré les avantages fiscaux consentis aux investisseurs dans les DOM-TOM depuis 1986 (loi Pons), l'essor de l'économie demeure limité.

Tableau comparatif des PNB et de l'aide publique au développement dans les DOM et dans trois pays voisins en 1990

	Population (milliers d'habitants)	Superficie (km^2)	PNB (millions de dollars)	PNB par tête (dollars)	Aide publique au développement (millions de dollars)
Guadeloupe	359	1 787	1 870	5 210	165
Guyane	114	90 000	371	3 250	90
Martinique	387	1 090	1 866	4 820	293
Réunion	597	2 512	2 135	3 580	383
Bahamas	230	13 940	1 670	7 150	1
Haïti	5 400	27 750	1 900	350	153
Madagascar	10 000	587 000	2 510	251	182

Les transferts financiers de la métropole (prestations sociales) et de l'Union européenne sont indispensables : l'aide européenne au développement s'est élevée en 1995 à 1 280 francs par habitant, contre 600 francs par habitant en métropole. Ces transferts font des DOM-TOM des îlots de prospérité relative dans des ensembles régionaux sous-développés.

10 LA VARIÉTÉ DES RÉGIONS D'OUTRE-MER

Tout en présentant d'incontestables traits communs, **les DOM-TOM offrent de nombreux éléments de diversité liés à leur situation géographique, démographique et économique**. L'étude portera principalement sur le visage particulier de chaque DOM et sur 2 TOM : la Nouvelle-Calédonie et la Polynésie française.

A. Les DOM

1 510 000 habitants et 96 500 kilomètres carrés.

1. La Réunion

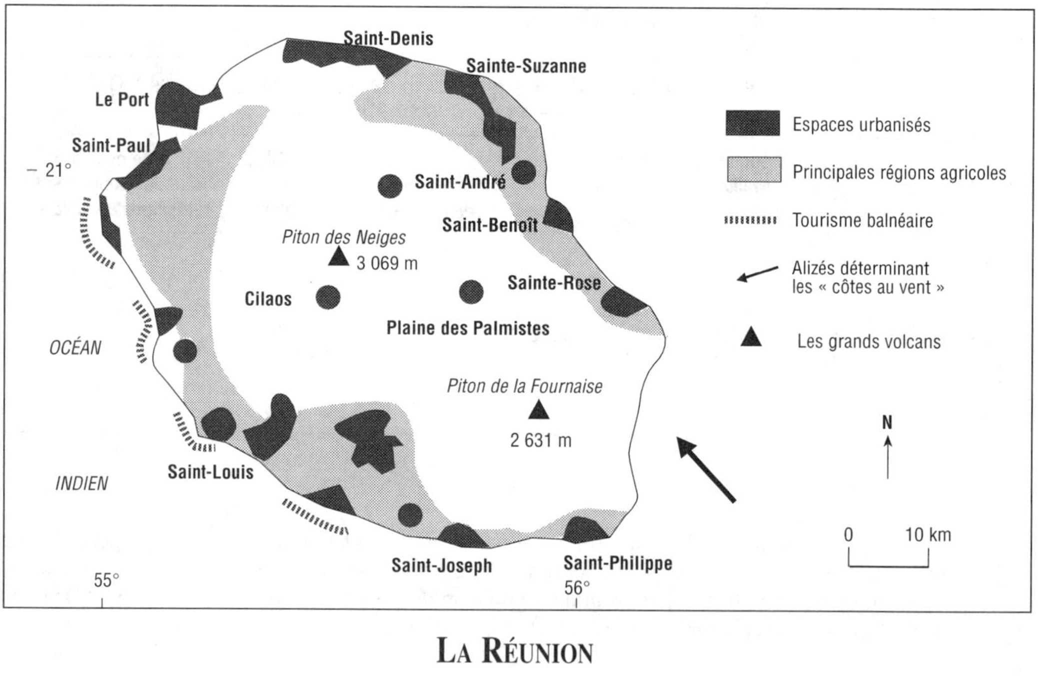

LA RÉUNION

- **Une démographie encore dynamique.** La Réunion compte 640 000 habitants pour 2 512 kilomètres carrés (densité : 255 habitants par kilomètre carré) avec un taux de croissance annuel proche de 2 %, ce qui peut amener la population à près d'un million d'habitants en une génération. 90 % des Réunionnais sont concentrés sur une bande côtière de 4 à 8 kilomètres de large, le centre de l'île est occupé par 2 volcans. Les littoraux nord et est, « sous le vent », sont les plus densément peuplés.
- La domination de l'**agriculture spéculative**. Héritée de la colonisation, la culture de la canne à sucre se maintient à un bon niveau : 200 000 tonnes de sucre produit dans 3 usines, ainsi que 2 autres cultures commerciales : la vanille et les plantes à parfum (géranium et vétiver).

Les cultures vivrières, riz, manioc, maïs, sont insuffisantes et l'île doit importer les deux tiers de ses besoins alimentaires.

- L'île est **faiblement industrialisée**; **le tourisme** représente son plus grand espoir. Malgré la construction sur la côte « au vent » de 2 centrales hydroélectriques (50 % des besoins en électricité), l'industrie n'est guère représentée que par les sucreries. Le tourisme demeure l'activité la plus dynamique mais il est limité par l'éloignement de la métropole, le coût du transport aérien et la concurrence des Seychelles.
- Un développement spatial et social très contrasté. L'organisation régionale est marquée par une opposition entre les « hauts » montagneux, peu peuplés et peu développés, et les « bas », ruban surpeuplé entre 500 mètres d'altitude et l'océan où se concentre l'essentiel de l'activité. Sauf au sud-est, les villes sont régulièrement disposées sur le littoral; la préfecture, Saint-Denis, dépasse 140 000 habitants. Les inégalités et les tensions sociales demeurent très vives.

2. La Guadeloupe

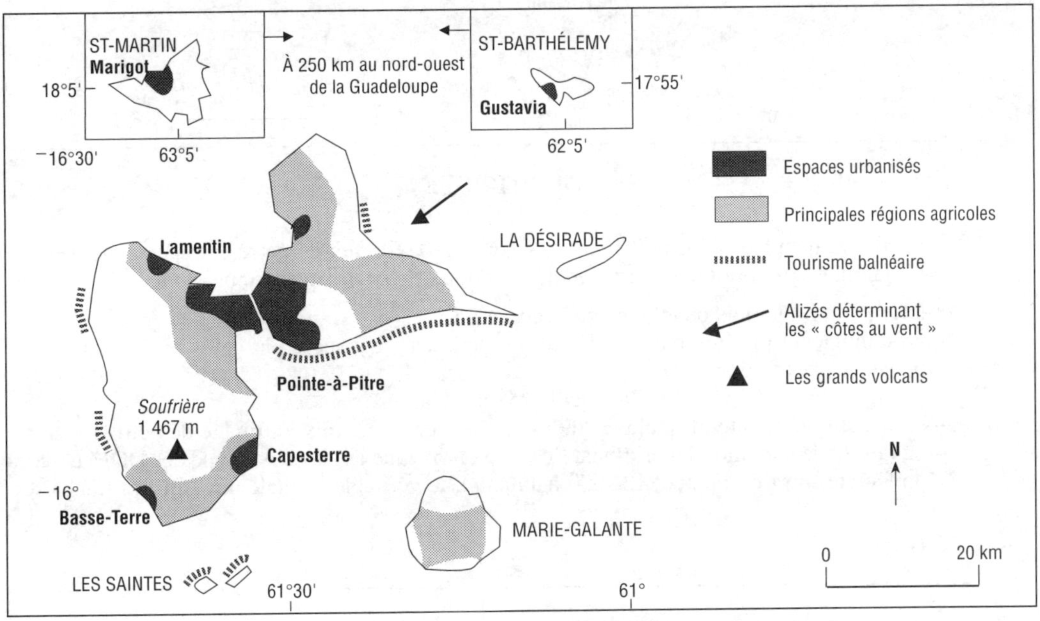

La Guadeloupe et ses dépendances

- Une île double à la croissance démographique ralentie. À l'ouest, Basse-Terre, montagneuse et volcanique, est séparée par un étroit chenal maritime de Grande-Terre, à l'est, constituée de plateaux calcaires. Deuxième DOM par sa population : 423 000 habitants sur 1 787 kilomètres carrés, la Guadeloupe bénéficie d'une croissance démographique annuelle ramenée de 2,1 % en 1970 à 1 % en 1993.
- L'activité de Basse-Terre tourne au ralenti depuis le réveil du volcan de la Soufrière en 1976. La préfecture, Basse-Terre, partiellement évacuée, ne compte plus que 16 000 habitants. L'activité touristique est limitée. Seules les bananeraies, au sud de l'île, demeurent dynamiques.
- La Grande-Terre et Pointe-à-Pitre constituent l'espace le plus actif :
  - l'île orientale possède des plantations de canne à sucre et une activité touristique très développée, sur son littoral méridional;
  - à l'extrémité est du pont qui relie les 2 îles, l'agglomération de Pointe-à-Pitre (135 000 habitants) regroupe l'essentiel des activités commerciales et industrielles (agroalimentaire, ciment, engrais) ainsi que l'université;
  - les autres îles de l'archipel profitent du tourisme (Les Saintes, Saint-Martin, Saint-Barthélemy) ou stagnent dans le sous-développement (La Désirade, Marie-Galante).

3. La Martinique

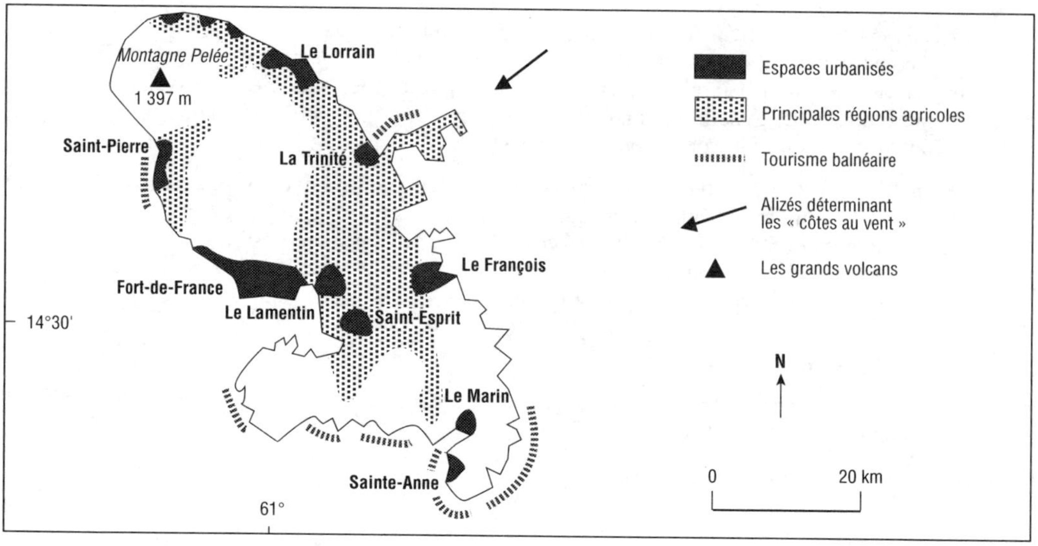

LA MARTINIQUE

- Une île surpeuplée : 383 000 habitants sur 1 090 kilomètres carrés, soit une densité de 347 habitants par kilomètre carré, malgré un taux de croissance annuel abaissé à + 1,2 %.
- Le DOM qui a le plus développé son économie :
  - en remplaçant progressivement la culture de la canne à sucre par celle de l'ananas, de la banane et des fleurs;
  - en développant la pêche et l'aquaculture (crevettes);
  - en tentant de maintenir quelques industries : ciment, engrais, raffinage de pétrole;
  - en faisant de son littoral méridional l'espace touristique le plus développé des DOM et de sa préfecture, Fort-de-France (134 000 habitants), la véritable capitale des Antilles françaises.

4. La Guyane

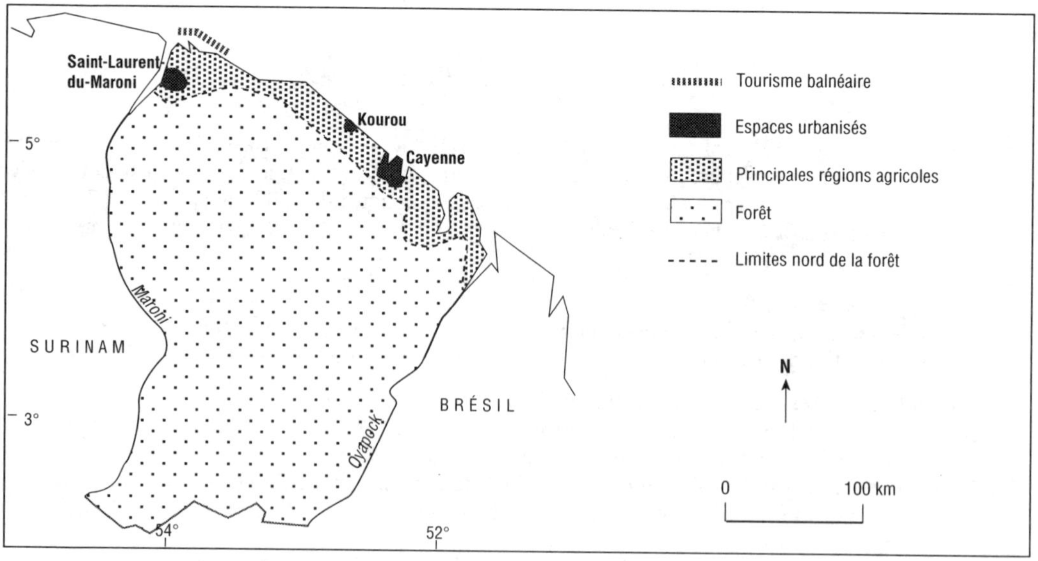

LA GUYANE

- Longtemps délaissée et déconsidérée. C'est une partie de la forêt amazonienne (8 millions d'hectares, contre 14 millions en métropole); elle a accueilli un bagne de 1852 à 1945. Elle ne comptait que 44 000 habitants en 1975.
- Malgré un développement récent, l'homme n'y occupe encore qu'une bande côtière de 25 kilomètres de profondeur. La population est passée à 146 000 habitants en 1995, essentiellement à cause d'une intense immigration en provenance de la métropole et surtout du Surinam. C'est le centre spatial de Kourou et ses 4 000 emplois qui sont à l'origine de l'essor économique. Cayenne domine tout l'espace peuplé avec près de 80 000 habitants.

B. Les TOM : des terres très dispersées

1. Essentiellement dans l'hémisphère Sud, à l'exception de Saint-Pierre-et-Miquelon

Les territoires français d'outre-mer

(Estimations fin 1995)	Population	Superficie (km²)	Densité (hab./km²)
Nouvelle-Calédonie	185 000	19 058	9,7
Polynésie française	215 000	4 200	54
Wallis-et-Futuna	16 000	255	63
Mayotte	88 000	375	235
Saint-Pierre-et-Miquelon	7 600	242	32
Total	511 600	24 130	22
TAAF(1)	0	439 777	0

(1) Terres Australes et Antarctiques françaises (432 000 pour la terre Adélie).

2. La Nouvelle-Calédonie

- Canaques et caldoches : l'archipel, situé à 1 500 kilomètres à l'est de l'Australie, est déchiré entre la population d'origine, les Mélanésiens ou Canaques (45 %), et la population d'origine européenne, les caldoches (35 %). Des Wallisiens et des Tahitiens, plus récemment immigrés, complètent le peuplement. Les Canaques sont refoulés au nord et à l'est, où ils survivent sur de petits lopins de terre, tandis que les caldoches, concentrés à Nouméa et dans le Sud, exploitent de grands domaines d'élevage : les stations.
- Économiquement, le moins dépendant des DOM-TOM, grâce à sa place de troisième producteur mondial de nickel; le taux de couverture de la balance commerciale de l'archipel est de 70 % malgré une chute des cours depuis 1990.

3. La Polynésie française

- 150 îles de 5 archipels au cœur du Pacifique qui couvrent 4 200 kilomètres carrés et rassemblent 215 000 habitants. Tahiti est l'île la plus importante : 130 000 habitants sur 1 040 kilomètres carrés, dont plus de la moitié à Papeete.
- Depuis la fermeture, en 1996, du centre d'essais nucléaires du Pacifique, l'essentiel des revenus provient des transferts publics (6,4 milliards de francs !) et secondairement du tourisme.

CONCLUSION

Aux yeux de nombreux pays, la France apparaît encore comme un modèle, fruit d'une longue construction historique.

Face à la montée d'autres puissances, il semble qu'elle ne pourra conserver sa place que grâce à son intégration dans l'Europe.

CHAPITRE 2

LA POPULATION

La France présente une situation démographique atypique au sein de l'Union européenne.

Au creux démographique de l'entre-deux-guerres a succédé une forte croissance de la population dans les trente années qui ont suivi la Seconde Guerre mondiale. Les conséquences de cette évolution pèsent sur la vie économique et sociale.

La distribution spatiale de la population est une des plus contrastées en Europe, ce qui constitue un handicap dans l'organisation du territoire.

1 LA POPULATION DE LA FRANCE : UN POIDS MOYEN, UNE ÉVOLUTION ORIGINALE

LA PLACE DE LA FRANCE DANS LA POPULATION MONDIALE

1969			1983			1996		
Rang	Pays	Population (1)	Rang	Pays	Population (1)	Rang	Pays	Population (1)
7	Japon	102,3	11	Allemagne	78,2	13	Philippines	72
8	Brésil	90,8	12	Mexique	75,7	14	Égypte	63,7
9	Allemagne	74,7	13	Viêt Nam	57	15	Turquie	63,4
10	Nigeria	63,8	14	Italie	56,3	16	Iran	63,1
11	Royaume-Uni	55,5	15	Royaume-Uni	56	17	Thaïlande	60,7
12	Italie	53,1	**16**	**France**	**54,6**	18	Royaume-Uni	58,8
13	**France**	**50,3**	17	Philippines	52,8	**19**	**France**	**58,4**
14	Mexique	48,4	18	Thaïlande	50,8	20	Italie	57,3

(1) En millions d'habitants.

Du point de vue démographique, la place de la France dans le monde est modeste. Au niveau européen, alors qu'elle est le pays le plus vaste et qu'en 1789 elle était le pays le plus peuplé, elle n'occupe, actuellement, que la troisième place. **Comment expliquer l'évolution de la démographie française ? Quelles en sont les conséquences ?**

A. Le poids démographique de la France

1. Les Français ne représentent que 1 % de la population mondiale

La France n'occupe qu'une place moyenne. Dans un monde où la croissance démographique est encore forte, sa population pèse et pèsera de moins en moins face à celle des PED.

2. Le poids des Français en Europe

L'ÉVOLUTION DE LA POPULATION DES PRINCIPAUX PAYS EUROPÉENS DE 1801 À 1951 (en millions d'habitants)

Année	Grande-Bretagne	Allemagne	Italie	France (1)
1801	15,2	24,8	18,1	28,2
1851	22,6	35,9	25	36,4
1901	38,7	56,3	32,4	40,6
1951	50,6	68	46,4	42

(1) Population vivant sur l'actuel territoire français.

- Si la population française est comparable à celle de l'Italie et du Royaume-Uni, elle ne représente que 71 % de celle de l'Allemagne réunifiée.
- En 1789, la France est le pays le plus peuplé d'Europe. Au cours du XIXe siècle et jusqu'en 1939, sa population croît moins vite que celle des autres pays européens. De 1800 à 1910, le rythme de croissance européen est de 0,8 % par an ; il atteint 1,9 % en Grande-Bretagne et 1 % en Allemagne, mais il n'est que de 0,35 % en France.

■ En 1789, la France représentait un sixième de la population européenne, elle n'en représente plus qu'un dixième en 1914 et un quatorzième en 1950. **Le poids démographique de la France en Europe a considérablement baissé.**

B. Une évolution démographique originale

1. Une transition démographique précoce

■ **La France occupe une place originale** car c'est le pays qui a connu le premier la transition démographique*. La baisse de la natalité est constante au cours du XIXe siècle et plus rapide que dans les autres pays européens.

■ La mortalité recule aussi, mais plus lentement. Par rapport aux pays voisins, elle reste relativement élevée.

■ L'évolution originale de la natalité et de la mortalité explique que la croissance démographique a été moins rapide que dans les autres pays.

■ Au début du XXe siècle, la France est un pays dont la croissance démographique est très ralentie et largement imputable à l'immigration. L'excédent naturel** est très faible (46 000 contre 886 000 en Allemagne). C'est un pays en proie au vieillissement démographique (population de plus de 60 ans : 12,6 %, contre 7,8 en Allemagne et 7,9 au Royaume-Uni). Le renouvellement des générations n'est plus assuré (taux de natalité inférieur à 21 ‰).

2. La crise démographique de l'entre-deux-guerres

■ **La guerre de 1914 aggrave le déclin démographique de la France.** Aux 1,4 million de jeunes hommes tués s'ajoute le déficit des naissances durant la guerre.

■ **Les années 30 sont marquées par une crise démographique très grave.** Pour la période 1936-1939, le taux de natalité est de 14,7 ‰ alors que le taux de mortalité est de 15,2 ‰. On fabrique alors plus de cercueils que de berceaux. L'immigration étrangère, bien que freinée dans les années 30, masque partiellement le déclin démographique. La France de 1939 a une population qui stagne et qui vieillit.

■ Ce déclin démographique a plusieurs causes :
– le malthusianisme est répandu, l'enfant unique est fréquent ;
– les classes creuses nées durant la Première Guerre mondiale arrivent à l'âge adulte ;
– la crise entraîne une baisse de la nuptialité.

3. Des conséquences graves

■ La crise démographique des années 30 est une des causes du déclin de la France durant cette période.

■ La France apparaît comme un pays sous-peuplé avec des densités plus faibles que celles de ses voisins.

■ La France de 1939 est une France prudente, peu dynamique, aux investissements déclinants, au marché limité.

■ La croissance démographique plus modérée aurait ralenti la croissance économique et la transformation des structures économiques et sociales liées à l'industrialisation.

La France occupe une place originale en Europe. Elle est entrée plus précocement que les autres dans la transition démographique. Cela a eu des conséquences économiques et géographiques notables.

* ***Transition démographique*** *: processus par lequel une société donnée passe d'un équilibre démographique ancien (forte natalité et forte mortalité) à un nouvel équilibre démographique moderne (faible natalité et faible mortalité). La transition démographique se caractérise par une forte augmentation de la population liée à cet accroissement naturel important qui résulte de la baisse plus précoce de la mortalité.*

** ***Excédent naturel*** *: différence positive entre les naissances et les décès pour une année donnée.*

2 LA CROISSANCE DE LA POPULATION FRANÇAISE DEPUIS LA FIN DE LA SECONDE GUERRE MONDIALE

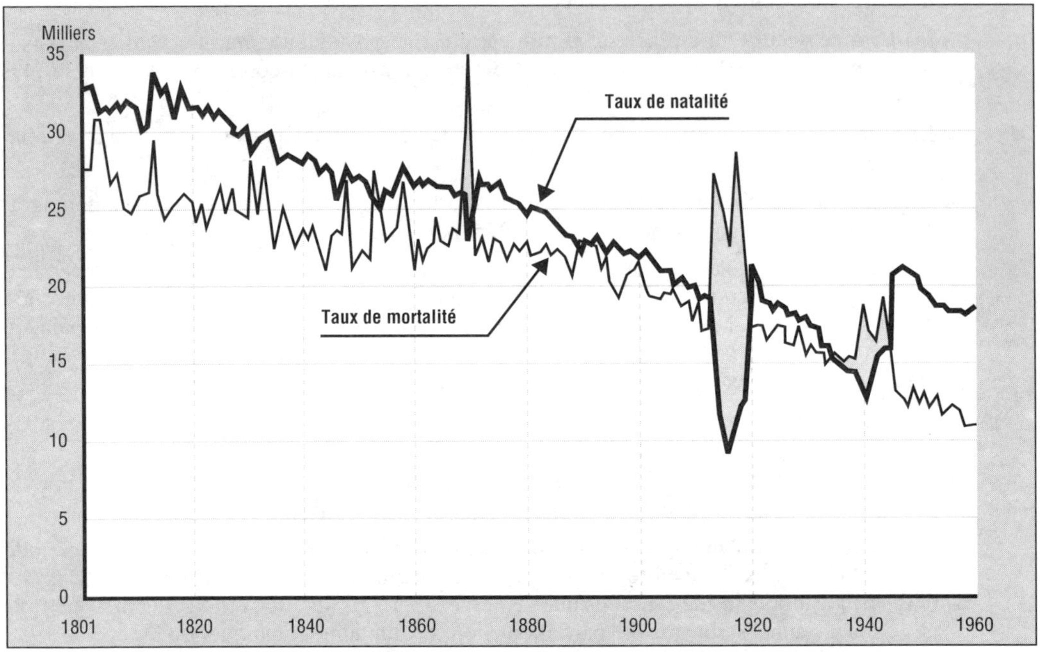

L'ÉVOLUTION DES TAUX DE NATALITÉ ET DE MORTALITÉ DEPUIS 1801
(nombre de naissances et de décès pour 1 000 habitants)

En 1946, la France comptait 40,5 millions d'habitants ; elle en compte actuellement plus de 58,4. En un demi-siècle, la population française a augmenté de près de 44 %, soit autant que de 1801 à 1946. La France d'avant-guerre subissait une grave crise démographique ; de 1945 aux années 70, elle a connu un vigoureux redressement. Depuis lors, la croissance s'est nettement ralentie.

A. Une forte croissance démographique jusqu'au début des années 70

Un solde migratoire largement positif et un fort excédent naturel expliquent l'importante croissance de la population (près de 500 000 personnes par an en moyenne).

1. Le solde migratoire

- Au cours des années 50 et 60, la France fait appel à de nombreux étrangers car le pays, qui manque de bras (classes creuses de la période précédente), en a besoin pour assurer sa croissance. L'immigration est, alors, encouragée.
- À l'afflux des travailleurs immigrés s'ajoute celui des Français rapatriés des colonies mais aussi et surtout d'Algérie. Ainsi, l'année 1962 voit l'arrivée de près d'un million de pieds-noirs.

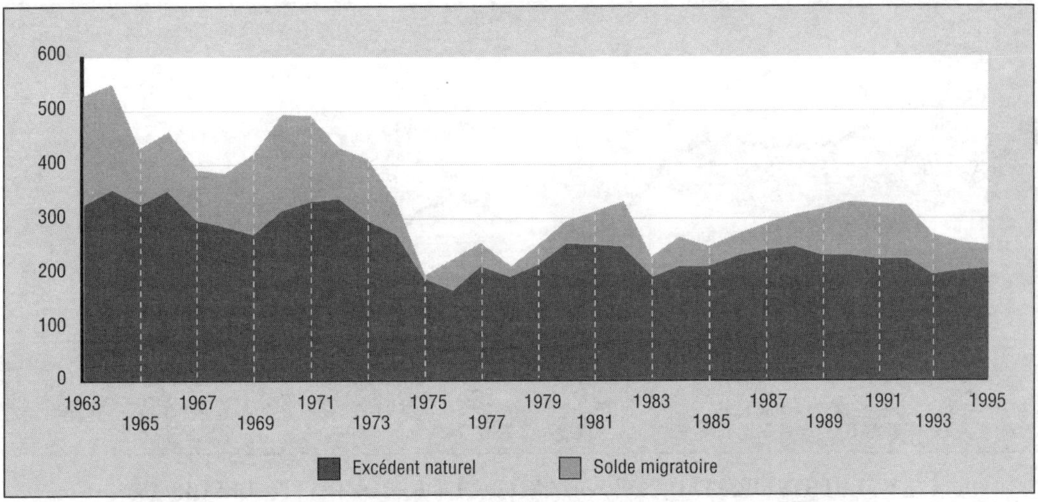

La croissance annuelle de la population depuis 1963
(en milliers)

2. L'excédent naturel

- L'essentiel de la croissance s'explique par un fort excédent naturel (plus de 300 000 personnes par an en moyenne).
- Le taux de mortalité, encore élevé avant-guerre (15,2 ‰ en 1938), baisse considérablement ; il passe aux environs de 10 ‰ au début des années 60. Il se stabilise ensuite autour de cette valeur. Les progrès de l'hygiène, de la médecine et un taux de mortalité infantile devenu l'un des plus bas du monde sont à l'origine de ce recul de la mortalité.
- **C'est surtout le redressement de la natalité qui est spectaculaire.** Le mouvement, commencé pendant la guerre (dès 1942), se poursuit jusqu'au début des années 70. Les naissances sont supérieures à 800 000 par an jusqu'en 1973. Le taux de natalité (21,3 ‰ en 1947) se maintient à plus de 18 ‰ jusqu'au milieu des années 60. La fécondité reste élevée jusqu'en 1964 mais baisse brutalement à partir de cette date.

B. Le ralentissement de la croissance

Depuis vingt ans, la population française ne s'accroît plus que de 300 000 personnes par an environ. On peut remarquer une assez grande stabilité de ce chiffre.

1. Le ralentissement de l'immigration

Depuis 1974, la crise a entraîné un ralentissement très net de l'immigration, et le solde migratoire, s'il reste positif, est loin d'atteindre les chiffres de la période précédente.

2. La chute de la natalité

- **Depuis 1973, la natalité s'est effondrée.** Après une chute brutale de 1972 à 1977, les naissances se sont stabilisées autour de 760 000 par an depuis. Le taux de natalité est proche de 13 ‰ (12,5 ‰ en 1995).
- La fécondité a baissé progressivement depuis 1964. Elle est actuellement de 1,7 enfant par femme en âge de procréer. Elle peut traduire un simple retard dans la constitution des familles (naissances différées), ou une baisse réelle, et dans ce cas le renouvellement des générations n'est plus assuré.

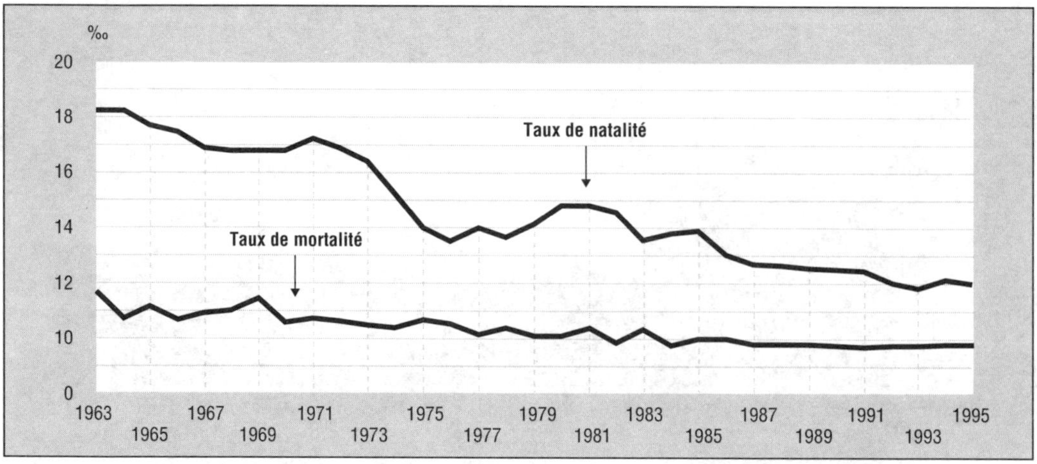

L'ÉVOLUTION DES TAUX DE NATALITÉ ET DE MORTALITÉ DEPUIS 1963

- Le faible taux de fécondité s'explique par la raréfaction des familles nombreuses (plus de 2 enfants).
- Le taux de mortalité varie très peu (9,1 ‰ en 1995).

C. L'évolution démographique est le reflet des mutations de la société et des mentalités

1. Le solde migratoire

- L'évolution du solde migratoire est avant tout fonction des données économiques (besoin de main-d'œuvre avant 1974 et influence de la crise ensuite).
- Il est fonction, aussi, de données politiques et internationales : réfugiés politiques, rapatriés des anciennes colonies, attrait exercé par la France sur les habitants des pays plus pauvres...

2. Le baby-boom

- **Le redressement d'après-guerre n'est pas un simple phénomène de rattrapage** (retour des prisonniers) ; il commence dès 1942 et se poursuit bien longtemps après 1945.
- La volonté de rebâtir après la guerre et la croissance économique des « trente glorieuses » n'expliquent que partiellement le phénomène puisque la fécondité se ralentit dès 1964.
- Les mesures gouvernementales (allocations familiales assez substantielles à l'époque, politique fiscale....) sont un facteur décisif de hausse de la natalité. En outre, pendant cette période, la famille demeure une valeur traditionnelle de la société française, et l'enfant est le garant de sa solidité.

3. Pourquoi la chute actuelle ?

- **Certaines causes sont d'ordre économique :** crise, chômage, en particulier chez les jeunes, politique familiale moins efficace (exemple : allocations familiales moins intéressantes)...
- **Les mutations des conditions de vie :**
  - l'importance du travail féminin ;
  - l'urbanisation (le logement urbain ne favorise guère les familles nombreuses) ;
  - le coût de l'éducation.

- **La fécondité est mieux maîtrisée :**
  - Depuis 1967, la loi Neuwirth autorise la contraception dont les frais sont remboursés par la Sécurité sociale à partir de 1974. Actuellement, 2 femmes sur 3 utilisent une méthode contraceptive. À la différence de la période précédente, il y a de moins en moins de grossesses non désirées.
  - La loi Veil de 1975, autorisant l'interruption volontaire de grossesse (IVG), ne semble pas avoir eu trop d'influence sur la fécondité. Il y aurait en tout près de 210 000 avortements par an et ce chiffre ne semble pas supérieur à celui des avortements clandestins des années 50 et 60.
- **L'évolution des mentalités et de la société y contribue largement.** La baisse du nombre des mariages (254 000 en 1995 contre 393 000 en 1970), les mariages de plus en plus tardifs (27 ans pour les femmes en 1994 contre 24,4 en 1970), l'augmentation des divorces (39 000 en 1970, 110 800 en 1993, ainsi que le développement de l'union libre et des familles monoparentales sont des facteurs importants de la chute de la fécondité et de l'effondrement du nombre des familles nombreuses. Ce changement du comportement vis-à-vis de la famille et de l'enfant s'explique donc en grande partie par la recherche de l'épanouissement personnel, du bonheur individuel.

Comme dans tous les pays développés, et en particulier les pays européens, la France connaît une forte baisse de sa natalité. Cependant, la situation est beaucoup moins grave que celle de nombre de ses partenaires européens. Elle reste un des pays d'Europe de l'Ouest où le taux de fécondité est le plus élevé. Depuis 1945, la France est, donc, devenue un des pays européens où la croissance démographique est la plus forte.

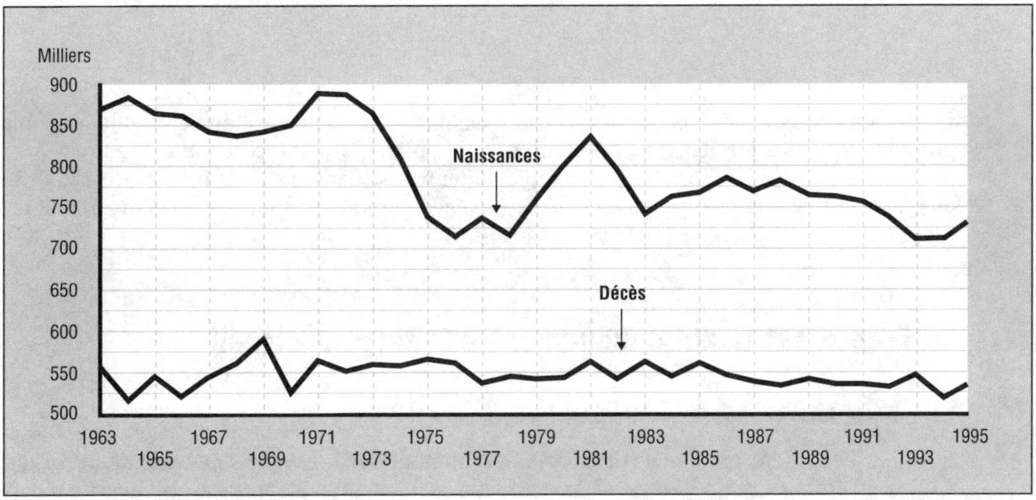

LES NAISSANCES ET LES DÉCÈS DEPUIS 1963

3 LES ÉTRANGERS EN FRANCE

LA REPRÉSENTATION DES PRINCIPALES NATIONALITÉS ÉTRANGÈRES EN FRANCE DE 1962 À 1990

(en milliers)	1962	1968	1975	1982	1990
Italiens	629	585	447	334	246
Espagnols	442	618	516	321	216
Portugais	50	303	757	765	650
Algériens	351	471	722	796	614
Marocains		88	275	431	573
Tunisiens		60	138	189	206
Turcs	8	52	125	198	
Afrique noire				138	208
Autres	697	644	533	581	687
Total	2 169	2 578	3 440	3 680	3 597

La France a toujours été une terre d'accueil. Depuis deux décennies, on peut remarquer une profonde modification dans la composition de la population étrangère. Se concentrant dans les grandes régions urbaines, particulièrement nombreuse dans certaines branches d'activités, elle joue un rôle non négligeable tant sur le plan économique que sur le plan démographique.

A. La France est traditionnellement une terre d'accueil

1. La population étrangère est difficile à cerner

- Ne pas confondre immigrés (personnes nées hors du territoire métropolitain et s'y installant) et étrangers (personnes ne possédant pas la nationalité française). Les étrangers peuvent être des immigrés récents mais aussi des personnes séjournant en France depuis longtemps, pouvant y être nées sans avoir acquis la nationalité française.
- C'est une population difficile à évaluer avec précision en raison de l'immigration clandestine. Une certaine défiance, des renseignements peu précis ou inexacts lors des recensements accentuent l'imprécision des données.

2. De 1946 à 1975, la population étrangère a doublé

- Avant la Seconde Guerre mondiale, la population étrangère représente 6,6 % de la population totale. Dans une France à la démographie déclinante, la population étrangère s'installe pour des raisons politiques (réfugiés espagnols) ou économiques (Polonais et Italiens). Le mouvement se ralentit pendant la crise des années 30.
- De 1946 à 1975, la population étrangère passe de 1,7 million à 3,4 millions. Les effectifs stagnent jusqu'en 1954. À partir de cette date le mouvement s'accélère. **La France a besoin de main-d'œuvre, et l'immigration est encouragée**. L'ONI (Office national de l'immigration) recrute dans les pays étrangers, assure le transport et l'installation des travailleurs.

Les besoins sont tels que l'immigration clandestine est très importante (d'après l'ONI, elle représentait 28 % des entrées en 1968).

- Dans les années 60, on constate une modification dans l'origine géographique des immigrants. En 1962, les principales nationalités sont les Italiens, les Polonais, les Espagnols et les Algériens dont l'entrée est libre jusqu'en 1962. À la fin des années 60, ce sont les ressortissants du Maghreb et du Portugal qui sont les plus nombreux.

3. Depuis 1975, une croissance modérée

- En 1974, le gouvernement décide de suspendre l'immigration et encourage l'aide au retour par le versement d'une prime. Seuls peuvent encore entrer en France les ressortissants de la CEE et les réfugiés politiques. On favorise aussi les regroupements familiaux. L'immigration clandestine se poursuit et certains clandestins voient leur situation régularisée (150 000 en 1982).

- Malgré ces mesures, le flux n'est pas tari, puisque les étrangers étaient 3,4 millions en 1975 et 3,6 millions en 1990.

- **La composition de la population étrangère a changé.** Désormais, les Européens sont moins nombreux. L'immigration est surtout le fait de populations venues du Maghreb, d'Afrique noire et d'Asie (en particulier des Turcs et des habitants de l'Indochine). Jusqu'en 1974, les célibataires venus travailler étaient la majorité. Maintenant, ce sont des familles.

B. La répartition des étrangers

1. La répartition par nationalités

- **Les personnes originaires de l'Europe ne sont plus majoritaires** (1,6 million dont 1,3 million pour les ressortissants de la CEE). Les Portugais, arrivés surtout dans les années 60, représentent la communauté étrangère la plus importante. Les Italiens et les Espagnols sont en diminution très nette (du fait des naturalisations et d'un mouvement de retour au pays).

- Les Maghrébins constituent désormais le groupe le plus important. Les Algériens représentent la deuxième communauté étrangère devant les Marocains. Pourtant, le recensement de 1990 montre que ce groupe est à peine plus important qu'en 1982. Une légère augmentation du nombre des Marocains a été presque compensée par une légère diminution de celui des Algériens.

- Mais les étrangers venus d'Afrique noire et d'Asie (Turcs en particulier) voient leur nombre croître. Ils représentaient 15 % du total en 1982, ils en représentent 22 % en 1990.

- Du fait du regroupement familial, l'intégration est devenue une nécessité. Celle-ci se heurte à des difficultés tenant à l'hétérogénéité humaine et culturelle de la population étrangère, et à sa concentration dans des quartiers où sévissent le chômage, l'insécurité, la misère…

2. La répartition socioprofessionnelle

- La population active étrangère représente 1,5 million de personnes. Les travailleurs étrangers sont surtout ouvriers (51 %) et employés (23 %). Une part importante des effectifs de certaines branches est constituée d'étrangers (17 % dans le bâtiment). Ils occupent le plus souvent les métiers les moins qualifiés et les plus pénibles.

- Au cours des années 80, la part des étrangers a diminué dans l'industrie et le bâtiment. En revanche, elle a augmenté dans les transports et les services marchands.

La répartition par catégories socioprofessionnelles de la population active étrangère en France en mars 1995

Catégorie socioprofessionnelle	Effectifs (milliers)	Taux d'étrangers dans la CS (%)
Agriculteurs exploitants	8,1	1
Artisans, commerçants et chefs d'entreprise (10 salariés et +)	107,1	6,1
Cadres et professions intellectuelles supérieures	102,4	3,3
Professions intermédiaires	128,7	2,5
Employés	367,1	4,9
Ouvriers	805,4	11,8
Chômeurs n'ayant jamais travaillé	52,8	16,2
Militaires du contingent	1,2	0,5
Total	1 573,3	6,2
Dont salariés	1 112,2	5,7

3. La répartition géographique

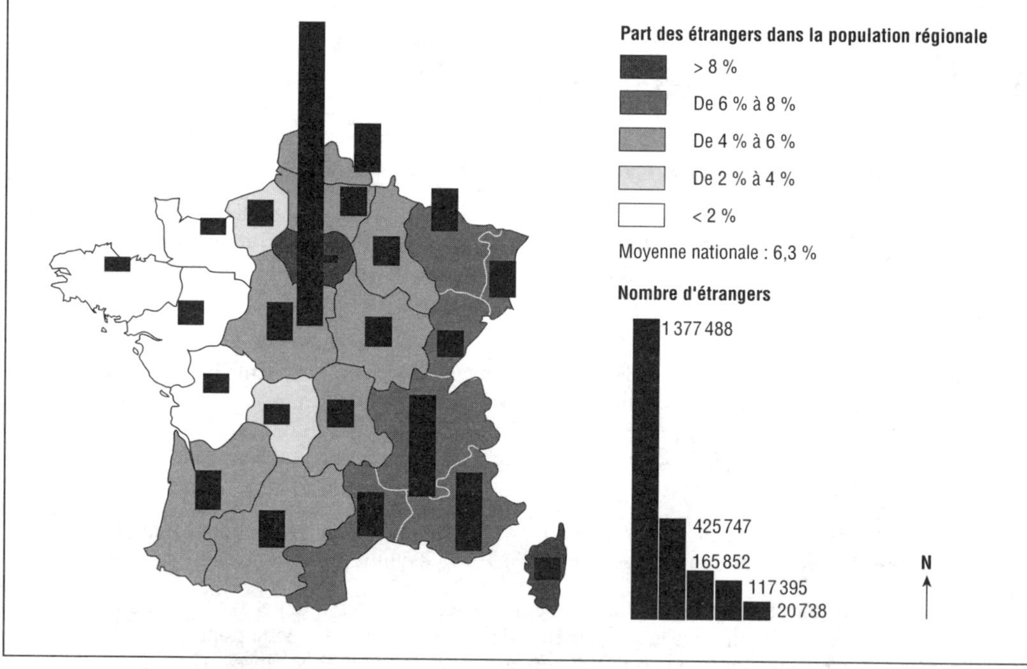

La répartition géographique des étrangers en 1990

- Les deux tiers des étrangers sont concentrés dans 3 régions (Île-de-France, Rhône-Alpes et Provence-Côte d'Azur). En fait, ils sont nombreux dans les régions industrielles et les grandes agglomérations. **La France rurale en accueille peu.**
- À plus grande échelle, ils ont tendance à se regrouper dans certains quartiers et dans certaines villes de banlieue. À Paris, ils sont nombreux dans le XIIIe arrondissement et dans les arrondissements du nord et de l'est. En banlieue, Gennevilliers compte 30 % d'étrangers, Nanterre 20 %, Aubervilliers 18 %…

C. Un rôle important

1. Les conséquences démographiques

- **Une partie de la croissance démographique est due au solde migratoire positif de la population étrangère**. Durant les « trente glorieuses », la part de ce dernier représentait 30 à 40 % de l'accroissement annuel de la population. Depuis 1982, il est, en moyenne, de 50 000 personnes par an.
- Si la fécondité des femmes étrangères a tendance, au fil des années, à s'aligner progressivement sur celle des Françaises, celle des femmes africaines et maghrébines reste cependant élevée (4,2 ‰ pour les Algériennes, 5,2 ‰ pour les Marocaines, 6 ‰ pour les femmes d'Afrique noire). Cela explique, en partie, la natalité plus forte dans les villes. Sur 517 000 enfants légitimes nés en 1991, 81 519 (soit 15,8 %) sont nés d'un couple dont un des parents au moins était étranger.

2. Un rôle économique non négligeable

- Durant les « trente glorieuses », les étrangers ont fourni, en particulier dans l'industrie, **une partie de la main-d'œuvre indispensable pour assurer la croissance**.
- Constituant une main-d'œuvre bon marché et mobile, occupant des emplois peu prisés mais nécessaires, ils jouent un rôle essentiel dans certaines branches.
- Cependant, l'utilisation massive de cette main-d'œuvre dans certaines industries a pu ralentir les mutations technologiques nécessaires.

Comment cette population va-t-elle évoluer ? Quel sera son rôle dans la société et l'économie ?

C'est là un défi majeur que le pays doit relever dans les prochaines années.

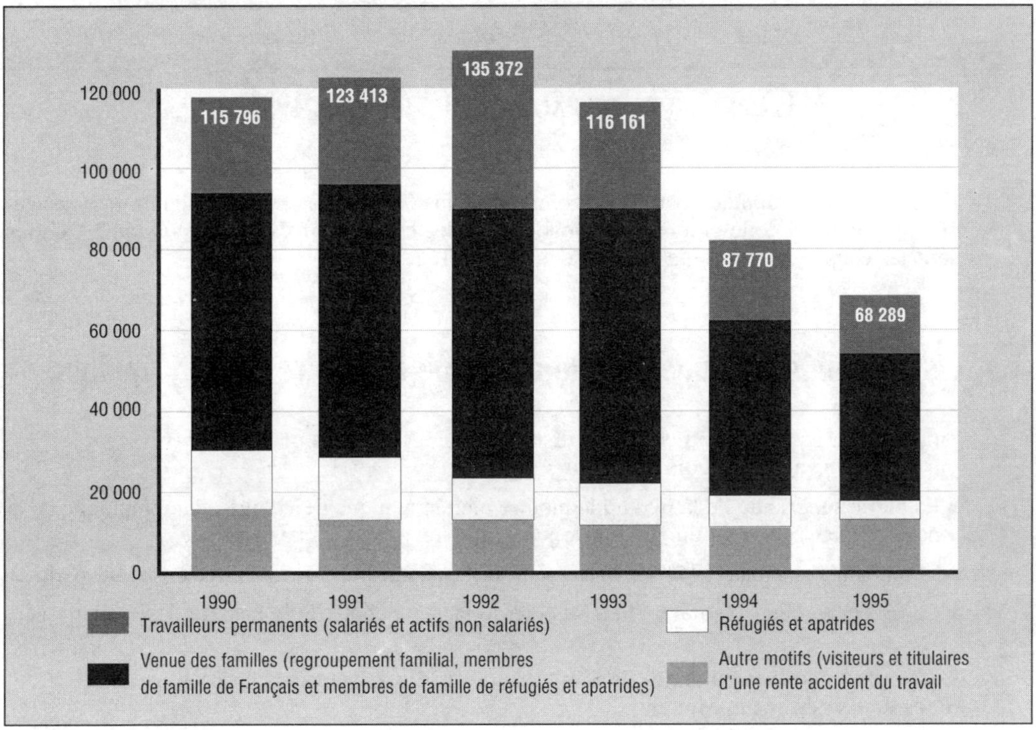

L'ÉVOLUTION DE L'IMMIGRATION À CARACTÈRE PERMANENT

4 LA POPULATION EN 1996 : LA RÉPARTITION PAR SEXE ET PAR ÂGE

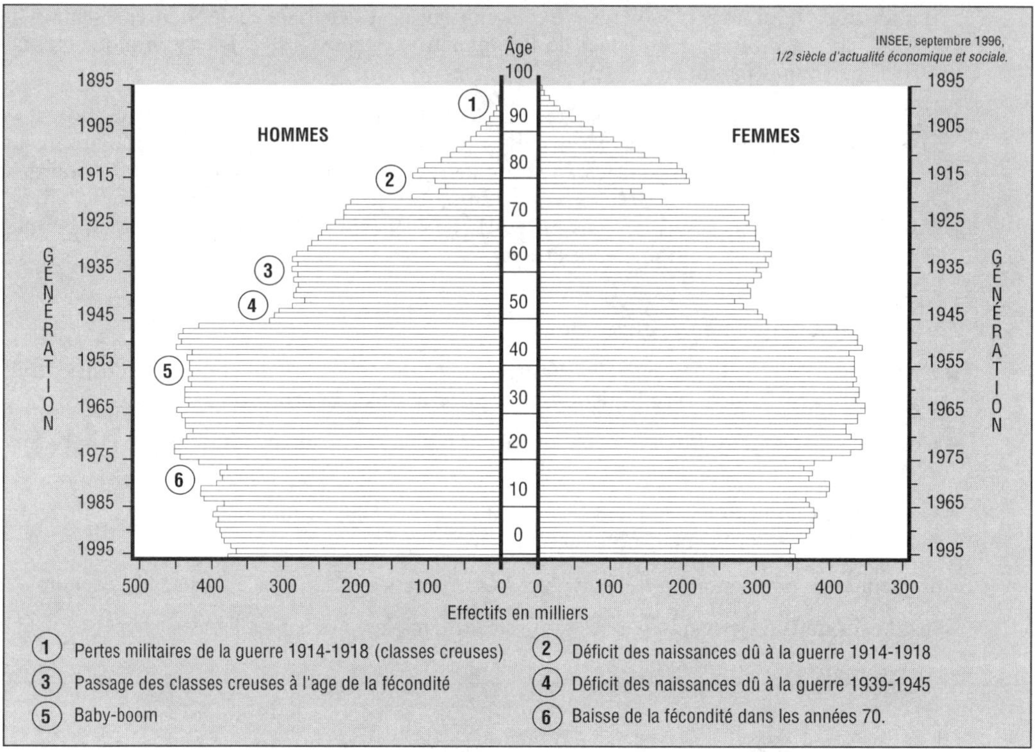

LA PYRAMIDE DES ÂGES AU 1er JANVIER 1996

L'histoire démographique permet de comprendre la composition de la population française et de voir comment celle-ci a évolué. **Quelles sont les conséquences du *baby-boom* ? Quelles sont les conséquences de la baisse de la fécondité ?**

A. La pyramide des âges est le reflet de l'histoire démographique

1. Sa forme en as de pique permet de distinguer les 3 grandes périodes traversées par la démographie depuis un siècle

- La partie supérieure de la pyramide montre bien le manque de vitalité démographique de la période allant de la fin du XIXe siècle jusqu'à la Seconde Guerre mondiale.
- Le renflement médian (1944-1972) témoigne de la natalité très forte qui caractérise cette période.
- Le rétrécissement très net de la base correspond à la chute de la natalité depuis vingt ans.

2. Les nombreuses irrégularités de la pyramide traduisent un certain nombre d'accidents démographiques

- Les pertes militaires de la Première Guerre mondiale ne sont pratiquement plus visibles sur la pyramide.

- Deux grandes échancrures symétriques traduisent le déficit des naissances durant les deux guerres (séparation des couples, baisse des mariages). Celle due à la Première Guerre mondiale est plus marquée.
- Quelques autres anomalies sont à remarquer :
  – certaines correspondent à des reprises très nettes de la natalité : 1945-1950, 1971, 1982...;
  – d'autres indiquent des baisses ou des chutes notables : baisse des naissances durant la crise des années 30, creux de 1965, chute brutale de 1976...

B. Les femmes sont plus nombreuses que les hommes

1. Plus les classes d'âge sont élevées, plus la proportion des femmes est importante

- À la naissance les garçons sont plus nombreux que les filles (1047 garçons pour 1000 filles). Malgré cela, les femmes représentent 51,3 % de la population française.
- Les garçons de moins de 15 ans sont plus nombreux que les filles (10,2 % de la population en 1993 contre 9,7 %). À l'âge adulte (jusqu'à 50 ans), le nombre d'hommes est sensiblement le même que celui des femmes. En revanche, au-delà, plus on atteint des classes d'âges élevées, plus la différence se creuse et plus les femmes sont nombreuses. Pour les plus de 64 ans, les femmes représentent 8,8 % de la population totale alors que les hommes n'en représentent que 5,8 %. Cet écart entre les deux sexes est très visible sur la pyramide.

2. Les femmes ont une espérance de vie plus grande

- L'espérance de vie est beaucoup plus élevée chez les femmes (82 ans) que chez les hommes (74 ans). Cet écart important ne se réduit pas. À 70 ans, une Française sur 2 est veuve ! Les femmes françaises vivent en moyenne plus longtemps que les autres femmes de l'Europe des Douze.
- La surmortalité masculine est due à plusieurs facteurs :
  – les accidents de la route;
  – l'hygiène de vie : effets du tabac et de l'alcool.

C. L'évolution de la composition de la population

Elle est la conséquence directe de l'évolution de la démographie.

1. Pendant les « trente glorieuses »

- La part des personnes âgées (65 ans et plus) est relativement faible. Elle évolue peu et se situe aux alentours de 12 %.
- **Les jeunes (moins de 20 ans) représentent plus de 30 % de la population.** Leur part s'est accrue jusqu'en 1966 (34,6 %) avant de diminuer.
- La part des adultes a eu tendance à diminuer jusqu'en 1966 (classes creuses d'avant-guerre) avant d'augmenter à partir de 1966 (arrivée à l'âge adulte des premiers effectifs du baby-boom). Sa part, qui était de 59 % en 1946, n'est plus que de 53,6 % en 1966.

2. Depuis 1972, la population vieillit

- **La part des jeunes diminue nettement** (26 % en 1996). Celle des adultes augmente (58,8 % en 1996). Les personnes âgées voient leur part augmenter légèrement (15,2 % en 1996). Cette dernière catégorie correspond aux classes creuses de l'avant-guerre. C'est donc l'allongement de l'espérance de vie qui explique cette croissance.
- La répartition actuelle est le résultat de l'arrivée à l'âge adulte de tous les enfants du baby-boom et de la chute des naissances.

L'évolution de la démographie conduit au vieillissement inéluctable de la population.

5 UNE FRANCE VIEILLISSANTE

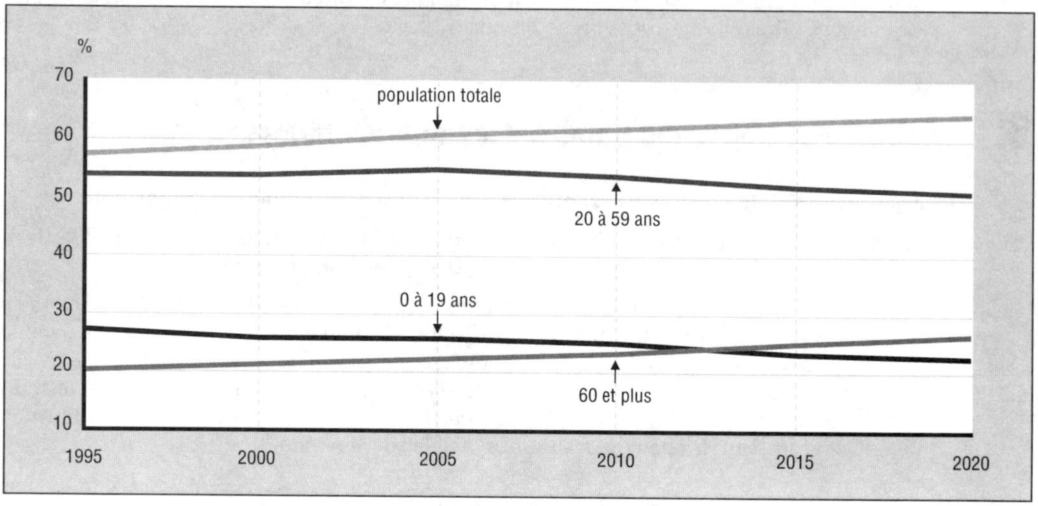

LA PROJECTION DE LA POPULATION À L'HORIZON 2020
(population totale en millions et par groupe d'âges en %)

Le vieillissement de la population est le reflet de l'évolution démographique. Il est différent suivant les régions. Il a, et aura de plus en plus, des conséquences économiques et sociales.

A. Le vieillissement inexorable de la population

1. Plus de vieux, moins de jeunes

- Le vieillissement de la population se traduit par l'augmentation du nombre de personnes âgées. Il y avait, en 1970, près de 6,4 millions de personnes de plus de 65 ans. Elles étaient 7,5 millions en 1980. Il y en a, en 1996, près de 8,8 millions.
- Le vieillissement, c'est aussi la part de plus en plus grande des personnes âgées dans la population française. Les plus de 65 ans représentaient 12,8 % de la population en 1970, ils en représentent actuellement plus de 15,2 %. De plus, la proportion de la population adulte augmente alors que celle des jeunes diminue.
- Ce vieillissement est inexorable et il est appelé à augmenter de plus en plus. Au rythme actuel, le nombre des personnes âgées de plus de 60 ans passera de 11,6 millions en 1995 à plus de 14 millions en 2010. Elles représenteront, alors, 23 % de la population. Les personnes de plus de 75 ans qui étaient 3,5 millions en 1995 seront 5,5 millions.

2. Le vieillissement est dû à 3 facteurs

- L'allongement de la durée de la vie.
- La chute de la natalité, qui entraîne une diminution de la part des jeunes dans une France à la croissance démographique de plus en plus ralentie.
- Le phénomène s'accentuera, dans quelques années, par l'entrée dans le troisième âge des enfants du baby-boom. Aujourd'hui, le nombre des plus de 60 ans augmente lentement (classes creuses) mais, à partir de 2005, le flux annuel devrait s'accroître, passant de 600 000 à 800 000 et restera à ce niveau pendant 2 décennies.

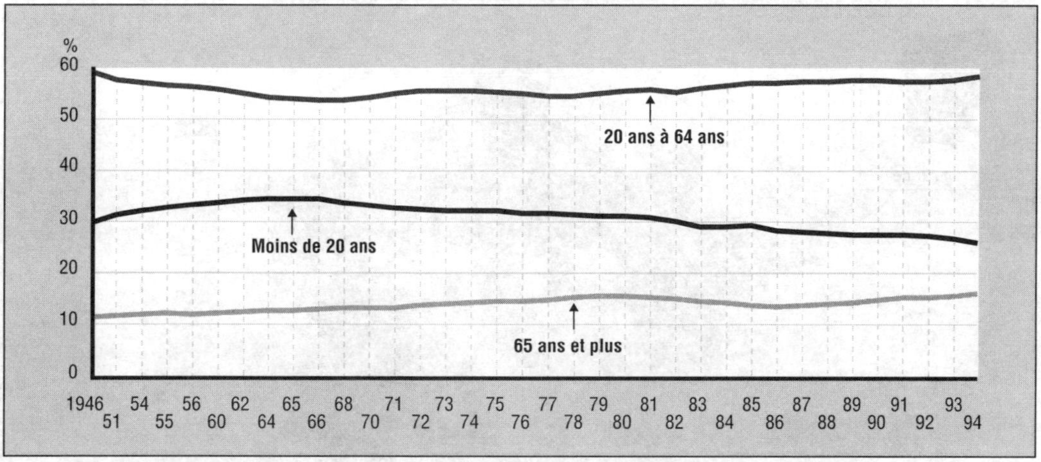

L'ÉVOLUTION DES DIFFÉRENTS GROUPES D'ÂGES DEPUIS 1946 (en %)

B. De profondes inégalités géographiques

1. L'existence d'une France « ridée »

- L'observation des cartes met en évidence un contraste entre une France plus jeune (arc de cercle de la Vendée à la Savoie et passant par le Nord, la région parisienne, l'Est) et une France plus vieille (Sud-Ouest, Centre, bords de la Méditerranée).

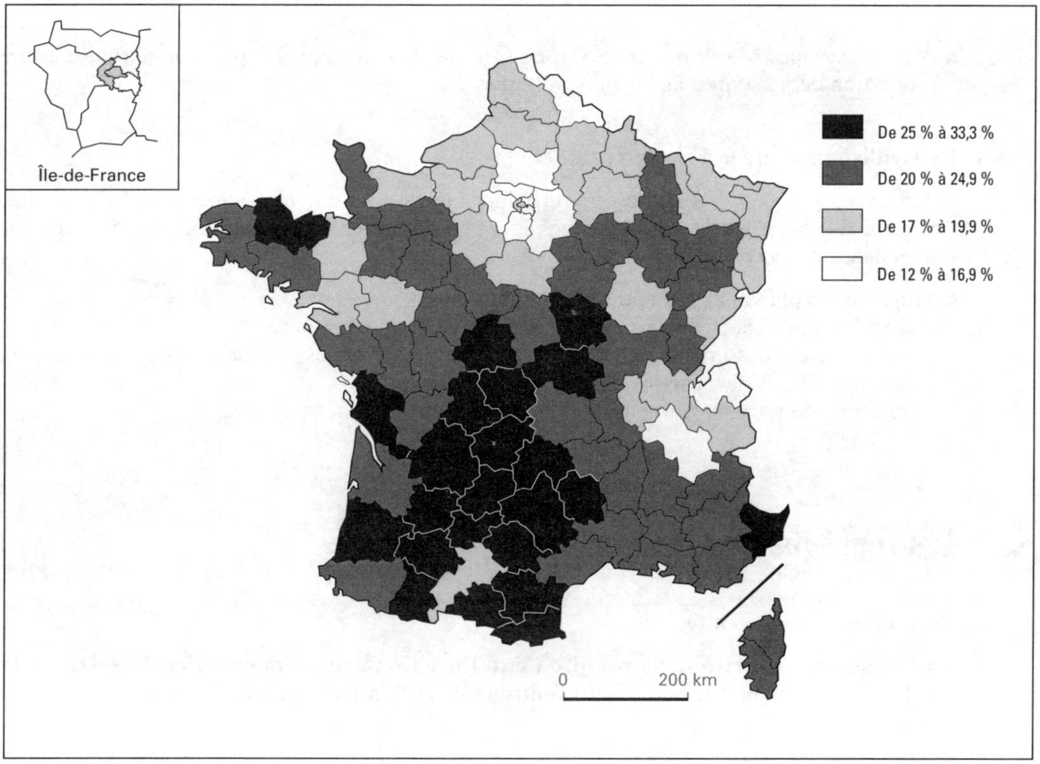

LA PART DE LA POPULATION ÂGÉE DE PLUS DE 60 ANS EN 1994 (en %)

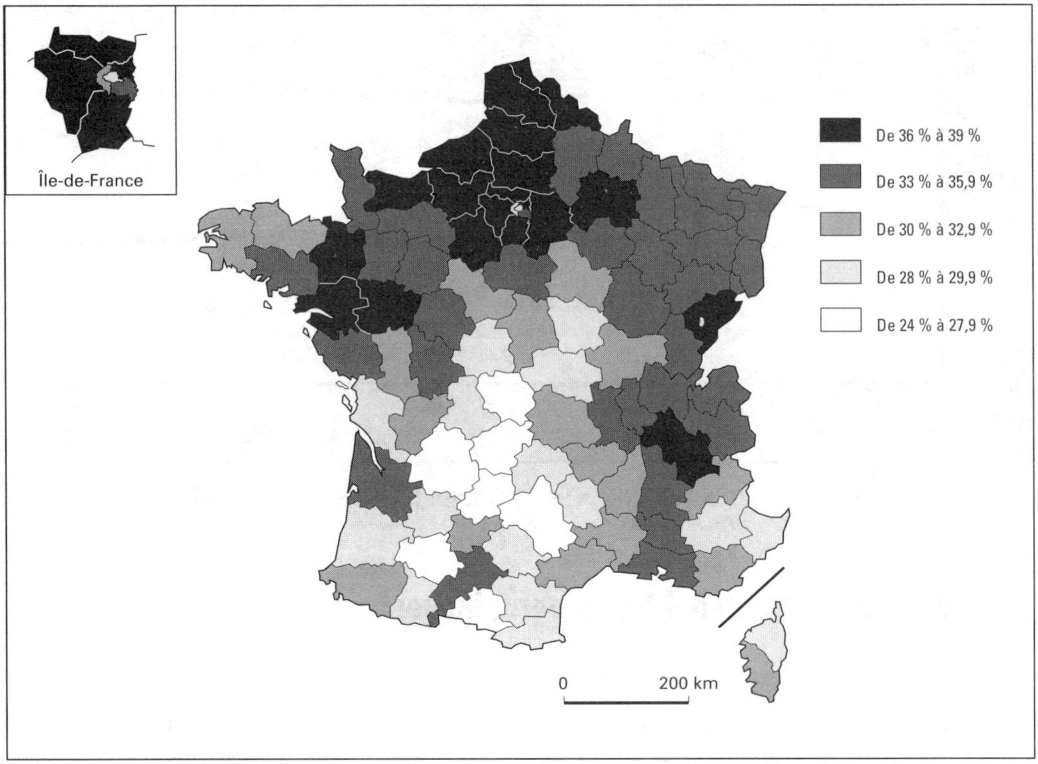

LA PART DE LA POPULATION ÂGÉE DE MOINS DE 25 ANS EN 1994 (en %)

- À part les Alpes-Maritimes et le Var, ce sont les départements les plus ruraux qui ont une proportion de personnes âgées plus importante.

2. Le vieillissement de la France rurale

- À l'exception des communes périurbaines, le vieillissement frappe la France rurale. C'est là que la proportion de personnes âgées est la plus élevée. Ce phénomène, déjà ancien, a tendance à s'accroître.
- Trois faits expliquent ce phénomène :
  – l'exode rural s'est traduit par le départ des jeunes générations;
  – la natalité est désormais plus faible dans les zones rurales que dans les zones urbaines (absence de crèches, parfois d'écoles...);
  – beaucoup de retraités quittent la ville pour s'installer à la campagne.

C. Les conséquences économiques

1. Le problème des retraites

- **Le vieillissement risque de rompre l'équilibre financier déjà précaire du système de retraites par répartition** (les actifs cotisent pour assurer la retraite des générations âgées actuelles).
- Avec l'évolution démographique, les actifs cotisant pour les personnes à la retraite seront de moins en moins nombreux face à plus de retraités.

- Le problème du financement des retraites ne peut être résolu que par l'une des solutions suivantes dont aucune n'est véritablement satisfaisante :
  – reculer l'âge de la retraite ou allonger la durée de cotisation donnant droit à une retraite complète ;
  – diminuer les retraites ;
  – alourdir le taux des cotisations ;
  – développer les retraites par capitalisation (la personne épargne pendant sa période d'activité pour s'assurer une retraite).

2. Un marché porteur : celui des plus de 60 ans

- **Les personnes âgées constituent un marché porteur et spécifique** qui va prendre de plus en plus d'importance (dans les années 60, c'était le marché des jeunes).
- Cette catégorie possède, en général, des revenus plus élevés que la moyenne des Français et dispose de plus de temps libre. Le sexagénaire qui avait 30 ans dans les années 60 entre dans le troisième âge avec son appétit de modernité et ses habitudes de consommation.

3. Le vieillissement accentue le déclin des zones rurales

- Un espace où les personnes âgées sont trop nombreuses est un espace qui décline. Les services (commerces, artisans, écoles...) se raréfient. Les jeunes quittent les campagnes ; le vieillissement s'accélère... Et les personnes âgées partent, elles aussi...
- Beaucoup de cantons ruraux sont concernés. **Le vieillissement accentue le dépérissement économique par le déclin des activités, le manque d'emplois, l'absence d'investissements.**

Le vieillissement ne pose pas seulement un problème démographique. Il crée des problèmes sociaux, économiques et spatiaux dont il faudra de plus en plus tenir compte.

Le nombre d'actifs occupés par personne de plus de 60 ans de 1982 à 2075 (statistique et projections)

	Pour un indice de fécondité de			
	1,4	**1,8**	**2,1**	**2,4**
1982	2,12	2,12	2,12	2,12
2000	2,17	2,17	2,17	2,17
2025	1,40	1,56	1,72	1,92
2075	1,12	1,44	1,75	2,27

6 LA RÉPARTITION GÉOGRAPHIQUE DE LA POPULATION

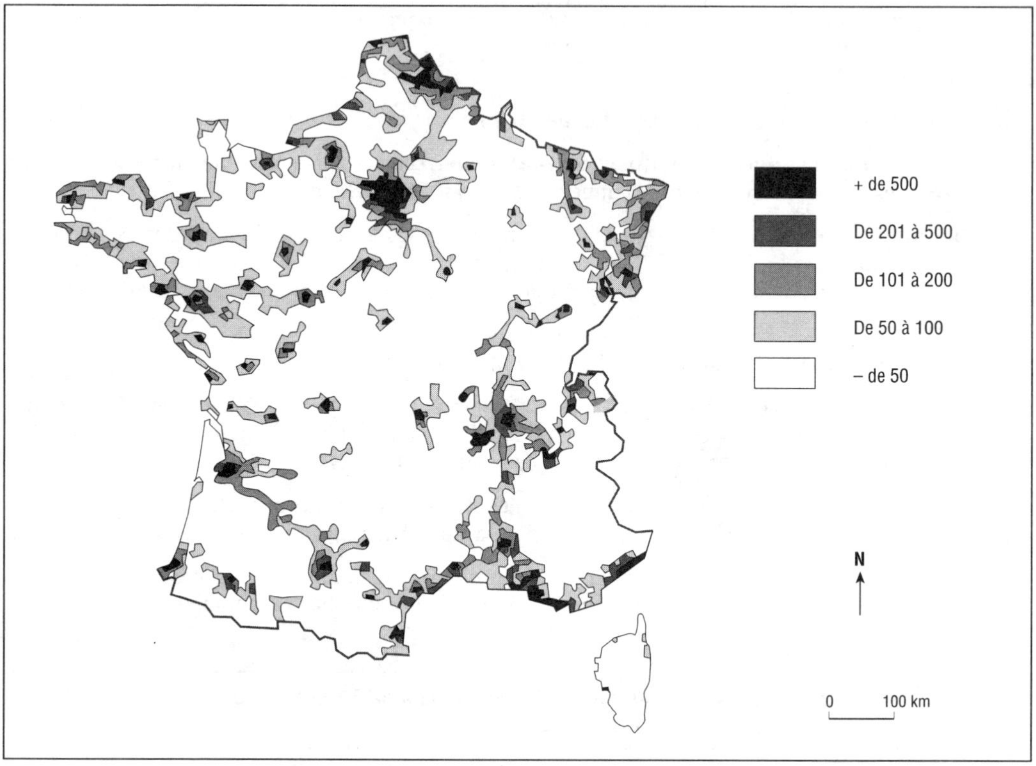

LES DENSITÉS DE POPULATION EN FRANCE MÉTROPOLITAINE
(en habitants / km²)

UNE CONCENTRATION DE LA POPULATION QUI PEUT AVOIR DE GRAVES CONSÉQUENCES

« Si rien n'est fait, le libre jeu de l'économie de marché renforcera encore la surconcentration dans la région parisienne et quelques grands axes comme les vallées et les côtes... Ainsi, de 1962 à 1990, la population de notre pays a crû de plus de 10 millions d'habitants. Simultanément cette population s'est redistribuée entre les régions et s'est concentrée dans les villes... Au point qu'aujourd'hui 40 % de la population occupe 1 % de l'espace de notre pays... Déjà, aujourd'hui, apparaissent les premiers signes de dysfonctionnement : fractures sociales détruisant l'unité des villes, congestion due à l'hypertrophie, contre-productivité liée à la taille des agglomérations... Une poursuite de la concentration de la population renforcerait l'exclusion territoriale de pans entiers de notre territoire. Notre pays se trouverait fragmenté entre d'un côté les ghettos des villes et, de l'autre, ceux des campagnes laissées à l'abandon... »

Débat national pour l'aménagement du territoire, DATAR,
La Documentation française, *1993.*

Ces phrases témoignent-t-elles d'une **dramatisation volontaire** et d'une **schématisation** ou sont-elles la **traduction d'une réalité ?**

A. Un pays faiblement peuplé, une population mal répartie

1. La France est faiblement peuplée par rapport à ses voisins

Les densités de population dans les pays de l'Union européenne (en habitants / km²)

Allemagne	Autriche	Belgique	Danemark	Espagne	France	Finlande	Grèce
229	97	334	121	78	106	15	80
Irlande	**Italie**	**Luxembourg**	**Pays-Bas**	**Portugal**	**Royaume-Uni**	**Suède**	
51	190	160	415	107	240	20	

- L'espace français est sous-peuplé si on le compare à celui des pays voisins (Espagne exceptée).
- Une grande partie du territoire constitue une réserve d'espace pour les autres pays de l'Union européenne. Le sous-peuplement est source de surcoût pour un certain nombre d'équipements sous-utilisés.

2. Une population inégalement répartie

- L'observation de la carte des densités montre de très grands contrastes de peuplement. À l'exception de la région parisienne et des principaux axes qui sont le plus souvent des vallées fluviales, les zones les plus peuplées correspondent aux littoraux et aux frontières du Nord et de l'Est.
- L'intérieur de la France est sous-peuplé. Il faut remarquer, en particulier, l'**existence d'un grand S inversé** qui prend la France en écharpe des Landes jusqu'aux Ardennes, par le Massif central et l'est du Bassin parisien. C'est la « France du vide » ou la « diagonale aride ».
- Exception faite de l'Île-de-France (912 habitants par kilomètre carré), du Nord-Pas-de-Calais (322) et de l'Alsace (200), aucune région française n'a des densités comparables à celles des régions des pays voisins (sauf l'Espagne). Seules ces 3 régions connaissent une répartition homogène de la population sur leur territoire. Ailleurs, les contrastes de peuplement sont très accusés à l'intérieur de l'espace régional (Lorraine, Rhône-Alpes, Provence-Alpes-Côte d'Azur…).
- En fait, une observation plus attentive de la carte montre que les zones rurales, à l'écart des métropoles, au réseau urbain trop lâche, aux petites villes sans dynamisme, sont les zones à faible densité.

3. L'évolution depuis 1962

- La carte de l'évolution de la population communale depuis 1962 est très révélatrice. Elle montre que **les contrastes de peuplement se sont accentués**.
- La « diagonale aride » accentue son dépeuplement. Il faut y ajouter certaines zones industrielles en crise, la Corse, la Bretagne intérieure et les marges ouest du Bassin parisien.
- Les zones de fort accroissement correspondent aux grandes zones urbaines et à une partie importante des régions méditerranéennes.
- **Plus on s'éloigne des villes, plus le dépeuplement s'accentue**.
- Le recensement de 1982 avait confirmé le renversement d'une tendance séculaire. Les communes rurales regagnaient à nouveau de la population (phénomène de la rurbanisation). Le rural profond continuait à se dépeupler. Les grandes villes voyaient leur croissance ralentie. Le centre des agglomérations se dépeuplait au profit d'une campagne proche.
- Le recensement de 1990 fait apparaître un renforcement des grandes villes, en particulier l'agglomération parisienne et celles du sud de la France de Nice à Bordeaux (sauf Marseille).

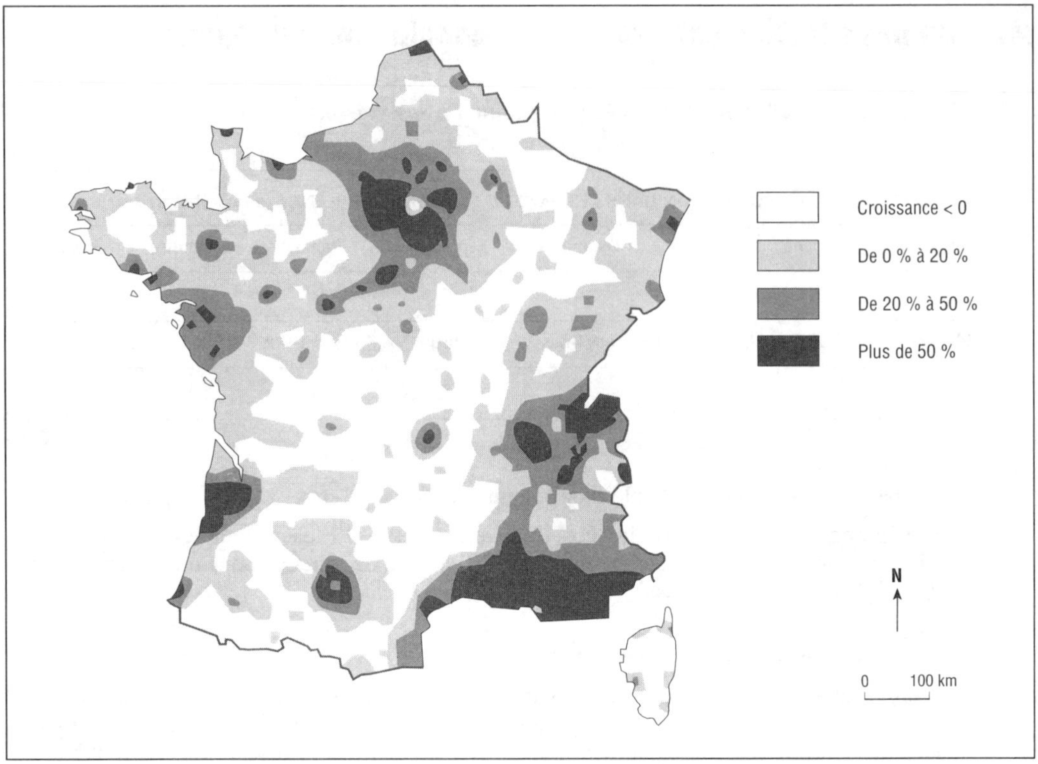

La croissance de la population de 1962 à 1990

4. Les conséquences économiques et sociales

■ **De ce fait, les zones saturées connaissent un certain nombre de problèmes :**
- une inflation foncière;
- un surcoût des équipements;
- une saturation du réseau routier et des infrastructures de transport (chaque jour le temps perdu dans les embouteillages par les actifs à Paris est égal au temps de travail des actifs d'une ville comme Lyon).

■ **La désertification est à l'origine d'une mort lente des régions** : la faible population provoque une baisse de l'activité économique qui entraîne le départ des jeunes et renforce le vieillissement de la population. Les collectivités territoriales évitent de réaliser des équipements qui ne seraient pas rentables et accentuent de cette façon le phénomène de la désertification.

B. Comment expliquer de tels contrastes

1. Pendant longtemps, certains facteurs ont suffi à expliquer les contrastes de peuplement

■ Un milieu physique répulsif est un facteur de faibles densités : zones de montagne, sols pauvres (Sologne, Landes), régions enclavées…

■ Le type d'agriculture peut, lui aussi, expliquer certains contrastes; les zones de grandes cultures mécanisées sont faiblement peuplées; en revanche, une agriculture intensive retient plus les populations : viticulture, cultures maraîchères et fruitières (ex. : plaines du bas Rhône).

■ Les régions industrielles connaissent de fortes densités.

■ Pourtant, ces explications sont insuffisantes pour comprendre les contrastes actuels.

2. La métropolisation est l'explication essentielle

■ **Les Français se concentrent de plus en plus dans les villes** et en particulier dans les métropoles : 96 % de la population vit dans une ZPIU* et 50 % des citadins vivent dans une agglomération de plus de 200 000 habitants. Paris et les métropoles régionales (Lille-Roubaix-Tourcoing, Nancy-Metz, Strasbourg, Lyon, Nice, Marseille, Toulouse, Bordeaux, Nantes) exercent une attraction inégale.

■ **Les espaces périurbains regroupent près de 12 millions de personnes sur 10 % du territoire**. Leur développement est le résultat de la croissance des villes et des contraintes qui l'accompagnent (coût élevé de l'immobilier dans les centres urbains), mais aussi goût des Français pour la maison individuelle.

■ **Trois facteurs essentiels expliquent la croissance des espaces urbains et périurbains :**
- les campagnes offrent moins d'emplois et moins de services (scolarisation, culture, commerces…) ;
- les nouveaux axes de transport, les nouveaux moyens de communication renforcent la métropolisation et les espaces ruraux proches des villes ou bien reliés à celles-ci ;
- la prépondérance du tertiaire, activité urbaine par excellence, est un facteur de développement des villes et en particulier des plus grandes.

L'originalité du territoire français tient plus aux contrastes de peuplement qu'aux densités moyennes.

La France est un des pays de l'Union européenne qui propose la répartition la plus inégale : les trois quarts de la population sont concentrés sur 20 % du territoire tandis que les espaces de faible peuplement (moins de 30 habitants par kilomètre carré) constituent les quatre cinquièmes de l'espace national.

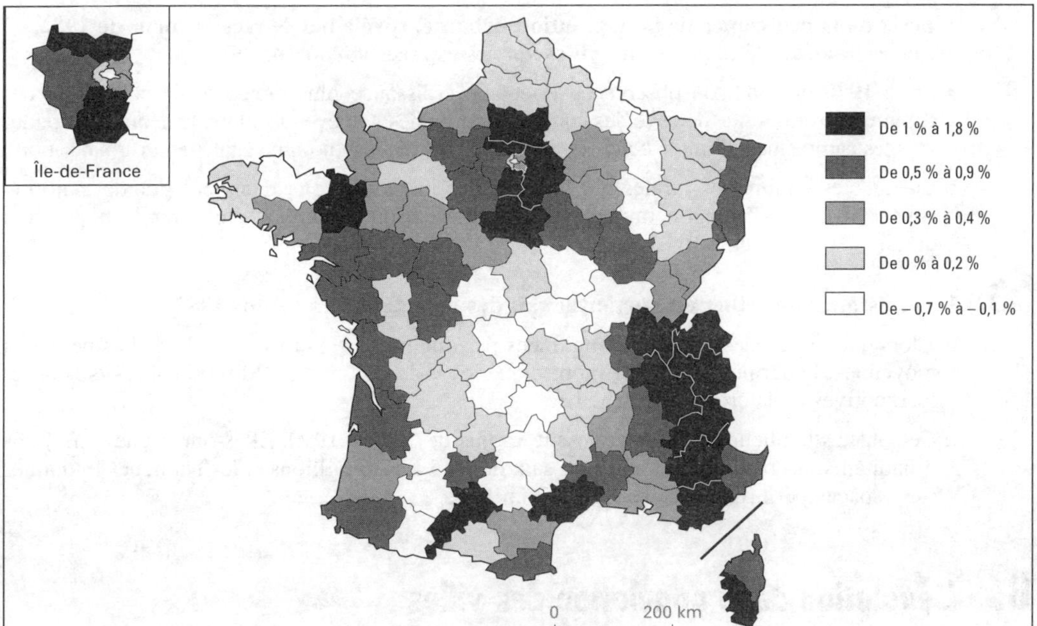

LA CROISSANCE DE LA POPULATION DE 1990 À 1995 (MOYENNE ANNUELLE)

*** ZPIU (Zone de peuplement industriel et urbain) :** *catégorie statistique qui comprend des unités urbaines (ensemble d'habitations comportant au moins 2 000 habitants) et certaines communes rurales qui ont une fonction de communes-dortoirs.*

7 VILLES ET RÉSEAUX URBAINS EN FRANCE

Les trois quarts des Français, soit 44 millions de personnes, vivent dans 5 300 communes urbaines* de plus de 2 000 habitants. Si l'on prend en compte les ZPIU, en intégrant aux communes urbaines les 17 000 ou 18 000 communes rurales** périurbaines***, on atteint le chiffre de 55,7 millions de citadins (96 % de la population). Les communes rurales représentent moins de 5 millions d'habitants en France métropolitaine.

Paris domine le réseau urbain français avec 9,5 millions d'habitants contre 1,3 million pour Lyon, deuxième agglomération française : **la France manque donc de villes intermédiaires entre les 2 plus grandes métropoles**.

A. De plus en plus de citadins

1. Une urbanisation continue depuis la fin de la Seconde Guerre mondiale

- En 1945, la population urbaine occupait 7 % du territoire et dépassait de peu la population rurale.
- En 1975, les citadins avoisinaient les trois quarts de la population sur 15 % de l'espace français.
- En 1996, les ZPIU regroupent 96 % des Français sur un quart du territoire.

2. L'arrêt de la croissance de la population urbaine, révélé par le recensement de 1982, est le résultat de l'étalement des villes sur les espaces ruraux proches

- Entre 1975 et 1982, on observe en effet une croissance plus rapide de la population des communes rurales que de celle des communes urbaines. On évoque, alors, le début d'un retour vers les campagnes, d'une « contre-urbanisation » (que l'on nomme également rurbanisation).
- En fait, les communes rurales qui gagnent des habitants sont, dans leur grande majorité, situées dans la périphérie immédiate des villes, d'où l'intérêt de mesurer la population urbaine à travers les ZPIU.

3. La croissance des villes est surtout le fait des grandes villes depuis 1982

- Alors que les années 70 ont été marquées par une très forte croissance des villes petites et moyennes, la dernière décennie montre que les villes de plus de 200 000 habitants sont les locomotives de la croissance urbaine.
- Ce sont les banlieues qui s'accroissent le plus de 1975 à 1990. Elles ont gagné 4 millions d'habitants, les banlieues proches passant de 14,5 à 17,6 millions et les banlieues lointaines (les espaces périurbanisés) de 7,8 à 9,7 millions.

B. L'évolution de la population des villes de plus de 100 000 habitants est très différenciée

1. Paris et les villes du « croissant lumineux » de Rennes à Nice connaissent toujours une forte croissance (supérieure à 0,5 % par an)

- Paris attire les jeunes adultes et les nouveaux immigrés à la recherche d'un emploi. Sa forte proportion d'adultes jeunes lui permet de connaître un solde naturel très positif. Nouveaux arrivants et naissances nombreuses font plus que compenser le départ massif des retraités.

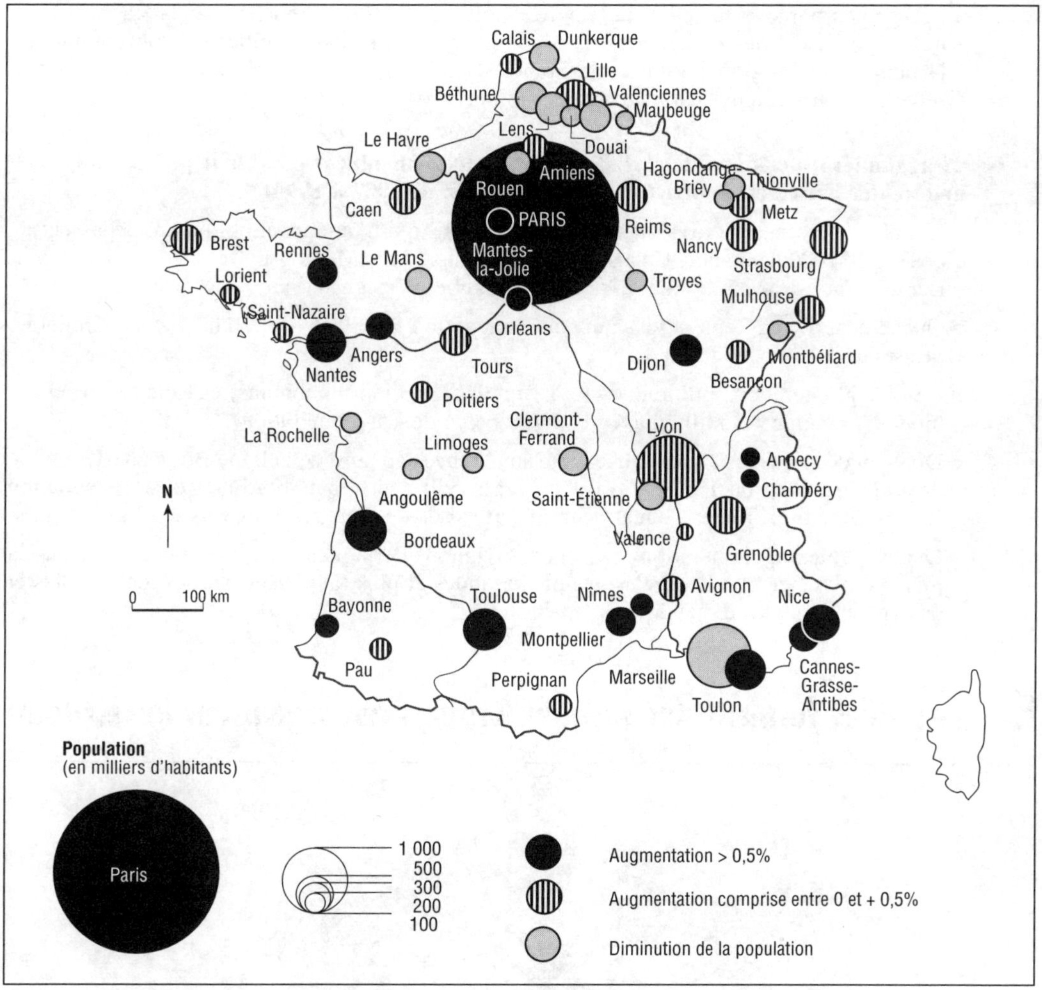

L'ÉVOLUTION DE LA POPULATION DES AGGLOMÉRATIONS DE PLUS DE 100 000 HABITANTS ENTRE 1982 ET 1990 EN FRANCE MÉTROPOLITAINE

- Les villes du croissant lumineux auxquelles il faut ajouter Dijon, Annecy, Chambéry et retrancher Marseille continuent à croître grâce à la politique de décentralisation (Rennes), à la création d'emplois dans les technopoles (Toulouse, Montpellier) et surtout à l'héliotropisme (Toulon, Cannes, Nice).

2. Les villes touchées par la crise de l'industrie connaissent une évolution négative de leur population

Trois types de villes peuvent être identifiés.

- Les villes du charbon et de la sidérurgie, Maubeuge, Valenciennes, Douai, Lens, Béthune et même Dunkerque dans le Nord-Pas-de-Calais, Hagondange-Briey, Thionville en Lorraine, Saint-Étienne, n'ont compensé le déclin des industries traditionnelles ni par les nouvelles industries ni par le tertiaire.
- Des villes mono-industrielles, souvent dominées par une seule firme, situées entre le pôle parisien et les villes du croissant lumineux : Le Mans, Troyes, Montbéliard, Clermont-Ferrand, Limoges, Angoulême.

- Les grands ports : Marseille, Le Havre, Dunkerque, Rouen, touchés par la stagnation du trafic et le déclin des zones industrialo-portuaires. Le cas de Marseille est le plus atypique : la plus grande agglomération de la France du Sud (1,08 million d'habitants) est aussi la seule à avoir perdu des habitants entre 1982 et 1990 (– 2,2 %).

3. 21 agglomérations de taille et de localisation très variables voient leur population augmenter lentement (entre 0,1 et 0,5 % par an de 1982 à 1990)

- Les plus nombreuses (15) sont des agglomérations qui n'atteignent pas ou qui dépassent de peu les 200 000 habitants : Calais, Amiens, Reims, Metz, Mulhouse, Besançon, Caen, Brest, Lorient, Saint-Nazaire, Poitiers, Valence, Avignon, Perpignan, Pau.
- Quatre sont des agglomérations qui comptent entre 250 000 et 400 000 habitants : Grenoble, Strasbourg, Nancy et Tours.
- Deux agglomérations millionnaires : Lyon (1,27 million d'habitants) et Lille (985 000 habitants; et même 1,3 million avec la partie belge de l'agglomération).
- Dix-sept de ces villes à croissance lente sont situées au nord de la ligne Bordeaux-Grenoble dans des régions où l'industrie est en repli (villes du quart nord-est) ou en stagnation (Lyon-Grenoble). Toutes connaissent un fort exode de leurs retraités vers le Midi.
- Quatre petites agglomérations (Valence, Avignon, Perpignan, Pau) ne connaissent pas la même croissance que leurs voisines plus grandes et plus favorisées par des technopôles et des universités plus dynamiques.

C. Les villes forment des réseaux urbains qui organisent le territoire

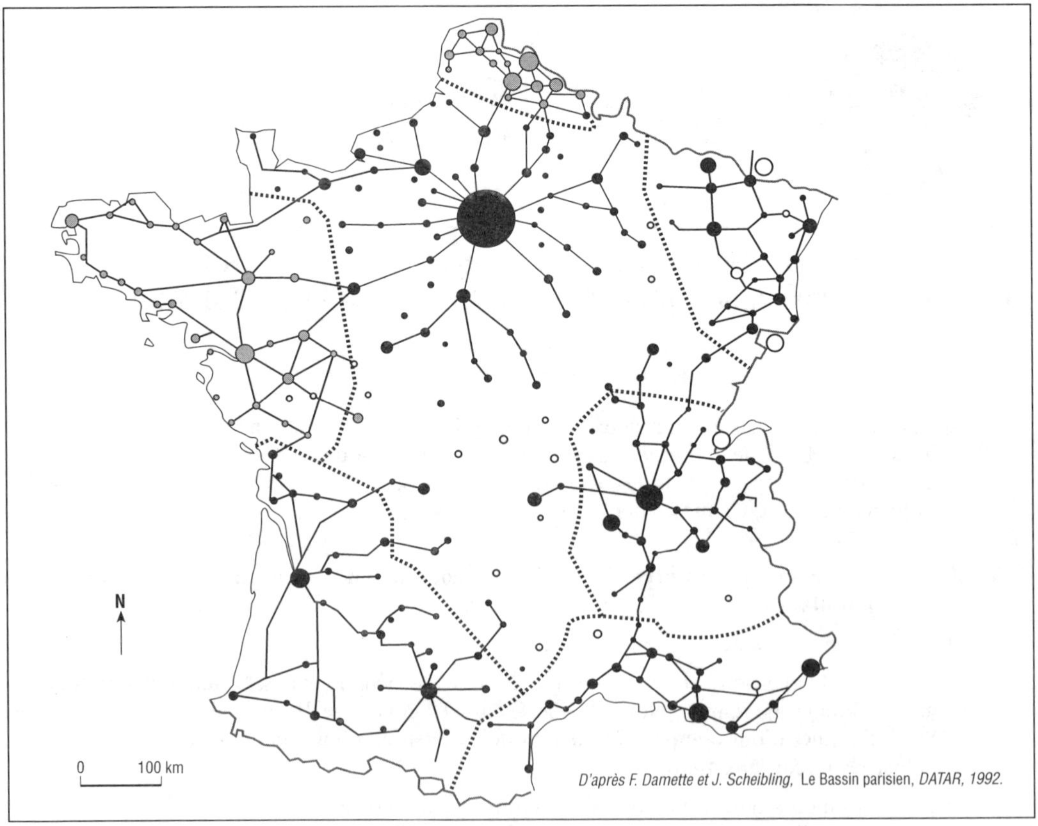

LES RÉGIONS ET LES SYSTÈMES URBAINS EN FRANCE MÉTROPOLITAINE

L'aire d'influence des villes dépend de leur taille et de leur niveau d'équipement.

L'extension de l'aire d'influence des villes permet de déterminer une hiérarchie urbaine. Celle-ci permet d'identifier des réseaux ou des systèmes urbains.

1. Paris domine les réseaux urbains français

L'influence de Paris s'inscrit à plusieurs échelles sur l'ensemble des villes du territoire métropolitain.

- L'aire d'influence directe de Paris s'inscrit de manière de plus en plus stable sur les villes situées dans un cercle de 70 kilomètres de rayon à partir de Notre-Dame.
- Amiens, Reims, Troyes, Orléans, Tours, Le Mans, Caen, Rouen constituent la principale couronne urbaine du Bassin parisien sur laquelle la capitale exerce une domination très forte en matière d'emplois, notamment.
- Les autres villes métropolitaines dépendent à des degrés divers de Paris, dans les domaines politique, financier, économique et des grands équipements, et cela, malgré les lois de régionalisation.

2. Abstraction faite du réseau urbain national dominé par Paris, 7 systèmes urbains régionaux fonctionnent en métropole

- Le système urbain du Bassin parisien polarisé par Paris : toutes les grandes villes sont dominées par la capitale; le TGV, en diminuant les temps d'accès à la capitale, accroît l'extension de ce système en particulier vers Rennes, Angers et Poitiers.
- Les 2 systèmes moins nettement polarisés, du Nord autour de Lille-Roubaix-Tourcoing et de Rhône-Alpes autour de Lyon; le poids des 2 pôles régionaux est bien sûr moins fort que celui de Paris.
- Le système bipolaire du grand Sud-Ouest dominé par 2 villes de poids et d'influence comparables : Bordeaux et Toulouse.
- Les réseaux multipolaires de l'Ouest (Nantes-Angers-Rennes-Brest) et de l'Est (Metz-Nancy-Strasbourg-Mulhouse) souvent qualifiés d'articulés car aucune ville n'est dominante.
- Le réseau urbain linéaire des villes de la Méditerranée, de Perpignan à Nice, constitué par 2 alignements de villes (Avignon-Nice et Avignon-Perpignan) qui se tournent le dos plutôt qu'ils ne se complètent.
- Enfin, le cœur géographique du territoire français de la Lorraine au Massif central, peu peuplé et peu urbanisé, n'est organisé par aucun réseau urbain.

Comme tous les grands pays développés, la France est devenue un pays de citadins. Les plus grandes villes, principales productrices de richesses, attirent de plus en plus et se déversent sur les espaces ruraux proches.

Le poids de Paris, dans ce système urbain français, est-il réellement un inconvénient? La place de la France en Europe et dans le monde serait-elle la même avec une capitale de 3 à 4 millions d'habitants et 3 à 5 capitales régionales de 2 millions d'habitants ?

** **Commune urbaine** : commune dont la population atteint au minimum 2 000 habitants et faisant partie d'une unité urbaine (ensemble d'habitations présentant entre elles une continuité et comportant au moins 2 000 habitants).*

*** **Commune rurale** : commune ne faisant pas partie d'une unité urbaine.*

**** **Périurbain** : espace dans lequel la ville avance sur la campagne.*

8 LES DYNAMIQUES SPATIALES DE LA POPULATION : LA MOBILITÉ HABITUELLE

On entend par mobilité habituelle de la population **tous les déplacements qui n'impliquent pas un changement de résidence**. Ces déplacements sont dus aux nécessités quotidiennes de la vie : mouvements pendulaires et temporaires de travail, déplacements de loisirs et de vacances.

A. Les mouvements pendulaires liés au travail ou aux études

1. Multiplication et banalisation des déplacements

- Ils concernent la quasi-totalité des salariés ainsi que la population scolarisée, soit environ 30 millions de personnes.
- La distance et le temps des déplacements augmentent avec la taille des unités urbaines. Ainsi, le million de personnes qui travaille dans Paris effectue un déplacement moyen quotidien de 12 kilomètres contre 6 kilomètres il y a vingt-cinq ans ; c'est la conséquence de l'extension continue de l'agglomération parisienne.
- Près de la moitié des déplacements se font en automobile, 20 % par les transports collectifs et le reste à pied ou en deux-roues.
- Sur les 17 millions d'actifs qui se déplacent quotidiennement pour leur travail, 0,5 million vont d'une commune urbaine vers une commune rurale, 2,8 millions d'une commune rurale vers une commune urbaine, 1,4 million d'une unité urbaine* à une autre unité urbaine ; 13 millions se déplacent à l'intérieur des agglomérations urbaines (3,8 millions au sein de la seule agglomération parisienne).

2. Des flux concentrés dans le temps et dans l'espace

- L'augmentation continue de la tertiarisation entraîne une concentration des déplacements entre 7 heures et 9 heures et entre 17 heures et 19 heures, ce qui nécessite des infrastructures et un matériel de transport largement sous-utilisés en dehors de ces deux plages horaires et en fin de semaine. L'industrie avec son fonctionnement en plusieurs équipes permettait un meilleur étalement des déplacements de travail.
- Plus de 10 millions de travailleurs se déplacent à l'intérieur des unités urbaines de plus de 200 000 habitants, ce qui se traduit par des mouvements sur de faibles distances où les déplacements radians (de la banlieue vers la ville centre) l'emportent largement sur les mouvements circulaires (de banlieue à banlieue).
- Le développement et le fonctionnement des villes sont conditionnés par ces gigantesques mouvements pendulaires : les agglomérations doivent assurer le transport d'un nombre de plus en plus important de personnes sur des distances de plus en plus grandes, par des moyens nécessitant toujours plus de capitaux et d'espace.

3. Les déplacements saisonniers de travail

- 600 000 à 800 000 personnes s'absentent de leur domicile 8 mois par an en moyenne pour occuper des emplois dans le secteur du tourisme et des loisirs.
- Ces travailleurs ont largement supplanté les saisonniers agricoles, qui ne sont plus qu'une centaine de milliers (étudiants vendangeurs à l'automne).

B. Les déplacements liés aux loisirs et au tourisme

1. Les déplacements de loisirs

- À l'intérieur ou à proximité immédiate des unités urbaines (jusqu'à 30 ou 40 kilomètres), ils concernent aussi bien les achats que les activités sportives ou de détente qui se font à une distance peu éloignée du domicile.
- Ces flux sont moins concentrés dans la journée et dans l'espace que ceux des migrations alternantes de travail.

2. Le tourisme de proximité

- Il est matérialisé par les déplacements de week-end. Ceux-ci conduisent, parfois, les citadins loin de leur domicile (jusqu'à 200 kilomètres).
- Ils sont le fait des habitants des plus grandes agglomérations et en particulier des Franciliens.
- Les départs sont moins concentrés (vendredi soir, samedi matin) que les retours les dimanches entre 16 heures et 20 heures, pendant la période d'avril à octobre essentiellement.

3. Les déplacements liés aux vacances

- Ils concernent tous les déplacements de plus de 4 jours hors du domicile pour des raisons non professionnelles ou médicales (cures thermales, par exemple). Ces déplacements plus lointains ont lieu aussi bien en été qu'en hiver.
- **30 millions** de Français se déplacent pour les vacances d'été. Les grandes villes et plus globalement la moitié nord du pays sont les grands foyers émetteurs, les Alpes et les littoraux méditerranéen et atlantique sont les grands foyers d'accueil. Les déplacements hors du territoire métropolitain vers l'étranger et les DOM-TOM demeurent modestes (moins du cinquième des destinations). Ces déplacements sont concentrés à la fin de chaque semaine de juillet et d'août avec des croisements départs-retours lors des week-ends entre le 14 juillet et le 15 août. Chaque grand moyen de transport de voyageurs atteint alors son maximum de capacité. L'axe Paris-Lille-Lyon-Méditerranée est le plus souvent emprunté car aux touristes français s'ajoutent plusieurs millions de touristes étrangers qui se déplacent entre l'Europe du Nord et l'Europe méditerranéenne.
- **8 millions** de Français se déplacent pour les vacances d'hiver. Cinq millions se rendent à la montagne (principalement dans les Alpes) ; les Franciliens constituent près de la moitié de cette clientèle. Ces déplacements très concentrés engendrent des flux routiers et ferroviaires intenses en direction des vallées intra-alpines (Maurienne et surtout Tarentaise). Les autres ont des destinations plus dispersées (Côte d'Azur, pays tropicaux…) qui n'engendrent pas de flux aussi denses.

La mobilité habituelle de la population française génère des **flux très concentrés dans le temps et dans l'espace**. Une grande majorité de Français **participe aux 3 types de déplacements** qui, malgré tout, concernent beaucoup plus les habitants des 30 plus grandes agglomérations françaises.

* ***Unité urbaine*** *: ensemble d'habitations présentant entre elles une continuité et constitué par des communes de plus ou de moins de 2 000 habitants.*

9 LES MIGRATIONS

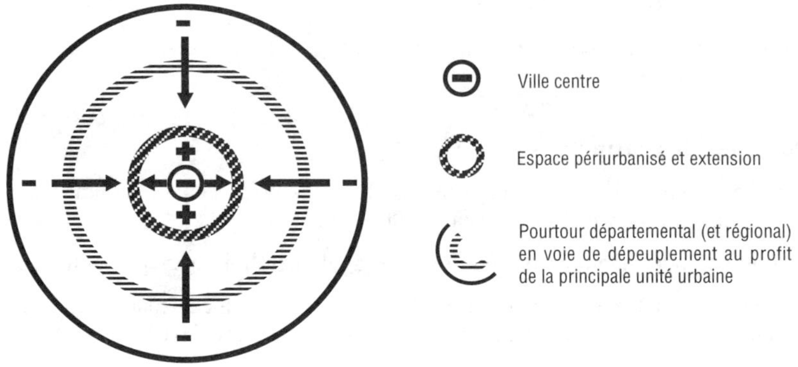

LES MIGRATIONS INTÉRIEURES À PETITE ET MOYENNE ÉCHELLE

Les migrations impliquent un changement de domicile. Elles se divisent en 2 grands types : **les migrations intérieures** et **les migrations internationales**.

A. Les migrations intérieures

Depuis le recensement de 1975, 75 % des migrations sont interurbaines. Elles s'inscrivent à 3 échelles différentes sur le territoire français.

1. À grande échelle (sur un petit espace)

- Depuis vingt ans, on assiste à une diminution de la population des centres-villes et à une augmentation de la population des communes périurbaines. Une grande partie de la croissance démographique de ces dernières est due à la migration des habitants des centres vers les périphéries. Il s'agit donc de migrations définitives à courtes distances liées aux coûts de l'immobilier dans les centres-villes.
- L'installation en zone périurbaine s'accompagne, généralement, de l'obligation de participer aux mouvements pendulaires de travail. Sur le même espace, on observe des migrations définitives et un accroissement de la mobilité habituelle.
- La quasi-totalité des unités urbaines de plus de 20000 habitants connaît ce type d'évolution.

2. À échelle moyenne (celle du département)

- On observe un mouvement migratoire inverse : les pourtours de nombreux départements continuent à se dépeupler au profit des zones périurbaines des sous-préfectures et surtout des préfectures.
- Ce phénomène est visible dans une soixantaine de départements. Il s'explique par la poursuite de l'exode rural et par l'importance croissante du secteur tertiaire dont la plupart des emplois se trouvent dans les unités urbaines d'une certaine taille.

L'ÉVOLUTION DES UNITÉS URBAINES SELON LEUR TAILLE EN FRANCE MÉTROPOLITAINE, DE 1982 À 1990

Classe de taille (nombre d'habitants)	Nombre d'unités urbaines	Nombre de communes	Population 1990	Taux de variation (% moyen annuel) par mouvement naturel 1975-1982	1982-1990	par solde migratoire 1975-1982	1982-1990
2 000 - 4 999	1 003	1 393	3 387 154	0,19	0,16	0,84	0,49
5 000 - 9 999	455	847	3 117 365	0,33	0,27	0,54	0,36
10 000 - 19 999	201	591	2 765 032	0,52	0,42	0,20	0,14
20 000 - 49 999	122	530	3 836 597	0,60	0,50	– 0,22	– 0,19
50 000 - 99 999	53	403	3 658 244	0,63	0,56	– 0,35	– 0,27
100 000 - 199 999	28	366	3 892 316	0,72	0,63	– 0,58	– 0,47
200 000 - 2 millions	28	792	11 921 596	0,59	0,58	– 0,37	– 0,16
Agglomération de Paris	1	379	9 318 821	0,69	0,79	– 0,60	– 0,27

Recensements de la population INSEE.

QUELQUES INDICATEURS DÉMOGRAPHIQUES POUR LA FRANCE MÉTROPOLITAINE DE 1982 À 1990

(en milliers)	1982	1983	1984	1985	1986	1987	1988	1989	1990	1991 (estimations)	1996 (estimations)
Population(1)	54 650	54 985	55 157	55 411	55 681	55 966	56 270	56 577	56 893	57 206	58 400
Solde migratoire	61	56	45	38	39	44	57	71	80	80	50
Variation totale	315	245	262	254	271	284	304	316	313	282	254

(1) en fin d'année.

INSEE.

■ Les limites administratives des départements, qui, souvent, sont celles des régions, deviennent ainsi des liserés de territoire au solde migratoire largement négatif qui connaissent une diminution sévère de leur population.

3. À petite échelle (celle de la France)

■ On identifie 4 grands types de flux migratoires :
- un flux allant de l'ensemble du territoire français vers l'agglomération parisienne ; ce sont souvent des jeunes adultes à la recherche d'un emploi ;
- un flux beaucoup plus fort de l'agglomération parisienne vers le grand Sud-Est (Alpes du Nord et régions méditerranéennes), vers l'axe ligérien d'Orléans à Nantes, vers le croissant lumineux de Rennes à Toulouse par Nantes et Bordeaux ; ainsi, 80 % des migrations intérieures concernent l'agglomération parisienne ;
- globalement, de la France du Nord vers la France du Sud. Ce mouvement est appelé « effet Sud » ou « héliotropisme » ;
- du territoire métropolitain vers les DOM-TOM, et inversement.

■ On observe que, depuis le recensement de 1982, de moins en moins de Français nés dans les DOM-TOM viennent en métropole. En revanche, un nombre croissant de Français nés en métropole migrent dans les DOM-TOM et, surtout, de plus en plus de Français des DOM vivant en métropole retournent dans leur département d'origine. Au total, le solde migratoire au profit des DOM a été de moins de 55 000 personnes entre 1982 et 1990. On assiste donc à une inversion des champs migratoires entre la France métropolitaine et la France d'outre-mer qui s'explique par la crise de l'emploi en métropole, la mise en place du RMI et des allocations familiales dans les DOM-TOM.

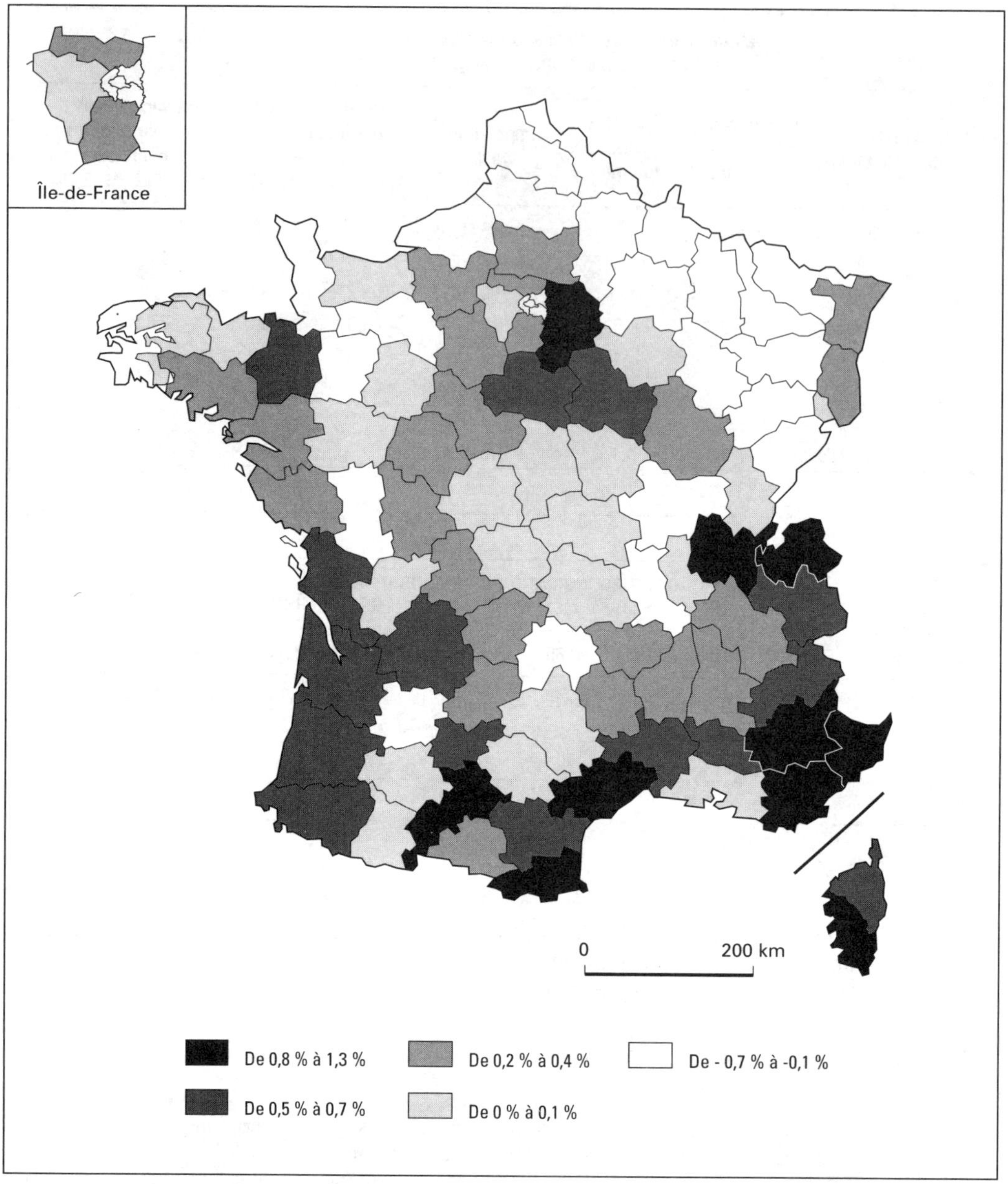

LE SOLDE MIGRATOIRE : VARIATION ANNUELLE DE 1990 À 1995

B. Les migrations extérieures

Jusqu'au milieu des années 70, le solde migratoire était positif de 200 000 à 300 000 personnes, chaque année. Depuis 1982, il se situe dans une fourchette comprise entre + 40 000 (1985) et + 90 000 en 1992.

1. Les flux migratoires récents

- Moins de 100 000 personnes s'installent légalement en France chaque année, dont 60 % dans l'agglomération parisienne.
- Environ 40 à 50 000 personnes repartent spontanément, souvent parce qu'elles sont arrivées à l'âge de la retraite.
- À ces départs spontanés s'ajoutent quelques milliers d'autres favorisés par les dispositifs d'aide au retour.
- Depuis quatre ans, les soldes migratoires sont positifs avec la plupart des pays de l'UE, le Maroc, la Tunisie, l'Afrique noire, la Turquie et l'Asie du Sud-Est. Ils sont en revanche négatifs avec l'Espagne, le Portugal et l'Algérie.

2. Nationalité et qualité des migrants

- Cinq groupes peuvent être identifiés parmi les 100 000 entrants :
  – des ressortissants de l'Union européenne ;
  – des conjoints étrangers de Français ;
  – des réfugiés politiques ;
  – des personnes bénéficiant du regroupement familial ;
  – des travailleurs qualifiés.
- Les partants sont essentiellement des Espagnols et des Portugais âgés qui rentrent dans leur pays pour la retraite alors que leurs enfants restent en France.

3. Les clandestins

En situation irrégulière, ils ne peuvent, par définition, être recensés mais leur nombre est très souvent surestimé. La plupart sont originaires d'Afrique ou des pays de l'Est ; ils sont en France pour des raisons économiques, attirés par l'espoir de trouver un travail au noir.

4. Les Français et les migrations extérieures

- Sur dix ans, la balance est égale entre ceux qui partent s'installer à l'étranger et ceux qui rentrent. La France n'a jamais été un grand foyer d'émigration. Toutefois, 1,7 million de Français vivent dans des pays étrangers.
- La crise et les nouvelles mesures gouvernementales réduisent les migrations internationales. À l'exception des clandestins, les mouvements migratoires actuels correspondent à des flux difficilement compressibles.

10 LES MUTATIONS QUALITATIVES DE LA POPULATION ACTIVE

Le classement de la population active occupée en professions et catégories socioprofessionnelles

(en milliers)	1975	1982	1995	% en 1975	% en 1995
Agriculteurs exploitants	1 691	1 537	802	8,1	3,6
Artisans, commerçants et chefs d'entreprise	1 766	1 772	1 667	8,4	7,4
Cadres et professions intellectuelles supérieures	1 529	1 808	2 873	7,3	12,8
Professions intermédiaires	3 394	3 992	4 653	16,2	20,8
Employés	4 786	5 493	6 280	22,8	28,1
Ouvriers	7 780	6 794	5 845	37,1	26,1
Total	20 946	21 396	22 344	100	100
Ensemble des non-salariés	3 752	3 620	3 005	17,9	13,4
Ensemble des salariés	17 194	17 777	19 339	82,1	86,5

La composition de la population active a profondément changé sous l'effet des mutations économiques. Avec le déclin des ouvriers et celui, plus ancien, des paysans, la France est devenue un pays où les services jouent désormais un rôle économique fondamental. Cependant, une analyse de la répartition spatiale des activités montre qu'une France de l'Ouest s'oppose toujours à une France de l'Est.

A. La tertiarisation de l'économie

1. Les secteurs en déclin

- **Le secteur primaire est en déclin constant.** Il ne représente plus, en 1992, que 5 % de la population active. La modernisation de l'agriculture s'est traduite par une diminution considérable des effectifs (près de 4 millions d'emplois perdus dans ce secteur depuis 1954). Le délestage de l'agriculture a permis dans les années 60 de faire face, en partie, à la forte demande d'emplois dans l'industrie.

- Le secteur secondaire a vu, jusqu'en 1968, sa part progresser dans la population active et diminuer depuis (27 % en 1995). **Depuis 1975, ce secteur perd des emplois** (près de 100 000 par an, en moyenne). La création d'emplois dans certains secteurs industriels n'a pas permis de compenser les énormes pertes des autres secteurs (bâtiment, sidérurgie, textile, automobile, constructions navales, machines-outils...).

2. La montée irrésistible du tertiaire

- Sa part a augmenté régulièrement. **Depuis quinze ans, c'est le seul secteur qui a créé plus d'emplois qu'il n'en a perdu.** À lui seul, le secteur des services marchands a créé, de 1982 à 1995, près de 1,5 million d'emplois. Il représente 68 % de la population active. À l'image des pays avancés, la France est devenue une société de services.

■ La croissance des services est liée au développement des emplois de l'enseignement, de la santé, du tourisme… Beaucoup d'entreprises font de plus en plus appel à d'autres sociétés pour des activités qu'auparavant elles exerçaient elles-mêmes (restauration du personnel, comptabilité, bureaux d'études, logistique, emplois temporaires...). L'État, lui-même, a créé beaucoup d'emplois. La croissance du tertiaire est liée aussi au développement urbain.

B. De plus en plus d'emplois salariés et qualifiés

1. La montée du salariat

■ **Les salariés représentent 86 % de la population active occupée** (72 % en 1962). Les administrations (État et collectivités locales) emploient plus de 5,1 millions de salariés, les grandes entreprises nationalisées 1,5 million et les entreprises privées 12,6 millions.

■ **L'emploi temporaire et précaire** (contrats à durée déterminée, stages rémunérés...) **se développe** parmi les salariés. Il touche près de 1,7 million de personnes. Pour les jeunes, l'emploi à durée limitée devient un passage presque obligé à l'entrée dans la vie active.

■ **La baisse notable des emplois non salariés** est due :
– au déclin du secteur agricole ;
– à la baisse considérable du nombre d'artisans et de petits commerçants ;
– à la concentration des entreprises (disparition de beaucoup de petits patrons).

2. La croissance des emplois qualifiés

■ Les emplois peu qualifiés ont tendance à diminuer, en particulier dans l'industrie (baisse du nombre des OS). En revanche, l'effectif des techniciens et des ouvriers qualifiés est en augmentation.

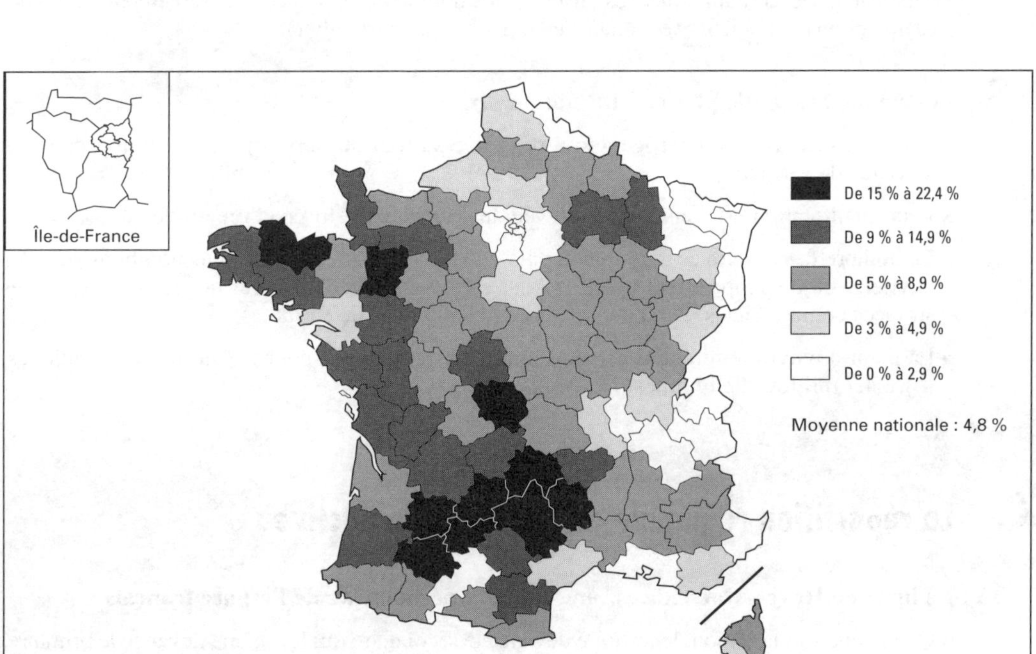

La part du secteur primaire dans la population active occupée en 1995

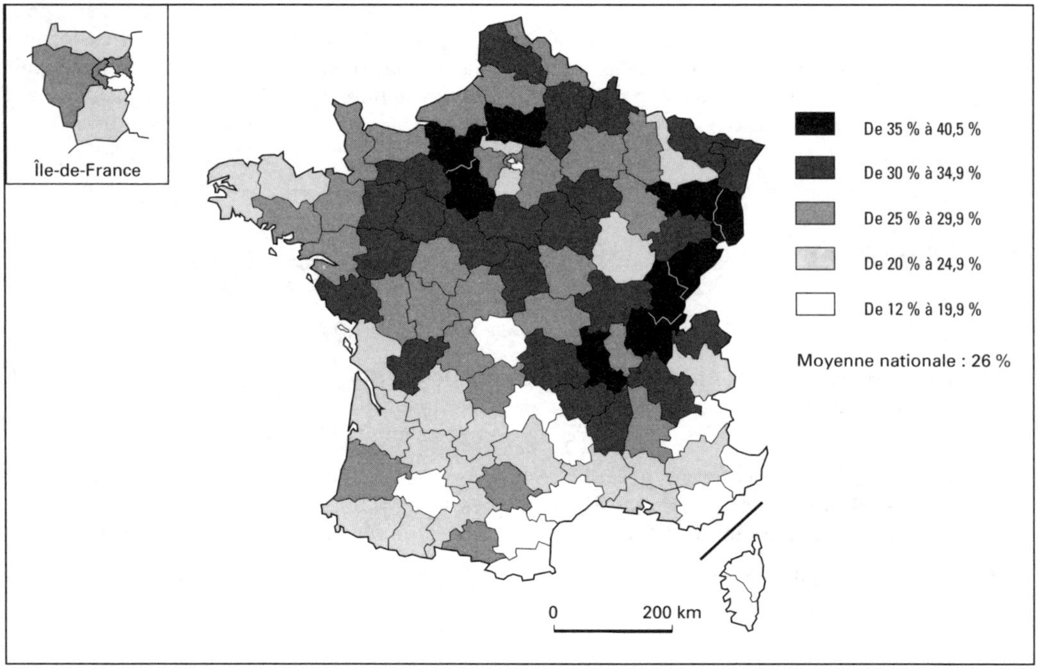

LA PART DU SECTEUR SECONDAIRE DANS LA POPULATION ACTIVE OCCUPÉE EN 1995

- **Le personnel d'encadrement a connu une croissance notable** (+ 40 % depuis 1982). Dans cette catégorie, il faut ajouter les enseignants, dont le nombre a considérablement augmenté (dans les enseignements secondaire et supérieur, en particulier).

3. Les employés sont de plus en plus nombreux

- C'est un secteur très hétérogène qui regroupe surtout du personnel d'exécution dans les activités de services.
- Leur qualification est souvent peu élevée, leur tâche parcellisée et répétitive.
- Le nombre des employés a doublé depuis 1968. Ils sont, désormais, plus nombreux que les ouvriers. Le développement de ce secteur est lié au développement des services (grandes surfaces commerciales, personnel de bureau, employés de l'État...).
- La main-d'œuvre féminine est majoritaire dans ce secteur : pour 6,2 millions d'employés, il y a 4,7 millions de femmes.

C. La répartition régionale de la population active

1. La ligne Le Havre-Marseille est une coupure permanente de l'espace français

- Quelle que soit la région, le tertiaire devance le secondaire qui lui-même devance le primaire. Cependant, l'analyse des cartes oppose 2 espaces de part et d'autre de la ligne Le Havre-Marseille. Une France plus rurale à l'ouest s'oppose à une France plus industrielle à l'est.
- **Cette coupure apparaît comme permanente dans l'espace français.** Depuis trente ans, les oppositions se sont atténuées mais elles subsistent encore.

2. Les caractères de la France de l'Est

- La France de l'Est reste la France de l'industrie. Partout, sauf en Île-de-France, Bourgogne et Provence-Côte d'Azur, le secteur secondaire y est supérieur à la moyenne nationale.
- Le secteur primaire, sauf en Champagne-Ardenne, ne joue plus qu'un rôle modeste.
- Le secteur tertiaire est très important en Provence-Côte d'Azur (tourisme, urbanisation poussée) et surtout en Île-de-France (rôle de commandement de Paris).

3. La France de l'Ouest

- La France de l'Ouest est restée plus rurale (secteur primaire supérieur à la moyenne nationale).
- On remarque, cependant, des régions qui se sont industrialisées (Basse-Normandie, Pays de la Loire et Centre).
- L'équipement tertiaire est relativement médiocre sauf en Aquitaine et en Midi-Pyrénées (grandes métropoles, tourisme, activités de pointe).

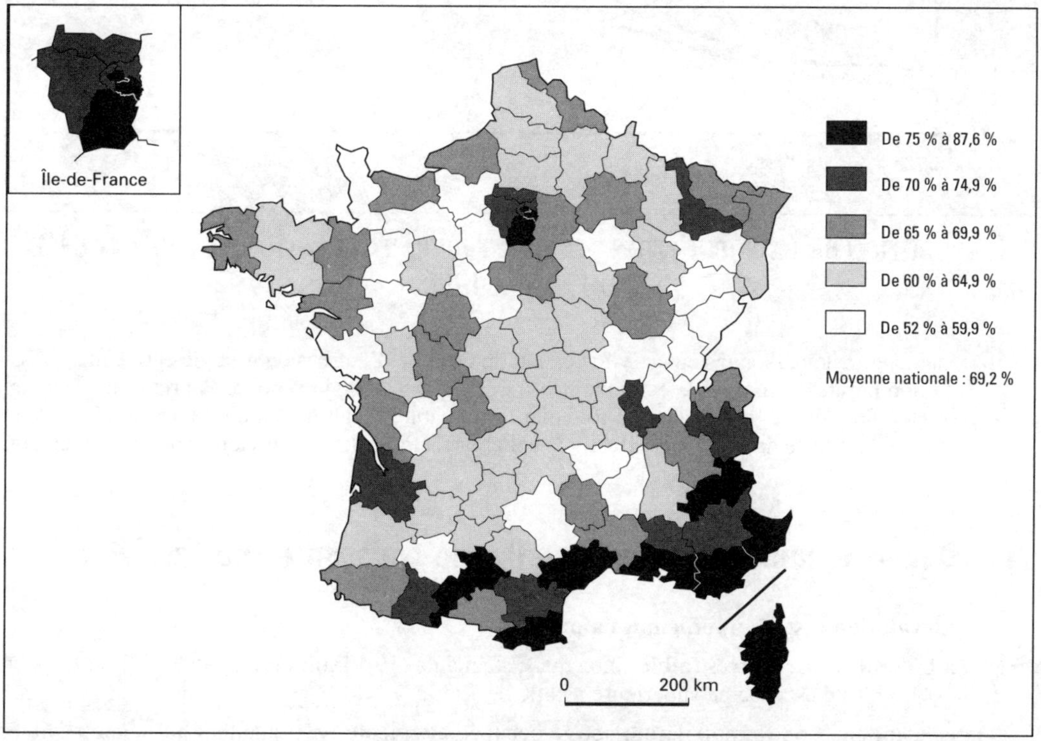

LA PART DU SECTEUR TERTIAIRE DANS LA POPULATION ACTIVE OCCUPÉE EN 1995

11 LA CROISSANCE DE LA POPULATION ACTIVE

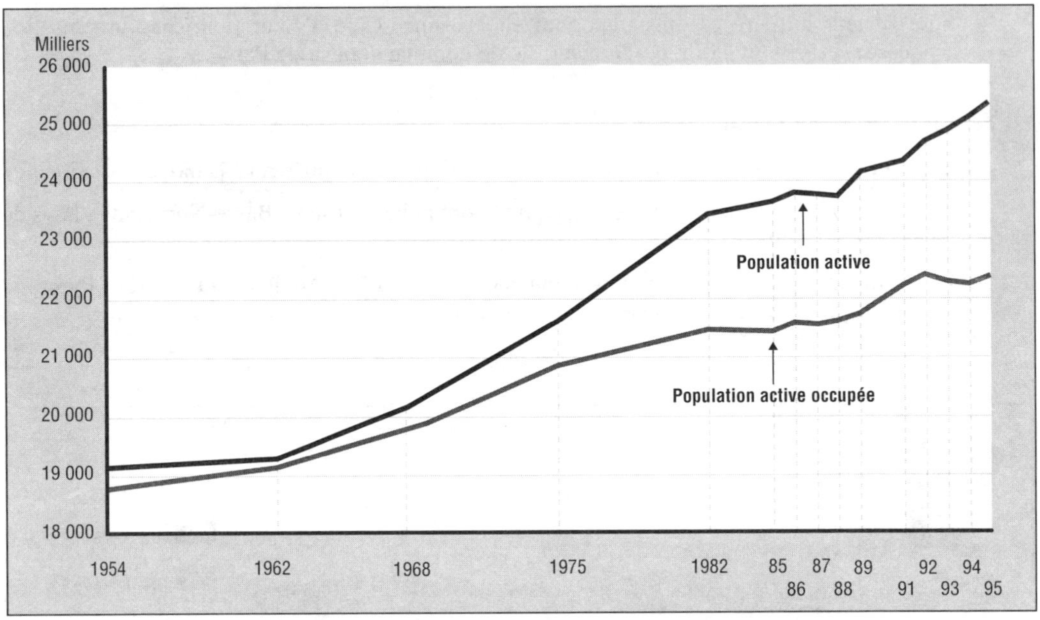

L'ÉVOLUTION DE LA POPULATION ACTIVE ET DE LA POPULATION ACTIVE OCCUPÉE DE 1954 À 1995

La quantité de personnes en activité dépend du nombre d'entrées dans la vie active mais aussi du nombre des sorties. Elle est donc liée à l'évolution démographique. Pourtant, les facteurs sociologiques et légaux jouent un rôle non négligeable. L'augmentation du travail féminin, la durée plus courte de la période d'activité sont des facteurs dont il faut tenir compte également.

A. Depuis le milieu des années 60, une croissance spectaculaire

1. L'évolution jusqu'au milieu des années 60

- **La croissance est très faible** sinon quasi stagnante (19,1 millions en 1954, 19,2 millions en 1962). Elle est à peine supérieure à celle de 1939.
- Jusqu'en 1968, la population active occupée augmente pratiquement au même rythme. La France connaît une pénurie de main-d'œuvre. Le chômage est très faible (chômage frictionnel et incompressible).

2. La croissance depuis le milieu des années 60

- **Elle est rapide** : 20,3 millions en 1968, plus de 25 millions actuellement. Elle est particulièrement forte durant les années 70.
- Depuis la fin des années 60, la population active occupée croît moins vite que la population active. Elle est quasi stagnante au début des années 80.
- **Cette différence de croissance fait apparaître un chômage dès la fin des années 60. Sa progression sera spectaculaire dans la période suivante.**

3. Les perspectives d'avenir

- D'après des études de l'INSEE, la population active continuera de croître pendant une dizaine d'années (jusqu'en 2003 environ). À cette date, elle atteindra 26,5 millions environ. Puis elle commencera à décroître lentement. Elle devrait être de 25,9 millions en 2010.
- L'arrivée sur le marché du travail des classes creuses nées à partir des années 70 et surtout le départ à la retraite des enfants du baby-boom, dont les premiers effectifs seront concernés au début du siècle prochain, pourrait en permettre une amélioration de la situation de l'emploi.

B. Comment comprendre cette évolution ?

1. Les classes creuses nées entre les deux guerres

- Leur arrivée sur le marché du travail jusqu'au début des années 60 explique la quasi-stagnation de la population active durant cette période.
- La faible augmentation est due essentiellement à l'arrivée de travailleurs étrangers à qui on a fait appel en raison de la pénurie de main-d'œuvre.
- Cette pénurie se traduit aussi par une durée plus longue du travail (46 heures en moyenne en 1966 dans les branches non agricoles) et un départ plus tardif à la retraite (65 ans jusqu'en 1981).

2. À elle seule, la démographie ne peut expliquer la forte croissance de la population active depuis une trentaine d'années

- Le départ à la retraite des classes creuses, l'arrivée sur le marché du travail des classes nées pendant le baby-boom expliquent en partie cette forte croissance.
- Les travailleurs étrangers continuent à arriver massivement jusqu'en 1974. Ce n'est plus le cas actuellement. On estime qu'ils ne sont responsables, pour la période 1982-1990, que de 19 000 entrées supplémentaires annuelles dans la population active.
- Autant que les phénomènes démographiques, **le développement du travail féminin a été un facteur de croissance de la population active**. Depuis 1982, l'arrivée des femmes sur le marché du travail se fait au rythme de 150 000 par an. La proportion de femmes âgées de 25 à 45 ans ayant une activité, qui était de 43,4 % en 1954, de 44,5 % en 1968, atteint près de 80 % en 1993.

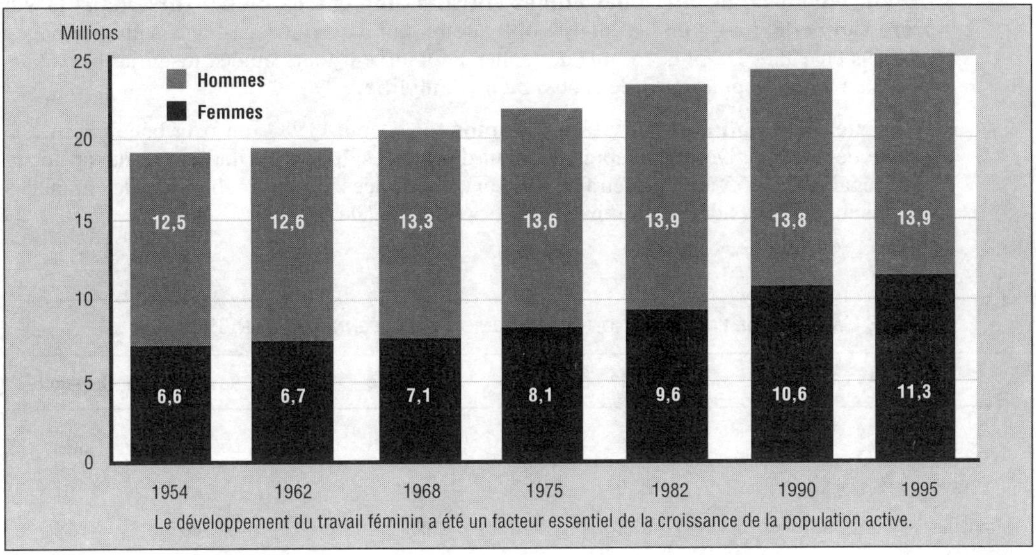

Le développement du travail féminin a été un facteur essentiel de la croissance de la population active.

LA CROISSANCE DES POPULATIONS ACTIVES MASCULINE ET FÉMININE DE 1954 À 1995

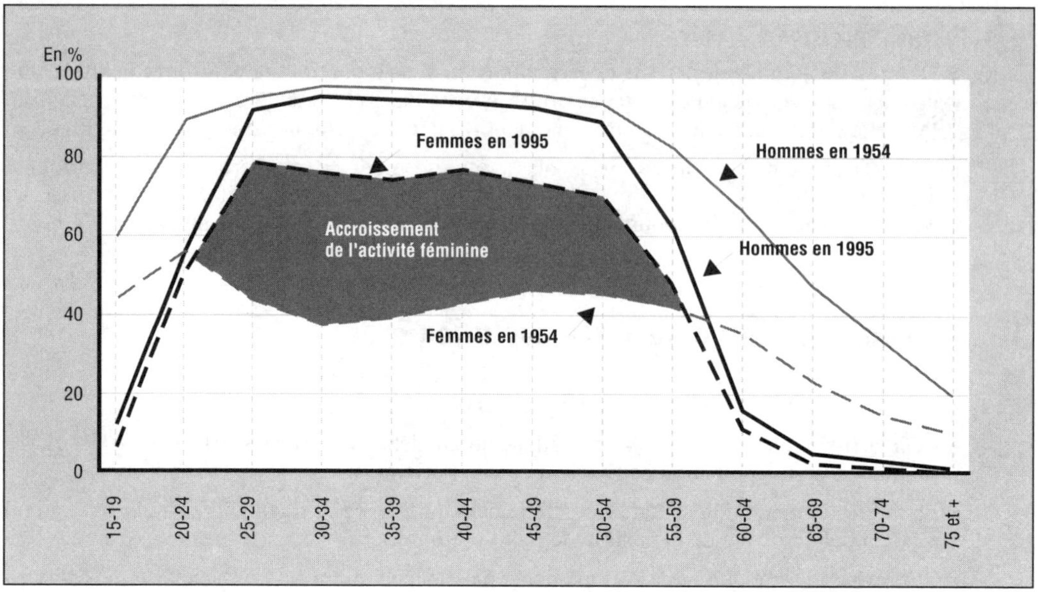

L'ÉVOLUTION DES TAUX D'ACTIVITÉ PAR SEXE ET PAR ÂGE DE **1954** À **1995**

C. L'influence des phénomènes sociaux

1. La baisse de la durée d'activité

- **La durée d'activité s'est réduite de façon notable depuis une trentaine d'années**. On entre plus tard dans la vie active et on en sort plus tôt. Cela permet, dans une période où les créations d'emplois sont plus rares, de différer les entrées dans la vie active, de diminuer les stocks d'actifs et d'en ralentir la croissance.
- **L'allongement de la durée des études entraîne une entrée plus tardive dans la vie professionnelle**. La fin de la scolarité obligatoire, qui était fixée à 14 ans, a été prolongée à 16 ans en 1959. De plus en plus de jeunes poursuivent leurs études jusqu'au baccalauréat et au-delà. Depuis 1985, le mouvement s'amplifie.
- **De même, la cessation d'activité se fait plus tôt**. Depuis 1982, on peut bénéficier de la retraite dès 60 ans. De plus, depuis le début des années 70, les incitations au départ avant l'âge légal dès 50-55 ans (préretraites) se sont multipliées, en particulier dans les branches les plus menacées (sidérurgie, mines, constructions navales...).

L'ACTIVITÉ DE LA POPULATION DANS L'UNION EUROPÉENNE À 12 EN 1994

	UE à 12	France	Allemagne	Italie	Royaume-Uni	Espagne
Taux d'activité (%)	54,7	55,5	58,2	47,4	61,7	48,4
Population active occupée (millions)	130,9	21,7	36,8	20	25,7	11,7
Proportions de salariés (%)	81,9	85,9	90	71,3	86,5	73,6
Taux d'activité féminine (%)	43,7	47,9	47,8	33,7	52,5	35

2. L'importance du travail féminin

- En Europe, la France est, derrière le Danemark, le Royaume-Uni, le Portugal, le pays où le taux d'activité féminine est le plus élevé (47,9%).
- Des raisons sociologiques (évolution des mœurs, diminution de la taille de la famille, émancipation de la femme...) autant qu'économiques (tertiarisation de l'économie, importance du second salaire...) expliquent ce taux élevé.
- Jadis la femme s'arrêtait de travailler avec la venue de son premier enfant. Maintenant, une naissance n'est plus un obstacle à la poursuite d'une activité professionnelle.
- Bien que le nombre de femmes occupant des postes de responsabilités augmente, le travail féminin est encore trop souvent un travail à faible qualification et mal payé. On trouve le plus souvent les femmes dans les professions de services (enseignement, santé, emplois de bureaux, commerce...).

Ainsi, pour des raisons démographiques et sociologiques, la population active a connu une forte croissance depuis trente ans. Or cette croissance s'est faite dans une période de ralentissement économique. La croissance de l'emploi ne s'est pas faite au même rythme. Il en résulte un chômage de plus en plus inquiétant.

12 LA MONTÉE DU CHÔMAGE

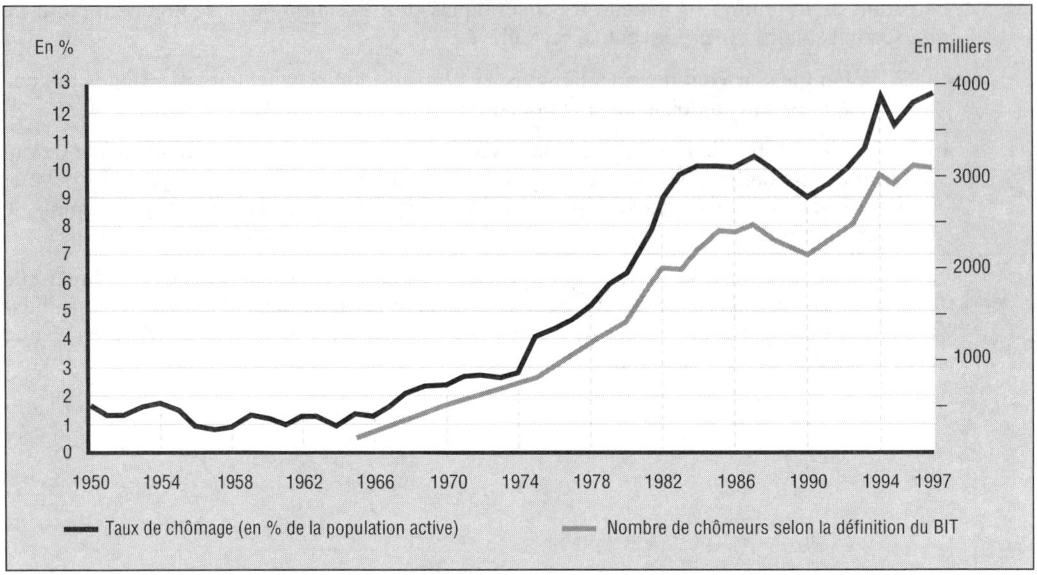

LA CROISSANCE DU CHÔMAGE DE 1950 À 1997

Le chômage connaît une croissance forte et irrésistible depuis une vingtaine d'années. Il est devenu un des problèmes essentiels de notre société. **Est-il seulement la conséquence de l'évolution économique?** Face à cette plaie, les politiques et les remèdes semblent peu efficaces.

A. La montée du chômage

1. Jusqu'en 1974, le chômage reste faible

- **Jusqu'au milieu des années 60, le chômage, très faible, est essentiellement un chômage frictionnel** peu compressible. La démographie, l'allongement de la scolarité, le maintien jusqu'en 1962 d'un fort contingent en Algérie expliquent cette situation de plein emploi.
- **À partir de 1965, on observe une augmentation progressive du chômage**, qui reste cependant encore limité. Il est d'abord conjoncturel, de 1965 à 1968, car il est le résultat du plan de stabilisation de Valéry Giscard d'Estaing, en 1963. Il devient de plus en plus structurel car **la demande d'emplois augmente plus vite que l'offre** (augmentation du travail féminin, arrivée sur le marché du travail des classes du baby-boom, modernisation de l'appareil productif).

2. Depuis 1974, une croissance forte et préoccupante

- **Depuis 1974, le chômage n'a cessé d'augmenter** sauf pendant la période 1988-1990, où le retour de la croissance a permis une stabilisation en 1988 et une légère baisse en 1989. Le retournement de la conjoncture a aggravé considérablement la situation depuis 1990. Le cap des 3 millions a été dépassé au début de 1993. Malgré une légère diminution en 1994, il progresse à nouveau depuis 1995 pour atteindre 3,121 millions au début de 1997, soit un taux de chômage sans précédent de 12,7 %.

Les emplois précaires		
(en milliers)	1985	1995
Intérimaires	113	287
Contrats à durée déterminée	315	752
Contrats aidés (1)	146	442
Apprentis	178	194
Total	752	1 675

(1) Il s'agit de contrats d'aide à l'emploi (CES) et de stages de formation professionnelle classés dans l'emploi au sens des critères du BIT.

TEF 96-97. *INSEE, p. 74.*

- **Le chômage est désormais structurel.** L'économie ne crée pas assez d'emplois pour une demande croissante.
- **Le chômage est aussi conjoncturel.** Le moindre ralentissement de la croissance lié à la conjoncture ou à une politique de rigueur provoque une montée du chômage. La crise qui frappe depuis 1990 en est un bon exemple.

3. Certains aspects du chômage sont devenus très préoccupants

- **Sa durée est de plus en plus longue.** Les personnes en chômage depuis plus d'un an représentaient 12 % du total en 1974, 25 % en 1982, 39 % en 1995. Les chômeurs de longue durée représentent près de 1,2 million de personnes.
- **Il affecte toutes les catégories.** Certaines, épargnées pendant longtemps, sont maintenant touchées : jeunes diplômés, cadres et techniciens (dans cette dernière catégorie, le chômage a augmenté de 24 % en 1992).
- **Le chômage des jeunes** est un des aspects les plus graves du problème *(cf. chapitre 2, fiche 13).*

B. Les causes du chômage sont multiples

1. La démographie a aggravé la situation

- La crise économique éclate au moment où les arrivées sur le marché du travail sont fortes (effets du baby-boom), alors que les sorties sont faibles (classes creuses d'avant-guerre).
- La prolongation de la scolarité, l'abaissement de l'âge de la retraite, les mesures de préretraite ont simplement atténué les effets de la démographie.

2. Les causes économiques

- Les restructurations industrielles, la crise de secteurs employant beaucoup de main-d'œuvre (textile, sidérurgie…) ont fait perdre beaucoup d'emplois.
- L'augmentation spectaculaire de la productivité s'est faite au détriment de l'emploi. À la différence de la période des « trente glorieuses », la croissance ne crée plus forcément des emplois. Seuls le tertiaire et certaines PME en créent encore.
- En période de crise, on préfère utiliser au mieux la main-d'œuvre (heures supplémentaires, recours aux contrats à durée déterminée et au travail intérimaire…) plutôt qu'embaucher.
- Certaines causes sont spécifiques à la France. Pour certains, le niveau trop élevé du SMIC rend trop coûteuse l'embauche d'une main-d'œuvre peu qualifiée. À la différence d'autres pays, trop de services sont très automatisés (ex. : stations-service).

LES CHÔMEURS (SELON LA DÉFINITION DU BIT) PAR SEXE ET PAR ÂGE EN MARS 1985 ET MARS 1995

	Mars 1985		Mars 1995	
	Effectifs (milliers)	Taux* (%)	Effectifs (milliers)	Taux* (%)
Hommes				
Moins de 25 ans	428,3	24,5	274,1	21
25 à 49 ans	552,6	6,2	901,8	8,9
50 ans et plus	173	5,9	183,8	7,3
Total	1 153,9	8,5	1 359,7	9,8
Femmes				
Moins de 25 ans	501,2	30,5	333,8	32,2
25 à 49 ans	635,8	9,7	1 079,8	12,9
50 ans et plus	138,2	7,1	161,3	8,2
Total	1 275,2	12,6	1 574,9	13,9
Ensemble	2 429,1	10,2	2 934,6	11,6

* Proportion de chômeurs dans la population active. TEF 96-97, *INSEE, p. 73.*

3. Les causes sociologiques

- La France est un des pays où le travail féminin est le plus répandu. Contrairement à beaucoup de pays européens, peu de femmes en France travaillent à temps partiel.
- Le système éducatif rejette chaque année plus de 100 000 jeunes sans qualification.
- L'indemnisation du chômage est une des meilleures du monde mais coûte cher. Elle pèse sur les prélèvements obligatoires, donc sur la compétitivité des entreprises. Le montant des indemnités de chômage, relativement élevé, n'est pas toujours une incitation à chercher du travail.

C. Les politiques de lutte contre le chômage

1. Une meilleure répartition du travail existant

- On essaie de diminuer le nombre de travailleurs par l'abaissement de l'âge de la retraite à 60 ans (en 1982), l'extension des préretraites, l'aide au retour des travailleurs étrangers (en 1974)...
- La réduction du temps de travail et son partage, par la multiplication du travail à temps partiel, pourraient être une solution à laquelle certains pensent (semaine de 32 heures, par exemple). Beaucoup de pays industriels ont une durée du travail inférieure à celle de la France. Pourtant, depuis 1981 et l'abaissement à 39 heures de la durée hebdomadaire du travail, peu de progrès ont été faits.
- Pour certains, la rigidité des horaires et de la durée du travail peut pénaliser l'emploi. Une plus grande flexibilité permettrait de mieux utiliser les machines en fonction des carnets de commande. La productivité serait augmentée, permettant de réduire la durée du travail, sans pénaliser les salaires et en créant des emplois. Cela ne peut se faire que par des négociations au niveau de chaque entreprise. La loi De Robien (1996) va dans ce sens. Elle allège les charges patronales pour les entreprises qui diminuent le temps de travail des salariés pour éviter des licenciements ou créer des emplois.

2. Le traitement social

- Il s'agit soit de subventionner certains emplois, soit de créer des situations intermédiaires entre chômage et véritable emploi : TUC (Travaux d'utilité collective), SIVP (Stages d'initiation à la vie professionnelle), CES (Contrats emploi-solidarité)...

Le chômage dans différents pays de 1975 à 1996			
(en % de la population active)	1975	1985	1996
France	4	10,1	12,6
Allemagne	3,6	8,7	10,7
Italie	5,8	10,3	12,2
Royaume-Uni	4,3	13,2	7,2
Espagne	3,7	21,5	21,3
États-Unis	8,3	7,2	5,4
Japon	1,9	2,5	3,4

- Ces mesures, très coûteuses, ont permis le ralentissement de la montée du chômage, elles ne l'ont pas résorbé. Elles peuvent même être un obstacle à la création de vrais emplois. Pour trop de bénéficiaires, l'amélioration de leur situation n'a été que temporaire.

3. Les mesures économiques

- On accorde des primes, des réductions ou des suppressions des charges fiscales pour les entreprises qui embauchent, en particulier des jeunes.
- Pourtant, une politique économique de lutte contre le chômage peut être en contradiction avec d'autres objectifs (lutte contre l'inflation, politique du franc fort). Le retour à la croissance ne signifie pas obligatoirement une réduction significative du chômage, en raison de la recherche de productivité.
- Les contrats initiative-emploi, de plusieurs types (adaptation, qualification, orientation, apprentissage) se multiplient depuis 2 ans. En général, ce sont des contrats de préemploi-formation comportant une période de formation (générale et professionnelle) alternant avec des stages en entreprise.

LE SUCCÈS DE LA LOI ROBIEN COÛTE CHER AU CONTRIBUABLE

Comment marche la loi ?
La loi Robien encourage la diminution du temps de travail dans les entreprises par le biais d'un allégement des cotisations Urssaf (assurances sociales, accidents du travail et allocations familiales, c'est-à-dire 70 % des charges patronales).

L'utilisation « offensive » *: les entreprises qui diminuent le temps de travail de 10 % s'engagent à créer 10 % d'emplois supplémentaires et à les maintenir durant deux ans. Elles bénéficient alors d'un abattement de 40 % la première année, de 30 % les six années suivantes. L'abattement des charges passe à 50 % la première année, 40 % ensuite si la diminution du temps de travail et les embauches proportionnelles sont d'au moins 15 %.*

L'utilisation « défensive » *: une entreprise bénéficie des mêmes abattements si elle utilise la réduction du temps de travail pour diminuer le nombre de licenciements prévus dans un plan social. L'aide dure trois ans, et peut être prolongée de quatre années.*

Dans les deux cas, les éventuelles pertes de salaire sont à négocier par les partenaires sociaux.

Qui en a bénéficié ?
55 % des accords signés sont de nature « offensive », mais seul un tiers des 10000 emplois générés par la loi correspondent à des créations de poste. La CFDT (qui veut atteindre les 1000 accords Robien d'ici à la fin de l'année) a recensé pour l'heure 160 accords signés, une quarantaine en voie de l'être, et 90 autres en cours de négociation.

Les accords « défensifs » concernent plutôt des grosses structures comme le Crédit Lyonnais ou le Giat. Ils touchent donc plus d'effectifs.

L'Expansion, *n° 543, 20 février 1997, p. 125.*

13 LE CHÔMAGE FRAPPE DE FAÇON INÉGALE

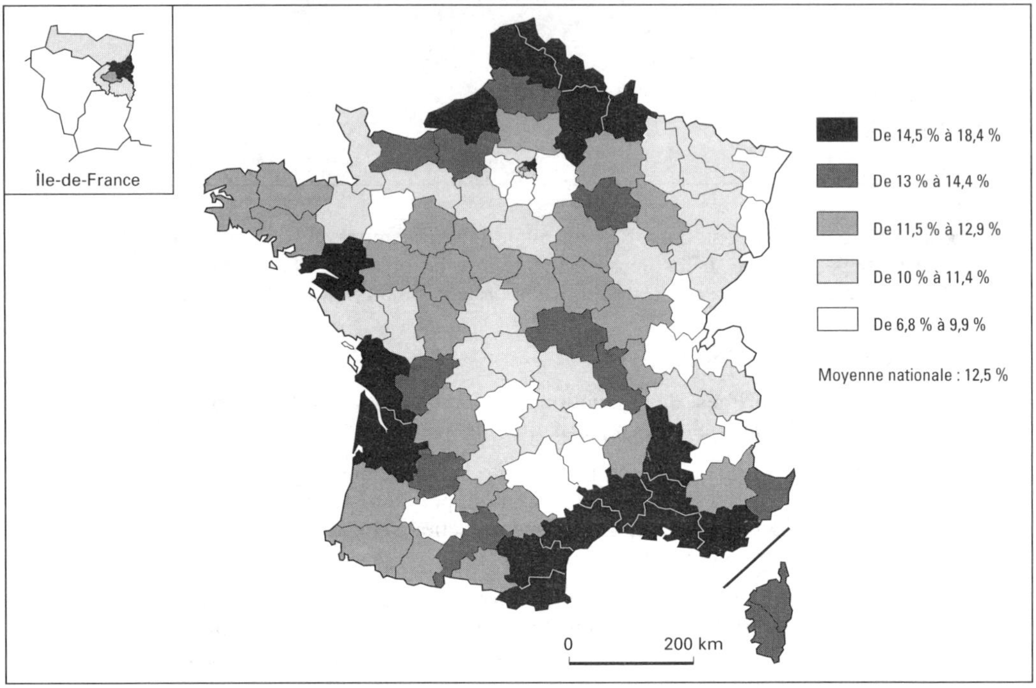

LA RÉPARTITION GÉOGRAPHIQUE DU CHÔMAGE EN 1996

Les fonctionnaires titulaires exceptés, personne n'est à l'abri du chômage. Pourtant, certains sont plus menacés que d'autres. Certaines régions sont plus frappées. L'âge, le sexe, la nationalité, la formation et la profession sont aussi des facteurs importants d'inégalité devant l'emploi.

A. De profondes inégalités régionales

1. Les régions fortement frappées par le chômage

- Certains taux élevés correspondent à **des régions industrielles en crise**. Les créations d'emplois sont inférieures aux emplois supprimés. C'est le cas des départements du nord de la France, de la Seine-Maritime aux Ardennes, mais c'est aussi le cas des Bouches-du-Rhône. Il est à noter que la Lorraine a désormais un taux inférieur à la moyenne nationale. Le travail frontalier, l'émigration vers d'autres régions et une amélioration de la situation en sont les causes principales.
- C'est sur **la façade méditerranéenne**, en particulier dans le **Languedoc-Roussillon** et, surtout, dans l'**Hérault**, que s'observent les taux les plus élevés. Cette région est victime de sa forte attractivité. On y crée des emplois mais l'offre demeure insuffisante face à une forte demande.
- La situation des régions de l'Ouest est plus complexe. C'est la conséquence à la fois d'une forte attractivité et de la reconversion (basse Loire). C'est aussi la traduction du caractère de l'économie de ces régions qui connaissent une surcharge rurale et une industrialisation récente dans des secteurs employant de la main-d'œuvre.

2. Les zones plus épargnées

- Le faible taux de chômage de la région parisienne est le signe d'une économie relativement dynamique. La même remarque peut être faite pour l'Alsace où s'ajoute l'importance des emplois transfrontaliers.
- Les départements à l'économie languissante et au faible peuplement connaissent des taux peu élevés (peu d'offre mais peu de demande). C'est le cas du Massif central mais aussi de beaucoup de départements peu urbanisés.

B. De fortes inégalités sociologiques

Le Chômage (1) par catégories socioprofessionnelles en mars 1995

CSP	Effectifs (milliers)	Taux (%)	Rappel taux 1985
Agriculteurs exploitants	5	0,6	0,5
Artisans, commerçants, chefs d'entreprise	71	4,1	3
Cadres, professions intellectuelles supérieures	151	5	2,8
Professions intermédiaires	336	6,7	4,5
Employés	1 078	14,6	10,8
Ouvriers	969	14,2	13,7
N'ayant jamais travaillé	325	–	–
Total	2 938	11,6	10,2

(1) Selon la définition du BIT.

Le taux de chômage (1) selon le diplôme de 1992 à 1995

	Mars 1992	Mars 1993	Mars 1994	Mars 1995
Sans diplôme	14,3	15,3	17,8	16,5
BEPC, CAP, BEP	9,7	10,5	11,6	10,7
Baccalauréat	7	9,5	11,2	10,1
Bac + 2	5	7	7,9	7,4
Diplôme supérieur	4,6	5,9	6,4	6,9

(1) Selon la définition du BIT.

1. Les jeunes sont très atteints par le chômage

- **Les jeunes sont beaucoup plus atteints que les autres classes d'âge.** La France est un des pays de l'UE où le chômage des jeunes est le plus préoccupant.
- Si **le chômage frappe essentiellement les jeunes sans qualification**, il n'épargne plus, désormais, les jeunes diplômés. L'absence d'expérience professionnelle est trop souvent un handicap. Le système éducatif est, peut-être, en partie responsable de cette situation. Trop de jeunes en sortent sans qualification ou avec une qualification mal adaptée au marché de l'emploi.
- Le milieu social d'origine a aussi son importance. Le fils de cadre, quelle que soit sa qualification, a plus de chance de trouver un emploi qu'un fils d'ouvrier ou d'employé.

2. Le chômage frappe davantage certaines catégories

- **Il atteint plus les femmes que les hommes.** Il est vrai qu'elles sont plus nombreuses à occuper les postes moins qualifiés et les postes d'employés particulièrement touchés par les suppressions.
- **Le taux de chômage des étrangers** est plus important que celui des Français (21,6 % contre 10,9 % en 1995).
- **Certaines catégories socioprofessionnelles** (ouvriers et surtout employés) sont plus touchées : il y a une relation entre chômage et qualification.

Si la France, parmi les pays développés, occupe une position moyenne pour le taux de chômage, elle se distingue par plusieurs faits inquiétants : l'importance du chômage des jeunes, l'importance du chômage de longue durée et de profondes inégalités face à ce fléau.

CONCLUSION

Tout en connaissant un déclin relatif évident, la population française demeure une des plus dynamiques de l'Union européenne. Cela constitue un atout pour le long terme.

CHAPITRE 3

LES GRANDES ÉVOLUTIONS DE L'ÉCONOMIE FRANÇAISE DEPUIS 1945

Jusqu'aux années 70, la modernisation de la France a été impressionnante. Elle s'est traduite par le passage d'une économie relativement fermée et encore très marquée par la ruralité à une économie largement ouverte sur le monde, fondée sur l'industrie et les services. Au cours de cette période, on a assisté à l'émergence de la société de consommation.

À partir des années 70, la France est contrainte de s'adapter à la crise, de s'intégrer dans l'Europe et de s'internationaliser de plus en plus. D'abord très dirigiste, l'économie s'est engagée sur la voie du libéralisme.

1 LA FRANCE EN 1945 : UN PAYS DÉVASTÉ QU'IL FAUT MODERNISER

LA FRANCE À LA LIBÉRATION

« Les chemins de fer sont quasi bloqués. De nos 12 000 locomotives, il nous en reste 2 800. Aucun train, partant de Paris, ne peut atteindre Lyon, Marseille, Toulouse, Bordeaux, Nantes, Lille, Nancy. Aucun ne traverse la Loire entre Nevers et l'Atlantique, ni la Seine entre Mantes et la Manche, ni le Rhône entre Lyon et la Méditerranée. Quant aux routes, 3 000 ponts ont sauté ; 300 000 véhicules à peine sont en état de rouler sur 3 millions que nous avions eus ; enfin, le manque d'essence fait qu'un voyage en auto est une véritable aventure.

[...] En même temps, l'arrêt des transports désorganise le ravitaillement [...] Sans doute un plan de six mois, prévoyant une série d'importations américaines, avait-il été dressé entre Alger et Washington. Mais comment le faire jouer alors que nos ports sont inutilisables ? [...] »

Général de Gaulle, Mémoires de guerre, *tome III* « Le Salut ».

En 1945, l'ampleur de la tâche est immense. Il s'agit de reconstruire un pays dévasté par la guerre mais aussi de moderniser un appareil productif vieilli.

Les destructions dues à la guerre de 1939-1944	
Pertes en vies humaines	
Morts : 617 000 (3,15 % de la population totale)	**Invalides : 437 000** (2,2 % de la population active)
Pertes matérielles	
Voies de communication et équipements portuaires Infrastructure routière : 2 500 ponts Infrastructure ferrée : 452 ouvrages 80 % des quais portuaires détruits ou hors d'usage **Moyens de transport** 2/3 des wagons de marchandises 2/3 des cargos 3/4 des pétroliers 4/5 des péniches	**Immeubles** Totalement détruits : 444 800 Partiellement détruits : 1 555 800 **Exploitations agricoles** Totalement détruites : 53 500 Partiellement détruites : 154 500 **Exploitations industrielles** Totalement détruites : 60 000 Partiellement détruites : 114 500

A. Les pertes démographiques

- La guerre a fait plus de 600 000 morts, dont 200 000 militaires. Les civils ont subi les pertes les plus importantes (bombardements, faits de résistance, otages, déportation...).
- **Le bilan démographique est lourd** car il faut ajouter aux morts de la guerre :
  - le départ de beaucoup d'étrangers ;
  - la surmortalité liée à la guerre (malnutrition, maladies...) ;
  - le déficit des naissances.
- Les conséquences ont été, cependant, moins graves qu'en 1914, en raison d'une reprise précoce de la natalité à partir de 1943 et surtout du baby-boom qui s'est produit après la guerre.

B. L'immensité des ruines

1. L'ensemble du territoire a été touché

À la différence des destructions de la guerre de 1914-1918, celles du second conflit mondial ont atteint **l'ensemble du territoire**. De nombreuses villes et la totalité des grands ports ont été détruits par les bombardements. La majorité des ponts sont coupés. Il n'y a plus de véritable réseau ferré. Beaucoup d'usines sont dans l'incapacité de fonctionner. La tâche de reconstruction est immense.

2. Il est très difficile de faire redémarrer, immédiatement, la machine économique

- **L'état du réseau et des moyens de transports rend difficiles les approvisionnements.**
- **La main-d'œuvre est réduite.** En 1945, il y a 1 million de combattants et 2 millions de personnes en Allemagne (prisonniers, STO, déportés…).
- **La capacité productive des usines est faible.** Quand elles ne sont pas détruites, leurs approvisionnements sont limités et leurs machines obsolètes.
- **Le commerce intérieur est désorganisé** par la baisse de la production et la difficulté d'approvisionnement. Le marché noir, en revanche, est très florissant.

C. Les problèmes financiers

1. La situation est inflationniste

- **La demande est supérieure à l'offre.** L'État doit faire face à des dépenses énormes alors que les rentrées fiscales sont faibles en raison de la paralysie de la vie économique. Il est obligé de faire appel aux avances de la Banque de France et aux bons du Trésor à court terme.
- Si, pendant la guerre, les prix sont maintenus officiellement grâce à un contrôle sévère, le marché noir et la libération des prix de gros, dès 1945, alimentent la forte poussée inflationniste.
- Les salaires bloqués pendant la guerre **subissent une forte hausse en 1944** (ordonnances d'août et septembre 1944). Pourtant, le coût de la vie augmente plus vite et les salariés paient un lourd tribut à l'inflation.

2. Le commerce extérieur est très difficile

La France ne peut exporter, alors que ses besoins d'importations sont immenses. Elle n'a pas de devises et doit multiplier les emprunts auprès des États-Unis. Un contrôle très strict est nécessaire tant sur la monnaie que sur les marchandises.

UNE NÉCESSITÉ, MODERNISER L'APPAREIL PRODUCTIF

« La France ne reconstruira son économie et ne pourra lui donner un nouvel essor que si elle se met en mesure de produire, si elle produit de grandes quantités de fer et d'acier […] À cette fin, nous aurons à renouveler notre équipement, à construire des hauts-fourneaux et des laminoirs modernes, de capacité plus grande et de meilleur rendement. Nous aurons à concevoir et à exécuter des installations où seront appliqués les derniers progrès de la technique ; nous aurons à éliminer ce qui est désuet, à refondre et à concentrer ce qui est dispersé, à rationaliser un grand secteur de notre production. Nous aurons à voir grand. Cette tâche devra être accomplie dans l'intérêt général, au profit du pays tout entier. »

Allocution radiodiffusée de Pierre Mendès France, le 24 février 1945.

D. Une économie à moderniser

- **L'économie française a été très affaiblie par la crise des années 30.** La France, à la veille de la guerre, n'a pas retrouvé son niveau de 1929. La reprise de 1938, due au réarmement, a été trop tardive.
- Dans les années 30, le marché trop étroit, stagnant et protégé, n'a pas permis l'investissement nécessaire. Le matériel est devenu obsolète. Les structures économiques ont peu évolué. La guerre a aggravé le retard technique.

En 1945, il ne s'agit pas seulement de reconstruire mais aussi de faire évoluer les structures et de moderniser l'appareil de production.

2 LA RECONSTRUCTION DE LA FRANCE

La chronologie de la reconstruction	
Le niveau de 1938 est retrouvé approximativement en :	
1945 – fin d'année	Production d'électricité d'origine hydraulique ; production de gaz ; activité du bâtiment ; remise en état du réseau ferroviaire.
1946 – printemps	Production de camions ; trafic de marchandises SNCF.
– été	Volume global des importations ; production d'aluminium.
– automne	Production d'électricité d'origine thermique.
– fin d'année	Production de charbon ; production de ciment ; production de tracteurs agricoles ; capacité de réception des ports.
1947 – fin d'année	Production industrielle globale; production d'acier; exportations vers la France d'outre-mer.
1948 – printemps	Production des industries textiles.
– fin d'année	Importation de pétrole.
1949 – été	Volume global des exportations.
– automne	Exportations vers l'étranger.
– fin d'année	Importations de charbon ; production de voitures particulières ; production d'essence ; trafic portuaire ; indice du revenu national (en volume).
1950 – printemps	Production de lait ; tonnage de la flotte marchande.
– automne	Production de vin ; effectifs du troupeau bovin.
– fin d'année	Indice de la production agricole globale.

G. Dupeux, La France de 1945 à 1965, *Armand Colin, collection U2, 1971.*

La reconstruction sera rapide grâce à l'aide américaine, à l'intervention de l'État et à l'effort de la population. Cependant, la France, à la différence de l'Allemagne, ne prendra pas des mesures rigoureuses d'assainissement monétaire et financier.

A. Les moyens de la reconstruction

1. L'intervention de l'État

- **Si des raisons idéologiques** (forces de gauche au pouvoir, programme de la Résistance, volonté pour certains de réformer le capitalisme pour le sauvegarder) **poussent à un fort interventionnisme de l'État, ce dernier apparaît seul capable d'assurer la charge écrasante de la reconstruction**.
- **Par l'intermédiaire des sociétés nationalisées**, l'État contrôle l'essentiel des secteurs clés de l'économie de l'époque.
- **Le premier plan est un instrument essentiel.** Il permet de concentrer les efforts sur les secteurs prioritaires nécessaires au redémarrage.
- **L'État contrôle le crédit et le financement général de l'économie.** Si, après la guerre, les budgets sont déficitaires, c'est en grande partie parce que l'État est le principal investisseur. En 1949, 47 % des investissements sont financés sur fonds publics.

2. Les sacrifices de la population

- **La consommation est sacrifiée.** Les années d'après-guerre sont celles durant lesquelles les restrictions sont les plus dures. Il faut attendre 1949 pour que disparaissent les derniers rationnements.
- **Le pays est mobilisé pour la reconstruction.** Une propagande habile, soutenue par le PCF jusqu'en 1947, orchestre et soutient l'effort de reconstruction (ex. : bataille du charbon).
- En raison de l'insuffisance de la population active, on travaille beaucoup (semaine légale de 40 heures mais semaine normale de 48 heures sinon plus dans certains secteurs).

L'EMPLOI DE LA CONTRE-VALEUR DE L'AIDE AMÉRICAINE EN FRANCE DE 1948 À 1951

Affectation des fonds	millions de francs	% du total
Charbonnages de France	102 451	14
EDF	162 194	22,1
Gaz de France	6 110	0,8
SNCF	40 265	5,5
Compagnie nationale du Rhône	12 530	1,7
Reconstructions : habitations	67 065	9,1
Constructions : habitations	26 645	3,6
Reconstruction agricole, industrielle, commerciale	43 000	5,9
Reconstruction de la flotte de commerce et de pêche	15 000	2
Prêts à l'agriculture	53 781	7,3
Prêts à l'industrie privée	61 060	8,3
Sarre	7 274	1
TOM	54 623	7,5
Fabrication d'armements	35 000	4,8
Abaissement du plafond des avances provisoires de la Banque de France à l'État	25 000	3,4
Résorption de la dette publique	20 000	2,7
Total	**732 000**	**100**

M. Parodi, L'Économie et la société française de 1945 à 1970, *Armand Colin, 1972.*

3. L'aide américaine

- **Elle a joué un rôle fondamental dans la reconstruction et la modernisation.** Elle s'est mise en place dès la fin de la guerre (près de 2 milliards de dollars de crédits accordés de 1944 à 1947) et continuera de 1948 à 1952 avec l'aide Marshall.
- La France a reçu 2,6 milliards de dollars au titre des fonds Marshall. Elle en est, derrière la Grande-Bretagne, la principale bénéficiaire.
- Cette aide s'est traduite par l'achat aux États-Unis des biens nécessaires à la restauration de l'économie; la contre-valeur de ces dollars en francs a permis au Trésor et au Fonds de modernisation et d'équipement de prêter aux entreprises les fonds nécessaires à l'investissement et à la reconstruction. Ce sont les entreprises publiques (EDF, Charbonnages...) qui en ont profité le plus.
- L'aide Marshall a permis de financer une part très importante du premier plan.

B. Le bilan

1. Une reconstruction rapide

- Il est difficile de fixer avec précision une date de la fin de la reconstruction car elle a été variable suivant les secteurs. Le niveau de 1938 est atteint fin 1947 pour la production industrielle globale, fin 1945 pour le réseau ferroviaire, en 1946 pour l'énergie, mais seulement en 1950 pour l'agriculture.
- **On peut affirmer qu'en 1951 la période de reconstruction et de redémarrage est terminée.** L'infrastructure et les industries de base ont été remises en état, les restrictions et les goulots d'étranglement ont disparu. En 1952, avec la fin du premier plan et de l'aide Marshall, la France dépasse le niveau de production de 1929.
- **La période se marque, aussi, par un début de modernisation :** construction d'usines sidérurgiques nouvelles en Lorraine, concentration dans la sidérugie (constitution du groupe Usinor en 1948 et de Sidelor en 1950), édification du premier barrage sur le Rhône (à Génissiat), construction des raffineries de l'étang de Berre…

2. Des points noirs demeurent

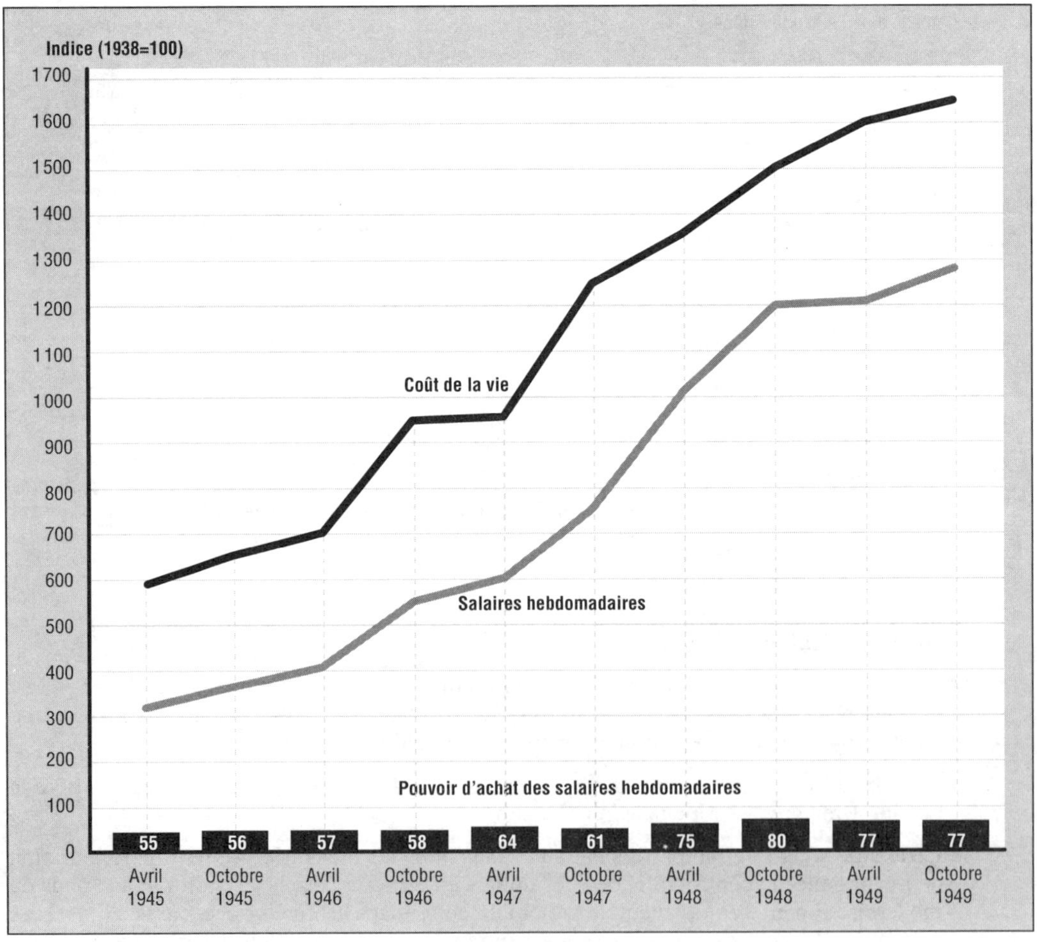

SALAIRES, COÛT DE LA VIE ET POUVOIR D'ACHAT À PARIS DE 1945 À 1949

- L'hostilité de l'opinion publique face à des mesures de trop grande rigueur financière font que de Gaulle préfère appliquer le plan Pleven plutôt que celui de Mendès France, plus rigoriste. **La situation monétaire n'étant pas assainie**, l'inflation s'accroît dangereusement. La pénurie, les dépenses de l'État pour l'investissement en sont responsables. Le franc est dévalué 4 fois de 1944 à 1949. Son cours officiel est largement surévalué par rapport à sa valeur réelle.
- La France ne peut remplir les obligations qu'elle a souscrites auprès des grandes organisations internationales (FMI, GATT...).
- Les salaires augmentent fortement mais ne peuvent suivre la hausse des prix.
- Le plan Mayer (1948), en supprimant le blocage inutile des prix et en augmentant les tarifs des entreprises publiques (diminuant ainsi les subventions de l'État), réussit à ralentir l'inflation.
- Dans le domaine économique, les objectifs du premier plan, trop ambitieux, ne sont pas atteints malgré des résultats remarquables. La production de charbon reste insuffisante. **Le climat général est encore celui d'une économie de pénurie** (exemple : le logement).

La France n'a pu assainir sa situation monétaire et financière. Il y a là une hypothèque pour l'avenir que la IVe République ne pourra lever et qui s'aggravera.

3 LES GRANDES RÉFORMES DE STRUCTURE

UN CLIMAT FAVORABLE AUX GRANDES RÉFORMES

1) Le programme d'action du CNR

Mesures à appliquer dès la libération du territoire afin de promouvoir les réformes indispensables :

a) Sur le plan économique :
– l'instauration d'une véritable démocratie économique et sociale, impliquant l'éviction des grandes féodalités économiques et financières de la direction de l'économie ;
– une organisation rationnelle de l'économie assurant la subordination des intérêts particuliers à l'intérêt général et affranchie de la dictature professionnelle instaurée à l'image des États fascistes ;
– l'intensification de la production nationale selon les lignes d'un plan arrêté par l'État après consultation des représentants de tous les éléments de cette production ;
– le retour à la nation des grands moyens de production monopolisés, fruit du travail commun, des sources d'énergie, des richesses du sous-sol, des compagnies d'assurances et des grandes banques...
b) Sur le plan social : un plan complet de sécurité sociale, visant à assurer à tous les citoyens des moyens d'existence, dans tous les cas où ils sont incapables de se les procurer par le travail, avec gestion appartenant aux représentants des intéressés et de l'État...

Cité par G. Dupeux, La France de 1945 à 1965, *Armand Colin, 1971.*

2) Discours du général de Gaulle du 12 septembre 1944

« [...] Nous dirons que, tout en assurant à tous le maximum possible de liberté et tout en favorisant en toute matière l'esprit d'entreprise, elle veut faire en sorte que l'intérêt particulier soit toujours contraint de céder à l'intérêt général, que les grandes sources de la richesse commune soient exploitées et dirigées non point pour le profit de quelques-uns, mais pour l'avantage de tous [...]. »
« [...] Certes, il [le gouvernement] est de son domaine, comme la loi lui en donne d'ailleurs, dès à présent, le droit, de placer par réquisition ou par séquestre à la disposition directe de l'État, l'activité de certains grands services publics ou de certaines entreprises, en attendant que la souveraineté nationale règle les modalités des choses. Certes, il a le devoir de faire verser à la collectivité nationale les enrichissements coupables obtenus par ceux qui travaillaient pour l'ennemi [...] »

Charles de Gaulle,
Discours et messages, *pendant la guerre (1940-1946).*

À la Libération, des réformes qui affectent profondément les structures de l'économie sont mises en œuvre. La création d'un vaste secteur public et une intervention très active de l'État dans le domaine économique modifient les structures et le fonctionnement du capitalisme français. Une reconstruction rapide, la modernisation de l'économie et la croissance des « trente glorieuses » doivent beaucoup à ce rôle de l'État.

A. La constitution d'un vaste secteur public

1. À la Libération, une grande vague de nationalisations

- **Avant 1944, le secteur public était très limité.** Le Front populaire, lui-même, avait eu, en ce domaine, une politique très prudente. La Libération accompagne une grande vague de nationalisations qui affecte les secteurs clés de l'économie de l'époque. Il faudra attendre 1982 pour que l'État procède à de nouvelles nationalisations.
- **Elles touchent une partie importante de la production d'énergie :** nationalisation des houillères et création des Charbonnages de France, création d'EDF et de GDF pour la produc-

tion, le transport et la distribution de gaz et d'électricté, création du CEA (Commissariat à l'énergie atomique), du BRP (Bureau de recherche des pétroles). Depuis 1928, l'État possède une part du capital de la CFP (Compagnie française des pétroles).

- **Elles touchent une partie non négligeable des transports mais aussi des secteurs industriels importants :** SNCF (nationalisée en 1937), transports aériens (création d'Air France en 1933). Avec la nationalisation de Renault, c'est un tiers de la production automobile qui est aux mains de l'État. Celui-ci contrôle la construction aéronautique : SNECMA* pour les moteurs (ex-Gnôme et Rhône, nationalisé en 1945), Nord-Aviation et Sud-Aviation, dont la fusion donnera la SNIAS en 1969.

- **Une grande partie des organismes de crédit est désormais contrôlée par l'État :**
  - nationalisation complète de la Banque de France et de 4 grandes banques de dépôt : le Crédit Lyonnais, la Société générale, la BNCI** et le CNEP***. La fusion des deux dernières en 1966 donne naissance à la BNP. Il faut remarquer que les grandes banques d'affaires n'ont pas été nationalisées;
  - nationalisation de 34 sociétés d'assurances qui représentent, en fait, 60 % du capital détenu par l'ensemble des compagnies de ce secteur. Cela permet à l'État de contrôler leurs énormes disponibilités financières;
  - l'État, possédant déjà la Caisse des dépôts et consignations qui collecte les fonds des caisses d'épargne et des CCP, contrôle ainsi une partie très importante de la collecte de l'épargne et du financement de l'économie.

2. Les objectifs des nationalisations

- **Certaines nationalisations sont des sanctions** prises contre des sociétés qui ont trop collaboré avec l'occupant. C'est le cas de Renault et de Gnôme et Rhône.

- **Les causes idéologiques ont été des motivations puissantes :**
  - les nationalisations sont inscrites au programme du CNR (Conseil national de la Résistance). De Gaulle, lui-même, dans un discours du 12 septembre 1944 les souhaite;
  - elles correspondent à l'idéal socialiste des forces de gauche au pouvoir pour qui elles ne sont qu'un premier pas;
  - pour les autres forces politiques qui cautionnent ces nationalisations, elles traduisent leur volonté de moderniser l'appareil productif, en sauvegardant, par l'interventionnisme de l'État, un système capitaliste discrédité durant les années 30.

- **Les objectifs économiques sont fondamentaux.** Seule l'intervention de l'État peut permettre d'assurer l'énorme effort de reconstruction et de modernisation. En contrôlant les secteurs clés, l'État peut intervenir plus efficacement.

3. Le rôle fondamental des nationalisations

- Les entreprises nationalisées représentent une part importante de l'emploi, de l'investissement et de la production. Elles ont un effet d'entraînement sur les secteurs aval et amont des entreprises privées.

- **Elles ont été un facteur de progrès technique et social** (réussites techniques de Renault, de la SNCF, d'EDF…). Beaucoup de mesures sociales ont été appliquées dans ces établissements avant d'être appliquées à l'ensemble des entreprises (la troisième semaine de congés payés chez Renault). Durant les années 50 et 60, elles sont les « vitrines techniques et sociales » de la France.

- Malgré l'effet incontestablement positif des nationalisations, on a pu faire à celles-ci un certain nombre de reproches :
  - une certaine « fonctionnarisation » du personnel;
  - un manque de rentabilité qui ne s'explique pas toujours par le service d'intérêt public que certaines d'entre elles ont à assurer;
  - elles constituent, pour l'État, une lourde charge. Il doit, en effet, combler les déficits d'exploitation éventuels et subventionner les augmentations de capital nécessaires pour assurer la croissance de l'entreprise.

B. La planification à la française

1. Les objectifs de la planification

■ **La planification est, d'abord, une réponse à la situation de l'après-guerre.** Il s'agit de donner à l'État les moyens de contrôler l'ensemble de l'économie en fixant les objectifs prioritaires pour la reconstruction et de distribuer, en conséquence, l'aide Marshall. Le premier plan, dont le commissaire est Jean Monnet, couvre la période 1947-1952. Il définit 6 objectifs prioritaires : électricité, charbon, transports ferroviaires, acier, ciment et matériel agricole.

■ **Les plans suivants seront les instruments de la modernisation et de la croissance.** Ils fixent les objectifs jugés nécessaires à atteindre en favorisant les secteurs jugés prioritaires ou importants et assurent une croissance la plus équilibrée possible.

■ **Le plan connaît son âge d'or jusqu'à la fin des années 60.** Il entre, ensuite, dans une longue période de déclin. La mondialisation de l'économie, les difficultés, à partir de 1973, de prévoir les évolutions, la nécessité de pouvoir s'adapter rapidement à des situations très changeantes rendent aléatoire la planification.

2. Les caractères de la planification à la française

■ Totalement différente de la planification soviétique, la planification à la française présente un certain nombre de caractères originaux qui en font son intérêt :
- **le plan est indicatif.** Il prévoit des objectifs et se donne les moyens pour les atteindre. Leur non-réalisation n'entraîne aucune sanction;
- **le plan est incitatif.** Il ne nie pas l'économie de marché. Il n'agit pas par la contrainte. Auprès des entreprises, il utilise des moyens d'incitation (primes, subventions, dégrèvements fiscaux...);
- **il est souple, empirique et réaliste.** Les objectifs sont fixés en fonction des possibilités réelles de l'économie en respectant les grands équilibres. Ses méthodes ont été constamment perfectionnées.

■ Par son mode d'élaboration, le plan a permis de faire circuler l'information, de faire prendre conscience des grands problèmes (modernisation, compétitivité extérieure...); il a habitué à faire travailler ensemble des secteurs économiques et des organismes qui n'avaient pas l'habitude de le faire (fonctionnaires, syndicats, représentants des différents secteurs économiques et sociaux...). En prévoyant les grands cadres de l'évolution économique, il réduit les incertitudes. Selon Pierre Massé, le plan est l'« anti-hasard » :
- le commissaire au plan élabore le projet de plan dans ses grandes lignes;
- après accord de ce projet par le Conseil du plan (ministres et personnes compétentes), des commissions de modernisation composées de fonctionnaires, de spécialistes, de syndicalistes, de représentants des différents organismes économiques et sociaux mettent en place le plan pour chaque secteur. À partir de 1982, les régions élaborent leur propre plan en coordination avec le plan national.

* *SNECMA : Société nationale d'études et de construction de moteurs d'avions.*

** *BNCI : Banque nationale pour le commerce et l'industrie.*

*** *CNEP : Comptoir national d'escompte de Paris.*

La chronologie des plans de 1946 à 1975

Date	Commissaire général au pan	Contexte	Objectif
Ier plan 1946-1950 (réellement : 1952)	Jean Monnet (1946-1951)	– Vague de nationalisations – Pénurie – Économie à remettre en état de fonctionner – Plan Marshall – Guerre d'Indochine	Dépasser de 25 % la production totale (base 100 en 1929). Augmenter le niveau de vie général. Porter l'essentiel de l'action sur six secteurs : charbon, électricité, acier, ciment, transports, équipements et machinisme agricole.
IIe plan 1954-1957	Étienne Hirsch (1952-1958)	– Fin de la période de pénurie – Étapes de la CECA, puis de la CEE – Décolonisation, fin de la guerre d'Indochine	Dépasser de 25 % la production (base 100 en 1952). Appliquer le programme de « 4 actions de base » : – développer la recherche scientifique et technique ; – développer la spécialisation et l'adaptation des entreprises industrielles ; – développer la formation et la reconversion de la main-d'œuvre ; – améliorer l'organisation des marchés, surtout celui des produits agricoles.
IIIe plan 1958-1961	Pierre Massé (1959-1966)	– Arrivée sur le marché du travail de classes plus nombreuses – Intégration de la France dans la CEE – Fin du *baby-boom* – Guerre d'Algérie – Naissance de la Ve République	Dépasser de 27 % la production (base 100 en 1956). Favoriser l'essor démographique.
IVe plan 1962-1965	Pierre Massé	– Stabilisation politique et institutionnelle – Fin de la guerre d'Algérie – Arrivée sur le marché du travail des premières classes d'âge du *baby-boom* – Émergence de la consommation de masse	Augmenter le PIB de 24 % pendant la durée du plan. Agir en faveur des bas salaires, des exclus de la croissance. Initier une politique d'aménagement du territoire (DATAR).
Ve plan 1966-1970	F.-X. Ortoli (1967) R. Montjoie (1968-1973)	– Dérapage inflationniste en 1963 – Accords de Grenelle en 1968 – Événements de mai 1968 – Vieillissement de l'appareil productif industriel	Atteindre un taux de croissance de 5 % par an. Promouvoir emploi et exportations. Création de l'épargne-logement. Intensifier l'action régionale. Favoriser les cercles qualitatifs dans le commerce. Hausser le niveau général de qualification professionnelle.
VIe plan 1971-1975	R. Montjoie J. Ripert (1974-1977)	– Industrie française fortement concurrencée – Faiblesse de l'investissement industriel – Premier choc pétrolier – Mort de G. Pompidou (1974) – Récession économique (1974-1975)	Atteindre un taux de croissance du PIB de 6 % par an. Ramener l'inflation à moins de 3 % par an. Relancer l'industrialisation, avec un taux de croissance de 7,5 % par an. Développer les équipements collectifs.

4 LA IVe RÉPUBLIQUE : LA CROISSANCE DANS LES DÉSÉQUILIBRES

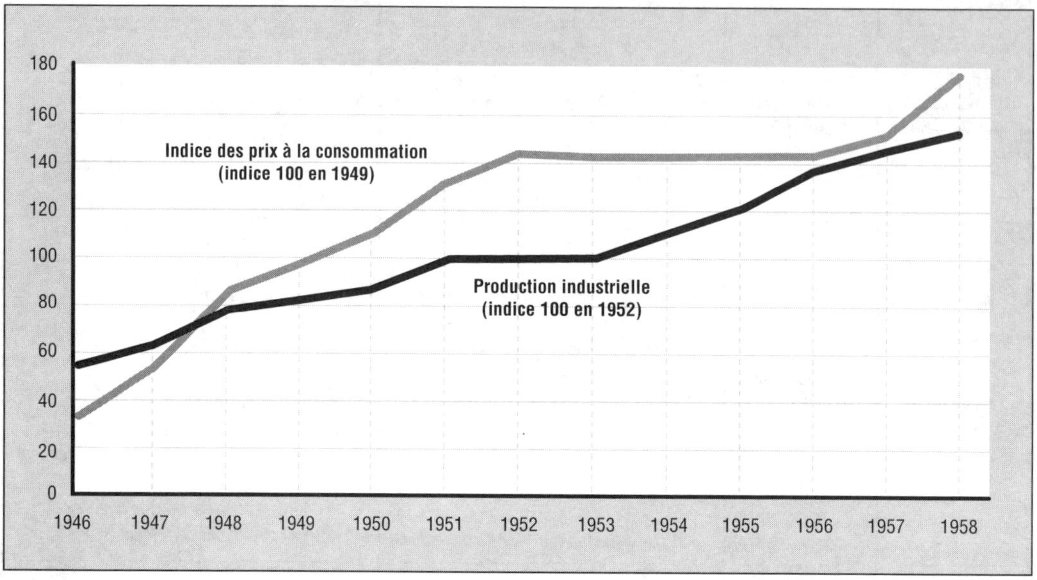

SI LA CROISSANCE DE L'INDUSTRIE EST FORTE, CELLE DES PRIX L'EST AUSSI !

A. Une forte croissance économique

En 1958, l'ampleur du changement économique est évident.

- L'industrie subit de profondes mutations : la production a été multipliée par 2 par rapport à l'avant-guerre. De nouveaux secteurs se développent : électronique, pétrochimie, électroménager… L'équipement a été profondément modernisé et soutient la comparaison avec les autres pays industriels.
- L'agriculture commence à se moderniser grâce à la mécanisation et à la concentration des exploitations.
- La France, dans les années 50, entre dans la société de consommation. Les ménages commencent à acheter des biens d'équipement : machine à laver, télévision, petit électroménager (Moulinex), automobile (2 CV Citroën, 4 CV Renault…).
- Le PIB croît en moyenne de 4 % par an. La France devance les pays anglo-saxons dans ce domaine.

Le dynamisme économique est réel malgré des guerres coloniales coûteuses.

B. Un pays encore peu ouvert

- **La France est un pays protectionniste.** Contrairement aux dispositions du GATT, les importations demeurent contingentées. Le franc est inconvertible. Le contrôle des changes impose des licences d'importation.

■ **Pourquoi ce contexte protectionniste ?**
– pression d'entreprises qui craignent d'affronter la concurrence étrangère ;
– la France privilégie ses relations avec son empire colonial ;
– l'expansion économique est fondée sur le dynamisme du marché intérieur (importance des investissements et de la consommation) ;
– la fermeture relative des frontières rend plus efficace l'intervention de l'État. L'orientation dirigiste aurait été plus difficile à mener dans une économie ouverte. L'État a pu aider la modernisation et stimuler la production. L'inflation et les déficits budgétaires, peu sanctionnés par la contrainte extérieure, ont pu favoriser la croissance.

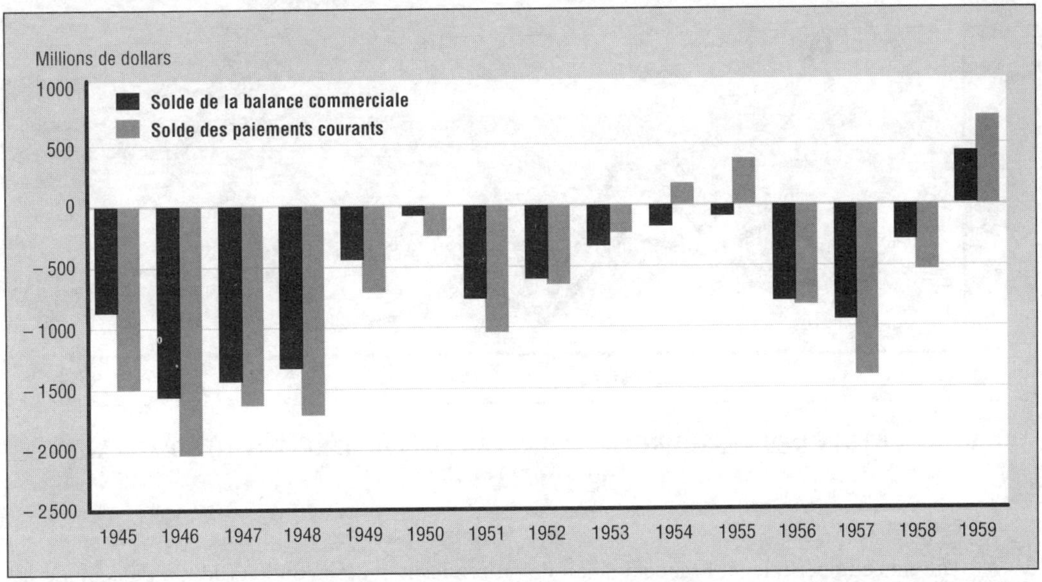

LES DÉSÉQUILIBRES EXTÉRIEURS DE 1945 À 1959

C. Les limites

■ **Malgré l'importance des changements**, la France apparaît encore, aux yeux des observateurs étrangers, comme **un pays retardataire et sclérosé** :
– le taux d'investissement ne place la France qu'au dixième rang dans le monde ;
– malgré quelques exceptions, la concentration des entreprises est faible. Les petits patrons, les petits artisans, les petits agriculteurs sont encore très nombreux et réagissent lorsqu'ils se sentent menacés par l'évolution économique (*cf.* le poujadisme durant les années 50) ;
– le patronat se montre frileux et peu acquis à l'idée d'expansion.

■ **La croissance se poursuit dans les déséquilibres :**
– poussées inflationnistes de 1952 (guerre de Corée) et de 1956 (crise de Suez, guerre d'Algérie) ;
– la fin de la IVe République est caractérisée par des déséquilibres très graves : inflation, déficits budgétaire et commercial. Le franc est faible (les possibilités de tirage au FMI sont épuisées, recours aux prêts des États-Unis). La France se trouve en situation de faiblesse au moment de la mise en place du Marché commun.

Les Français ne retiendront de cette période que les déséquilibres. La France des années 50, c'est encore la France de la pauvreté et de la crise du logement. C'est, dans certaines régions, une France archaïque. Pourtant, la IVe République a ouvert le pays sur le monde (traité de Rome en 1957). Elle a fait entrer la France dans la modernité en mettant en place les bases et les structures nécessaires à l'expansion des années 60.

5 LA FRANCE DE 1958 À 1974

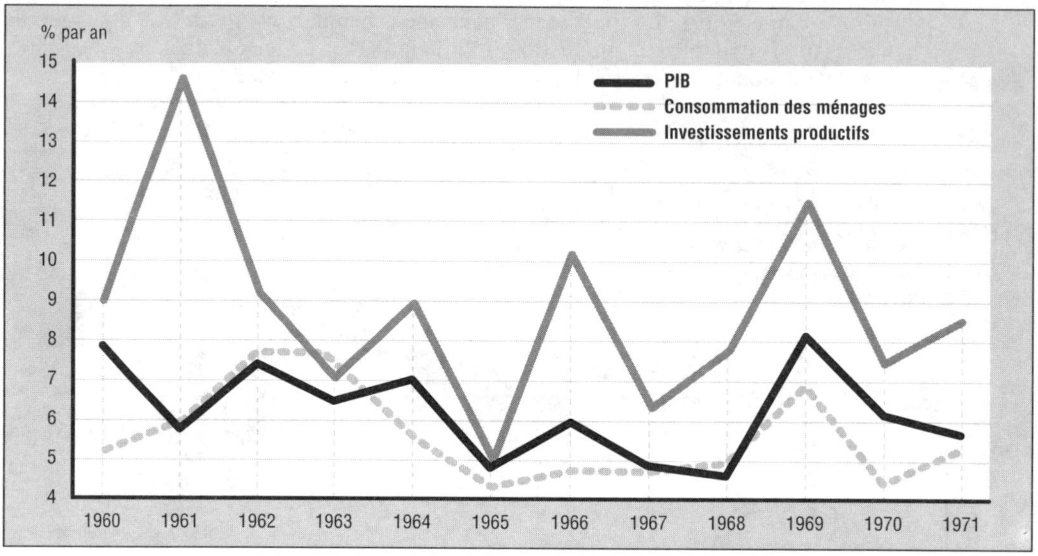

L'ÉVOLUTION DES RESSOURCES ET DES EMPLOIS DE L'ÉCONOMIE FRANÇAISE DE 1967 À 1971

Durant cette période, la France connaît de profondes mutations qui en font un pays moderne, industriel et ouvert sur le monde.

A. Les performances de l'économie

1. Une croissance élevée

- **Le taux de croissance est supérieur à 5 %.** Seul le Japon, parmi les grands pays de l'OCDE, enregistre des taux plus importants.
- **Le niveau de l'investissement est très élevé.** En 1974, la France connaît le taux le plus haut des pays de l'OCDE. Les entreprises font des bénéfices importants favorisant l'auto-investissement.
- On remarque **une très forte croissance des exportations** (12 % en 1974). Cette croissance est supérieure à celle de l'Allemagne mais inférieure à celle de l'Italie ou du Japon.

2. Les mutations de l'économie

Les mutations sont à la fois quantitatives et qualitatives. Elles font disparaître la France traditionnelle rurale.

- C'est l'époque du grand mouvement de modernisation et de transformation de l'agriculture. Sa part dans l'économie et dans la population active baisse *(cf. chapitre 7).*
- C'est une période de forte croissance industrielle. Le dynamisme des industries de biens d'équipement entraîne les autres secteurs.
- Les années 60 voient le développement des grandes surfaces de distribution (installation du premier hypermarché Carrefour à Sainte-Geneviève-des-Bois en 1963).

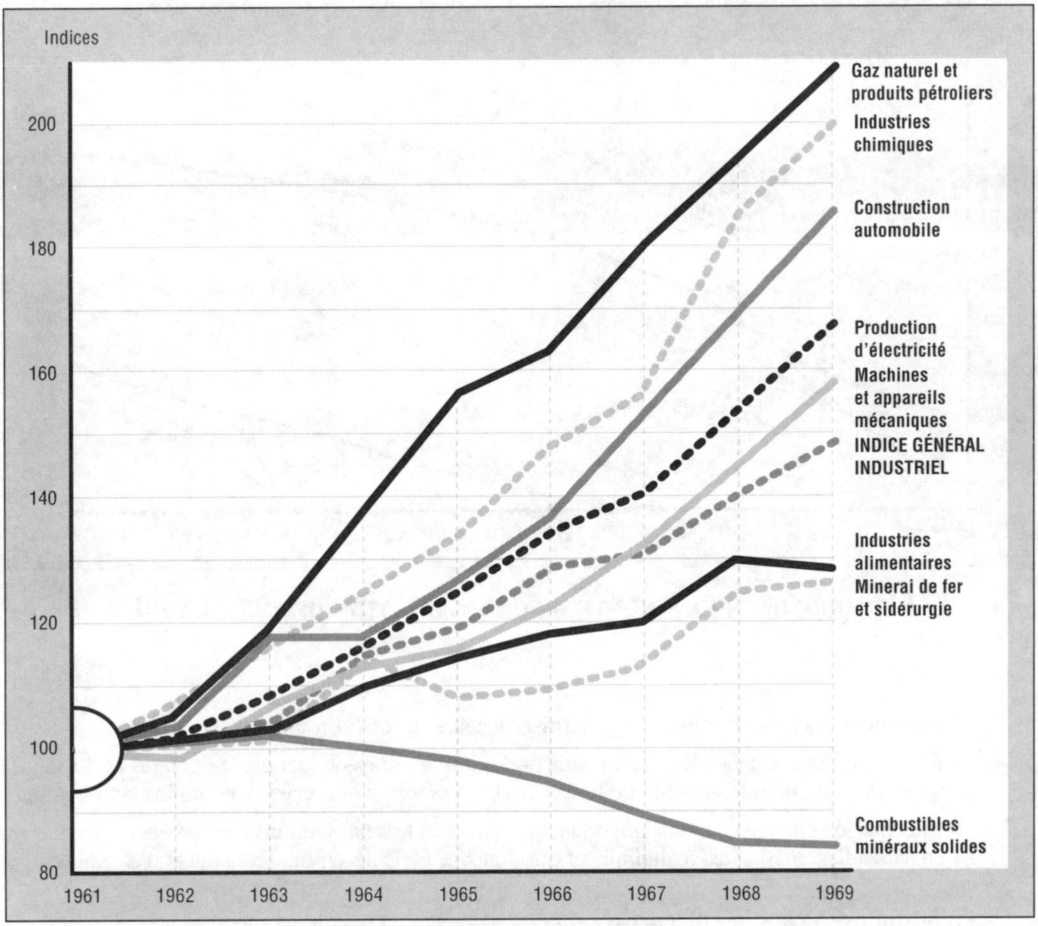

LE DYNAMISME DIFFÉRENTIEL DES SECTEURS INDUSTRIELS DE **1961 À 1969** (en indices)

B. Les facteurs de la croissance

1. Les facteurs généraux

- Ils ne sont pas propres à la France et reposent sur :
  - une énergie bon marché et abondante (pétrole) ;
  - la libéralisation des échanges ;
  - un système monétaire qui, malgré des soubresauts, remplit encore ses fonctions ;
  - le progrès scientifique et technologique qui permet la forte croissance des industries de la deuxième révolution industrielle et l'apparition des industries annonçant la troisième.

2. L'ouverture sur le monde

- En décembre 1958, le franc est dévalué de 17,55 %. Cela permet aux produits français d'être plus compétitifs. Cette stabilisation de la monnaie permet le rétablissement de la convertibilité externe et l'assouplissement du contrôle des changes. La France peut remplir ses obligations vis-à-vis du FMI. Cette dévaluation réussie permet au franc d'être une monnaie relativement appréciée dans les années 60.

La France s'ouvre sur l'Europe (Marché commun) mais aussi sur le monde.

- Elle entraîne le développement des secteurs dynamiques de l'économie (automobile, aéronautique, agriculture…).

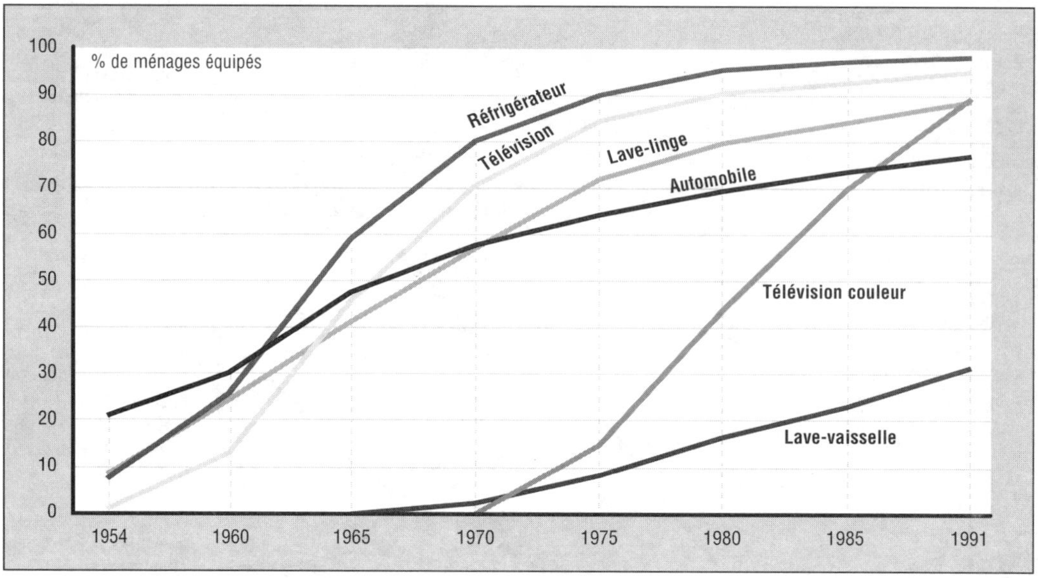

L'ENTRÉE DANS LA SOCIÉTÉ DE CONSOMMATION DE 1954 À 1991

- La concurrence fait évoluer et moderniser les structures économiques et sociales.
- Elle a pour conséquence le développement des importations de matières premières et d'énergie à bon marché (pétrole, minerai de fer...) car les ressources nationales sont moins compétitives.
- Bien que jouant un rôle moins important que dans d'autres pays, les investissements étrangers, et en particulier américains, se multiplient (machinisme agricole, chimie, construction électrique...).

3. L'attitude des chefs d'entreprise

- On assiste à un grand mouvement de concentration stimulé par l'État : création de SACILOR, PUK (chimie, aluminium, aciers spéciaux). Peugeot rachète Citroën en 1974.
- Beaucoup de PME sont dynamiques, entreprenantes et ouvertes sur le monde : Moulinex, Leroy-Sommer, Legrand, Rossignol, Mérieux...
- Le patronat est moins frileux, plus ouvert sur l'Europe et le monde. Les méthodes de production et de gestion à l'américaine se répandent.

4. Les transformations démographiques et sociales

- La population active croît fortement (appel aux immigrés et premiers effets du *baby-boom*). Elle augmente de 2,5 millions de 1959 à 1975. Le délestage de l'agriculture permet de fournir une partie de la main-d'œuvre nécessaire à l'industrie.
- **La consommation de masse se généralise.** En outre, les jeunes, devenus des consommateurs à part entière, constituent un marché en pleine expansion.

C. La politique de l'État

Dirigiste sous de Gaulle, elle fut plus libérale sous Pompidou. **Le choix de l'ouverture impose alors un certain nombre de contraintes :** les entreprises doivent être compétitives (d'où concentrations); il faut éviter toute surchauffe, tout déséquilibre pouvant entraîner une déstabilisation du franc. L'État ne peut plus se permettre d'encadrer la croissance et de la rendre la plus forte possible, comme sous la IVe République.

1. L'évolution de la planification

- Elle est plus ambitieuse et plus complexe : mise en place d'une politique régionale par la création de la DATAR en 1963, obligation de tenir compte de l'environnement international, souci de couvrir plus de secteurs de l'économie. Par la mise en place d'indicateurs appropriés, elle doit permettre, aussi, l'adoption d'une politique conjoncturelle appropriée (politique salariale concertée, politique des revenus en liaison avec les progrès de la productivité...).
- La priorité est accordée aux grands équipements collectifs (urbanisme...), à l'aide au développement régional et aux secteurs de pointe de l'industrie.

2. L'État favorise les concentrations

Par son action, l'État provoque des concentrations pour former des groupes capables de faire face à la concurrence européenne.

- Regroupements dans le secteur nationalisé : formation de la SNIAS en 1969 (fusion de Nord et Sud-Aviation), création d'ELF en 1967 à partir de différentes sociétés pétrolières, en 1973 regroupement en 3 groupes (UAP, GAN, AGF) des assurances nationalisées après la guerre. Renault rachète Berliet en 1974.
- En conditionnant une partie de ses subventions et de ses aides, il contraint certaines entreprises privées à la concentration.
- Une politique d'aide à l'épargne permet d'améliorer les mécanismes de financement :
  - par la réforme Debré de 1966, la distinction traditionnelle entre banques d'affaires et banques de dépôt est supprimée ;
  - la généralisation des comptes bancaires est facilitée ;
  - les SICAV voient le jour.

3. Vers une redéfinition du rôle des services publics

(Cf. chapitre 3, fiche 9.)

D. Les limites

1. L'économie révèle certaines faiblesses

- Par rapport à sa principale concurrente, l'Allemagne, l'économie française a encore des faiblesses : une industrialisation moins poussée, une concentration plus faible des entreprises et des exportations industrielles moins importantes.
- L'industrie n'a pas de véritables créneaux forts.
- La dépendance vis-à-vis des importations (en particulier le pétrole) demeure trop forte.
- Les investissements à l'étranger, bien qu'importants, restent insuffisants si on les compare à ceux des principaux pays concurrents de la France.
- Le commerce extérieur est surtout bénéficiaire avec les PVD. La politique des grands contrats l'emporte sur des efforts constants de pénétration durable des marchés.

2. Des choix parfois contraires à la logique économique

- La recherche de l'indépendance à tout prix et une certaine politique de prestige amènent à faire des choix satisfaisant la fierté nationale, mettant en évidence le savoir-faire et la technique française mais se révélant parfois peu rentables sur le plan économique :
  - choix du procédé SECAM de télévision couleur ;
  - construction du *France,* programme *Concorde* ;
  - mise en place du plan Calcul pour l'informatique ;
  - choix de la filière française pour l'électricité d'origine nucléaire. Elle est abandonnée en 1969 parce que non rentable.

Le pays a connu de profondes mutations mais celles-ci ne sont pas totalement achevées et ne font pas encore connaître tous leurs effets quand la crise survient. De ce fait, la France n'a pas pu toujours répondre efficacement aux nouveaux défis.

6 LA FRANCE FACE À LA CRISE DE 1974 À 1983

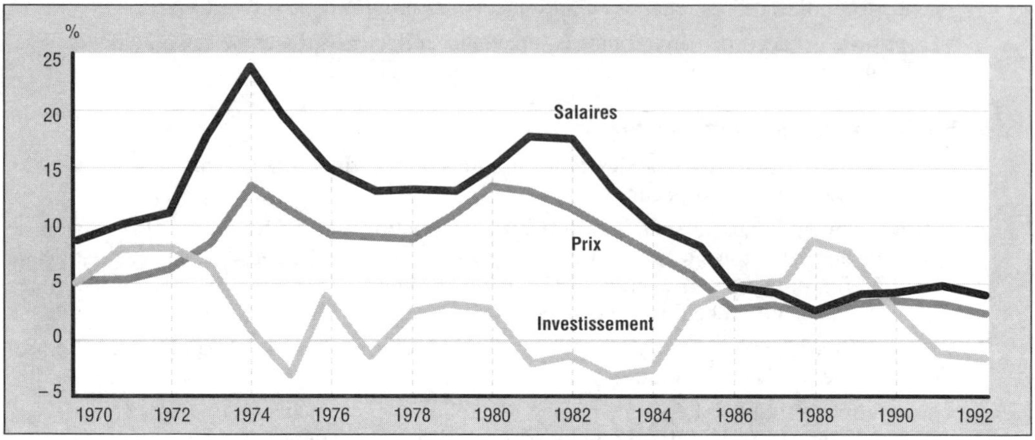

L'ÉVOLUTION DES PRIX, DES SALAIRES ET DU TAUX DE CROISSANCE DE L'INVESTISSEMENT DE 1970 À 1992

Le début des années 70 voit s'ouvrir une période nouvelle marquée par la fin de la croissance des « trente glorieuses » et une intégration de plus en plus poussée de l'économie française dans une économie mondiale qui connaît de profonds bouleversements. En devant s'adapter au nouvel environnement économique, la France doit résoudre des problèmes liés au ralentissement de la croissance, à l'accentuation des déséquilibres et à la menace d'une concurrence internationale accrue.

A. L'importance de la contrainte extérieure

1. Le poids des importations

- **Les hausses du prix du pétrole** (chocs pétroliers de 1973 et de 1979) **et la hausse du dollar** (de 1980 à 1986) renforcent considérablement la facture pétrolière d'un pays qui est presque totalement dépourvu de cette ressource énergétique.
- **La France a peu de matières premières.**
- À elle seule, tant pour les produits de haute technologie que pour les produits de consommation courante, **l'industrie française ne peut satisfaire tout le marché intérieur**. Toute politique de relance risque donc d'amplifier les déséquilibres extérieurs.

2. La nécessité d'exporter

- **Exporter est une nécessité vitale :**
  - pour payer les importations ;
  - parce que les exportations constituent un débouché important pour la production nationale (plus d'un cinquième de cette dernière durant la période 1973-1983).
- **Sur les marchés extérieurs, la concurrence est forte :**
  - elle se renforce avec le ralentissement de l'activité économique mondiale ;
  - l'économie française a peu de points forts. Elle subit une concurrence sévère des grands pays industriels pour les produits de haute technologie et des NPI pour les produits courants ;
  - le commerce français est déficitaire avec la plupart des grands pays industriels. Les PVD touchés par la crise ralentissent leurs importations ;
  - la politique des grands contrats signés avec les PEP et les PVD est aléatoire.

3. La France est plus sensible à la contrainte extérieure que ses concurrents

- Le franc est une monnaie relativement fragile.
- À la différence de l'Allemagne et du Japon, elle a peu de créneaux dans les produits de haute technologie.
- Elle n'a pas de manne pétrolière comme le Royaume-Uni.
- Elle ne peut, comme les États-Unis, financer ses déficits grâce à sa politique monétaire.

B. La croissance

1. Le ralentissement de la croissance

- À la différence des autres pays, la France en 1974 poursuit sa croissance. Après une courte récession en 1975, le redémarrage est très vif en 1976.
- Les années 1979-1980 sont marquées par une récession due au second choc pétrolier. Toutefois, la France ne participe pas à la reprise très vive qui se produit chez ses partenaires de l'OCDE à partir de 1982 (elle doit en effet mettre en œuvre une politique de rigueur après l'échec de la relance de 1981).
- Depuis, malgré une embellie dans les années 1988-1989, l'économie connaît une maladie de langueur (faible croissance). À partir de 1992, une récession grave se produit. Dans les années 80, les performances économiques ont été plus modestes que celles de la plupart des grands pays de l'OCDE.

2. La faiblesse de l'investissement

- Il chute brutalement dans les années 70 (3 % par an en moyenne de 1974 à 1980). Ce taux est dû essentiellement à l'effort d'investissement des entreprises nationalisées car les entreprises privées ont tendance à désinvestir. De 1980 à 1985, le taux est négatif alors que dans les autres pays les investissements augmentent. Depuis 1985, il faut noter une nette reprise.
- **Jusqu'au début des années 80, la croissance a profité largement à l'augmentation du pouvoir d'achat au détriment de l'investissement.** La France est un des rares pays où cela s'est produit. Elle a vécu au-dessus de ses moyens.

C. Les déséquilibres

1. L'inflation

- **Déjà forte avant 1974, elle s'est accélérée avec la crise** (désordre monétaire, hausse des charges salariales et du coût de l'énergie, déséquilibre budgétaire…). Elle reste élevée jusqu'à la fin des années 80. Depuis quelques années, la France a maîtrisé son inflation et apparaît comme un des pays occidentaux où elle est la plus faible. La France est le pays qui s'est engagé le plus tard dans la voie de la désinflation.
- Cette forte inflation a eu des conséquences très graves : perte de compétitivité des produits français à l'étranger, faiblesse de la monnaie, importance des **frais financiers pour les entreprises endettées…**

2. Les déséquilibres extérieurs

Pendant la période 1973-1983, le commerce extérieur est presque toujours déficitaire du fait du poids important de la facture pétrolière (jusqu'en 1986), mais surtout du fait de la perte de compétitivité de l'industrie. Les déficits extérieurs ajoutés à l'inflation expliquent la faiblesse du franc.

D. Le chômage

- **Depuis 1973, le chômage ne cesse d'augmenter** (423 000 demandeurs d'emploi en 1973 ; plus de 3,12 millions en 1997). Le taux de chômage est parmi les plus élevés des grands pays industriels *(cf. chapitre 2, fiches 12 et 13).*
- L'importance du chômage des jeunes est une spécificité française.

La France n'a pu redresser ses déséquilibres qu'en acceptant un ralentissement durable de son activité. Le pays s'est trouvé devant ce dilemme : toute relance de la croissance provoque une relance de l'inflation et une accentuation des déséquilibres extérieurs, une politique d'équilibre ralentit la croissance et aggrave le chômage. Actuellement, alors que les grands équilibres sont retrouvés, les taux d'intérêt encore trop élevés freinent la reprise économique.

E. L'inefficacité des politiques menées jusqu'en 1981

L'échec des politiques conjoncturelles et l'obstacle de la contrainte extérieure

Face aux problèmes posés à la France depuis vingt ans, les politiques menées se heurtent à un certain nombre d'obstacles qui les mènent à l'échec ou à des succès trop partiels. Les politiques traditionnelles d'inspiration keynésienne sont rendues inefficaces par certains caractères nouveaux de la crise (ex. : coexistence de l'inflation et du chômage). L'intégration de plus en plus grande de la France dans l'économie mondiale réduit considérablement les marges de manœuvre des gouvernements.

1. L'échec des politiques conjoncturelles

- La politique économique menée jusqu'en 1976 alterne les mesures de freinage, pour essayer de juguler l'inflation et les déséquilibres extérieurs, et les mesures de relance, pour lutter contre la montée du chômage et le ralentissement de l'activité.
- Au printemps 1974, l'inflation alimentée par le choc pétrolier (quadruplement du prix du brut) et les déséquilibres extérieurs qui se traduisent par des attaques contre la monnaie (le franc sort du Serpent monétaire) imposent des mesures visant à freiner la demande et la création monétaire (hausse des taux, encadrement du crédit, hausse des impôts...).
- Ces mesures ralentissent l'activité. En 1975, pour la première fois depuis la guerre, la croissance est négative. Des mesures de relance par le déficit budgétaire sont appliquées (travaux financés par l'État, augmentation des prestations sociales...). Elles permettent la reprise mais accentuent l'inflation et le déficit commercial. Le franc sort à nouveau du Serpent monétaire.
- **Les politiques conjoncturelles traditionnelles se heurtent donc aux caractères nouveaux de la crise** : la croissance accentue l'inflation sans faire baisser le chômage. L'inflation reste forte et le chômage monte quand la croissance est plus faible.

2. Le plan Barre (1976)

- Il a plusieurs objectifs :
  - il vise, à long terme, à renforcer le franc pour réduire la contrainte extérieure ;
  - il doit permettre aux entreprises de restaurer leurs marges bénéficiaires pour qu'elles puissent augmenter leur autofinancement et être plus compétitives ;
  - pour cela, il faut contenir l'inflation et la hausse des salaires.
- Quelques succès sont remportés : la balance commerciale est excédentaire en 1978, l'inflation ralentit.
- Pourtant, les taux d'intérêt élevés freinent l'investissement, et la montée du chômage rend ces mesures très impopulaires. À partir de 1979, le second choc pétrolier compromet définitivement le plan Barre.

L'ÉCHEC DE LA POLITIQUE DE RAYMOND BARRE

« Voilà trois ans, un inconnu paraissait sur le perron de l'Élysée... L'objectif du nouveau gouvernement sera de combattre l'inflation et de maintenir la stabilité de la monnaie [...].
Aujourd'hui, les bilans pleuvent sur le malheureux professeur [...]. Lui, pourtant si prudent, a commis une grave imprudence en fixant un délai à son action et en donnant l'impression que les résultats se liraient dans l'indice des prix. Le délai est écoulé, les résultats sont affichés : 11 % de hausse des prix en 1979 contre moins de 10 % en 1976. Recalé.
À vrai dire, l'indice des prix a toujours été le cadet des soucis du Premier ministre. Son raisonnement – qui n'a jamais varié – tient en peu de mots : la crise, c'est l'inflation ; il faut soigner ses causes, non ses effets (l'indice) ; il faut donc freiner les salaires (cause interne) et tenir la monnaie (cause externe) ; ainsi se reconstitueront les profits (ce qui suppose que les prix continuent de progresser quelque temps quand les salaires ont été freinés) ; car les profits d'aujourd'hui sont les investissements de demain, qui seront les emplois d'après-demain, comme l'a si bien dit l'ami Helmut. CQFD.
Où est la faille ? Il y en a plusieurs. D'abord, les salaires et la monnaie ne sont pas les seules causes de l'inflation. Il y a aussi les coûts financiers et de distribution, les prix des services et les ententes [...]. Deuxième faille, les entrepreneurs français n'ont pas l'habitude d'investir en dehors d'un climat d'euphorie ; or les drogues euphorisantes sont interdites : il n'y a plus de croissance forte et il ne faut plus d'inflation... »

Jean Boissonat, « Bloc-notes », L'Expansion, *25 août 1979.*

F. L'échec de la politique de relance de la gauche

1. Un rôle accru de l'État, une relance de la consommation

- **Un vaste programme de nationalisations renforce le rôle de l'État** *(cf. chapitre 3, fiche 9).*
- **La politique de la gauche, arrivée au pouvoir en 1981, vise à lutter contre le chômage et à relancer la consommation.** Elle se marque par plusieurs mesures :
  - diminution du temps de travail (semaine de 39 heures, cinquième semaine de congés payés, abaissement de l'âge de la retraite à 60 ans, voire 55 dans certaines conditions) ;
  - hausse des bas salaires (forte augmentation du SMIC) ; revalorisation des prestations sociales (allocations familiales, allocation logement, aide aux personnes âgées) ;
  - création massive d'emplois dans la fonction publique.
- La forte augmentation des dépenses de l'État n'est que partiellement couverte par les rentrées fiscales (augmentation de l'impôt sur les hauts revenus, création de l'impôt sur les grandes fortunes). **Le déficit budgétaire est un des moyens de la relance.**

2. Des déséquilibres très graves font échouer cette politique de relance

- **L'accroissement de la demande relance l'inflation alors que le chômage n'est pas endigué.**
- **Les déficits extérieurs se creusent dangereusement** (en 1982, le déficit commercial atteint un chiffre record). Trois dévaluations, en moins d'un an, sanctionnent cette politique et obligent le gouvernement à l'abandonner.
- **Sans l'instauration d'un protectionnisme sévère, cette politique, qui n'a pas tenu compte de la contrainte extérieure, ne pouvait réussir :**
  - la France a pratiqué une politique de relance au moment où les autres grands pays industriels pratiquaient une politique de rigueur ;
  - l'industrie française n'a pu faire face à l'augmentation de la demande intérieure. Les industries étrangères ont profité de la relance en pénétrant largement notre marché ;
  - les exportations ont été ralenties par la baisse de compétitivité de nos entreprises due à l'inflation et à la rétraction des marchés extérieurs ;
  - le second choc pétrolier et la hausse du dollar ont alourdi le coût des importations.

7 LES POLITIQUES ÉCONOMIQUES FACE À LA CRISE DEPUIS 1983

Malgré les changements de gouvernement depuis 1983, les politiques suivies se caractérisent par la continuité. L'insertion croissante dans l'économie mondiale, la volonté de poursuivre la construction européenne imposent des mesures de lutte contre l'inflation et les déséquilibres extérieurs. Elles requièrent aussi une réduction des contraintes étatiques.

A. Le poids de la contrainte extérieure

Face aux énormes déficits extérieurs, **le dilemme posé au gouvernement Mauroy est le suivant** : ou la France continue la même politique impliquant un fort protectionnisme et un repli sur elle-même ou elle reste intégrée dans l'économie mondiale et continue à jouer un rôle fondamental dans la CEE.

1. L'ouverture sur le monde implique un certain nombre de contraintes

- **La lutte contre l'inflation est prioritaire** pour rendre les entreprises plus compétitives, restaurer les équilibres extérieurs et renforcer la monnaie.
- **La politique économique française doit être en phase avec celle des autres grands pays.** Cela réduit considérablement les marges de manœuvre de l'État qui doit adopter des mesures libérales de désengagement de l'économie.
- Les entreprises françaises doivent poursuivre une politique d'investissements à l'étranger pour conquérir des marchés ou profiter de meilleures conditions de production. De même, la France doit pouvoir accueillir des investissements étrangers sur son sol.

2. L'intégration plus poussée dans la CEE a, aussi, certaines conséquences

- Une certaine déréglementation et une certaine libéralisation des marchés doivent avoir lieu, ce qui permettra à la libre concurrence de mieux jouer. L'économie française s'aligne sur le modèle allemand. La maîtrise des prix, et non plus une politique de dévaluation de la monnaie, permet d'accroître la compétitivité des produits.
- La France ne participera à l'UEM (Union économique et monétaire) et à l'introduction de la monnaie unique que si elle peut satisfaire à un certain nombre de critères (inflation modérée, faibles déficits, stabilité de sa monnaie et taux d'intérêt raisonnables). En fait, cela signifie que la politique économique française doit s'aligner sur celle de la RFA.

B. Les politiques économiques suivies depuis 1983

1. La politique de rigueur de Jacques Delors

- **Dès mars 1983,** Jacques Delors met en place un plan de rigueur visant à rétablir les grands équilibres et à lutter contre l'inflation.
- **Il s'agit de stabiliser la consommation par l'augmentation des impôts et la réduction des dépenses publiques.** Pour lutter contre l'inflation, les salaires et les prix sont bloqués pendant quatre mois. Ensuite, pour casser la spirale inflationniste prix-salaires, ces derniers sont désindexés. Les prix industriels sont libérés.
- **La lutte contre l'inflation est un succès mais le chômage s'accroît,** le pouvoir d'achat diminue en 1983-1984 et la France n'a pas profité de la relance mondiale.

« Certes, le changement de cap de la politique économique en juin 1982 avait déjà marqué un tournant important. Cependant, ce n'était encore que le prologue de ce que nous vivons aujourd'hui. Le fait qu'on doive, huit mois après, recommencer la dévaluation et le plan de rigueur montre assez que l'expérience de l'an passé n'était qu'un brouillon […].

L'erreur de diagnostic concerne la crise dont la gauche a exagéré le contenu proprement national et sous-estimé le contenu international. Certes, il y avait des hommes en son sein qui étaient parfaitement conscients des dimensions réelles du problème. Mais, collectivement, la majorité voyait dans le "giscardisme" et – à travers celui-ci – dans le capitalisme l'origine d'une mutation mondiale qui, en réalité, transcendait largement les majorités au pouvoir et les systèmes, prenant racine dans des bouleversements technologiques commerciaux et sociologiques… Parce qu'on isole le fait national de son environnement, on choisit la relance par la consommation à contretemps. Il en résulte un déficit extérieur qu'on finance par un endettement rapidement excessif et qu'il faut solder avec des dévaluations accompagnées d'austérité. Le processus est d'une grande banalité et il n'y avait aucun mérite à prévoir qu'en s'engageant dans cette voie on aurait une séquence inéluctable : l'année de la dépense (1981) suivie de l'année de l'endettement (1982) qui se prolonge elle-même par l'année du règlement (1983). »

Jean Boissonnat, « Bloc-notes », L'Expansion, *8 avril 1983.*

2. Le retour de la droite au pouvoir en 1986 ne remet pas en cause la politique de rigueur

- **Les objectifs restent les mêmes,** même si certaines des mesures adoptées prennent un ton plus libéral : privatisations, libération complète des prix, abandon de l'encadrement du crédit…
- Les gouvernements de gauche (1988-1993) préparent la France au grand marché unique et au respect des critères satisfaisant à l'adhésion économique de la France à l'Union monétaire par le maintien de la politique du franc fort et de la lutte contre l'inflation.
- Le gouvernement d'Édouard Balladur se donne pour objectif de redresser les comptes sociaux et de réduire les déficits publics. Il procède à une nouvelle campagne de privatisations. C'est, pourtant, la lutte contre le chômage qui est son souci essentiel.

C. Un bilan contrasté

1. Ces politiques ont remporté des succès incontestables

- **L'inflation a été maîtrisée.** Le franc est devenu une monnaie stable et a mieux résisté que beaucoup de devises des pays de l'Union européenne lors de la crise qui a frappé le SME au cours de l'été 1993.
- Le solde du commerce extérieur est redevenu largement positif depuis 1992.
- Les entreprises françaises ont fait un important effort d'investissement, tant sur le territoire national qu'à l'étranger, et augmentent spectaculairement leur compétitivité.

2. Pourtant, beaucoup de points inquiétants peuvent être mis en évidence

- **Les pouvoirs publics ne sont pas parvenus à endiguer la montée du chômage.**
- Depuis 1992, la France connaît une crise grave qui se traduit par une baisse très nette de l'activité économique. À partir de 1994, la reprise est manifeste. Elle est tirée par les exportations et non par la consommation intérieure qui reste, de façon alarmante, à un niveau très bas.
- La faiblesse de l'investissement depuis plusieurs années risque de poser, à terme, le problème de la compétitivité des entreprises. La responsabilité en incombe au niveau trop élevé des taux d'intérêt alignés sur ceux de l'Allemagne; à l'attentisme des entreprises face à l'incertitude de la conjoncture et au développement des placements financiers spéculatifs au détriment des investissements productifs. La récente baisse des taux d'intérêt n'a pas suffi à relancer durablement l'économie. À terme, l'enjeu de la mise en place de la monnaie unique pourrait être une baisse significative des taux d'intérêt qui permettrait une reprise de l'activité économique.

Le choix de l'Europe et l'intégration à l'économie mondiale impliquent **des marges de manœuvre étroites, un alignement sur les politiques des autres pays et un désengagement de l'État**. Le dirigisme et l'interventionnisme qui ont marqué les politiques économiques à la Libération et durant les « trente glorieuses » ne sont plus possibles.

8 L'ÉVOLUTION DU SECTEUR PUBLIC

Les années 80 marquent un tournant fondamental dans le rôle que l'État joue dans la vie économique. À une attitude longtemps interventionniste et dirigiste succèdent une position plus libérale et un désengagement certain. Le poids du secteur public dans l'économie se réduit. Depuis 1986, la politique de privatisations a remplacé celle de nationalisations du gouvernement Mauroy.

A. À partir des années 60, une redéfinition du rôle des entreprises nationalisées

1. Jusqu'en 1982, il n'y a pas eu de nouvelles nationalisations

- Toutefois, des regroupements et des concentrations ont eu lieu : formation de la SNIAS en 1969, d'ELF en 1967 ; en 1973, les compagnies d'assurances nationalisées fusionnent en trois groupes (GAN, UAP, AGF). En 1974, Renault rachète Berliet (camions).
- En 1978, l'État, principal créancier des entreprises sidérurgiques, annule leur dette et devient le propriétaire de fait de ces groupes industriels.
- Dans les années 60, les entreprises publiques multiplient les filiales, parfois en association avec le secteur privé.

2. Dans les années 60, le rôle des enreprises publiques évolue

- On ne leur demande plus de soutenir l'économie en pratiquant des prix suffisamment bas pour favoriser les secteurs aval. Elles doivent exercer leur activité dans un souci d'efficacité économique et de rentabilité financière.
- Le rapport Nora (1967) redéfinit les rapports entre l'État et les entreprises nationalisées. Une différence est faite entre la mission de service public qui requiert l'aide de l'État et l'activité concurrentielle pour laquelle l'entreprise nationalisée doit se trouver dans les mêmes conditions que les entreprises privées.

B. Les nationalisations de 1982

1. Un vaste programme de nationalisations

- La gauche, arrivée au pouvoir en 1981, décide de mettre en œuvre un vaste programme de nationalisations qui répond à plusieurs objectifs essentiellement économiques :
  - il faut permettre à l'État de restructurer l'appareil productif. Il faut éviter la trop grande diversification des activités des différents groupes en les recentrant sur leur activité principale et en créant des filières ;
  - il faut reconquérir le marché intérieur et éviter une multinationalisation croissante qui supprime des emplois en France.

Le rôle du secteur public dans le Programme commun de la gauche

« Pour briser la domination du grand capital et mettre en œuvre une politique économique et sociale nouvelle, rompant avec celle du pouvoir actuel, le gouvernement réalisera progressivement le transfert à la collectivité des moyens de production les plus importants et des instruments financiers actuellement entre les mains des groupes capitalistes dominants.

[...] Le secteur public étendu et démocratisé aura pour missions :

1) De promouvoir en son sein la participation des travailleurs et l'exercice de la démocratie selon toutes les formes prévues par le programme de gouvernement.

2) D'assurer la mise en œuvre dans les principaux secteurs des grandes orientations économiques prévues par le Plan.

3) De donner à la Nation les instruments d'une politique financière et du crédit nouvelle répondant aux objectifs nationaux du progrès économique et social.

4) De créer les emplois répondant aux objectifs du Plan et de l'aménagement du territoire.

5) De créer les conditions du redressement de la production nationale dans le cadre de la nouvelle croissance ; d'accroître la productivité de l'économie et l'efficacité des investissements en même temps que l'amélioration des conditions de travail ; de développer et de réorienter la recherche industrielle et les techniques de pointe.

6) D'assurer aux PME, en particulier aux sous-traitants, des conditions de production et de distribution leur permettant de moderniser leur activité et de jouer un rôle dynamique dans l'économie. [...]

Le secteur public et nationalisé jouera un rôle de premier plan dans la mise en œuvre de la politique industrielle. Il permettra d'orienter la production, d'opérer les conversions nécessaires, de renforcer et d'adapter les structures industrielles pour développer la coopération et faire face à la compétition internationale. »

Le Programme commun de la gauche, propositions socialistes pour l'actualisation, *Flammarion, 1978.*

■ La nationalisation des banques permettra de soutenir plus efficacement l'investissement déficient. Les PME, en particulier, avaient du mal à trouver auprès des groupes bancaires le soutien financier dont elles avaient besoin.

2. La France devient le pays occidental où l'État a le plus grand poids

■ **Alors que les autres pays s'engagent dans une voie opposée, la France devient le pays développé de l'OCDE où l'État contrôle le plus d'entreprises :**

- les nationalisations concernent essentiellement 5 groupes industriels (CGE, Saint-Gobain, PUK, Rhône-Poulenc, Thomson-Brandt) auxquels il faut ajouter Usinor Sacilor qui entre officiellement dans le giron de l'État;
- les banques d'affaires (Paribas, Indo-Suez) et 36 banques de dépôt sont nationalisées;
- des prises de participation majoritaire (Matra, Dassault, CII-Honeywell Bull) et l'acquisition d'une minorité de blocage chez Roussel-Uclaf complètent le dispositif.

■ **Dès lors, le secteur public a un poids considérable dans l'économie française.** Il représente 23 % des effectifs salariés, 28 % de la valeur ajoutée, 30 % des exportations, 49 % des investissements et 91 % des dépôts bancaires.

■ Il comporte beaucoup d'industries traditionnelles en crise mais aussi des secteurs à haute technologie et à vocation exportatrice.

3. Très vite, un certain nombre de problèmes vont apparaître

■ Pour des raisons idéologiques, la nationalisation à 100 % a été imposée alors qu'une simple prise de contrôle à 51 % aurait été suffisante. Cela a entraîné un surcoût considérable du fait de l'indemnisation des anciens actionnaires.

■ Beaucoup d'entreprises connaissent des déficits importants (11 milliards pour Renault en 1984) qui ne peuvent être compensés par les brillants résultats d'Elf (6,5 milliards) ou de Rhône-Poulenc (1,5 milliard).

LE CALENDRIER DES PRIVATISATIONS DE 1986 À 1995

Société	Date de privatisation	Nombre d'actionnaires en millions
Première cohabitation		
Elf Aquitaine	Octobre 1986	0,300
Saint-Gobain	Décembre 1986	1,547
Paribas	Janvier 1987	3,804
Sogenal	Janvier 1987	0,850
Banque BTP	Avril 1987	1,030
BIMP	Avril 1987	0,523
CCF	Avril 1987	1,650
Alcatel Alsthom (ex-CGE)	Mai 1987	2,237
Havas	Mai 1987	0,730
Société générale	Juin 1987	2,298
TF1	Juin 1987	0,415
Suez	Octobre 1987	1,600
Matra	Janvier 1988	0,285
Deuxième cohabitation		
Crédit local de France	Juin 1993	0,159
BNP	Octobre 1993	2,807
Rhône-Poulenc	Novembre 1993	2,900
Elf Aquitaine	Janvier 1994	3,096
UAP	Mai 1994	1,900
Renault (privatisation partielle)	Novembre 1994	1,092
Seita	Février 1995	nc
Gouvernement d'Alain Juppé		
Usinor Sacilor	Juin 1995	nc
Péchiney	Novembre 1995	nc
France Télécom	Prévue en 1997	

LOI DE PRIVATISATION DE JUILLET 1993 : ENTREPRISES NON ENCORE PRIVATISÉES

Aérospatiale
Bull : ouverture du capital en mai 1995
Compagnie générale maritime
Compagnie nationale Air France
Renault : ouverture du capital en octobre 1994
Snecma
Thomson : privatisation en cours
AGF : désignation d'une banque-conseil en juillet 1994
Caisse centrale de réassurance
Caisse nationale prévoyance assurances (CNP)
GAN
Banque Hervet : privatisation prévue en novembre 1993, puis suspendue
Crédit Lyonnais
Société marseillaise de crédit (SMC)

- Dans un monde en évolution rapide où les grands groupes doivent s'adapter très vite, la nationalisation se révèle trop rigide pour leur stratégie. Pour ne pas contrevenir à la règle des 100 %, seul l'État peut procéder à des augmentations de capital. La création ou la vente d'une filiale est soumise à une autorisation législative.

4. La part du secteur public diminue

- Très vite, sous les gouvernements de gauche, un assouplissement s'opère. Une autonomie de gestion de plus en plus grande est accordée aux firmes dont les performances sont appréciées en fonction de critères financiers (retour à l'équilibre). Dès 1983, les entreprises nationalisées peuvent augmenter leur capital par les certificats d'investissement (sorte d'action démunie d'un pouvoir de décision). Progressivement, la privatisation de filiales est autorisée.

- Dans une perspective néolibérale, et pour pouvoir disposer des fonds nécessaires à la réduction des déficits publics, le gouvernement de Jacques Chirac (1986-1988) procède à une grande vague de privatisations :
  – elle concerne les entreprises nationalisées tant en 1982 qu'après la guerre ;
  – elle concerne les entreprises ayant des résultats suffisamment brillants pour attirer les actionnaires.

Elf, Havas, TF1, Paribas, Saint-Gobain, la Société générale, la CGE… furent concernées par cette première vague de privatisations qui permirent le développement d'un actionnariat populaire.

- L'attitude devant les nationalisations devient plus souple, moins dogmatique. Le « ni nationalisation ni privatisation » de François Mitterrand dans son programme de 1988 ne résiste guère aux impératifs économiques. Le **rachat d'UTA** par Air France en 1990 accroît le secteur public, mais l'acquisition d'une partie du capital de Renault par Volvo pose la question d'une privatisation partielle. Les exemples de revente en Bourse de parts d'entreprises publiques pourraient être multipliées.

- Le gouvernement d'Édouard Balladur relance la politique de privatisations (BNP, ELF, UAP, Rhône-Poulenc, Renault après l'échec de sa fusion avec Volvo, Seita). Cette politique a été poursuivie par le gouvernement d'Alain Juppé avec la privatisation d'Usinor Sacilor et de Péchiney en 1995.

Les privatisations sont-elles la conséquence d'une orientation néolibérale des pouvoirs publics ou un moyen pour réduire les déficits budgétaires ou ne sont-elles pas, plutôt, le reflet d'une nécessaire mutation des structures économiques ?

9 LE DÉSENGAGEMENT DE L'ÉTAT

La planification, la réglementation et les transferts sociaux ont été des moyens pour permettre à l'État d'intervenir et d'agir sur l'économie. Là encore, le désengagement est net. Il est imposé par les nécessités d'adaptation à une économie plus ouverte sur l'extérieur et par les contraintes de la crise.

A. L'évolution de la planification

- **Durant les années 70, la planification connaît un déclin certain** (attitude libérale du gouvernement et crise qui rend incertaines les prévisions). Le sixième plan (1971-1975) et le septième n'atteindront pas leurs objectifs. Le huitième (1981-1983) ne comporte aucune donnée chiffrée mais seulement des objectifs qualitatifs. Il ne fut pas appliqué.
- **En 1982, une profonde réforme de la planification est mise en place.** Au plan national, s'ajoute un plan pour chaque région. Le plan national comporte une partie programmée (objectifs sectoriels faisant l'objet d'une loi programme et d'engagements budgétaires pluriannuels) et une partie contractuelle avec les régions ou avec certaines entreprises nationalisées.
- Les objectifs du neuvième (1984-1988) et du dixième plan (1989-1992) ne seront pas atteints.
- **Le plan n'est plus guère un outil de politique structurelle.** L'évolution rapide et incertaine de l'économie mondiale et la réduction de la marge de manœuvre des pouvoirs publics avec l'ouverture croissante de l'économie française sur le monde rendent vaines les prévisions à long terme. Les contrats État-régions relèvent maintenant de l'aménagement du territoire. Il devient de plus en plus un lieu de rencontre et de dialogue pour les partenaires économiques et sociaux.

B. La déréglementation

- L'interventionnisme de l'État a longtemps reposé sur une réglementation et des contrôles souvent très stricts de l'activité économique.
- Depuis une dizaine d'années un mouvement de déréglementation et de suppression de ces contrôles se dessine. La libéralisation est un moyen jugé efficace pour accroître la concurrence, lutter contre l'inflation et dynamiser l'économie. Elle est, aussi, imposée par l'intégration de plus en plus poussée de la France dans l'Union européenne.
- À partir de 1986, parfois avant, les exemples de déréglementation sont nombreux : assouplissement des mesures de licenciement, fin du contrôle des prix, fin du contrôle des changes, abrogation de la loi de 1928 réglementant les importations pétrolières, fin de l'encadrement du crédit…

C. La crise de l'État-providence

1. Le système de protection sociale a joué un rôle efficace

- La Libération a vu la mise en place d'un système de protection sociale très efficace (allocations familiales, allocations chômage, retraites, assurance maladie…). Jusqu'à nos jours ce système a été constamment amélioré.

- Il a permis plus de justice sociale et a été un des leviers de la politique démographique.
- Son rôle économique demeure fondamental. Les transferts sociaux constituent un puissant moyen d'action au service de la politique économique. Ils permettent d'amortir les effets des fluctuations de l'activité, en influant sur le niveau du revenu des ménages et par conséquent sur celui de la consommation.

2. Ce système pose toutefois de gros problèmes

- Les différents organismes connaissent de nombreux et lourds déficits. Depuis 1992, ces derniers se sont aggravés.
- **Le coût de plus en plus élevé de la protection sociale est lié à l'augmentation des frais médicaux, à la croissance du chômage et au vieillissement de la population.**
- La France est un des pays européens où le niveau des prélèvements obligatoires est le plus élevé (43,7 % contre 40,8 % en moyenne dans l'Union européenne), parce que la part de la Sécurité sociale dans ces prélèvements obligatoires est une des plus fortes d'Europe (France : 19,2 %, Suède : 16,9 %, UE : 11,5 %). Les cotisations sociales pèsent lourdement sur les entreprises en augmentant le coût de la main-d'œuvre et en pesant lourdement sur leur compétitivité.
- Ces déficits de plus en plus difficiles à combler peuvent menacer l'acquis social le plus important.

QUELQUES QUESTIONS SUR L'AVENIR DE LA PROTECTION SOCIALE

« La protection sociale est au cœur de notre cohésion sociale. Bien que née à l'origine dans une optique d'assurance, l'État-providence y a tout de suite incorporé un fort contenu de solidarité : ainsi les cotisations en matière de santé sont proportionnelles au revenu et non au risque, à la différence d'une assurance. […] Au fur et à mesure de l'extension des groupes couverts et de l'amélioration des droits, les Français ont bénéficié d'un excellent système. […] Dès la crise de 1974-1975, une première rupture est intervenue : le ralentissement de la croissance, puis de la masse salariale, a largement pesé sur l'équilibre des comptes de la Sécurité sociale. Certes, jusqu'au début des années 80, la part croissante faite aux salariés dans le partage de la valeur ajoutée a permis de retarder artificiellement l'ajustement des prestations. Mais depuis, le phénomène s'est inversé, avec une masse salariale en moindre progression par rapport au PIB, ce qui pèse sur l'équilibre financier des comptes sociaux. […] Les dépenses augmentent plus vite que les recettes. Aujourd'hui le diagnostic est clair : la pérennité du système risque d'être menacée à moyen terme si aucune réforme de structure n'est engagée. […] L'accès à l'emploi devenu essentiel, il ne s'agit plus en priorité d'améliorer continûment le droit des assurés mais de trouver des modes de régulation susceptibles de maîtriser les dépenses pour éviter des hausses de cotisation pesant sur l'emploi. »

Rapport au Premier ministre de la Commission présidée par Alain Minc, Commissariat général au Plan, Éditions Odile Jacob.

LES DÉPENSES DE PRESTATIONS SOCIALES EN PART DU PIB DE 1960 À 1993

Prestations	1960	1970	1980	1990	1993
Santé	4,8	6,6	8,4	9,1	9,9
Vieillesse	5,1	7,4	10,2	11,6	12,6
Famille	3,9	3,3	3,5	3	3,3
Chômage	0,2	0,4	1,7	1,7	2,3

L'ÉVOLUTION* COMPARÉE DU PIB, DES SALAIRES ET DES PRESTATIONS SOCIALES DE 1960 À 1993

	1960-1970	1970-1975	1975-1980	1980-1985	1985-1990	1990-1993
PIB	5,6	3,5	3,1	1,5	3,2	0,3
Masse salariale brute	6,7	5,8	3,2	0,2	2,1	0,8
Prestations sociales	8,2	7,1	4,9	4,0	2,4	3,8

(*) Taux de croissance moyen annuel en francs constants.

10 LES ENTREPRISES DES SECTEURS INDUSTRIEL ET TERTIAIRE MARCHAND

La répartition des emplois par secteur d'activité en 1995

Secteur d'activité	Part dans l'emploi total
Agriculture (y compris sylviculture et pêche)	5,2 %
Industrie	19,4 %
BTP	7 %
Tertiaire non marchand (enseignement, santé, défense...)	27,1 %
Tertiaire marchand (commerce, banques, transports...)	41,3 %

Les parts dans le PIB national et dans l'emploi national de différentes branches d'activité

Branches	Part dans le PIB national	Part dans l'emploi national
Transports et télécommunications(1)	6,5 %	5,6 %
Banques et assurances(1)	4,4 %	2,5 %
Commerce	10,6 %	11,4 %
Services aux entreprises	10 %	9,3 %
Hôtellerie et loisirs	3 %	3,2 %
Location immobilière(2)	9,1 %	1,1 %
Services aux particuliers(2)	6 %	6,5 %
Réparation et commerce de l'automobile(2)	1,7 %	1,7 %

(1) Fort contrôle de l'État; grandes entreprises et PME.
(2) Peu de grandes entreprises.

Les entreprises industrielles emploient 4,4 millions de personnes (19,4 % des actifs occupés) et fournissent 27 % du PIB.
Les entreprises du tertiaire marchand occupent 9,8 millions de personnes (41,3 % des actifs occupés) et produisent 52 % du PIB.
De 1945 à 1981, les plus grandes entreprises sont partagées entre le secteur public et le secteur privé. La vague de nationalisations de 1981 a placé des pans entiers de l'activité économique sous le contrôle de l'État. Depuis 1986, les privatisations ont permis de rendre au secteur privé une partie des grandes entreprises nationales bénéficiaires qui exerçaient leurs activités sur des marchés ouverts à la concurrence.
Quel rôle ces entreprises des secteurs industriels et du tertiaire marchand jouent-elles dans l'économie et dans l'organisation du territoire?

A. Les entreprises industrielles

1. Une évolution positive depuis vingt ans

- Pour faire face aux 2 chocs pétroliers et à la mondialisation de l'économie, les entreprises industrielles se sont engagées dans un double processus de concentration et de redéploiement international par la réalisation d'investissements directs à l'étranger (IDE*).
- Ce double effort a porté ses fruits car la balance commerciale de l'industrie française a atteint un niveau de compétitivité satisfaisant. Négatif de 1987 à 1991, le solde de sa balance commerciale est redevenu de plus en plus excédentaire depuis 1992.

2. Une bonne résistance à la crise déclenchée en 1990

- Les équipements ont été modernisés et les gains de productivité ont progressé en moyenne de 2,5 % par an.
- Le point mort de la plupart des entreprises, c'est-à-dire le volume d'activité à partir duquel les bénéfices apparaissent, a été abaissé.

3. Des points noirs : l'investissement et l'emploi

- De 1985 à 1990, l'investissement productif n'avait cessé de grimper passant de 10,5 à 12,3 % du PIB ; il est revenu à 11 % en 1992, 10 % en 1993 et 1994, 9,5 % en 1995 (3 points de moins que l'Allemagne).
- Dans le même temps, les emplois industriels ont diminué de 5,4 à 4,4 millions.

B. Grandes entreprises et PMI (petites et moyennes industries)

1. Quelles différences ?

- Pour l'INSEE, le seuil entre PMI et grande entreprise est fixé à 500 salariés. Un peu plus de 700 entreprises industrielles dépassent ce chiffre.
- Ce seuil est discutable aujourd'hui : les gains de productivité permettent à de nombreuses entreprises industrielles de réaliser de gros chiffres d'affaires avec des effectifs inférieurs à 500 personnes.
- Ainsi, en 1995, Servier (pharmacie) a réalisé un chiffre d'affaires de 3,64 milliards de francs avec 424 personnes et Nokia France (matériel électrique) un CA de 1,67 milliard avec 194 employés. En revanche, Éminence (textile) a réalisé un CA de 0,39 milliard de francs avec 800 salariés et les Faïenceries de Sarreguemines un CA de 0,44 milliard avec 1 042 personnes.
- Le chiffre d'affaires n'est-il pas plus représentatif que le nombre d'employés ?

2. La place écrasante des grandes entreprises

- Les 100 premières réalisent 70 % de la production, et emploient 65 % des effectifs de l'industrie :
  - les concentrations imposées par la compétition internationale ont permis à la France de se doter de très grands groupes, mais, depuis 3 ans, les entreprises françaises reculent dans les classements ;
  - 26 des 100 premières firmes industrielles sont des filiales d'entreprises étrangères dont 2 américaines, 11 de l'Union européenne, 2 suisses et 1 japonaise ;
  - 24 entreprises appartiennent aux 100 premières firmes industrielles européennes et 7 aux 100 premières mondiales contre 3 en 1960.
- Les principales fusions depuis la Seconde Guerre mondiale. Lors de la signature du traité de Rome, des réserves furent émises sur la taille des entreprises françaises, en particulier face à la puissance des firmes allemandes renaissantes. Les bons classements actuels des entreprises industrielles françaises, en Europe et dans le monde, sont le résultat de la croissance mondiale depuis la guerre mais également des nombreux regroupements effectués dans tous les secteurs :
  - quelques fusions étaient défensives comme celles intervenues dans la sidérurgie (Usinor Sacilor) ou une partie de celles réalisées dans l'industrie chimique (EMC) ;
  - les autres ont généralement permis aux entreprises industrielles françaises d'être plus compétitives sur des marchés comme l'automobile (Renault-Berliet, Peugeot-Citroën), le matériel électrique (CGE-Alcatel), l'agroalimentaire (Eridania-Beghin Say, Bongrain-ULN), le BTP et le traitement de l'eau (Générale des eaux-SGE, Lyonnaise des eaux-GMT Entreprises). Enfin, certaines fusions ont abouti à l'émergence de groupes diversifiés (Bouygues-TF1, Matra-Hachette).

Malgré ce vaste mouvement de concentration, **certaines branches manquent** encore de firmes de très grande taille comme l'agroalimentaire, l'aéronautique ou l'informatique.

- Bien qu'en recul, la place des entreprises nationalisées demeure importante :
  - au nombre de 13 à l'été 1995, ce sont toutes de grandes entreprises. Les plus petites sont les Charbonnages de France pour le CA (8,3 milliards de francs) et EMC pour le nombre d'emplois (11 000 personnes);
  - l'État conservera le contrôle des groupes dont les productions sont sensibles (COGEMA, SNECMA) ou en difficulté durable (Charbonnages, EMC, GIAT-Industries) puis privatisera rapidement les groupes bénéficiaires (Pechiney, Renault) ou redressés (Bull).

3. Le tissu des PMI

- La France compte 200 000 PMI, dont 96 % emploient moins de 100 salariés (1,60 million d'emplois).
- Après avoir plutôt mieux résisté à la crise que les grandes entreprises jusqu'en 1985, il en disparaît plus qu'il ne s'en crée depuis dix ans.
- Cette fragilité vient souvent de leur situation de sous-traitantes des grandes firmes.
- L'État tente de résoudre 2 de leurs difficultés majeures : le financement et l'exportation, en favorisant l'octroi de prêts à faibles taux et la création de GEI (Groupements d'entreprises industrielles).
- Beaucoup disparaissent à cause des problèmes de succession que rencontrent leurs fondateurs.
- Les plus nombreuses travaillent dans l'agroalimentaire, et donc fréquemment en zone rurale.

C. Les entreprises du tertiaire marchand

- **Depuis 1975, elles ont créé 2,3 millions d'emplois.**
- Celles qui sont au **service des entreprises** (publicité, conseil, intérim) ont connu un essor plus rapide que celles qui sont au **service des particuliers** (hôtellerie, loisirs, coiffure...).
- Comme dans l'industrie, elles se partagent entre quelques centaines de très grandes firmes et 2 millions de PME, dont 235 000 entreprises artisanales (moins de 10 salariés).

1. Cinq branches sur huit comptent à la fois de grandes firmes et une multitude de PME

- Les grandes firmes des transports et des télécommunications, de la banque et de l'assurance sont partiellement contrôlées par l'État :
  - la SNCF, la RATP, Air France, Air Inter, la Compagnie générale maritime sont toutes déficitaires (280 000 emplois);
  - La Poste (290 000 emplois) a un bilan équilibré;
  - France Télécom (167 000 emplois) est très bénéficiaire;
  - les firmes du secteur banques et assurances présentent des situations très contrastées depuis quatre ans : certaines demeurent puissantes : Société générale, BNP, Crédit Agricole, AXA; d'autres connaissent des difficultés liées à une gestion médiocre et imprudente (dans l'immobilier, notamment) : le GAN, l'UAP (absorbée par AXA), le Crédit foncier et surtout le Crédit Lyonnais !
  - les transports routiers appartiennent au secteur privé; quelques grandes firmes (SCAC, SCETA, Novalliance) et 27 000 PME se partagent le marché.
- Le commerce, les services aux entreprises et l'hôtellerie-loisirs ne comptent aucune firme nationalisée :
  - dans chacune des branches, les grands groupes sont nombreux;

– Carrefour (165 milliards de CA), Promodes (160), Intermarché (129), Leclerc (128), dominent la branche du commerce ; la dixième firme (CORA) réalise encore un CA de 37 milliards de francs ;
– les grandes firmes de services aux entreprises appartiennent à la publicité (Havas, 45 milliards, Publicis, 20 milliards), à l'intérim (Ecco, 20 milliards) ou à la gestion informatique (Cap Gemini, 11,3 milliards) ;
– le remarquable développement de l'hôtellerie et des loisirs a permis l'apparition de firmes puissantes comme la chaîne d'hôtels Accor (30 milliards de CA), le PMU (32,6), le Club Méditerranée (8,5), Disneyland Paris (8,5).

2. Trois branches ne comportent essentiellement que des PME

■ Ce sont :
– la location immobilière avec 49 000 entreprises mais un gros chiffre d'affaires ;
– les services aux particuliers qui connaissent un essor moyen sauf dans le domaine de la santé : 550 000 emplois dont 110 000 médecins libéraux ;
– la réparation et le commerce des automobiles restent prospères avec 68 000 PME.

■ Étudiées avec le secteur de l'énergie, EDF (188 milliards de CA) et GDF (49,2 milliards) sont en réalité de grandes entreprises de services aux entreprises et aux particuliers.

■ **Avec 61 % des emplois, les entreprises de l'industrie et du tertiaire marchand jouent un rôle déterminant dans l'organisation du territoire français.**

■ Depuis le milieu des années 1960, les entreprises contrôlées par l'État ont été le fer de lance des décentralisations (Aérospatiale, Renault) et les grands instruments de l'**aménagement du territoire** (SNCF, EDF).

■ Grâce aux primes d'installation octroyées par les pouvoirs publics, les firmes privées se sont installées dans les régions peu industrialisées (Citroën à Rennes) ou dans les régions en conversion (Citroën à Metz).

■ **En zone rurale, une double mobilité apparaît :** création de PMI (agroalimentaire dans l'Ouest), fermeture de nombreux commerces (alimentation, artisanat).

■ **En zone urbaine, un partage des tâches se manifeste :** les plus grandes entreprises regroupent dans les grandes villes (plus de 200 000 habitants) les fonctions de direction, de recherche, de conception et de commercialisation et emploient de plus en plus de salariés qualifiés ; elles laissent aux moyennes et petites villes les fonctions d'exécution qui utilisent de moins en moins de personnel.

Depuis 1975, **les entreprises sont en grande partie responsables de la reprise démographique des grandes agglomérations** et du ralentissement de la croissance des autres villes.

* ***IDE :*** *investissements directs à l'étranger. Création d'entreprises à l'étranger, prises de participation dans des entreprises étrangères, opérations (prêts et avances) entre maison mère et filiales.*

11 LES ENTREPRISES FRANÇAISES DANS LE MONDE

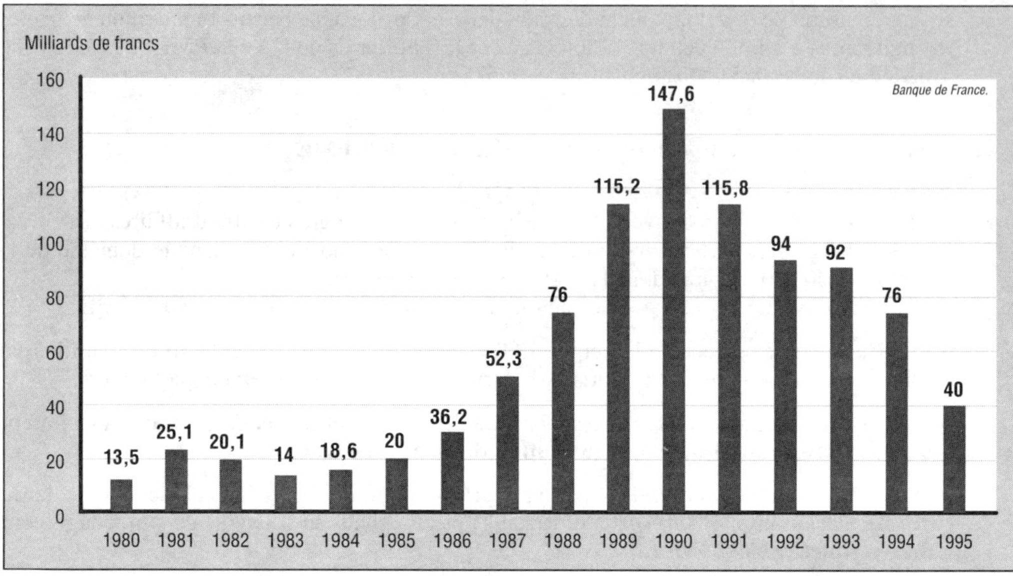

LES FLUX DES INVESTISSEMENTS FRANÇAIS À L'ÉTRANGER DE 1980 À 1995

Depuis dix ans, l'essor des investissements français à l'étranger s'inscrit dans un vaste mouvement de globalisation de l'économie mondiale.

Les flux d'investissements internationaux, qui étaient en stagnation au début des années 80, ont connu **une croissance spectaculaire de 1986 à 1990** avant de se replier fortement de 1991 à 1995, à la suite du ralentissement économique mondial.

A. Le développement des investissements internationaux dans les années 80

1. Ce phénomène touche tous les grands pays industrialisés

- Jusqu'à la fin des années 70, les entreprises américaines ont réalisé la plus grande part des investissements internationaux.
- Le phénomène s'est généralisé à toutes les grandes entreprises des pays développés pendant les années 80.
- La part des entreprises américaines est alors tombée à 15 %, tandis que celle des entreprises de la CEE est passée à 50 % et celle du Japon à 25 %.
- La part des pays hors OCDE (OPEP en particulier) dans les investissements mondiaux est devenue marginale.

2. Les investissements directs se sont réorientés vers les pays de l'OCDE

- Les États-Unis et l'Union européenne sont devenus les principales cibles des investisseurs.
- Les PED ont été les principales victimes de cette concentration des investissements, l'Amérique latine et surtout l'Afrique étant les plus touchées.

B. Après un bond spectaculaire de 1986 à 1990, les investissements français diminuent

1. En 1990, la France devient le premier investisseur européen et le deuxième mondial

- Les investissements français passent de **20 milliards de francs** par an entre 1980 et 1985 à **près de 148 en 1990**.
- Depuis 1991, les grands groupes ont ralenti leur stratégie d'acquisitions à l'étranger afin de reconstituer leurs capacités financières et d'assimiler leurs récentes acquisitions (40 milliards de francs en 1995).

2. La réorientation géographique et sectorielle des investissements français

- Comme l'ensemble des grands pays, la France a concentré ses investissements dans les pays développés.
- En 1990, **60 % des investissements étaient dirigés vers l'Union européenne**, contre moins de 25 % entre 1980 et 1985.
- La part des investissements réalisés dans les autres pays de l'OCDE a diminué considérablement, sauf aux États-Unis (20 à 25 % du total en 1990).
- La proportion des investissements dirigés vers les PED est devenue négligeable.
- Sur le plan sectoriel, les années 80 ont été marquées par **l'émergence des services** qui ont représenté la moitié des investissements français à l'étranger entre 1986 et 1992. Dans l'industrie, dont la part a également augmenté sur la même période, seuls quelques secteurs ont été à l'origine de l'essentiel des investissements : chimie, agroalimentaire, automobile, matériel électrique et électronique.

3. L'obligation d'investir à l'étranger

- L'engouement récent des entreprises françaises pour les investissements à l'étranger apparaît, dans une certaine mesure, **comme un phénomène de rattrapage**.
- Ces acquisitions internationales ont un enjeu technique et commercial : il est essentiel d'obtenir des économies d'échelle pour demeurer compétitif; **il faut atteindre une taille critique minimale pour accéder aux marchés mondiaux**, mais depuis 2 ans, la plupart des grands groupes français manquent de fonds propres pour investir à l'étranger.
- Dans cette course à la mondialisation, **la croissance externe** par fusion ou absorption de firmes existantes l'a souvent emporté sur **la croissance interne** plus longue à mettre en œuvre.
- Pour atteindre cette taille critique, les groupes français ont acquis des entreprises étrangères détenant une position forte, sinon dominante, sur des marchés où elles étaient peu présentes.
- **Le marché américain,** le plus grand du monde, a été l'objet des achats les plus massifs; ainsi Michelin a acheté Uniroyal; Elf a acquis Pennwalt; Schneider, Square D; Pechiney, American National Can et Rhône-Poulenc, Rorer. Toutes ces opérations ont nécessité une mise de fonds d'au moins deux milliards de francs.

Ainsi la France participe-t-elle à la globalisation de l'économie mondiale par la constitution de groupes multinationaux présents dans de nombreux pays.

La spécialisation au niveau mondial des unités de production de ces groupes accroît rapidement les échanges commerciaux intrafirmes.

12 LA PLACE PRÉPONDÉRANTE DES GRANDES ENTREPRISES À L'ÉTRANGER

LA RÉPARTITION GÉOGRAPHIQUE DES IMPLANTATIONS FRANÇAISES À L'ÉTRANGER

Pays	Nombre d'entreprises	Effectifs (milliers)	Part des effectifs (%)
Total monde	10 700	1 939	100
OCDE	7 700	1 379	71,1
UE	5 000	904	46,6
Royaume-Uni	1 000	218	11,2
Allemagne	1 200	197	10,2
Espagne	800	171	8,8
Belgique-Luxembourg	800	156	8
Italie	660	103	5,3
Autres OCDE	2 700	475	24,5
États-Unis	1 500	337	17,4
Japon	200	15	0,8
Autres pays	3 000	550	28,9
Afrique	1 300	254	13,1
Maghreb	300	61	3,1
Zone franc	600	113	5,8
Amérique latine et centr.	500	157	8,1
Brésil	200	102	5,3
Asie et Océanie	1 100	126	6,5
NPI*	600	27	1,4
Pays de l'Est	100	23	1,2

(*) Nouveaux pays industrialisés : Corée du Sud, Hong Kong, Singapour, Taiwan.

Recensement des implantations françaises à l'étranger, DREE.

Les investissements qui se matérialisent par des implantations productives et commerciales sont le fait de quelques grands groupes qui contrôlent l'essentiel des 11 000 filiales françaises à l'étranger.

A. Une forte concentration financière et géographique

1. 16 sociétés emploient 50 % de l'effectif des filiales des entreprises françaises à l'étranger, soit 1 million de personnes

- L'autre moitié est contrôlée par près de 3 500 entreprises.
- Avec environ 2 millions de salariés dans les filiales étrangères, la France occupe le cinquième rang mondial derrière les États-Unis (6,7 millions), l'Allemagne (2,3 millions), le Japon et le Royaume-Uni.

2. La concentration géographique des investissements

- 5 pays (États-Unis, Royaume-Uni, Allemagne, Espagne, Belgique-Luxembourg) représentent la moitié de l'emploi des filiales françaises dans le monde.

- Les 10 premiers pays en représentent les trois quarts.
- La zone OCDE regroupe 72 % de l'emploi.
- Dans la CEE (47 % de l'emploi total), la quasi-totalité des filiales est située chez les 5 premiers partenaires commerciaux de la France : Royaume-Uni, Allemagne, Espagne, Italie, Belgique-Luxembourg.
- Dans le reste du monde, c'est en Afrique que la France est la plus implantée (Côte-d'Ivoire, Maroc) ; le Brésil occupe une place originale avec 5 % de l'effectif.
- La France est peu présente en Asie.

3. La majorité des effectifs est employée dans l'industrie

- Les entreprises industrielles regroupent 60 % de l'emploi étranger, alors que les services en représentent 22 %, le BTP, 7 % et le commerce 11 %.
- La prépondérance de l'industrie est un phénomène commun aux filiales allemandes (68 % du total) et américaines (70 %).

B. On observe une corrélation géographique assez étroite entre investissements et commerce extérieur

1. Avec les pays de la Communauté

- Les investissements directs apparaissent comme la prolongation des flux d'échanges.
- Les 5 principaux partenaires commerciaux de la France reçoivent près de la moitié de ses exportations et représentent 44 % des effectifs des filiales françaises à l'étranger.

2. Les autre pays de forte implantation

- Ce sont les États-Unis et l'Afrique.
- Ils ont un poids relativement limité dans notre commerce extérieur à cause de la difficulté d'exporter vers ces zones ou du caractère récent des implantations.

En général, les investissements à l'étranger sont un facteur d'amélioration du commerce extérieur.

Toutefois, les incidences des implantations sur les échanges extérieurs dépendent des pays, des activités, voire des entreprises.

13 L'AUTOMOBILE ET LA CHIMIE : DEUX SECTEURS INDUSTRIELS EXEMPLAIRES DANS LEURS INVESTISSEMENTS ET LEURS ÉCHANGES AVEC L'ÉTRANGER

L'étude de ces 2 secteurs très internationalisés montre que les entreprises de ces branches ont su développer leurs investissements internationaux tout en consolidant leurs performances à l'exportation.

Par souci de clarté, nous n'avons retenu pour l'automobile que les relations entre la France et l'Espagne.

A. L'automobile française en Espagne

L'étude des implantations automobiles françaises en Espagne et de leur lien avec les échanges commerciaux franco-espagnols dans ce secteur montre comment l'interpénétration délocalisations-échanges, particulièrement importante dans l'automobile, a pu jouer dans un cas concret.

1. L'Espagne est le premier pays d'implantation des constructeurs automobiles français

- Remontant à la fin des années 50, les implantations françaises en Espagne ont été motivées à l'origine par le protectionnisme espagnol. Protégées de la concurrence extérieure, les firmes françaises **détenaient 50 % des immatriculations** au moment de l'entrée de l'Espagne dans la CEE en 1986.
- Cette adhésion à la Communauté a dynamisé les investissements de nombreux constructeurs étrangers attirés par le coût de la main-d'œuvre et par les perspectives de croissance du marché espagnol. En 1993, l'Espagne s'est placée au troisième rang des producteurs automobiles européens, derrière l'Allemagne et la France, et a exporté près de 70 % de sa production.

2. Grâce à leurs investissements, les constructeurs français ont bénéficié du dynamisme du marché espagnol

- Dans la période récente, l'intégration européenne de l'Espagne a entraîné un accroissement très rapide des échanges automobiles franco-espagnols qui a atteint un rythme comparable à celui du commerce bilatéral global.
- Les importations françaises en provenance des filiales espagnoles des grands constructeurs allemands (SEAT pour VAG), américains (Ford) et français se sont fortement accrues.
- Cette croissance est le résultat du développement de la production automobile espagnole (2,2 millions de véhicules en 1993) et de la division internationale des activités de production qui implique une spécialisation de chaque site dans la production de 2 ou 3 modèles pour l'ensemble du marché européen.
- **Les échanges automobiles sont devenus excédentaires pour la France en 1992,** grâce aux exportations de pièces détachées vers les filiales espagnoles de Renault et de PSA.
- L'étude des échanges franco-espagnols est un bon exemple de ce qui se passe pour l'ensemble de nos échanges automobiles. La globalisation des stratégies des constructeurs nationaux se traduit par une prépondérance des pièces détachées dans notre excédent automobile, au détriment des véhicules eux-mêmes.

- La réduction prévisible du nombre de sites de production pour les constructeurs automobiles français ne semble pas devoir toucher les usines espagnoles : l'avantage comparatif de la main-d'œuvre demeure réel en Espagne, contrairement à ce qu'on constate en Belgique, par exemple.

B. Investissements et échanges ont provoqué une augmentation de l'internationalisation de la chimie française

La part du chiffre d'affaires réalisée à l'étranger par les 3 premiers groupes chimiques français (Rhône-Poulenc, Elf et Roussel-Uclaf) dépasse 60 %.

1. Les grands groupes français ont privilégié la croissance externe

- Depuis 1985, **les grands groupes français ont massivement investi à l'étranger**, en particulier aux États-Unis : achat de Rorer par Rhône-Poulenc, de Pennwalt par Elf. Grâce à cette croissance externe, Rhône-Poulenc et Elf sont, aujourdhui, respectivement les huitième et seizième firmes chimiques mondiales.
- L'internationalisation de la production s'est accompagnée d'**une forte croissance des échanges (+35 % en dix ans)** avec un excédent du secteur se stabilisant autour de 7 à 8 milliards de francs depuis 1991.

2. Les investissements à l'étranger tirent les exportations

- **Il existe une corrélation** entre la répartition géographique des implantations françaises à l'étranger et celle de nos exportations. Cette corrélation est forte avec les pays de l'Union européenne, mais l'est beaucoup moins pour les États-Unis dont le poids élevé dans nos implantations contraste avec la part limitée qu'ils représentent dans nos exportations.
- Les implantations de firmes françaises sur ce marché très fermé étaient indispensables pour accroître leurs ventes, même si elles n'ont pas permis jusqu'à présent de développer leurs exportations.

Les exemples de l'automobile et de la chimie montrent qu'il faudra plusieurs années avant que les investissements considérables de la dernière décennie fassent pleinement sentir leurs effets.

La notion de balance commerciale douanière perd beaucoup de sa signification à cause de la part croissante de la production réalisée à l'étranger par les grandes entreprises françaises.

PART DU CHIFFRE D'AFFAIRES RÉALISÉ À L'ÉTRANGER (%)

	1985	1995
Industrie automobile	42,4	53,2
Industrie chimique	49,7	64,8

INSEE et L'Expansion, 1996.

14 L'AMÉNAGEMENT DU TERRITOIRE

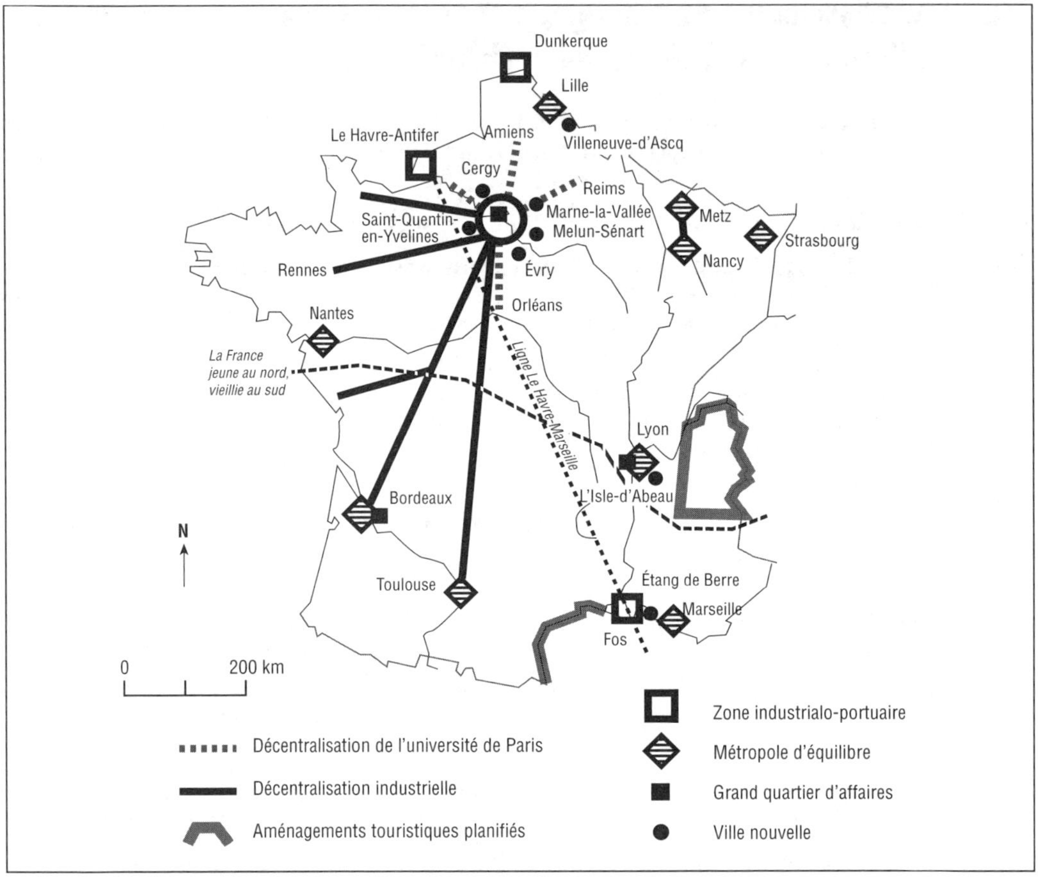

De 1960 à 1974 : la décentralisation, grand objectif de la PAT

L'homme aménage son espace de manière spontanée. Les logiques économiques cherchant les conditions optimales de production **ont entraîné des déséquilibres spatiaux** car tous les groupes humains ne disposent pas des mêmes moyens (économiques et techniques, par exemple).

Depuis un demi-siècle, **l'État intervient pour tenter d'atténuer les déséquilibres** engendrés par les activités humaines. En 1950, Claudius-Petit, ministre de la Reconstruction, déclarait : « L'aménagement du territoire c'est la recherche, dans le cadre géographique de la France, d'une meilleure répartition des hommes en fonction des ressources naturelles et des activités économiques. »

A. L'aménagement du territoire de 1945 à 1975

1. Une prise de conscience de profonds déséquilibres

- Elle fut largement matérialisée, dès 1947, par la publication du livre de Jean-François Gravier ***Paris et le désert français.***

■ **Les principaux déséquilibres étaient :**
– l'opposition Paris-province;
– l'opposition entre une France industrialisée à l'est de la ligne Le Havre-Marseille et une France plus rurale à l'ouest;
– le contraste démographique entre une France jeune et dynamique au nord et une France vieillie au sud;
– la concentration des activités en zone urbaine accompagnée de la poursuite de l'exode rural;
– l'absence de véritables capitales régionales, contrairement à certains pays voisins (Allemagne, Italie...).

■ Ces déséquilibres constituaient autant de freins à un développement harmonieux du territoire. Aux inégalités sociales s'ajoutaient de fortes inégalités spatiales.

2. Les moyens et les politiques

■ Contrairement à certains pays voisins, comme le Royaume-Uni, ils furent modestes et dispersés jusqu'en 1954. Dès 1954-1955, Pierre Mendès France et Edgar Faure donnèrent une véritable impulsion à l'aménagement du territoire (limitation de l'extension des usines dans l'agglomération parisienne).

■ C'est surtout à partir des années 60 qu'une politique volontariste et dirigiste fut mise en place sous l'impulsion de la Datar*, créée en 1963. Cet organisme rattaché au Premier ministre est animé par une quarantaine de chargés de mission; les actions de la Datar s'inscrivent dans les buts et orientations du Plan.

■ L'objectif global fut inspiré par les idées keynésiennes : il s'agissait de répartir équitablement les fruits de la croissance sous forme de transferts financiers et d'emplois des zones les plus riches vers les zones les moins favorisées.

3. Le bilan fut considérable

La décentralisation, les grands aménagements régionaux et la maîtrise du développement urbain caractérisèrent cette période.

■ La politique de **décentralisation** :
– elle concerna l'industrie comme celle de l'automobile qui contribua fortement à l'industrialisation de l'Ouest;
– elle concerna également les activités tertiaires : l'énorme université de Paris fut relayée par la création d'universités dans un rayon de 150 kilomètres à partir de la capitale (Reims, Orléans, Tours, Rouen...).

■ Des grands **aménagements** régionaux furent réalisés :
– agricoles : Languedoc, plaine orientale de la Corse, coteaux de Gascogne...;
– touristiques : stations intégrées sur le littoral du Languedoc-Roussillon ou en montagne;
– industrialo-portuaires : Dunkerque, Antifer, Fos.

■ La **maîtrise** du développement urbain :
– le SDAU** de l'agglomération parisienne fut adopté en 1965. Son objectif était de maîtriser la croissance de Paris en particulier par la création de 5 villes nouvelles (Évry, Saint-Quentin-en-Yvelines, Melun-Sénart, Marne-la-Vallée et Cergy-Pontoise);
– 8 métropoles d'équilibre (Lille, Nancy-Metz, Strasbourg, Lyon, Marseille, Toulouse, Bordeaux et Nantes) furent créées pour tenter de faire contrepoids à la toute-puissance parisienne...;
– de grands quartiers voués au tertiaire supérieur furent construits dans les grandes métropoles : La Défense, La Part-Dieu à Lyon, Mériadek à Bordeaux.

4. Les limites de la politique d'aménagement

Bien que considérable, la PAT (Politique d'aménagement du territoire) révéla un certain nombre **de lacunes** au moment du déclenchement de la crise économique.

■ L'agglomération parisienne laissa effectivement partir plusieurs milliers d'emplois industriels dans les autres régions, mais ces pertes furent compensées par la création d'un nombre d'emplois tertiaires plus important encore, ce qui renforça la part de la région Île-de-France dans le PIB et son pouvoir de commandement.

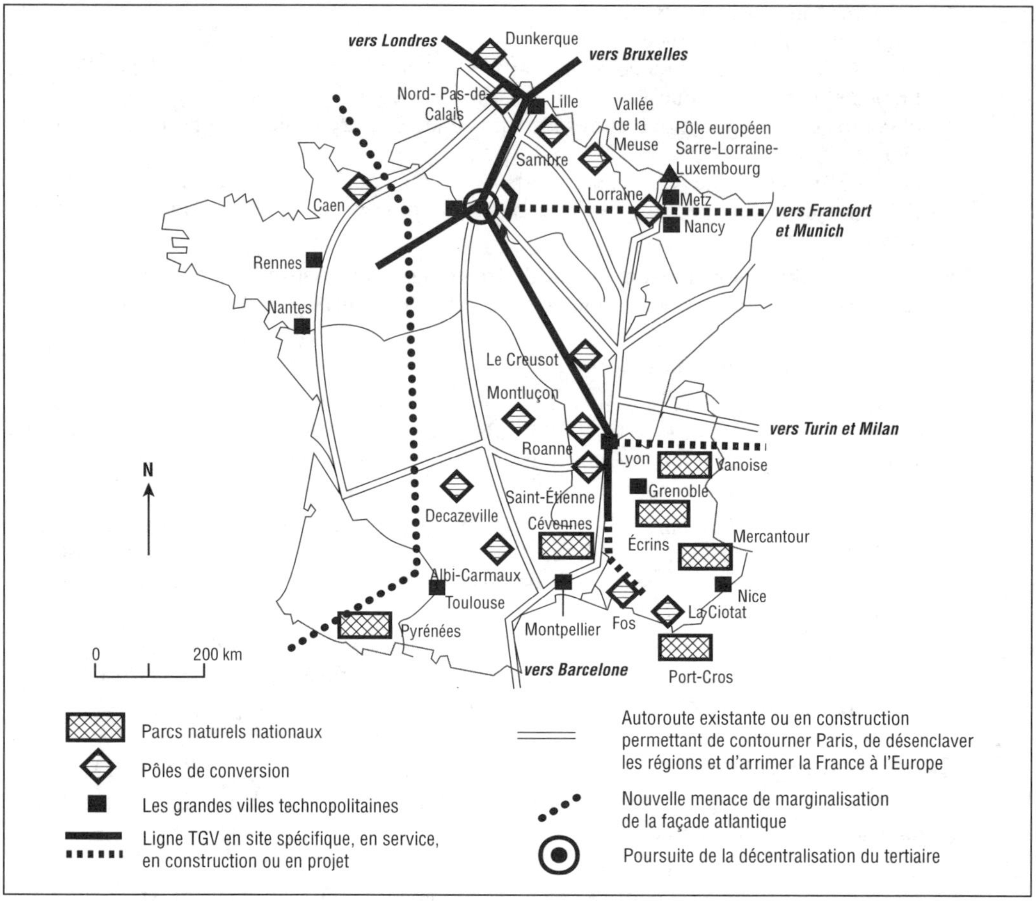

La reconversion et l'intégration dans l'Europe de 1975 à 1995

- Des espaces ruraux, déjà en difficulté, représentant 35 % du territoire, furent négligés et virent leur densité tomber à moins de 30 habitants au kilomètre carré, à l'aube des années 70 : le vide de la diagonale Ardennes-Pyrénées centrales s'accentua.
- Dans de nombreuses régions et dans de nombreux départements, les zones centrales urbanisées concentrèrent l'essentiel de la population et des activités au détriment des zones périphériques ; l'opposition Paris-province constatée par Jean-François Gravier en 1947 fut reproduite à de multiples exemplaires.
- La dimension européenne fut très largement ignorée dans la PAT de 1945 à 1974.

La PAT atténua les inégalités existantes mais elle ne put empêcher l'apparition de certaines autres.

B. L'aménagement du territoire de 1974 à 1995 : un effort de reconversion et d'intégration dans l'Europe

1. Repli de la PAT ou révision des choix ?

- **Les objectifs** ne sont plus les mêmes :
  - ils ne consistent plus à répartir les fruits de la croissance mais au contraire à sauvegarder les emplois dans les zones en crise ;
  - ils visent à donner aux régions les atouts nécessaires à leur développement et à permettre leur adaptation à l'ouverture sur l'Europe et aux nouvelles donnes économiques ;

– la PAT doit à la fois **renforcer** les points forts tout en **atténuant** les points faibles ;
– l'affaiblissement de la région parisienne est **de moins en moins** à l'ordre du jour ; Paris doit tenir sa place dans le cadre de la compétition entre les grandes métropoles mondiales ;
– enfin, il faut répondre aux nouvelles attentes des Français **en protégeant** l'environnement des espaces menacés et en améliorant le cadre de vie.

La France passe brutalement d'un aménagement volontaire à un aménagement subi

- **Les acteurs sont plus nombreux :** l'État n'est plus seul ; d'autres organismes interviennent dans la PAT : les régions, en particulier depuis la loi de décentralisation de 1982, l'Union européenne avec la création du Feder*** en 1975 (primes aux zones en difficulté, financement d'infrastructures...), les collectivités locales (communes, syndicats intercommunaux...).
- L'orientation de la politique de l'État change : de dirigiste, elle devient contractuelle (politique des villes moyennes en 1973, contrats de pays en 1975, contrat État-régions en 1984).

2. Les réalisations

- De nombreuses réalisations matérialisent la prise en compte de la préservation de l'environnement : parcs naturels nationaux et régionaux, conservatoire du littoral (1975), réhabilitation de très nombreux centres-villes.
- En 1984, création de 14 pôles de conversion destinés à venir en aide aux régions les plus frappées par la crise. Ces pôles bénéficient des aides maxima pour créer des infrastructures et aider au reclassement des salariés.
- Les technopoles succèdent aux zones industrielles pour assurer le dynamisme économique des villes.
- Mise en place d'infrastructures de transport (TGV, autoroutes...) aux buts multiples : contournement de Paris, désenclavement régional, raccordement des réseaux français aux réseaux européens.
- Poursuite de la politique de décentralisation fondée désormais sur le transfert en province d'emplois publics (ENS à Lyon, ENA à Strasbourg, Centre national d'études spatiales à Toulouse...).

3. Le retour à une politique plus volontariste depuis le début des années 90

- Elle est motivée par une **fragmentation spatiale** de plus en plus grande :
  – l'opposition entre les centres-villes et les banlieues difficiles ;
  – l'opposition entre les campagnes vivantes et les campagnes en voie d'abandon ;
  – le risque de marginalisation des régions atlantiques mal reliées à une Europe dont le cœur est de plus en plus continental ;
  – le constat d'une politique d'aménagement éclatée entre de nombreux acteurs, tiraillée entre politiques locales et objectifs européens, réduisant le rôle de l'État et menaçant, ainsi, l'homogénéité de l'ensemble du territoire ;
  – l'opposition entre des régions industrielles en crise de la France du Nord, mal préparées aux défis économiques futurs, et des pôles plus dynamiques de la France du Sud.
- Ce bilan a conduit les pouvoirs publics à envisager le **retour à une PAT plus volontariste** et à replacer la réduction des déséquilibres territoriaux parmi les priorités de l'action gouvernementale. Un grand débat parlementaire sur ce thème a été organisé en 1994.

Depuis sa création, la politique d'aménagement du territoire semble confrontée **au dilemme suivant :**
– soit lutter contre tous les déséquilibres pour assurer une meilleure justice spatiale au risque de disperser inutilement les moyens ;
– soit permettre au pays d'assurer son rôle face à ses concurrents en concentrant les efforts et les moyens sur les espaces les plus dynamiques au risque d'accentuer les déséquilibres et même d'en créer de nouveaux.

* ***Datar :*** *Délégation à l'aménagement du territoire et à l'action régionale.*

** ***SDAU :*** *Schéma directeur d'aménagement urbain.*

*** ***Feder :*** *Fonds européen de développement régional.*

CONCLUSION

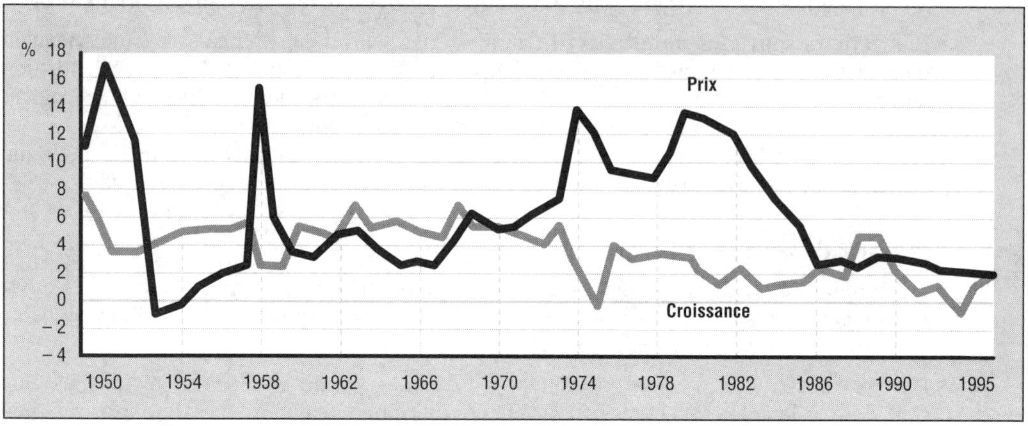

LA CROISSANCE DU PIB ET L'ÉVOLUTION DES PRIX DE 1950 À 1995

Depuis la guerre, la France a fait preuve d'une remarquable capacité d'adaptation. Les efforts consentis ont abouti à la création d'un pays moderne qui n'a cependant pu éviter l'apparition de fractures sociales et économiques aux conséquences spatiales dommageables.

CHAPITRE 4

LES TRANSPORTS

Les moyens et les réseaux de transport ont dû s'adapter de manière continue à l'évolution économique et sociale que la France a connue depuis 1945. Leur rôle, au cœur de la vie économique, est demeuré essentiel.

1 LES TRANSPORTS ORGANISENT L'ESPACE

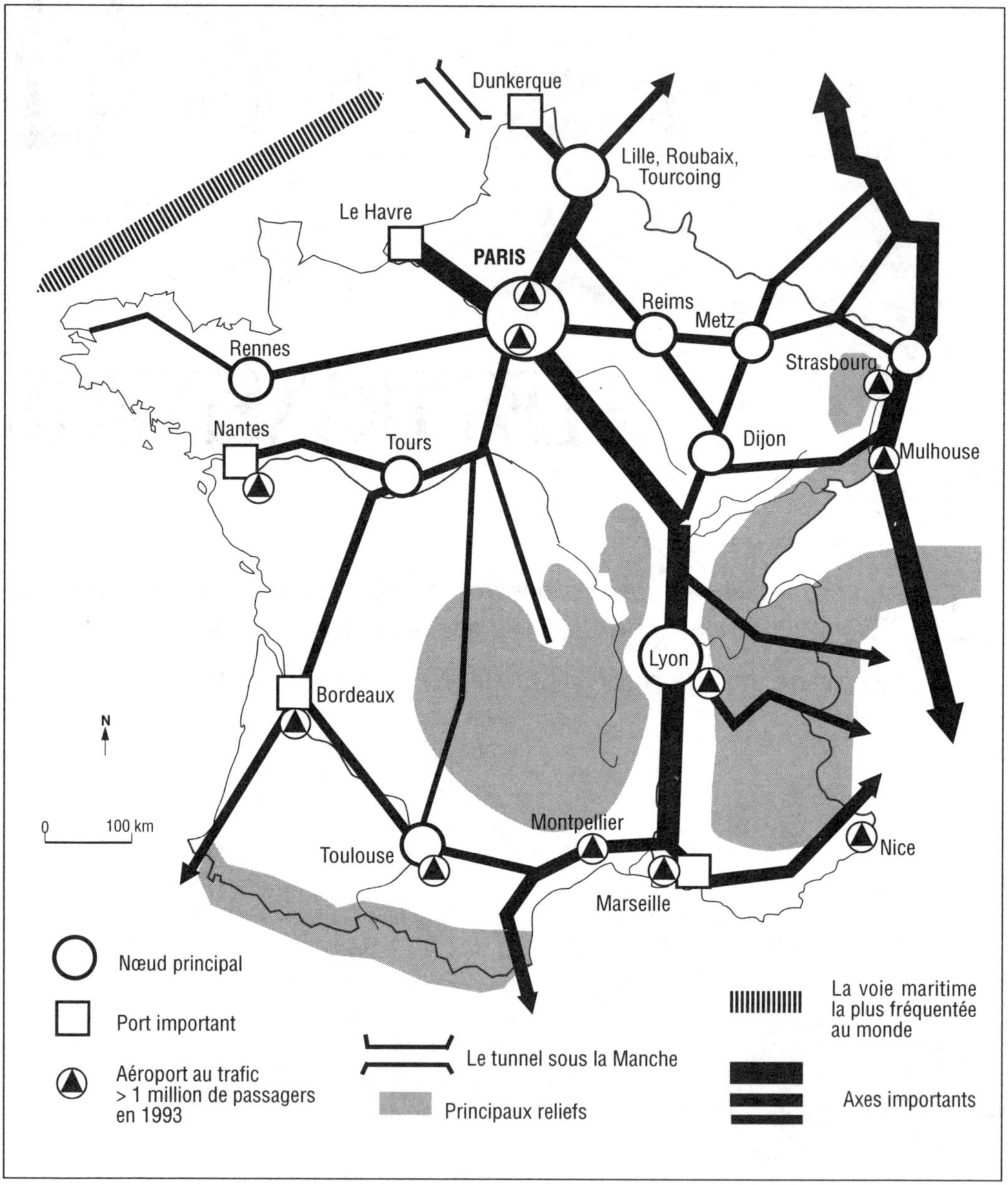

LES PRINCIPAUX AXES ET NŒUDS DANS L'ESPACE FRANÇAIS

L'espace français est inégalement desservi par les moyens de transports. Les facteurs d'organisation des réseaux concourent, pour la plupart, à concentrer le trafic sur les axes les plus fréquentés, accentuant ainsi les contrastes régionaux.

A. Les facteurs d'organisation des réseaux

1. Le relief

■ Les massifs montagneux constituent des obstacles dont le franchissement nécessite la réalisation d'infrastructures coûteuses (tunnels, ponts…). Le plus souvent, les grandes voies de communication les contournent et les réseaux qui les desservent sont moins denses (Pyrénées, Massif central, Vosges, Alpes du Sud…).

■ En revanche, les vallées et les seuils (porte de la Bourgogne, Lauragais…) constituent des couloirs privilégiés où se concentrent les voies de communication.

■ **Cependant, le relief ne joue pas toujours un rôle déterminant.** Le Massif central est autant délaissé pour des raisons économiques et humaines que pour des raisons orographiques. Les Alpes du Nord, grâce à leurs cluses, leurs vallées intramontagnardes et la proximité du cœur de l'Italie constituent une des grandes voies de passage de l'Hexagone. La Loire n'a pas suscité de grand axe ; on la traverse mais on ne la suit pas.

2. Vers une simplification des réseaux et un renforcement de la métropolisation

■ La recherche de la rentabilité économique, l'espoir d'obtenir le trafic le plus important ainsi que le besoin de desservir les espaces les plus peuplés et économiquement les plus puissants renforcent les inégalités en favorisant les axes principaux et la desserte des plus grandes villes.

■ L'organisation du réseau à partir de Paris s'explique par la centralisation politique et administrative mais, aussi, par le besoin de desservir l'espace économique le plus important de France. L'importance du carrefour lyonnais tient à des raisons similaires.

■ **La recherche de la rapidité et de la rationalisation des transports accentue la simplification des réseaux et renforce les métropoles.**

■ Une certaine logique économique pousse donc à la concentration sur les grands axes, favorise les grandes villes et accentue les inégalités.

3. L'aménagement du territoire

■ La politique d'aménagement du territoire, en ayant pour objectif de lutter contre les inégalités spatiales, doit permettre, par une politique volontariste, de désenclaver certains espaces, de doter les régions des infrastructures nécessaires à leur développement tout en désengorgeant les axes les plus fréquentés.

■ **Si la logique économique est un facteur de concentration des réseaux, celle de l'aménagement du territoire permet une meilleure desserte de tout l'espace français.**

4. L'Europe

■ L'espace français s'intègre de plus en plus dans l'espace européen. Le développement des régions françaises est conditionné par leurs relations avec les pays de l'Union européenne.

■ La France est un lieu de passage obligé entre plusieurs pays européens. Ses échanges avec les pays voisins sont de plus en plus importants et vitaux pour son économie.

■ Si la France occupe une place centrale, l'axe essentiel de l'Europe, la « dorsale européenne » (du Benelux à l'Italie par l'axe rhénan et la Suisse), ne touche l'espace français que de façon marginale.

■ **L'Europe pèse, donc, d'un poids de plus en plus grand sur l'organisation des réseaux français :** on ne peut plus les concevoir selon une seule logique hexagonale.

« […] Sous l'effet de l'accroissement des vitesses dans les transports, l'espace se transforme : schématiquement, on peut dire que les moyens de transports rapides ont pour conséquences de rendre l'espace discontinu, de le polariser et de le hiérarchiser davantage.

Le nouvel espace qui se constitue est un espace discontinu : seuls comptent les points d'entrée et de sortie dans le réseau. Il se produit ainsi un effacement des espaces intermédiaires qui donne naissance à un véritable effet tunnel puisque l'itinéraire n'a plus d'importance. À la différence des siècles précédents, où les infrastructures de transport généraient des activités tout au long de leur tracé, qu'il s'agisse des canaux ou des premières voies ferrées qui disposaient de nombreux arrêts, les infrastructures modernes, en raison des vitesses élevées qu'elles permettent, ne disposent que de peu d'arrêts. Les nouvelles voies de TGV, tout comme les autoroutes, ne sont que des tunnels à ciel ouvert […].

[…] Ces réseaux à faible nombre de nœuds renforcent ainsi la polarisation du territoire autour de quelques villes. Mais toutes ne sont pas d'importance, puisque la richesse d'un pôle dépend du nombre de destinations qu'il est possible d'atteindre, et non pas de sa simple présence sur le réseau.

Enfin, l'espace généré par les nouvelles technologies de transport, comme le train à son époque, puis l'avion et le TGV, est un espace dualisé dont les composantes obéissent à des logiques de fonctionnement différentes. Il y a d'une part celui des nœuds situés sur les grands réseaux, les grandes villes à vocation internationale et quelques grandes métropoles régionales, entre lesquelles il est possible de faire circuler rapidement aussi bien les personnes que les marchandises et les informations, le niveau d'accessibilité étant lié aux techniques de transport mises en œuvre. Et puis, il y a l'espace banal, où la durée des déplacements est encore fonction de la distance, où les notions de proximité, de continuité et de contiguïté ont encore un contenu correspondant aux territoires que l'on parcourt et que l'on traverse, celui qui entoure les métropoles précédentes. On s'achemine ainsi vers la juxtaposition d'un espace banal et d'un espace réseau, et rien ne garantit que leur articulation pourra être assurée efficacement.

La grande vitesse ne résout donc pas les problèmes de régions peu denses, alors qu'elle permet à quelques lieux privilégiés d'entretenir des relations nouvelles et aisées entre eux. Derrière le réseau de la grande vitesse ferroviaire, c'est le réseau des nouvelles "eurocités" qui se profile. »

Bonnafous, Circuler demain, *DATAR, Éditions de l'Aube,*

B. Un espace structuré par les réseaux de transports

1. Un espace très inégalement desservi

- En apparence, l'espace français est constitué d'un treillage dense et bien réparti.
- **En fait, il s'organise autour de quelques axes majeurs qui concentrent l'essentiel du trafic :**
  - les plus importants sont constitués de plusieurs modes de transport (chemin de fer, TGV, voie d'eau, tube, autoroute…) : Le Havre-Paris, Dunkerque-Lille-Paris-Lyon-Marseille. L'Alsace et l'axe mosellan en sont d'autres exemples ;
  - les axes Paris-Ouest, Paris-Sud-Ouest et Paris-Nord-Ouest sont importants mais moins complets et supportent des trafics moins denses.
- **À ces grands axes, s'opposent de véritables « trous noirs » mal desservis,** aux réseaux plus lâches, le plus souvent contournés par les grands axes : Massif central, Pyrénées, sud des Alpes, Ardennes…
- **Beaucoup de régions sont traversées par des grandes voies mais elles n'en profitent pas.** Les flux passent sans créer de véritables dynamiques. C'est le cas, en particulier, de certaines régions de Champagne, de Lorraine, de Bourgogne…

2. Un espace français à trois vitesses

- La France apparaît comme un espace de plus en plus discontinu où les activités et les hommes se concentrent sur des nœuds de moins en moins nombreux.

- Un premier espace est constitué de nœuds bien reliés entre eux et au réseau monde par des moyens rapides. Seules quelques villes françaises appartiennent à cet espace. Ce sont les grandes métropoles.
- Un deuxième espace est bien desservi par des réseaux plus traditionnels qui ne peuvent attirer que des activités banales.
- Un troisième espace est enclavé, de plus en plus mal relié et délaissé par les flux, à l'écart des autoroutes, avec des voies ferrées fermées ou au faible trafic. Il est menacé de désertification et de déclin.

3. Une opposition Est-Ouest

- **Les axes les plus importants sont situés à l'est de la ligne Le Havre-Marseille.**
- L'Ouest, pour le moment, est mal relié aux régions vitales de l'Europe. La plupart des lignes sont des radiales vers Paris. Le poids de la capitale est encore important dans l'organisation des réseaux.
- L'Est a les axes les plus importants. Cet espace est bien relié à l'Europe et les réseaux sont organisés en fonction d'une logique nationale mais également européenne, par une série de transversales nord-sud autonomes par rapport à Paris. Le poids de la capitale est important dans l'organisation des réseaux mais celui de l'Europe l'est aussi. Un réseau se construit actuellement autour de Lyon dans une perspective plus européenne. C'est, peut-être, aussi, le cas de Lille.

Les logiques d'organisation des réseaux concourent à créer de grandes inégalités dans les différents espaces du territoire. La qualité de desserte d'une région est une condition essentielle du dynamisme et du développement économiques. L'intégration à l'Europe par les réseaux devient une nécessité qui conditionne largement l'avenir des régions.

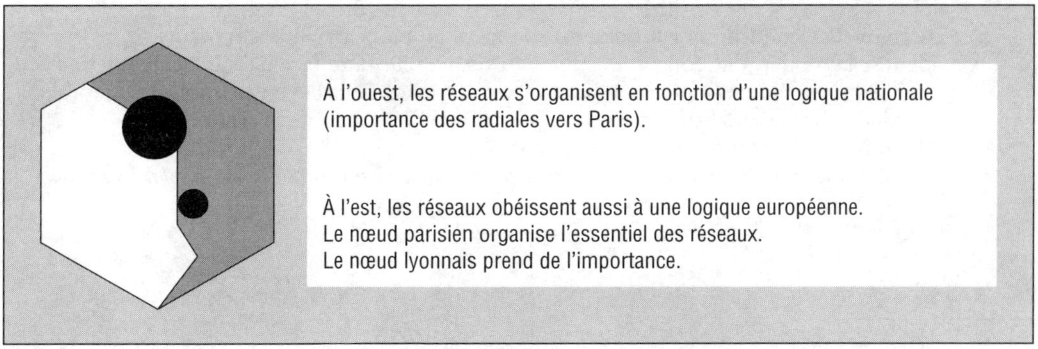

UNE OPPOSITION EST-OUEST

2

LES POLITIQUES DE TRANSPORTS

Les pouvoirs publics jouent un rôle fondamental en aménageant les infrastructures pour pouvoir répondre aux impératifs de l'économie et à un souci de plus grande égalité spatiale. La politique de l'État, longtemps dirigiste, a pris, depuis une vingtaine d'années, une orientation plus libérale.

A. Les pouvoirs publics créent et aménagent les infrastructures

1. Après la guerre, un impératif : reconstruire

- La guerre a laissé d'énormes destructions. L'état des réseaux et des moyens de transport est un obstacle à la reconstruction du pays et au développement économique.
- **À la reconstruction s'ajoute un début de modernisation.** La voie ferrée Valenciennes-Thionville est électrifiée. On commence à aménager les voies d'eau à grand gabarit (continuation de la construction du grand canal d'Alsace commencée avant-guerre, approfondissement de la Seine, début des travaux sur le Rhône). En 1955 est lancé le premier plan autoroutier.

2. De 1958 à 1975, la mise en place d'une infrastructure moderne

- **De nouvelles conditions vont orienter la mise en place des infrastructures :**
  - le réseau routier traditionnel n'est plus suffisant pour faire face à l'augmentation considérable du parc automobile. La France a pris du retard pour la construction des autoroutes;
  - les industries se littoralisent et les importations d'hydrocarbures croissent;
  - le trafic aérien s'intensifie rapidement;
  - l'adhésion de la France à la CEE a des conséquences sur la politique d'infrastructures.

L'ÉLECTRIFICATION DU RÉSEAU SNCF. LA SITUATION EN 1978

« C'est en 1972 que les dernières locomotives à vapeur sont retirées du service. La traction à vapeur qui assurait en 1938, 85 % du trafic de la SNCF est remplacée désormais par l'électricité ou par la traction diesel.

Longueur des lignes à traction électrique

Année	Longueur de lignes (en km)
1938	3 340
1954	4 310
1962	7 620
1970	9 359
1977	9 440

De 1964 à 1977, la longueur des lignes électrifiées a plus que doublé [...].
Le programme d'électrification de la SNCF — 10 000 kilomètres au total — touchera bientôt à son terme. Dès maintenant, les lignes électrifiées, qui ne représentent que 27 % de la longueur du réseau, acheminent à elles seules 76 % du trafic... Les avantages de la traction électrique sont considérables. Elle permet une économie d'énergie importante par rapport à la traction à vapeur [...]. Une appréciable économie en personnel grâce à la suppression des équipes de chauffe et à la réduction du personnel d'entretien [...]. Elle a permis une augmentation spectaculaire des vitesses [...]. »

Textes et documents pour la classe, *23 mars 1978, Publication du Centre national de documentation pédagogique.*

LA CONSTRUCTION D'AUTOROUTES : ÉTAT ET SOCIÉTÉS PRIVÉES

« […] Le décret du 12 mai 1970 institua la concession d'autoroutes à des sociétés privées. […] Le capital de ces dernières est détenu par des grandes banques, des firmes industrielles ou des entreprises de travaux publics. […] Il est à noter que […] les sociétés privées ont reçu la concession pour trente-cinq ans, terme après lequel la section qu'elles exploitent reviendra à l'État.

Il revient à l'État de décider de la construction d'une autoroute sur une liaison donnée, d'en fixer le tracé, l'emplacement des échangeurs et le calendrier de la réalisation. Dans ce cadre, la société concessionnaire peut choisir librement les caractéristiques des ouvrages et les modalités des travaux.

Le concessionnaire exploite l'autoroute comme il l'entend, à charge pour lui d'assurer la circulation dans les meilleures conditions de confort et de sécurité. L'État doit veiller au respect des clauses contractuelles et s'assurer que le niveau de service qu'est en droit d'attendre l'usager est atteint […].

Il n'en reste pas moins que ce système de financement soulève de nombreuses critiques. On lui reproche d'être "antiéconomique" et "onéreux" : l'installation d'un poste de péage alourdit le coût des investissement de 5 %; les frais d'exploitation mobilisent à eux seuls 15 % de la recette totale, obligeant les sociétés concessionnaires à espacer les voies d'accès, ce qui diminue le "pouvoir fécondant" de l'autoroute sur les régions traversées […]. »

Textes et documents pour la classe, *12 janvier 1973, Centre national de documentation pédagogique.*

■ **Il s'agit de moderniser les infrastructures :**
- les voies ferrées les plus fréquentées (un quart du réseau) sont électrifiées. Sur les autres, la vapeur est remplacée par le diesel;
- des autoroutes sont construites à partir de Paris. La longueur du réseau passe de 174 kilomètres, en 1960, à 2874 kilomètres en 1974. Pour faire face aux investissements que l'État ne peut assumer seul, les travaux sont confiés à des sociétés d'économie mixte (1960), puis à des sociétés privées (1970) qui prélèveront des péages;
- c'est pendant cette période que se font l'essentiel des travaux de mise à grand gabarit des voies d'eau.

■ **Il s'agit d'ouvrir la France sur le monde :**
- de grands aéroports sont créés : Orly, Roissy et Lyon-Satolas;
- de grands travaux portuaires permettent l'accès de navires géants et la mise en place de zones industrielles par l'aménagement de nouveaux bassins (Dunkerque, Le Havre) ou la création de nouvelles zones portuaires (Fos, Antifer).

3. Depuis 1975, la crise et les nouvelles techniques modifient les priorités

■ Un réseau moderne et performant de télécommunications est mis en place. Au début des années 70, la France avait pris un retard considérable, en particulier, pour le téléphone.

■ Les grands chantiers portuaires sont ralentis et même parfois interrompus.

■ Le réseau TGV est réalisé. La première ligne, Paris-Lyon, est achevée en 1981.

■ Le programme autoroutier, ralenti à la fin des années 70, est relancé à la fin des années 80 (plan Méhaignerie de 1987). On privilégie aussi la construction de routes à 4 voies (Bretagne).

■ On se soucie d'améliorer et de renforcer les infrastructures des régions mal desservies (Ouest, Sud-Ouest, Massif central).

B. L'État réglemente et coordonne les transports

1. Jusque dans les années 60, une attitude dirigiste de l'État

■ **Le chemin de fer doit remplir une mission de service public.** La SNCF est tenue d'exploiter les lignes quelle qu'en soit la rentabilité.

Article 129 B

*« **1.** [...] La Communauté contribue à l'établissement et au développement des réseaux transeuropéens dans les secteurs du transport, des télécommunications et de l'énergie. »*

*« **2.** [...] Dans le cadre d'un système de marchés ouverts et concurrentiels, l'action de la Communauté vise à favoriser l'interopérabilité des réseaux nationaux ainsi que l'accès à ces réseaux. Elle tient compte en particulier de la nécessité de relier les régions insulaires, enclavées et périphériques aux régions centrales de la Communauté. »*

Article 129 C

*« **1.** [...] La Communauté :*
– établit un ensemble d'orientations couvrant les objectifs, les priorités ainsi que les grandes lignes des actions envisagées dans le domaine des réseaux transeuropéens; ces orientations identifient des projets d'intérêt commun ;
– met en œuvre toute action qui peut s'avérer nécessaire pour assurer l'interopérabilité des réseaux, en particulier dans le domaine de l'harmonisation des normes techniques ;
– peut appuyer les efforts financiers des États membres pour des projets d'intérêt commun financés par les États membres... »

*« **2** [...] Les États membres coordonnent entre eux, en liaison avec la commission, les politiques menées au niveau nationnal qui peuvent avoir un impact significatif sur la réalisation des objectifs visés à l'article 129 B. [...] »*

Traité de Maastricht, *Imprimerie nationale, page 15.*

- **Les transports routiers sont soumis à un contrôle strict de leur activité :** une licence de transport fixe le tonnage et le rayon d'action des véhicules. Des tarifs minima doivent être respectés impérativement pour éviter la concurrence déloyale.
- **Pour le transport aérien, l'ouverture des lignes est soumise à autorisation.** La concurrence est nulle sur le territoire national. Elle est limitée par des accords interétatiques sur le réseau international.

2. Depuis la fin des années 60, un assouplissement de la tutelle de l'État

- L'obligation pour l'État de multiplier les subventions pour équilibrer les comptes des sociétés qu'il contrôle, les impératifs européens de libre concurrence poussent à un assouplissement de la tutelle étatique.
- Suite au rapport Nora (1967), la SNCF est invitée à devenir rentable. L'État maintient l'obligation de service public en subventionnant des activités peu rentables mais nécessaires. Pour le reste, **la SNCF doit être compétitive**. De nombreuses lignes doivent être fermées.
- **La politique des transports routiers est assouplie.** Il n'y a plus de contingentements; les tarifs sont fixés par entente entre l'État et les transporteurs. Les pouvoirs publics fixent les normes techniques et la législation du travail.

3. Avec le Grand Marché européen, une libéralisation progressive

- L'État assouplit progressivement sa tutelle. La concurrence des sociétés étrangères va s'accroître (en particulier pour les transports routiers et aériens).
- Cette libéralisation se manifeste dans la fixation des tarifs, dans l'ouverture de lignes, dans la possibilité pour une entreprise européenne de pouvoir transporter du fret dans l'Hexagone.
- Elle passe aussi par une élimination progressive des distorsions de concurrence en harmonisant les réglementations techniques, fiscales et sociales.

- Face au déficit désastreux et à l'endettement de la SNCF, le gouvernement a présenté, début 1997, un projet de réforme au Parlement.
– Le réseau ferré, dont la maîtrise échappe à la SNCF, est confié à un établissement public sous la tutelle de l'État. Cet établissement sera chargé de gérer, d'entretenir et de développer le réseau. Il prend en charge une part de la dette actuelle. La SNCF devra acquitter un péage pour y faire circuler ses trains.
– Les régions auront un pouvoir important en ce qui concerne les réseaux régionaux. Elles définiraient horaires, fréquences et niveaux de confort. Elles rémunéreraient la SNCF qui exploiterait les trains. En cas de non-respect des objectifs, elle serait pénalisée. L'expérience est en cours actuellement dans 6 régions : Rhône-Alpes, Nord-Pas-de-Calais, Centre, Pays de la Loire, Alsace, Provence-Côte d'Azur.
– Cette réforme pourrait ouvrir la voie à la concurrence, en particulier celle des compagnies européennes, et peut-être à la privatisation de la SNCF.

C. L'action de la DATAR : une tentative de réduction des inégalités régionales

1. Les intentions

- On assiste actuellement à une relance de la politique d'aménagement du territoire. Les infrastructures de transports doivent permettre de rééquilibrer l'espace.
- La programmation des infrastructures à réaliser tient d'abord compte des impératifs de l'aménagement du territoire. **La rentabilité immédiate n'est plus une priorité.**
- L'ensemble de l'espace doit être irrigué convenablement. La France doit être un carrefour de flux nord-sud et est-ouest canalisant et orientant les échanges européens. **Les réseaux ne doivent plus être centrés sur Paris.**

2. Les objectifs à réaliser

- Il faut mettre en œuvre le programme autoroutier de 1987 en le complétant par la rocade des estuaires, par la réalisation d'axes est-ouest des ports atlantiques vers leurs arrière-pays continentaux et par le franchissement des obstacles (Pyrénées et Alpes…).
- Le réseau TGV doit être complété par 2 transversales est-ouest (de l'Atlantique à la Méditerranée et aux Alpes). Pour supprimer l'effet tunnel, il faut privilégier un réseau régional permettant de relier les villes aux gares TGV.
- Le trafic aérien doit s'intégrer à l'Europe en évitant une centralisation excessive du trafic international sur Paris et une concurrence trop forte des compagnies étrangères sur les lignes intérieures. Il faut imposer à toutes les compagnies les mêmes contraintes et développer les lignes internationales à partir de la province.
- Le développement de plates-formes multimodales doit permettre une meilleure répartition du trafic marchandises et rééquilibrer celui-ci au profit des chemins de fer et des canaux.
- Il faut développer les télécommunications et raccorder tout le territoire au réseau international des autoroutes de l'information pour permettre notamment le développement du télétravail. En autorisant la délocalisation des activités, même en campagne, il permettra une meilleure occupation du territoire.

La politique d'aménagement des infrastructures doit-elle renforcer les grands axes et les espaces les mieux pourvus pour mieux permettre à la France de jouer pleinement son rôle de plaque tournante de l'Europe ou doit-elle, par souci de justice spatiale, permettre à l'ensemble de l'espace français d'être mieux desservi en risquant de handicaper, face à la concurrence européenne, les carrefours et les voies de passage les plus actives ?

3 L'AUGMENTATION ET LA MODIFICATION DES BESOINS DE TRANSPORTS

L'évolution économique et sociale ainsi que l'apparition de nouvelles techniques entraînent une modification des réseaux et un reclassement de l'importance des différents modes de transports.

A. Une forte augmentation des besoins

1. L'information

- Elle est devenue un facteur essentiel de toute action économique dans les sociétés modernes. Une information rapide et sûre permet les prises de décision, la transmission d'ordres ou de consignes.
- Elle se fait sous forme matérielle (Postes) mais de plus en plus sous forme immatérielle (téléphone, télécopie, fax et transmission de données informatiques…).
- Le secteur des télécommunications a connu une croissance très rapide. C'est un facteur essentiel de développement économique. Toute une série de réseaux (câblés, hertziens...) permet de relier entre eux et au monde entier les différents points de France. Si, dans l'avenir, les endroits les plus reculés pourront ainsi sortir de leur isolement, actuellement ce phénomène ne renforce que les grandes métropoles.

2. Une augmentation considérable du déplacement des personnes

- **Les déplacements professionnels sont de plus en plus importants :**
  - la dissociation des lieux de travail et des lieux d'habitation oblige, en particulier dans les grandes agglomérations, à des déplacements de plus en plus longs (400 millions de kilomètres par jour);
  - au sein d'une entreprise, les activités sont de plus en plus séparées : segmentation de la fabrication en plusieurs usines, dissociation des activités de conception, de direction et de fabrication.
- **Les déplacements non professionnels se multiplient :**
  - déplacements de loisirs (week-end, vacances);
  - dissociation entre zones commerciales et habitat.

3. Les marchandises

- Globalement, depuis 1973, la nature du tonnage transporté a peu évolué. **Le déclin des industries lourdes a fait diminuer le transport des pondéreux.**
- **Pourtant, les mutations de l'appareil productif entraînent une multiplication des déplacements et une augmentation du trafic :**
  - la segmentation de la fabrication en plusieurs unités implique des déplacements continuels entre elles;
  - la politique du zéro stock et des flux tendus multiplie les déplacements et requiert des moyens de transport fiables et rapides.

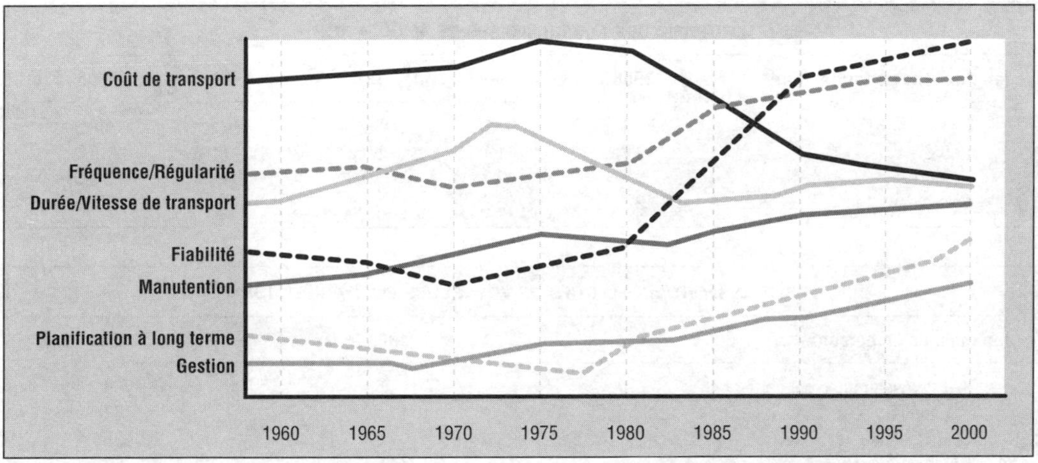

L'IMPORTANCE DES FACTEURS DE CHOIX DES TRANSPORTS DE 1960 À L'AN 2000

4. Plusieurs types de trafics se superposent sur un même espace

- **La France est une plaque tournante et un lieu de passage obligé entre certains espaces européens.**
- À ce trafic **international**, en forte croissance avec l'ouverture des frontières, s'ajoute un trafic **interrégional** et **local**. Les axes les plus fréquentés sont ceux qui supportent ces 3 types de trafics.
- C'est le cas de Lyon, du Nord, de l'Est mais, surtout, de Paris. C'est le passage obligé pour le trafic interrégional de la partie nord de la France et pour une partie du trafic international. À cela s'ajoutent les flux internes de l'agglomération et ceux induits par son ravitaillement.

B. Les aspects nouveaux des transports impliquent de nouvelles logiques

1. Les conséquences sur l'organisation des réseaux

- On exige de plus en plus des transporteurs une diminution des coûts et des délais et une plus grande fiabilité. La vitesse, la rationalisation de l'organisation et l'augmentation des capacités deviennent indispensables.
- Il ne faut pas multiplier les lignes pour avoir un coefficient de remplissage suffisant. Il ne faut pas multiplier les points d'arrêt pour ne pas retarder l'acheminement.
- **Ces besoins et ces contraintes requièrent une simplification des réseaux qui s'organisent de plus en plus autour de nœuds d'où partent un certain nombre de lignes radiales.**
- **Les plates-formes prennent de l'importance.** Il s'agit de véritables gares de triage situées sur les nœuds de communications (autoroutes, ports, aéroports, zones commerciales ou industrielles…). Garonor près de Roissy, Sogaris (Rungis, Orly), Garromanche à la sortie de l'Eurotunnel… en sont de bons exemples. Elles sont favorisées par le développement de la conteneurisation et le ferroutage*. Quand elles sont plurimodales (associant plusieurs modes de transports), elles permettent d'exploiter au mieux la complémentarité et la souplesse des moyens de transports.

Le trafic des marchandises de 1956 à 1995					
(en milliards de tonnes/km)	**1956**	**1969**	**1973**	**1980**	**1995**
Rail	50,1	67,2	73,9	69,5	48,9
Route	19,7	61,1	89,2	103,9	115,3
Oléoducs (> 50 km)	0,15	22,3	20,6	34,6	23,3
Voie d'eau	9,4	13,2	12,6	12,1	5,8

Les transports collectifs de voyageurs en 1980 et 1994		
(en millions de personnes)	**1980**	**1994**
SNCF, réseau principal	253	269
dont TGV	–	44
SNCF, banlieue de Paris	432	537
RATP (métro, RER, bus)	2 052	2 362
Transports routiers hors RATP	2 492	2 630
dont : transports urbains	1 272	1 468
transports interurbains	338	265
transports scolaires et de personnels	733	640
transports occasionnels	149	257

Les marchandises transportées par le rail et la route en 1993		
(en milliards de tonnes/km)	**Rail**	**Route**
Produits agricoles et agroalimentaires	10,4	40,8
Produits énergétiques	4,9	5,9
Matières premières, demi-produits	16,7	37,7
Produits manufacturés	11,6	30,9

2. Les conséquences spatiales

- **Les nœuds facilitent la métropolisation car leur rôle s'accroît et leur nombre diminue.**
- **Le trafic se concentre sur les grands axes et on accentue l'« effet tunnel ».** Seuls les nœuds sont desservis et la voie traverse l'espace sans l'irriguer véritablement. De nombreuses régions françaises connaissent cet effet (Champagne, Lorraine, Bourgogne… traversées par des autoroutes ou par le TGV).

C. Concurrence ou complémentarité ?

1. La voie ferrée et la voie d'eau victimes de la concurrence

- Depuis une trentaine d'années, la part du rail dans le transport des marchandises baisse de façon notable. La voie d'eau n'a plus qu'un rôle marginal. **L'essentiel du trafic est supporté par la route.**
- Cette prépondérance de la route est la conséquence de l'évolution économique et de sa meilleure adaptation aux nouvelles conditions. En effet :
  – la voie d'eau est handicapée par sa lenteur et subit comme la voie ferrée le déclin du trafic des pondéreux ;
  – **la route par sa souplesse et sa rapidité s'adapte mieux à la demande actuelle.**

« [...] Les nœuds, ce sont des plates-formes logistiques qui se sont considérablement développées au cours des dernières années. Pour encourager et faciliter le transfert rail/route, ou route/fleuve, un schéma d'orientation permettrait de fixer une règle minimale de cohérence et d'obtenir qu'une part significative des marchandises soit transportée par voie ferrée ou par voie d'eau...
[...] Ce développement s'accompagnera d'un effort de remise à niveau des divers modes de transport pour éviter que les augmentations possibles de trafic liées au renforcement de nos liens avec l'est de l'Europe et la Méditerranée ne soient en totalité absorbées par la route. L'accroissement de la longeur des trajets favorisera les transports ferroviaires, d'où l'obligation de rénover et d'utiliser au mieux les voies existantes, de développer les nouvelles techniques intermodales, caisse mobile, "road railer", transport combiné rail-route...
[...] Trop souvent, encore, les politiques des transports sont conçues indépendamment les unes des autres selon des logiques propres à chaque mode de transport.
Certaines activités sont même gérées avec le souci principal de prendre des parts de marché à des transporteurs concurrents, d'où l'importance d'une véritable politique intermodale basée sur une analyse des fonctions des transports à assurer débouchant sur la création de réseaux complémentaires permettant le développement de l'ensemble des territoires.
Ainsi pour les voyageurs et le fret pourraient être conjugués les différents modes (route, rail, air, voie navigable) en fonction des facteurs déterminants (distance, nature, coûts, sécurité, environnement, potentiel, aménagement du territoire).
Cette conception limiterait la tendance à l'accumulation des infrastructures sur les mêmes itinéraires suivant des critères de trafic, entraînant surcoûts et nuisances.
Cette orientation nécessite que l'État adopte une démarche intégrée, veillant à maîtriser l'ensemble des modes et redéfinisse en particulier les missions confiées à la SNCF.
Enfin la mise en œuvre d'une véritable intermodalité devra se traduire par des dispositions tarifaires (taxes, péages, tarifs en considération des coûts véritables), réglementaires (normes, vitesse, temps de conduite...) ou institutionnelles (modalités de financement des investissements...) assurant un rééquilibrage et favorisant la combinaison des modes. »

Débat national pour l'aménagement du territoire,

2. Une complémentarité nécessaire ?

- La route pourra-t-elle faire face à l'augmentation considérable du trafic ? Le danger représenté par certains transports, les nuisances, la saturation de certains axes commencent à poser des problèmes.
- La conteneurisation, le ferroutage, la multiplication des plates-formes multimodales évitent les ruptures de charge, permettent un transport groupé par chemin de fer sur de longues distances, en laissant à la route le transport sur des distances plus courtes.

L'évolution technique et économique en concentrant le trafic sur quelques grands axes renforce les contrastes spatiaux. En privilégiant la route, elle est responsable du déclin d'autres modes de transports et des problèmes liés à la saturation de certains axes. La solution n'est pas dans la concurrence mais dans la complémentarité des différents modes de transports.

* ***Ferroutage :*** *transport par rail des poids lourds sur la plus grande partie de leurs parcours.*

4 LA ROUTE

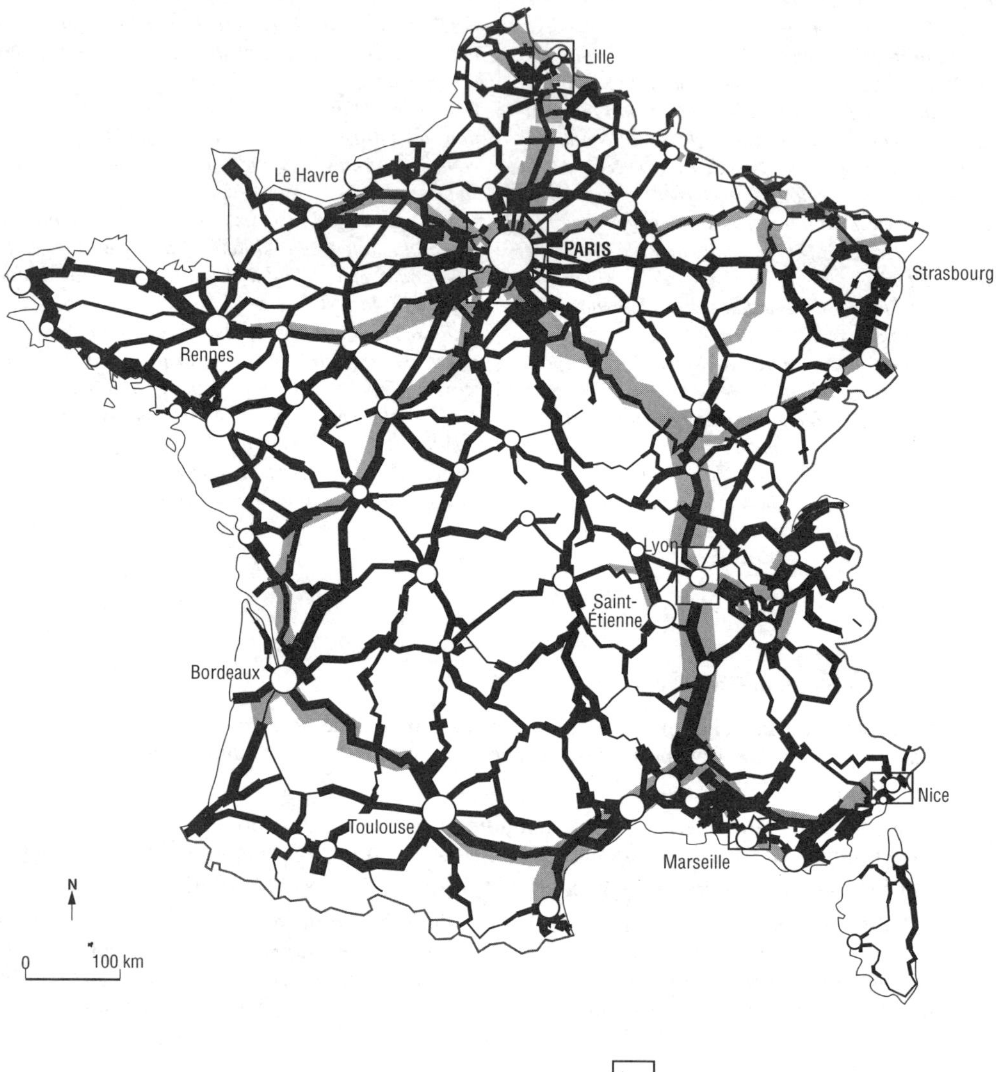

Moyenne annuelle de la circulation journalière

Cartouche en échelle réduite

Trafic sur routes nationales	10 000		Trafic sur autoroutes	10 000
	5 000			5 000
	2 500			2 500

Sont considérées comme situées en rase campagne les sections de routes nationales et autoroutes de dégagement qui ne traversent pas d'agglomérations de population de plus de 5 000 habitants (ne sont représentés que les tronçons ouverts à la circulation durant toute l'année). La circulation, exprimée en véhicules/jour, est définie, pour chaque section, comme le nombre de véhicules y circulant pendant une journée.

Ministère des Transports, SETRA.

LA CIRCULATION ROUTIÈRE SUR LES ROUTES NATIONALES ET LES AUTOROUTES

Le transport routier, peut-être mieux adapté aux mutations économiques et sociales, connaît un essor remarquable. L'importance du trafic, sa nature et sa concentration sur quelques grands axes nécessitent une adaptation des réseaux de façon à mieux répondre aux besoins, en essayant d'irriguer l'ensemble de l'espace français pour mieux l'intégrer à l'espace européen.

A. Un environnement économique et social de plus en plus favorable à la route

1. Des causes multiples favorisent le transport des personnes par la route

- Avec 27,7 millions de véhicules dont 3,3 millions de véhicules utilitaires, la France possède **le sixième parc automobile au monde** et le quatrième d'Europe derrière l'Allemagne et l'Italie et le Royaume-Uni. Ce parc a doublé depuis vingt ans.
- **L'augmentation de la taille des agglomérations**, l'éloignement de plus en plus grand entre lieu de travail et habitat ainsi que le développement des loisirs sont des facteurs de croissance du trafic automobile.
- **Une grande partie des transports en commun se fait par la route.** Seul le car permet de rompre l'isolement de nombreux bourgs et villages. Dans beaucoup de villes, il reste le seul transport en commun. Il permet d'assurer les transports scolaires et celui du personnel des entreprises.

2. Les atouts du transport routier de marchandises

- Les nouvelles conditions de production et l'évolution de la nature des marchandises transportées se sont ajoutées aux atouts de la route (souplesse et rapidité) pour qu'elle l'emporte dans sa concurrence avec les autres moyens de transports.
- Près de 27 000 entreprises assurent le transport routier. S'il existe une centaine de grosses sociétés (qui emploient au total 350 000 personnes), la plupart sont des petites entreprises artisanales qui ont souvent du mal à survivre.
- **Elles se livrent une compétition féroce** qui contribue à la baisse des tarifs. Cette concurrence va s'accentuer avec la possibilité pour les sociétés des autres pays de l'Union européenne d'effectuer des transports sur le territoire national et du fait de l'implantation de firmes étrangères, comme l'américain UPS, sur le marché français.

B. Un trafic énorme mais concentré

- Il est impossible d'évaluer le nombre des personnes transportées par automobile. Cependant, il est évident que, quelle que soit la distance, ce mode de transport l'emporte sur tous les autres.
- L'autocar est le principal moyen de transport en commun. En 1994, la SNCF a transporté 806 millions de personnes, le métro parisien 1 534 millions, les bus de la RATP 828 millions, l'ensemble des bus hors RATP a transporté 2 630 millions de personnes (transports urbains, scolaires, personnels des entreprises, lignes régulières, voyages).

1. Les marchandises

- Si le tonnage transporté augmente peu depuis une dizaine d'années, la route est devenue le principal moyen d'acheminement des marchandises. En 1994, le tonnage transporté représente 10 fois celui transporté par le rail (2,5 fois si on l'exprime en tonnes/kilomètre).
- Les matières premières (877 millions de tonnes) et les produits agricoles (316 millions de tonnes) représentent l'essentiel du tonnage.

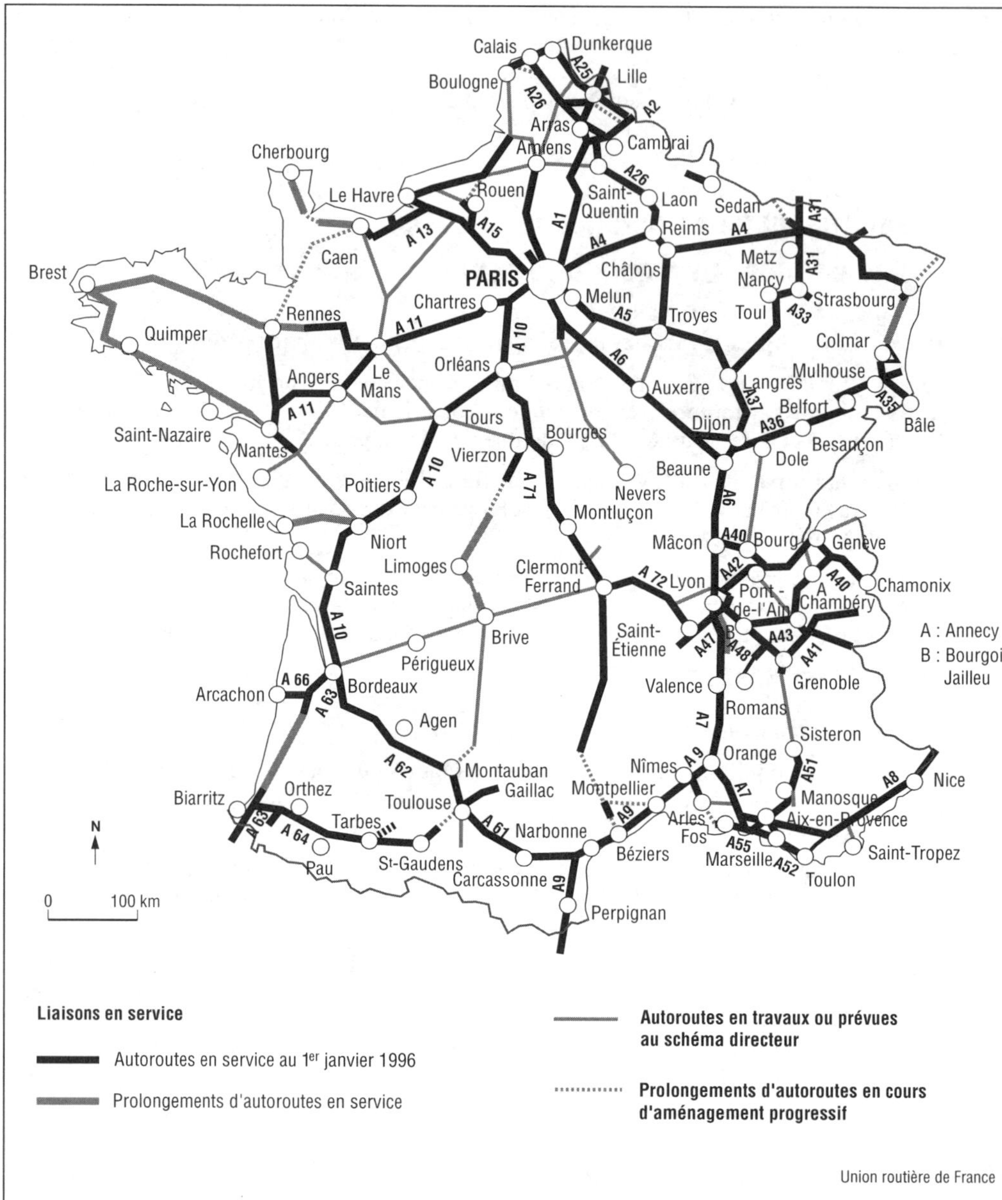

Union routière de France

LES RÉSEAUX AUTOROUTIERS FRANÇAIS

2. Un trafic concentré sur quelques grands axes

■ **Les autoroutes, à elles seules, représentent près de 50 % du trafic routier.**

■ Quelques grands axes supportent une circulation très intense :
- les axes Le Havre-Paris et Lille-Paris-Lyon-Marseille sont de loin ceux qui supportent la circulation la plus dense ;
- la côte méditerranéenne, la région Rhône-Alpes, le Nord, la Bretagne et l'Alsace sont sillonnés d'axes routiers très fréquentés.

■ Paris et Lyon constituent les 2 carrefours les plus importants. Ils sont des passages obligés pour le trafic international et interrégional.

C. Le réseau

1. Un des réseaux routiers les plus denses du monde

■ Avec 812 000 kilomètres, le réseau routier français est le plus long d'Europe et l'un des plus denses. Bien entretenu, il permet d'atteindre facilement tout point du territoire.

■ Pour le réseau autoroutier, la France a longtemps été en retard sur la plupart de ses voisins. Ce n'est plus le cas ; elle se situe désormais, avec plus de 9 000 kilomètres d'autoroutes, au deuxième rang européen derrière l'Allemagne mais devant l'Italie.

2. Le réseau autoroutier obéit de plus en plus à une logique européenne

■ Dans un premier temps, les autoroutes construites rayonnèrent suivant un schéma s'organisant à partir de Paris. Il s'agissait de relier les grandes villes de France à la capitale.

■ **Actuellement, le réseau échappe de plus en plus à cette logique de centralisation sur Paris.** Le schéma autoroutier de 1987 l'atténue encore.

■ La construction de nos autoroutes obéit à 3 logiques :
– désengorger les axes les plus fréquentés : Paris-Clermont-Méditerranée et Grenoble-Sisteron-Marseille doivent dérouter en partie la circulation de l'axe rhodanien. Le transit par Paris n'est plus une obligation. Le contournement de la capitale se fait par l'est (Lille-Reims-Dijon) ou se fera par l'ouest (Rouen-Le Mans-Tours) ;
– désenclaver certaines régions (Massif central, Alpes du Sud...) ;
– faciliter le transit du trafic européen à travers la France (Lille-Dijon, Metz-Dijon, Mulhouse-Dijon…) et rattacher les régions de l'Ouest à l'Europe (projet d'autoroute des estuaires, Rouen-Tours…).

■ Un nœud très important est en train de se constituer autour de Lyon, passage entre le nord et le sud de la France, mais aussi plaque tournante vers tous les pays voisins (de l'Espagne au Benelux).

■ La création de grandes transversales nord-sud ne passant pas par Paris diminue l'engorgement des axes les plus fréquentés mais, surtout, permet de faire jouer à la France un rôle de plaque tournante en Europe et de mieux intégrer le territoire au futur espace européen.

5 LA VOIE FERRÉE

Pendant longtemps, le train a été le moyen le plus important pour transporter les marchandises et les personnes. L'érosion du trafic, les déficits inquiétants de la SNCF, liés à la lourdeur des investissements, et les critiques qu'elle subit de la part des usagers sont-ils les marques d'une crise grave ou d'une nécessaire adaptation ?

A. Un réseau centré sur Paris

1. Le réseau classique

- **Sa longueur ne varie plus beaucoup depuis quelques années** après la suppression de nombreuses lignes secondaires. En 1952, le réseau comptait 41 200 kilomètres de voies ferrées; il en a 31 900 (13 800 électrifiées) en 1995.
- **Le réseau a été construit à partir des 6 grandes gares parisiennes.** Il est l'expression parfaite de l'organisation du territoire français autour de Paris.
- **Les voies transversales sont relativement rares** (Dunkerque-Strasbourg, Bordeaux-Narbonne, Metz-Dijon...).

2. Le réseau TGV

- **La SNCF a fait construire 975 kilomètres de voies nouvelles pour le TGV.** Celui-ci utilise aussi 5 964 kilomètres de voies classiques.
- Sa vitesse permet de raccourcir considérablement les temps de parcours. Il est devenu un concurrent redoutable pour l'avion et même pour l'autoroute sur les moyennes distances.
- La ligne Paris-Lyon est ouverte depuis 1981. La voie nouvelle, partant de Paris puis bifurquant ensuite vers Le Mans et vers Tours, a été ouverte en 1989. Elle permet de relier l'Ouest et Bordeaux à la capitale. La ligne Paris-Lille (1993) permet au TGV de rejoindre Londres mais aussi Bruxelles, Amsterdam et Cologne. La ligne de TGV est financée essentiellement par les régions françaises qu'elle traverse et par des crédits importants venant de l'Union européenne (35 à 40 millions d'écus). Elle permettra, au début du siècle prochain, de joindre Paris à Strasbourg et aux métropoles du sud de l'Allemagne.
- **Sa construction obéit à 2 logiques :**
  - relier les grandes métropoles;
  - faire de la France, et en particulier de Paris, la plaque tournante européenne des transports à grande vitesse.
- **Le coût considérable de la construction, la recherche de vitesse ont 2 conséquences :**
  - seules les lignes les plus rentables sont construites;
  - le TGV ne s'arrête que dans les villes les plus importantes au détriment des petites et moyennes et renforce la métropolisation.
- **Les lignes venant de province sont interconnectées dans la région parisienne :**
  - cela permet de mieux relier les grandes villes françaises aux aéroports parisiens;
  - les villes sont reliées sans qu'il soit nécessaire de « changer à Paris ». Depuis le printemps 1994, le TGV relie directement Lille à Lyon;
  - le rôle de Paris comme grand carrefour européen est renforcé.

B. Le trafic voyageur

1. Il a augmenté régulièrement jusqu'au début des années 90

- Pour le transport des personnes, la SNCF se situe au premier rang européen, dépassant largement l'Allemagne et l'Italie.
- Le nombre de voyageurs transportés a augmenté jusqu'en 1990 (881 millions de voyageurs, 44 milliards de voyageurs par kilomètre). Depuis cette date, il est en baisse (741 millions de voyageurs en 1995).
- **La hausse du trafic voyageurs dans les années 80 s'explique par la mise en service du TGV** (44 millions) **et la hausse du trafic dans la banlieue parisienne** (432 millions en 1980; 550 millions en 1993 mais 537 en 1994). Les trains classiques des grandes lignes ont perdu une partie de leur clientèle. Le réseau de la banlieue parisienne permet de réaliser une part essentielle du trafic voyageur.

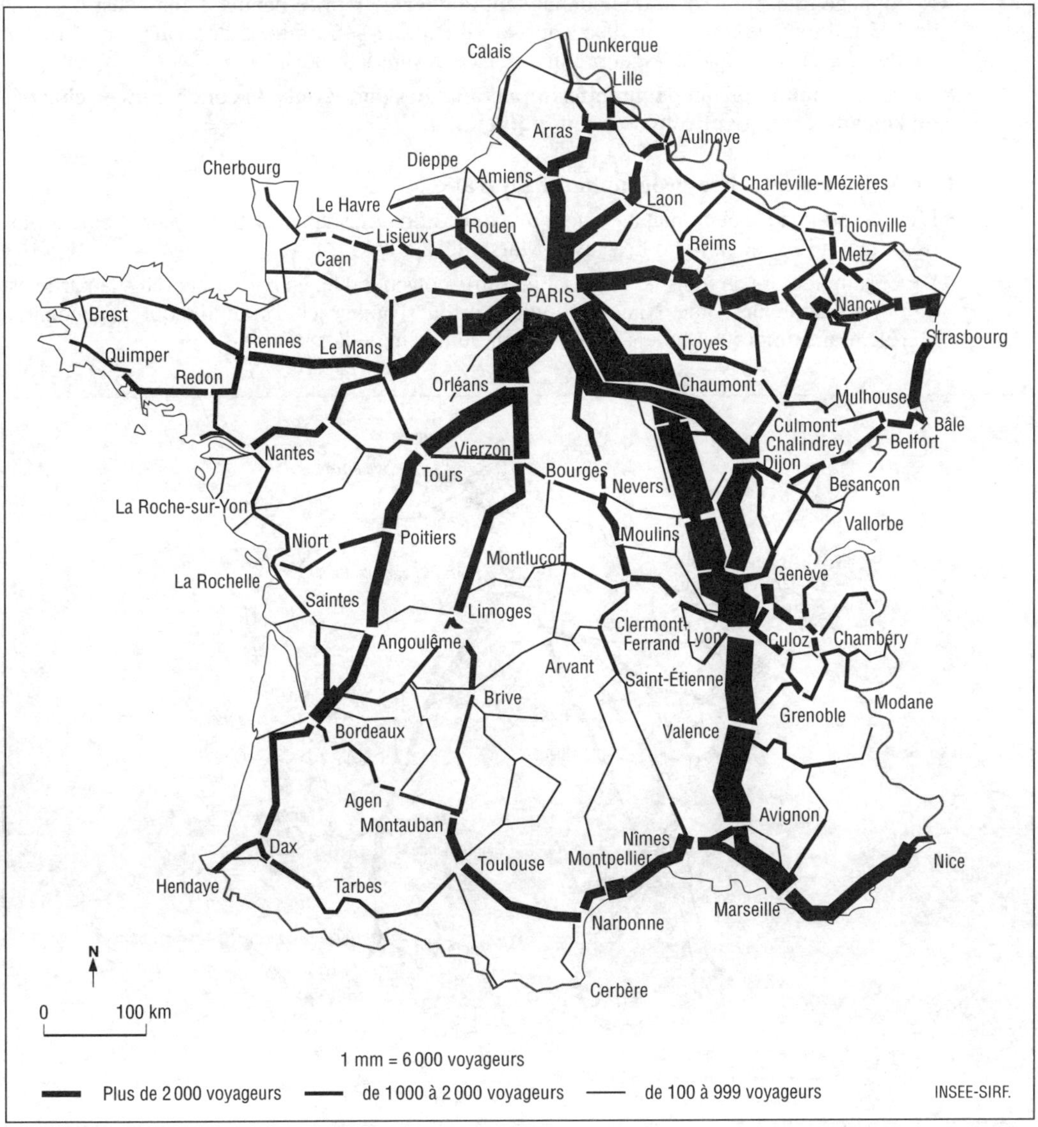

LE TRAFIC DE VOYAGEURS

2. Un trafic concentré sur quelques grandes lignes

- Les lignes transversales jouent un rôle relativement faible. Ce sont les radiales convergeant vers Paris qui absorbent la plus grande partie du trafic.
- Sur celles-ci, le trafic décroît au fur et à mesure que l'on s'éloigne de la capitale.
- La ligne Paris-Lyon-Marseille est de loin la plus fréquentée. Paris-Lille, Paris-Orléans ou Paris-Le Mans assurent également un trafic important.

C. Le trafic marchandises

1. Un trafic qui décroît

- Pour le tonnage marchandises, la SNCF occupe la deuxième place en Europe derrière la Bundesbahn allemande.
- Le tonnage transporté, bien que connaissant une légère reprise depuis 2 ans, n'est plus que de 125 millions de tonnes en 1995, alors qu'il était de 246 millions de tonnes en 1972. Le chemin de fer occupait, alors, la première place devant la route.
- **La crise économique, la part moins importante des pondéreux, la concurrence acharnée de la route expliquent cette érosion inquiétante.**

2. Une forte concentration géographique du trafic

- L'observation de la carte met en valeur une opposition très nette. Le trafic est nettement plus important à l'est de la ligne Le Havre-Marseille.
- Un certain nombre de transversales ont un trafic considérable, en particulier dans la partie est du pays : Strasbourg-Bâle, Nancy-Dijon et, surtout, Dunkerque-Thionville qui, cependant, a un rôle moins important que jadis, en raison du déclin de la sidérurgie.

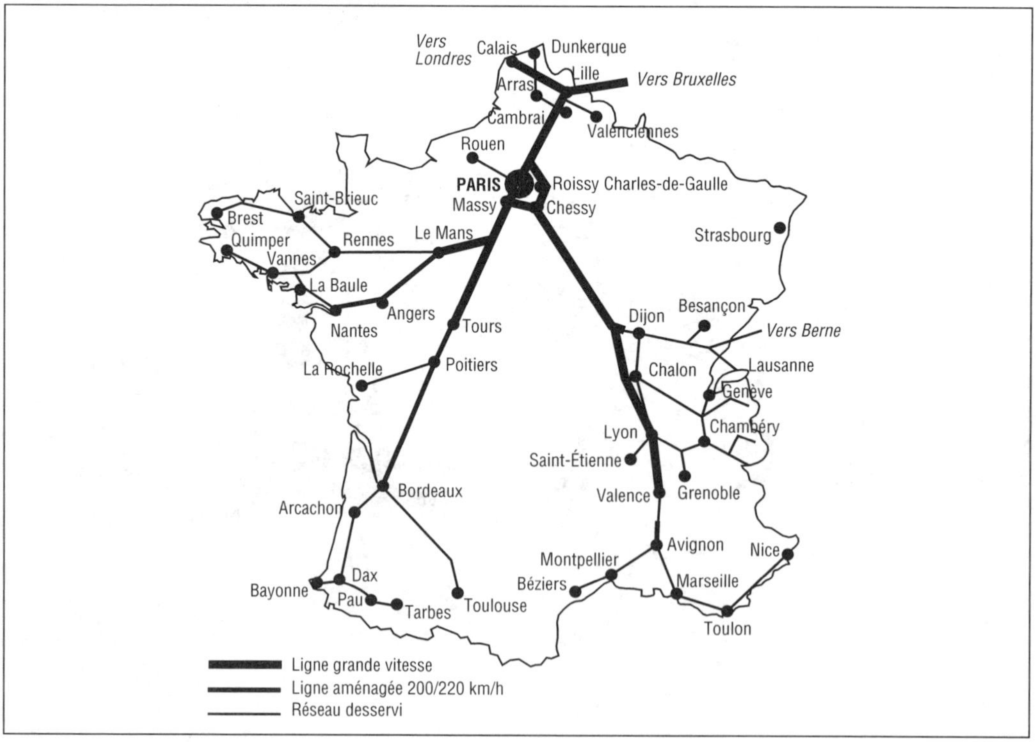

Le réseau TGV en 1996

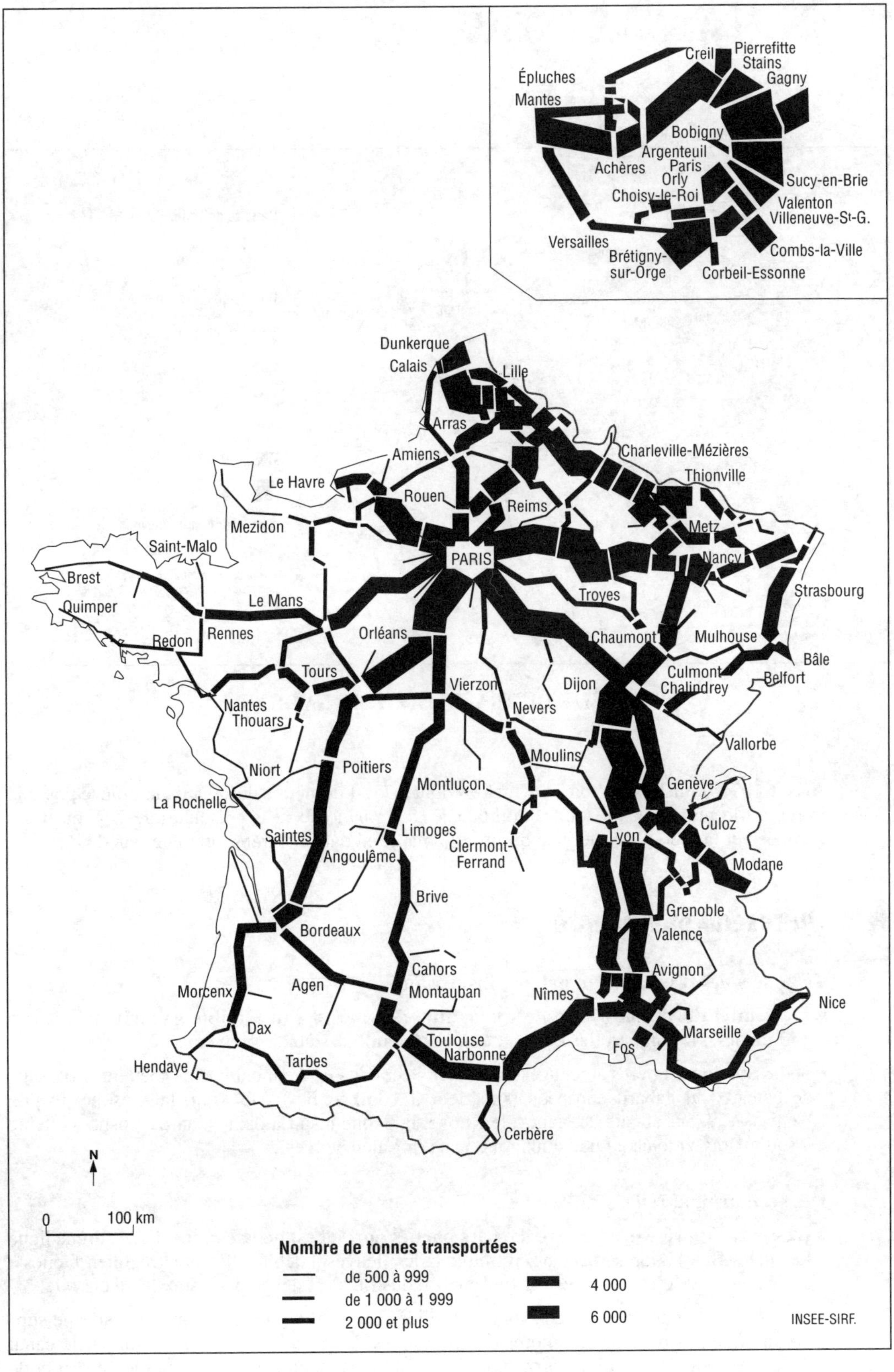

LE TRAFIC DE MARCHANDISES

6 LA VOIE D'EAU

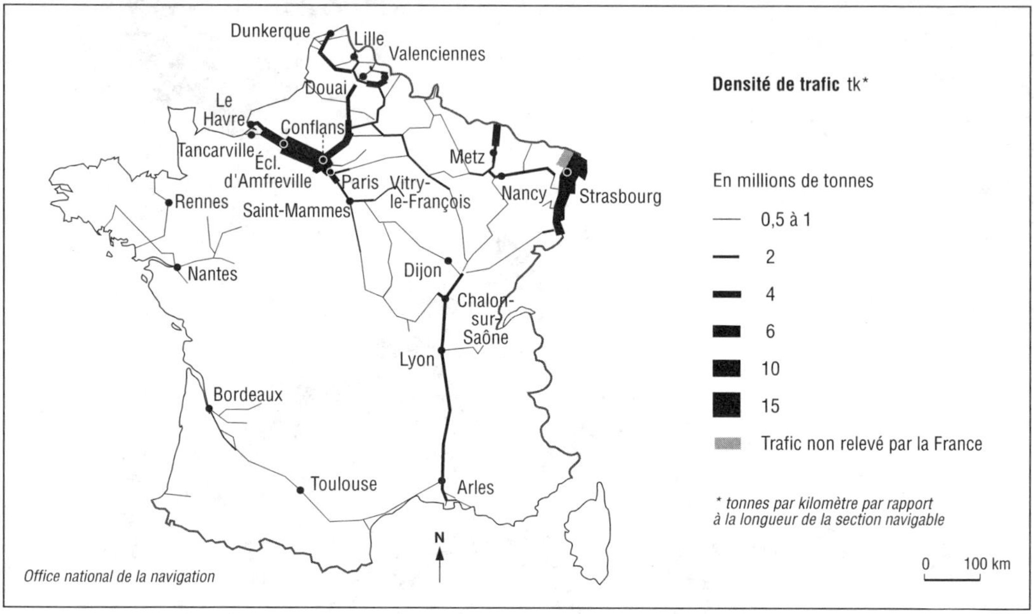

LA DENSITÉ DU TRAFIC PAR VOIE NAVIGABLE

Avec 6 197 kilomètres de voies navigables dont 3 732 kilomètres de canaux, la France possède le réseau le plus long d'Europe. Pourtant le trafic national ne représente que 7 % du trafic européen et la voie d'eau ne joue qu'un rôle marginal dans les transports intérieurs.

A. Un réseau mal adapté

1. Trop de voies d'eau ont un gabarit insuffisant

- **L'essentiel du réseau** (75 %) **est constitué de voies d'eau à faible gabarit** (inférieur à 350 tonnes). La plupart des canaux, aménagés au XIXe siècle, sont vétustes.
- Seules quelques artères aménagées depuis la Seconde Guerre mondiale permettent le passage de bateaux au gabarit européen (supérieur à 1 350 tonnes) : le Rhin, la Moselle jusqu'à Neuves-Maisons au sud de Nancy, le Rhône, la Saône jusqu'à Saint-Jean-de-Losne, la Seine jusqu'à Bray et le canal de Dunkerque jusqu'à Valenciennes.

2. Des sections mal reliées entre elles

- **L'essentiel du réseau se trouve dans les parties nord et est de la France** (à l'est d'une ligne Le Havre-Bâle). Non seulement on trouve là les fleuves à débit suffisant et régulier, faciles à aménager, mais c'est dans ces régions que l'industrie s'est développée au XIXe siècle.
- Les portions à gabarit européen sont mal reliées entre elles par des canaux vétustes ne supportant que des péniches de moins de 350 tonnes. La Seine est reliée au Rhin par le canal de la Marne au Rhin qui, malgré un trafic notable, est handicapé par un faible gabarit et de trop nombreuses écluses.

- La Garonne est très mal reliée au Rhône. La Loire, qui est le plus grand fleuve français, n'est pas aménagée dans sa partie centrale.

3. Un réseau mal relié au réseau européen

- La France ne participe que de façon secondaire au grand trafic fluvial du nord-ouest de l'Europe. **Son réseau est mal relié au réseau européen.** Beaucoup de bateaux européens ont un tonnage trop important pour circuler en France.
- Certaines voies sont reliées au réseau européen par des fleuves ou des canaux au gabarit insuffisant. C'est le cas de la Seine. La Meuse (350 tonnes en France) est portée au gabarit européen dès que l'on franchit la frontière belge.
- La Moselle, canalisée au gabarit européen, se termine en « cul-de-sac » près de Nancy et n'est reliée qu'au canal de la Marne au Rhin.
- L'axe rhodanien est mal relié à l'axe rhénan. La réalisation pour 2010 d'un canal Rhin-Rhône à grand gabarit semble, après de nombreuses hésitations, être décidée. Pourtant une vigoureuse opposition (élus locaux, écologistes) se développe en raison des atteintes écologiques majeures provoquées par cet ouvrage au coût important et à la rentabilité économique très incertaine.

B. Un rôle devenu marginal

1. Le trafic fluvial est en baisse

- En 1970, la voie d'eau représentait plus de 8 % du trafic intérieur de marchandises ; en 1993, elle n'en représente plus que 3,5 %. En 1970, elle avait transporté 14,1 milliards de tonnes par kilomètre mais seulement 5,8 en 1995.
- Elle transporte des matières pondéreuses et peu périssables, à faible coût. Pourtant, pour ces produits dont le coût de transport est une donnée fondamentale, elle est largement devancée par le rail et la route.

2. Un trafic concentré géographiquement

- **L'essentiel se fait sur quelques tronçons.** Le Rhin et surtout la Seine devancent largement la Moselle, le Rhône et les canaux du Nord au trafic plus modeste.
- Les autres voies ne jouent qu'un rôle secondaire.
- Paris est le principal port fluvial de France avec un trafic de 21,3 millions de tonnes en 1994. Le trafic (constitué à 62 % d'entrées) est essentiellement constitué de matériaux de construction, de charbon, d'hydrocarbures, de céréales (seulement pour les sorties).
- Les autres ports importants sont Strasbourg (9,8 millions de tonnes), Lille (5,8), Thionville (2,3) et Mulhouse (4) en 1994.

Le déclin de la voie d'eau est dû, certes, à l'évolution économique : les pondéreux jouent un rôle moins important dans les transports. Pourtant, les structures trop artisanales d'une profession menacée et un certain désintérêt des pouvoirs publics en sont peut-être les raisons essentielles.

LES MARCHANDISES TRANSPORTÉES PAR VOIES NAVIGABLES EN 1980 ET 1995

(en millions de tonnes/km)	1980	1995
Total	12 151	5 868
Produits agroalimentaires	3 102	1 296
Combustibles minéraux solides	2 086	420
Matériaux de construction	2 913	2 412
Produits pétroliers	2 225	672
Autres	1 825	1 068

7 LES TRANSPORTS AÉRIENS

Les compagnies aériennes françaises doivent faire face à la déréglementation et à une concurrence accrue qui ne sera pas sans conséquences sur l'avenir, en particulier pour les transports intérieurs. Paris, carrefour international, est aussi le nœud essentiel des communications intérieures.

A. Les transports intérieurs

1. L'avion désenclave et raccourcit les distances

▪ La France est un des pays européens les mieux desservis par la voie aérienne intérieure (40 % du trafic intérieur des pays européens). Grâce à l'avion, aucune ville moyenne n'est à plus de 1 h 30 de Paris. Toute ville de plus de 50 000 habitants située à plus de 300 km de Paris a dû se doter d'un aéroport.

▪ Le rôle de l'avion prend toute sa signification pour relier les villes les plus éloignées de Paris. La structure radiale du réseau ferré donne aux lignes aériennes transversales beaucoup d'intérêt.

▪ L'avion joue aussi un rôle non négligeable pour désenclaver certaines villes éloignées de Paris et mal reliées à la capitale par la voie ferrée.

▪ Le rôle de la voie aérienne se situe donc à deux niveaux. Elle rapproche les grandes métropoles les unes des autres mais elle est, aussi, un outil d'aménagement du territoire. Beaucoup de collectivités locales (villes, départements, régions) ont subventionné la création d'aéroports et de lignes aériennes.

2. Le réseau aérien intérieur

▪ Il y a en France près de 80 aéroports dont la plupart n'ont qu'une seule ligne vers Paris, largement subventionnée. Une trentaine seulement a un trafic supérieur à 100 000 passagers par an. Les aéroports les plus importants sont Nice, Marseille, Lyon, Toulouse, Bordeaux et Strasbourg qui connaît, depuis quelques années, une hausse très forte de son trafic.

▪ Deux types de lignes composent le réseau intérieur :
- un premier niveau de lignes radiales relie les métropoles régionales à Paris et un deuxième niveau, des villes moyennes enclavées, mal desservies par d'autres modes de transport (Rodez, Le Puy, Albi...);
- des lignes transversales permettent de relier rapidement les grandes métropoles. L'essentiel de ce réseau s'oganise autour de Lyon, mais aussi de Lille, Bordeaux, Toulouse, Nantes, Nice...

▪ En fait, l'essentiel du trafic se concentre sur quelques radiales au départ de Paris vers Marseille, Nice, Toulouse, Bordeaux. Il faut y voir la conséquence du poids de Paris, mais aussi son rôle de correspondance pour les grandes lignes internationales.

▪ Beaucoup de lignes ne sont pas rentables et sont largement subventionnées. Dans un contexte de réglementation et de monopole, les lignes les moins fréquentées sont maintenues grâce aux bénéfices faits sur les lignes à fort trafic.

3. Les défis à relever

▪ **Le TGV est un concurrent redoutable** pour l'avion. Il est meilleur marché, il arrive au cœur des villes, il permet la desserte des aéroports parisiens grâce à l'interconnection des différentes lignes autour de Paris. Pour les voyages de durée inférieure à 3 heures, l'avion perd beaucoup d'attraits. Or, en l'an 2005, Bordeaux, Toulouse, Marseille, Montpellier, Strasbourg seront à moins de 3 heures de Paris par le rail. La SNCF peut détourner à son profit près de 11 millions de passagers.

- La déréglementation conduit depuis quelques années à une concurrence redoutable entre Air Inter et d'autres compagnies (TAT, Air Liberté, AOM...). Cette compétition sera encore plus forte à partir du 1er avril 1997, quand tout le réseau intérieur sera complètement ouvert à toutes les compagnies européennes.
- **Le marché français, le plus important du continent avec 22 millions de passagers, verra s'affronter les grandes compagnies sur les lignes les plus rentables**. Les lignes les moins fréquentées pourraient être délaissées. C'est, là, toute une politique d'aménagement du territoire qui serait remise en cause. Déjà, en 1996, Air Inter a dû fermer ses escales de Toulon et de Perpignan.
- La guerre des tarifs menace la santé des entreprises. Air Liberté, qui en fut un des symboles, a été rachetée, en novembre 1996, par British Airways, qui, possédant déjà TAT, contrôle désormais 22 % du marché intérieur français et devient un concurrent redoutable.

4. Les problèmes d'Air France Europe

- Air Inter devenu Air France Europe a étendu son réseau à certaines lignes européennes mais connaît des difficultés considérables. Déjà concurrencée par le TGV, elle a perdu une part importante de sa clientèle (1,3 million de personnes, soit près de 30 % sur les lignes les plus rentables) au profit des compagnies concurrentes.
- Les pertes de marché, les baisses de tarif pour faire face à la concurrence, des coûts de fonctionnement trop élevés ont entraîné des déficits catastrophiques (661 millions en 1995, près de 100 millions par mois en 1996).
- Filiale d'Air France, elle doit fusionner avec celle-ci le 31 mars 1997. Le personnel, craignant un alignement des salaires sur ceux d'Air France et des conditions de travail moins avantageuses, multiplie les grèves, altérant gravement l'image de marque de la compagnie.

L'ouverture à la concurrence : le cas de Paris-Bordeaux

	Part de marché en 1990	Part de marché en 1996
SNCF	50 %	60 %
Air Inter	50 %	28,8 %
Air Liberté	–	11,2 %

(1) Le TGV a mis Bordeaux à 3 heures de Paris — L'Expansion, *n° 526, 30 mai 1996.*

La guerre des tarifs sur Paris-Toulouse en 1995

Prix d'un billet aller-retour

	1994	2/1/1995	4/1/1995	5/1/1995	6/1/1995	1/2/1995	1/4/1995	15/1/1996
Air Inter	690 F		450 F	360 F	280 F	450 F	690 F	590 F
Air Liberté		550		360 F		450 F	590 F	590 F

L'Expansion, *n° 518, 8 février 1996.*

Le match British Airways-Air France	Air France	British Airways
CA en 1995/1996 (milliards de francs)	52,9	61,6
Nombre d'employés	55 605	52 296
Nombre d'avions	205	293
Nombre de destinations	196	174
Nombre d'employés par avion	271	178
Nombre de passagers transportés (en millions)	32	36
Recette par passager/km (en centimes)	12,06	10,03
Part du marché intérieur français	60 %	22 %
Répartition des plages horaires à Orly	37 %	23 %

L'Expansion, *n° 537, 21 novembre 1996.*

B. Les transports extérieurs

1. La prépondérance des aéroports parisiens

- Beaucoup d'aéroports de province assurent un trafic international très réduit (quelques lignes le plus souvent saisonnières, quelques charters). Seuls Lyon, Nice et Marseille jouent un rôle international. Cependant, leur place est très secondaire face à l'importance de Paris.
- Paris est le huitième aéroport mondial. Il est précédé par Londres (devenu premier aéroport mondial), 5 américains et Tokyo. Il est le deuxième en Europe pour les passagers (55 millions) derrière Londres (81,4) et le troisième pour le fret (1,1 million de tonnes) derrière Londres (1,36) et Francfort (1,29).
- **Paris est une des grandes portes d'entrée en Europe et une plaque tournante du trafic international**. Il se place au deuxième rang dans le monde pour les passagers internationaux. Les aéroports parisiens sont fréquentés par 140 compagnies régulières qui relient régulièrement notre capitale à 507 villes dans 132 pays.
- L'essentiel du trafic se fait cependant avec l'Europe (56 % du trafic international). La ligne Paris-Londres (près de 3 millions de passagers) est la plus fréquentée du monde. Elle a cependant perdu près de 700 000 passagers avec la concurrence d'Eurostar. Les lignes vers l'Amérique du Nord et vers l'Afrique du Nord représentent, chacune, près de 10 % du trafic.
- Le trafic se partage entre Orly (26,6 millions en 1995) et Roissy (28,3). Chacun de ces aéroports est situé à proximité de plates-formes multimodales particulièrement performantes qui les relient à la route et à la voie ferrée. Le TGV dessert également l'aéroport de Roissy. Celui-ci dispose de la plus grande réserve d'espace en Europe (3 200 ha). Avec les agrandissements en cours, il pourra accueillir près de 80 millions de passagers au-delà de l'an 2000.

2. La situation d'Air France s'améliore

- Air France, qui exploite un des plus vastes réseaux au monde, se situe parmi les plus grandes compagnies de la planète. Ses activités s'étendent au tourisme et à l'hôtellerie (Air Charter, Sotair, Jumbo...).
- **Dès 1993, elle connaît une crise grave qui pose la question de sa survie.** Elle perd, cette année-là, près de 8 milliards de francs ! Elle est obligée de céder la chaîne des hôtels Méridien.

- Ce désastre est lié à plusieurs causes :
  La concurrence très forte liée à la déréglementation entraînant une baisse des tarifs et une faible croissance du trafic au début des années 90 mettent à mal les grandes compagnies.
  - Le rachat, en 1990, d'UTA (compagnie privée française exploitant les lignes d'Afrique et du Pacific) a provoqué un endettement considérable.
  - Les coûts d'exploitation sont trop importants en raison de charges sociales trop élevées et d'une politique commerciale mal adaptée.

- Au printemps 1994, après consultation, le personnel a accepté un plan de sauvetage sévère (réduction d'effectifs, salaires gelés pendant trois ans…). Avec l'accord de la Commission de Bruxelles, le gouvernement s'est engagé à recapitaliser l'entreprise à hauteur de 20 milliards de francs.

- Ces efforts ont porté leurs fruits. En mai 1997, l'entreprise a annoncé un bénéfice de 394 millions de francs pour l'année 1996-1997. Elle devrait être privatisée en 1998. La productivité s'est nettement améliorée (+ 30 % en 3 ans), faisant baisser les coûts.

- Cependant, le déficit d'Air France Europe, la concurrence des autres compagnies (British Airways en particulier), des coûts encore supérieurs à ceux des entreprises rivales rendent ce redressement fragile.

Incontestablement, ce secteur est un atout pour la France. Il permet à Paris d'être un carrefour européen, la porte d'entrée du continent et une plaque tournante du transport aérien dans le monde. Air France, malgré ses problèmes, est un outil nécessaire pour permettre à la capitale de jouer ce rôle.

8 LES TRANSPORTS MARITIMES, LES PORTS

L'ÉVOLUTION DE LA FLOTTE MARCHANDE DE 1955 À 1996

	1955	1970	1973	1978	1985	1991	1996
Tonnage (millions de tjb[1])	3,9	6,4	8,2	12,1	8,2	4	3,8
Rang mondial	6	10	10	9	11	25	26
% de la flotte mondiale	3,9	2,8	2,8	3	1,9	0,9	0,8

1. tjb : tonneaux de jauge brute.

Avec 3 façades maritimes, la France occupe en Europe une position géographique exceptionnelle. Elle est la quatrième puissance commerçante du monde. Pourtant, la flotte de commerce française est en crise et les ports sont atteints de défauts structurels qui les rendent **très vulnérables** à la concurrence des autres ports européens.

A. La crise de la marine marchande

1. Quelques aspects d'un déclin

- En 1978, la flotte française, avec 12 millions de tjb (tonneaux de jauge brute), dont plus des deux tiers de pétroliers, se situait au neuvième rang mondial. En 1996, avec 3,8 millions de tjb (62 % de pétroliers), elle n'est plus qu'au vingt-sixième rang. Elle a perdu, en dix-huit ans, plus de 70 % de son tonnage. Elle ne transporte plus que 6 % du tonnage de l'Union européenne.
- **Elle n'assure que 25 % du trafic national**, provoquant ainsi un déficit annuel de 7 à 10 milliards de francs.
- En 1980, la marine marchande employait 23 000 marins contre 10 000 seulement aujourd'hui.
- **Les compagnies sont déficitaires.** Ainsi, la Compagnie générale maritime a perdu 689 millions en 1995. Plus de 46 % des navires des compagnies nationales naviguent sous un pavillon étranger.

LES COÛTS FRANÇAIS SONT TROP ÉLEVÉS

Coût journalier d'un équipage sur porte-conteneurs (en francs français)

Pavillon français	Pavillon des terres Australes et Antarctiques françaises	Pavillon « bis » allemand	Pavillon économique international
28 000	17 600	14 900	10 500

Coût mensuel d'un poste d'officier sous pavillon européen (en francs français)

France	Allemagne	Norvège	Grande-Bretagne	Danemark
46 000	45 000	41 000	36 000	31 000

L'Expansion, *n° 489/490, du 5 au 18 décembre 1994.*

2. La flotte française est victime d'une concurrence acharnée responsable de la baisse du prix du fret

- Le ralentissement du trafic maritime dans les années 80 lié à réduction des échanges d'hydrocarbures a entraîné une surcapacité. La diminution du tonnage des flottes depuis une quinzaine d'années est due, pour une part notable, à la baisse considérable des pétroliers en service.
- **La flotte mondiale a longtemps été surcapacitaire :** 11,5 millions de tonnes sont désarmées en 1992. Face à cette situation, la concurrence, en particulier de la part des pays à pavillon de complaisance (Liberia, Chypre, Panama…), est très dure.
- **Les sociétés françaises sont insuffisamment compétitives** car leurs coûts sont trop élevés. Les charges sociales qu'elles supportent sont beaucoup plus lourdes que dans les pays voisins.
- Pour éviter que trop de navires appartenant à des compagnies françaises n'aillent se placer sous pavillon de complaisance, le gouvernement a créé, en 1986, le pavillon des Kerguelen qui permet aux armateurs d'employer des marins étrangers dans l'équipage de leurs navires et de payer ainsi moins de charges. En 1992, une flotte de 1,2 million de tonnes de port en lourd était sous immatriculation des Kerguelen.
- La flotte française a vieilli (plus de 14 ans). Sa modernisation demande de gros investissements (12 milliards sur cinq ans pour un CA annuel de 25 milliards de francs).

L'ÉVOLUTION DES TRAFICS PORTUAIRES ENTRE 1973 ET 1995

Ports	1973 Trafic (en millions de tonnes)	1973 Hydrocarbures [1] (en %)	1973 Sorties [2]	1995 Trafic (en millions de tonnes)	1995 Hydrocarbures [1] (en %)	1995 Sorties [2]	Variation 1973/1995 (en %)
Marseille	100,5	90	12	86,6	68	18	– 14
Le Havre	86,7	89	21	53,7	64	22	– 38
Dunkerque	31,3	32	14	39,4	27	23	26
Nantes	14,4	77	11	23,8	67	18	65
Rouen	13,4	31	49	19,8	26	54	48
Calais	2,9	2	38	22,4	0	47	672
Bordeaux	13,5	75	21	8,9	53	35	– 34
Anvers	72,3	23	42	108,1	23	42	50
Rotterdam	294,3	72	25	294,3	40	12	0
Hambourg	46,2	41	23	72,1	17	37	56
Gênes	58,7	71	12	46,5	51	14	– 21

(1) Part des hydrocarbures dans le trafic. **(2)** Part des sorties dans le trafic (%).

B. Les ports : une situation difficile

1. Le trafic des ports

- La place des ports français dans le classement européen est honorable puisque Marseille se situe au troisième rang, Le Havre au cinquième et Dunkerque au huitième. Pourtant, le trafic total des ports français (293 millions de tonnes en 1995) est légèrement inférieur à celui du port de Rotterdam.
- Le trafic total est inférieur à celui de 1974 (305 millions de tonnes). Les ports, dont le trafic était composé en grande partie d'hydrocarbures, ont connu, à l'exception de Nantes, une très forte baisse de trafic. En revanche, Rouen, qui est le deuxième port exportateur de France (premier port céréalier d'Europe), et surtout Calais, qui profite de sa situation face au Royaume-Uni, ont vu leur trafic augmenter de façon remarquable.

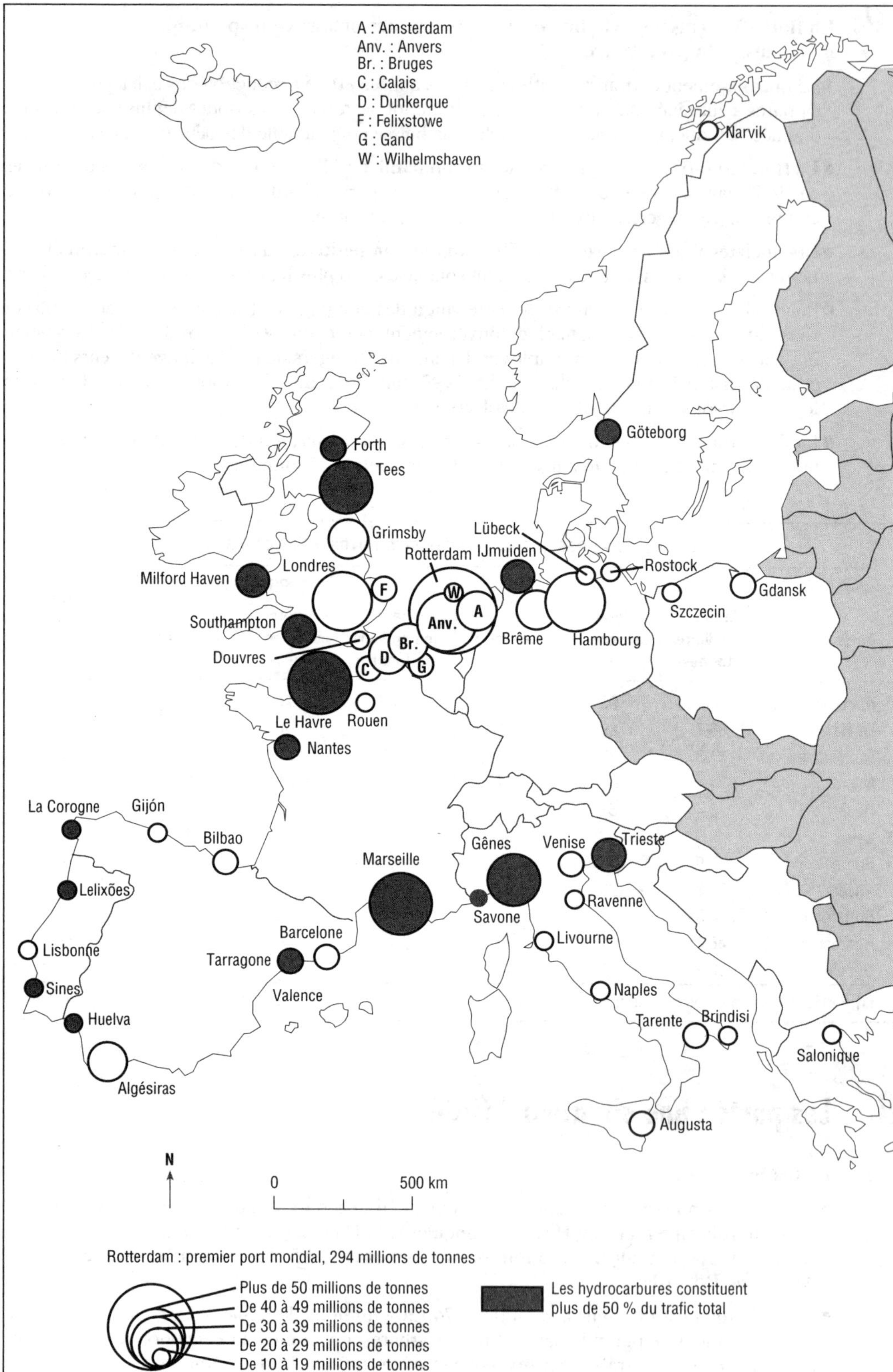

LES GRANDS PORTS DE L'EUROPE DE L'OUEST

- Les ports français souffrent d'un certain nombre de faiblesses structurelles :
  – à l'exception de Rouen et, dans une moindre mesure, de Calais, **les entrées sont nettement supérieures aux sorties** ;
  – **les matières premières et surtout les hydrocarbures jouent un rôle considérable dans le trafic** ;
  – **les ports français sont mal adaptés aux formes nouvelles de trafic**, comme le transport par conteneurs. Pour ce type de trafic, aucun port français n'apparaît dans les 20 premiers mondiaux. Le Havre, premier port français, a un trafic 5 fois moins important que celui de Rotterdam, 3 fois inférieur à celui de Hambourg, 2,5 fois moindre que celui d'Anvers. Le trafic de Marseille, 2 fois moindre que celui du Havre, est inférieur à celui de Gênes.

2. Des atouts mal mis en valeur

- La situation de la France est excellente avec ses 3 façades maritimes, dont celle de la Manche, qui est l'axe le plus fréquenté du monde.
- Depuis 1965, 6 ports ont le statut de port autonome qui permet à l'État de prendre en charge les travaux d'infrastructure. Ainsi, depuis les années 60, d'importants travaux d'équipement ont été réalisés pour permettre aux grands ports français de s'adapter aux évolutions du trafic et de rivaliser avec les ports étrangers. Les ports de Fos et d'Antifer permettent l'accostage des navires géants. Les liaisons avec l'arrière-pays ont été améliorées. Tous les grands ports (Marseille, Le Havre, Dunkerque, Calais...) sont équipés de plates-formes multimodales facilitant la manutention et le transbordement des conteneurs vers la route et le rail.
- **Pourtant, les ports français ont un arrière-pays insuffisamment étendu (faute de relations suffisantes ou à cause de la concurrence des ports étrangers)** et se cantonnent dans un rôle à l'échelle régionale :
  – les ports de la façade atlantique sont handicapés, faute d'être les débouchés d'axes importants ;
  – les ports de la basse Seine sont avantagés par l'axe de transport fluvial que constitue la Seine et par la proximité de Paris ;
  – le port de Marseille est le débouché de l'axe rhodanien ; mais la Saône, canalisée à grand gabarit, se termine au nord en cul-de-sac. Seul l'oléoduc menant à Karlsruhe permet de diriger une partie du trafic vers l'axe rhénan ;
  – Dunkerque a un arrière-pays peu développé car le port d'Anvers draine une large partie du trafic du nord de la France.

3. La concurrence des ports étrangers

- **Les ports du Benelux sont mieux desservis par les voies de communication.** Leur arrière-pays s'étend à une partie du nord et à tout l'est de la France.
- **Ils ont une politique plus dynamique,** des coûts de manutention moins élevés. Les ports français (en particulier Marseille) sont handicapés par de nombreux conflits sociaux.
- Les ports français perdent une partie de leur trafic au profit des ports étrangers. Ainsi Gênes et Barcelone se développent au détriment de Marseille. Cette déperdition de trafic des ports français peut être estimée à 20 millions de tonnes par an. En outre, 29 % du trafic de l'Île-de-France passe par les ports du Benelux (contre 21 % en 1981).

La France, puissance maritime et commerçante, **n'a pas su mettre en valeur** des atouts qui auraient pu en faire une des grandes portes d'entrée de l'Europe.

CONCLUSION

Le réseau de transports passe d'une logique en « toile d'araignée » centrée sur Paris à une logique d'intégration dans l'Europe.

La route est favorisée par l'effondrement des industries lourdes et par les nouvelles techniques de production (flux tendus).

La grande vitesse (TGV, autoroute, avion) privilégie les grandes métropoles et provoque une nouvelle forme de ségrégation territoriale.

CHAPITRE 5

LES ÉCHANGES EXTÉRIEURS

Se plaçant au quatrième rang mondial pour les exportations de biens, au deuxième pour celles des services, la France tient une place honorable dans les échanges mondiaux. Son économie est de plus en plus dépendante de l'extérieur, tant pour son approvisionnement que pour ses débouchés.

L'ouverture croissante de l'économie nationale est une donnée essentielle. Elle a demandé de grands efforts de modernisation, de mutation et d'adaptation de l'appareil productif. Ont-ils modifiés la nature et la répartition géographique des échanges extérieurs ? Ces derniers ne reflètent-ils pas, aussi, les problèmes de l'économie nationale, son évolution, les défis qu'elle a dû ou doit relever ?

1 L'ÉVOLUTION DU SOLDE COMMERCIAL

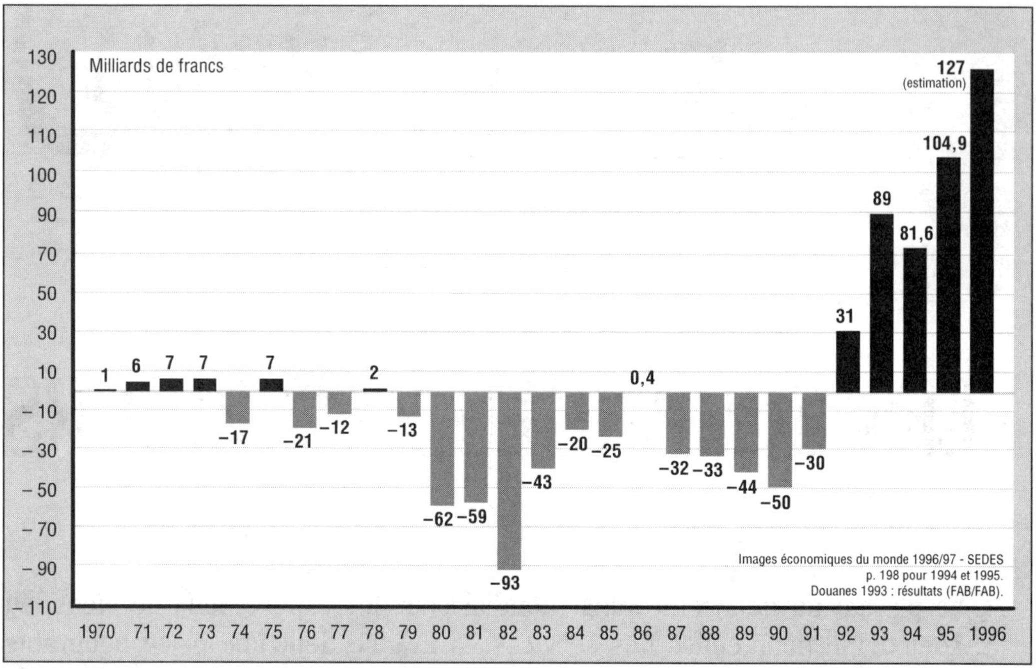

L'ÉVOLUTION DU SOLDE COMMERCIAL DE **1970 À 1996**

Depuis vingt ans, les nombreux déficits commerciaux de la France résultent d'un certain nombre de faiblesses de notre économie mais aussi de défis qu'elle a dû surmonter.

A. Un solde trop souvent déficitaire

1. Avant 1973

- Avant 1958 et l'ouverture des frontières, le solde commercial est constamment déficitaire.
- De 1958 à 1973, la France connaît 2 périodes où le solde de la balance commerciale est positif (1959-1963 et 1969-1973). Il faut y voir l'effet positif des dévaluations Pinay et Giscard.

2. Depuis 1973

- De 1973 à 1991, la France n'enregistre un léger excédent qu'en 1975 (récession), 1978 (effets positifs du plan Barre) et 1986.
- **À partir des années 80, le déficit se creuse considérablement.** Il atteint un record en 1982. La situation s'améliore progressivement jusqu'en 1986 pour se dégrader considérablement ensuite jusqu'en 1991.
- Depuis 1992, les excédents sont les plus forts que la France ait connus depuis la Seconde Guerre mondiale.

B. Jusqu'en 1986, la facture énergétique joue un rôle fondamental dans le déficit

- Jusqu'au début des années 80, le secteur agroalimentaire dégage un solde légèrement positif (à l'exception de 1976, où il est déficitaire). Puis l'excédent devient de plus en plus important (56,5 milliards en 1993).
- Le solde des biens industriels est excédentaire. L'excédent important des biens d'équipement professionnels, de l'automobile et du matériel de transports compense largement le déficit du secteur des biens de consommation courante qui est apparu et s'est sans cesse accru au cours des années 80.
- **La facture énergétique explique largement les déficits du commerce extérieur.** Les hausses successives du baril de brut jointes à la hausse considérable du dollar au début des années 80 expliquent le prix de plus en plus élevé des importations de pétrole (45 milliards de francs en 1975, 100 milliards en 1980 et 180 en 1985).
- Le déficit record de 1982 ne tient pas au montant de la facture pétrolière bien qu'il fût un peu plus élevé qu'en 1981 (140 milliards de francs contre 128). Il résulte principalement du plan de relance de 1981. L'appareil industriel français n'ayant pas été capable de répondre à l'accroissement de la demande intérieure, les importations de produits manufacturés se sont fortement accrues. Le plan de rigueur mis en place en 1983 a permis une résorption progressive de ce déficit.

C. À partir de 1986, le déficit est dû à la dégradation du solde manufacturier

1. La situation se dégrade à nouveau à partir de 1987

Le déficit se creuse malgré un excédent agroalimentaire en constante progression (11 milliards de francs en 1980, 50 milliards en 1992) et une facture pétrolière qui baisse considérablement en raison du contrechoc pétrolier et de la baisse du dollar (137,5 milliards de francs en 1985, 62,7 milliards en 1987, 49,8 milliards en 1988).

2. Les déficits du secteur industriel

- **Les mauvais résultats du commerce extérieur sont dus essentiellement à la détérioration de la balance des biens manufacturés qui devient déficitaire à partir de 1987.** De 1984 à 1990, le solde ne cesse de se dégrader de façon spectaculaire passant d'un excédent de 98 milliards de francs à un déficit de 57,4 milliards de francs.
- Plusieurs facteurs expliquent cette détérioration spectaculaire :
  - la France est peu présente sur les marchés porteurs des années 80 (Amérique du Nord et Asie) ;
  - l'émergence de l'Asie renforce la concurrence non seulement sur les marchés extérieurs mais aussi sur le marché intérieur ;
  - la baisse du dollar à partir de 1985 est responsable d'une perte de compétitivité des produits français ;
  - l'insuffisance de l'investissement jusqu'en 1985 pénalise les entreprises françaises. Cela se traduit par une baisse de compétitivité de notre industrie qui, de plus, a peu de créneaux porteurs, à la différence de ses principaux concurrents. Ce manque de compétitivité entraîne des pertes de marchés à l'extérieur et une pénétration plus forte du marché intérieur par les produits étrangers.
- Les excédents à partir de 1992 traduisent une nette amélioration de la balance des produits industriels.

2 1992-1996 : L'EXCÉDENT RETROUVÉ

L'ÉVOLUTION DU SOLDE COMMERCIAL SUIVANT LES DIFFÉRENTES BRANCHES DE 1985 À 1995

(en milliards de francs)	1985	1989	1995
Produits de l'agriculture et des industries agroalimentaires	31,1	48,2	51,6
Énergie	– 180,6	– 83	– 59,5
Biens intermédiaires	8,1	– 39,1	– 15,6
Biens d'équipement professionnel	26,7	– 19	59,9
Électroménager, électronique grand public	– 9,3	– 15,6	– 8,4
Équipement automobile des ménages	12,6	4,2	25,6
Biens de consommation courante	– 5,3	– 27,4	– 5,2
Matériel militaire	30,4	27	7,5 (en 1994)
Total (CAF/FAB)	– 60,8	– 86,8	48,4

En 1992, pour la première fois depuis 1978, le commerce extérieur dégage un solde positif. Les années suivantes voient l'excédent s'accroître. Jamais, depuis le premier choc pétrolier, la France n'avait enregistré d'aussi bons résultats. **Ce phénomène nouveau est-il un accident lié à la récession actuelle ou traduit-il une transformation structurelle de notre commerce extérieur ?**

A. Pourquoi ce retour à l'excédent ?

1. L'évolution des importations

- Les importations, après une baisse notable en 1992 et 1993, connaissent, depuis, une croissance plus faible que celle des exportations.
- Cela est dû à :
  - une contraction du déficit énergétique (59 milliards de francs en 1995 contre 94,1 milliards en 1991) due à la baisse du dollar, à celle du cours du baril, mais aussi à la baisse des importations de pétrole et aux exportations d'électricité ;
  - la faiblesse de la demande intérieure (ralentissement de l'investissement et atonie de la consommation).

2. La croissance des exportations

- En 1992, les exportations se sont accrues de 2,2 % et ont soutenu la croissance économique durant cette année.
- En 1993, les exportations ont baissé de 5 % mais ont moins diminué que les importations. **Les exportations connaissent une croissance très nette depuis 1994**.
- Depuis quelques années, face à un marché intérieur peu dynamique, ce sont les exportations qui tirent la croissance.

B. Une évolution dans nos échanges

1. Une évolution sectorielle

- L'excédent agroalimentaire se gonfle grâce à une vive progression des ventes de céréales et à une progression sensible des ventes de l'industrie agroalimentaire. En 1995, l'excédent était de 51,5 milliards de francs.

L'ÉVOLUTION DU RÔLE DES DIFFÉRENTES ZONES DANS LES EXPORTATIONS DE LA FRANCE ENTRE 1980 ET 1994				
	Part des différentes zones		Solde (en milliards de francs)	
	1980	1994	1980	1994
UE à 12	55,4 %	60,6 %	– 69,4	30,6
OCDE hors UE	15,1 %	17,6 %	– 6,3	– 34
Pays hors OCDE	27,8 %	21,8 %	– 16,3	30

- **Le secteur industriel est redevenu excédentaire** (56 milliards en 1994) malgré une baisse sensible des ventes de matériel militaire depuis quelques années. En 1995, l'automobile a dégagé un excédent de 26 milliards de francs (31 milliards en 1993), l'aéronautique 52 milliards (30 milliards en 1993) et le secteur de la parachimie et de la pharmacie, 34 milliards.

2. Une évolution géographique

- **La France vend de plus en plus aux pays industriels**, et la part des PVD a tendance à se réduire. L'Union européenne tient une place de plus en plus importante. Bien qu'encore très insuffisant, le commerce de la France avec l'Asie du Sud-Est a connu une forte croissance (+ 18,8 % en 1994) et nos exportations y augmentent plus vite que nos importations.
- **Les échanges avec l'Union européenne font apparaître un excédent depuis 1993** (39 milliards de déficit en 1990, excédent de 39 milliards en 1993 et de 54,3 en 1995). Les excédents ont considérablement augmenté avec le Royaume-Uni et l'Espagne. Le solde est redevenu positif avec l'Italie. Le déficit avec l'Allemagne est peu marqué.
- Si le déficit chronique avec le Japon a tendance à se réduire en raison de la croissance de nos exportations, il reste très fort avec les États-Unis, où le recul de nos ventes est lié à la baisse du dollar.

C. Une simple embellie ou un changement durable ?

1. Le retour à l'excédent serait le résultat de la récession

- L'excédent trouverait en partie son origine dans la mauvaise santé de l'économie française. La faiblesse de la demande intérieure dans un contexte de reprise chez nos partenaires économiques aurait ralenti les importations et stimulé nos exportations.
- Le ralentissement de l'investissement provoque une modération des importations de biens d'équipement.
- La stagnation de la consommation est à l'origine d'un tassement des importations de biens de consommation.

2. Le retour à l'excédent est le résultat d'une transformation structurelle

- La France a consolidé ses positions dans des secteurs traditionnellement dynamiques (agroalimentaire, automobile, aéronautique).
- La spécialisation géographique du commerce extérieur français est plus favorable qu'en 1980 avec l'accroissement de la part des pays industrialisés et en particulier ceux de l'Union européenne. Cependant, il reste encore à faire car nos échanges avec les pays les plus dynamiques de l'Asie restent, malgré une augmentation récente, encore insuffisants.
- **La France touche enfin les dividendes d'une politique de désinflation compétitive et d'investissement menée depuis le milieu des années 80.** L'amélioration du solde des échanges industriels traduit une meilleure compétitivité de nos produits tant sur le plan de la qualité que sur celui des prix. La hausse des coûts a été modérée et aucune dévaluation n'a été nécessaire pour améliorer la compétitivité des produits français.

3 LES PRODUITS ÉCHANGÉS

Les échanges de marchandises en 1995

(en milliards de francs)	Import. (CAF)	Export. (FAB)	Solde	Import. (%)	Export. (%)
Produits de l'agriculture et de l'agroalimentaire	164,1	215,7	51,6	11,9	15,1
Énergie	95	35,5	– 60	6,9	2,5
Industrie	1121,3	1177,6	56,3	81,2	82,4
Total	**1380,4**	**1428,8**	**48,4**	**100,0**	**100,0**
Biens intermédiaires	367,7	352,1	15,6	26,6	24,6
Biens d'équipement professionnel	336,4	396,3	59,9	24,4	27,7
Dont produits de la construction aéronautique	*40,1*	*92,1*	*52*	*2,9*	*6,4*
Biens de consommation	417,2	429,2	12	30,2	30,0
Dont : Électronique, électroménager grand public	*33,6*	*25,2*	*– 8,4*	*2,4*	*1,8*
Équipement automobile des ménages	*161*	*186,6*	*25,6*	*11,7*	*13,1*
Biens de consommation courante	*222,6*	*217,4*	*– 5,2*	*16,1*	*15,2*
dont bois meuble	*45,2*	*34,8*	*– 10,4*	*3,3*	*2,4*

D'après TEF 1996/97 - INSEE, p. 179.

L'analyse des différents postes de la balance commerciale traduit assez bien les forces et les faiblesses de l'économie française. La France n'est pas toujours perçue à l'étranger comme un grand pays industriel. Quatrième puissance commerciale du monde, elle a amélioré notablement son image de marque mais ses résultats montrent que des progrès restent à faire.

A. La nature des échanges

1. Les échanges portent surtout sur les produits industriels

- **Les importations françaises sont constituées à 81 % de produits industriels.** Les achats d'énergie ne représentent que 6,9 % du total. Le reste est représenté surtout par des produits agricoles et agroalimentaires.
- **La France vend surtout à l'étranger des produits industriels.** Ils représentent plus de 82 % des exportations françaises et 90,3 % si on y inclut les produits de l'industrie agroalimentaire.

2. Les points forts de notre commerce extérieur

- **Le secteur agroalimentaire est un poste fondamental**. Il dégage le premier excédent du commerce extérieur. Cet excédent ne fait que croître depuis une dizaine d'années. La France est le deuxième exportateur mondial. Pour les produits alimentaires transformés, elle se situe au premier rang. En 1993, les céréales ont dégagé un excédent de près de 30 milliards de francs, équivalent à celui du secteur aéronautique.
- Les produits associés à l'image de la France et à son « art de vivre » (vins, produits de luxe...) ne représentent que 8,8 % de nos exportations mais ont dégagé un solde positif de près de 66 milliards de francs en 1992.
- **Les points forts traditionnels du secteur industriel sont liés à une technologie française qui s'exporte bien,** tant dans le domaine des transports (aéronautique, matériel ferroviaire, automobile et équipement automobile) que dans celui de l'électronique professionnelle, des télécommunications, de la construction électrique et de la pharmacie. Des secteurs plus traditionnels, comme la métallurgie, la chimie, ne sont pas négligeables.

- Le matériel militaire représente 7,5 milliards de francs d'excédents en 1994. Ce dernier a tendance à se réduire (27 milliards en 1989) en raison de l'évolution de la situation internationale et d'une concurrence de plus en plus âpre.

3. Des déficits préoccupants

- L'énergie, bien que représentant une faible part de nos importations, est à l'origine du plus gros déficit. Celui-ci se réduit depuis quelques années en raison de la baisse des importations de pétrole, de son faible coût et de la croissance des exportations d'électricité.
- **Le secteur des biens de consommation courante demeure le plus inquiétant.** Il est devenu déficitaire depuis le début des années 80. Les secteurs comme l'électronique grand public, le textile, le cuir, la chaussure, les industries du bois et de l'ameublement souffrent d'une concurrence étrangère accrue (en particulier de la part des NPI) et des délocalisations. Ce déficit traduit certaines lacunes du tissu industriel français. La France, par exemple, a la première forêt d'Europe alors que le secteur du bois et de l'ameublement connaît un déficit important.

B. Un certain nombre de faiblesses

1. Une mauvaise image de marque à l'étranger

- À l'étranger, la France est identifiée à son « art de vivre ». Son image traditionnelle lui colle à la peau et elle n'est pas perçue comme un grand pays industriel. C'est particulièrement le cas au Japon.
- Trop souvent, les succès technologiques français ne valorisent que l'image des grandes société sans qu'il y ait de retombées réelles sur la branche tout entière…
- Quels que soient les domaines, même les plus performants, un certain nombre de faiblesses peuvent être soulignées :
  - les grands contrats ne permettent pas une implantation durable sur les marchés extérieurs. Ils sont aléatoires dans le temps (en particulier avec les PED), font souvent l'objet de contreparties commerciales et présentent un risque de défaillance du débiteur ;
  - l'image de marque économique de la France à l'étranger repose sur les produits de luxe et peu sur des biens de consommation courante accessibles au grand public ;
  - un manque d'adaptation aux marchés étrangers (spécificités locales non prises en compte) ;
  - pour les étrangers, les fournisseurs français manquent de fiabilité ;
  - les investissements promotionnels à l'étranger sont souvent insuffisants.
- Les produits français ne jouissent pas toujours d'une bonne image de qualité à la différence des productions allemandes (l'automobile en est un bon exemple).

2. Une structure trop généraliste

- **La France est une généraliste du commerce extérieur.** Elle exporte un peu de tout. L'énergie exceptée, la structure des importations est très comparable à celle des exportations. Il n'y a pas de déficits ou d'excédents massifs.
- L'économie française a peu de points forts, peu de véritables pôles de compétitivité (à l'exception de l'agroalimentaire). Aucun secteur n'a un avantage comparatif suffisamment caractéristique. Elle est donc très sensible à la concurrence.

3. Les exportations reposent sur trop peu d'entreprises

- On compte 141 000 firmes exportatrices mais seulement 120 totalisent plus de 50 % des ventes à l'étranger.
- **Les exportations reposent pour l'essentiel sur un petit nombre de grandes firmes.** À quelques exceptions près, le palmarès des chiffres d'affaires à l'étranger coïncide avec celui des chiffres d'affaires totaux.
- Les PME de moins de 500 salariés représentent 40 % de la production et 49 % des salariés de l'industrie. Elles ne réalisent, pourtant, que 25 % des exportations.

4 CLIENTS ET FOURNISSEURS

LES PRINCIPAUX PARTENAIRES DE LA FRANCE EN 1995

Les principaux fournisseurs			Les principaux clients	
Allemagne	250,5	**1**	Allemagne	248,1
Italie	133,7	**2**	Italie	135,6
Belgique - Luxembourg	120,5	**3**	Royaume-Uni	130,3
Royaume-Uni	108,5	**4**	Belgique-Lux.	118,1
États-Unis	106,5	**5**	Espagne	102,0
Espagne	87,9	**6**	États-Unis	83,6
Pays-Bas	71,5	**7**	Pays-Bas	64,9
Japon	48,2	**8**	Suisse	55,0
Suisse	35,3	**9**	Japon	27,9
Rép. pop. de Chine	25,7	**10**	Portugal	19,5
Suède	20,1	**11**	Hong Kong	18,9
Norvège	19,0	**12**	Suède	18,2
Russie	17,4	**13**	Autriche	16,2
Irlande	17,3	**14**	Algérie	14,2
Portugal	15,3	**15**	Rép. pop. de Chine	13,2
Maroc	13,0	**16**	Maroc	12,9
Arabie Saoudite	12,7	**17**	Danemark	12,5
Danemark	12,1	**18**	Malaisie	11,9
Autriche	11,3	**19**	Grèce	10,7
Canada	10,5	**20**	Tunisie	9,8

Données en milliards de francs (matériel militaire exclus).

LES SOLDES COMMERCIAUX EN 1995

Les principaux excédents			Les principaux déficits	
Royaume-Uni	22	**1**	États-Unis	- 23
Suisse	20	**2**	Japon	- 20
Hong Kong	16	**3**	Norvège	- 13
Espagne	14	**4**	Chine	- 13
Grèce	8	**5**	Irlande	- 10
Algérie	7	**6**	Russie	- 9
Émirats arabes unis	6	**7**	Pays-Bas	- 7
Autriche	5	**8**	Arabie Saoudite	- 6
Égypte	5	**9**	Finlande	- 4
Malaisie	4,5	**10**	Iran	- 4

Données en milliards de francs (matériel militaire exclus).

La géographie du commerce extérieur de la France a connu de grands changements depuis un quart de siècle.

A. Le rôle fondamental des pays industrialisés dans les échanges extérieurs

1. La place prépondérante des pays de l'OCDE

- Les quatre cinquièmes du commerce extérieur français se font désormais avec ces pays. Les principaux clients sont également les principaux fournisseurs.
- Les échanges sont fondés sur la vente et l'achat de multiples produits, essentiellement manufacturés, ce qui est caractéristique des pays les plus développés.
- Le déficit commercial demeure important avec le Japon et les États-Unis malgré une amélioration récente. Le déficit est désormais modéré avec l'Allemagne (léger excédent en 1993). L'excédent caractérise nos échanges avec presque tous les autres pays de l'OCDE.

2. Le rôle fondamental de l'Union européenne

- 63 % des échanges de la France se font désormais avec nos partenaires de l'Union européenne qui sont, de loin, nos principaux clients et fournisseurs.
- Depuis trente ans, la croissance du commerce extérieur français est directement liée à l'intégration européenne.

La part des différentes zones dans les échanges en 1994		
Zones	**Importations**	**Exportations**
UE à 12	59,5 %	60,6 %
OCDE (hors UE)	20,7 %	17,6 %
Asie	5,6 %	5,2 %
Moyen-Orient	2,3 %	2,8 %
Afrique	4,5 %	5,5 %
Pays de l'Est	2,8 %	2,3 %
Reste du monde	4,7 %	6 %

B. Le rôle secondaire des ensembles géographiques hors OCDE

1. La marginalisation de l'Afrique

- Essentiel pendant longtemps, le commerce avec les anciennes colonies d'Afrique, y compris avec les pays du Maghreb, ne constitue plus qu'une part modeste du commerce extérieur de la France.
- Toutefois, pour ces pays, la France demeure, souvent, le principal partenaire commercial.

2. Une présence insuffisante en Europe de l'Est

- Malgré une progression très vive de ses ventes (+ 22 % en 1995), la France se place très loin derrière l'Allemagne et l'Italie.
- La part de marché de la France dans ces pays (3,7 %) ne représente que le cinquième de celui de l'Allemagne et la moitié de celui de l'Italie.

3. Une place modeste mais une progression rapide des échanges avec les NPI d'Asie

- La France n'est pas suffisamment présente sur les marchés les plus porteurs de l'Asie de l'Est et du Sud-Est. Elle ne représente que 1,7 % des importations de la Chine et 1,7 % de celles de la Corée du Sud malgré une forte croissance des ventes dans ce dernier pays en 1995 (+ 28 %).
- Cependant, nos échanges augmentent rapidement avec ces pays et la France gagne des parts de marché. Quelques secteurs jouent un rôle important : matériels de transports collectifs (TGV, Airbus), armement, centrales nucléaires et produits de luxe…

Bien que présent dans le monde entier, le commerce extérieur se concentre essentiellement sur quelques espaces mondiaux, à la différence de l'Allemagne et du Japon. Ce qui fait de la France une puissance commerciale plus régionale que mondiale.

Quelques parts de marché de la France, de l'Allemagne et de l'Italie en 1996 (%)

	France		Allemagne		Italie	
	1985	1996	1985	1996	1985	1996
Monde	5,9	5,6	11	9,8	4,6	4,9
UE	–	9,4	–	15,2	–	7,4
Asie en développement	–	2	–	4,2	–	2
Amérique latine	–	3,7	–	4,7	–	3,5
PECO et CEI	–	3,8	–	19,3	–	7,8
États-Unis	2,8	2,3	5,9	4,9	2,9	2,4
Japon	1	1,8	2,3	4,1	0,8	2
Chine	1,7	1,7	5,8	5	2,1	2,3
Thaïlande	2,7	1,2	5,4	5,2	1,2	1,8
Brésil	2,3	2,6	6,3	8,2	1,4	5,4
Pologne	1,7	5,6	8,5	29,5	2	9,8

(1) en milliards de francs.

5 LA BALANCE DES SERVICES ET DES CAPITAUX

1 • Balance commerciale (biens visibles) = exportations et importations de marchandises.

2 • Balance des invisibles = exportations et importations de services.

3 • Balance des capitaux à court et long terme = exportations et importations de capitaux.

1 + 2 = Balance des transactions courantes

1 + 2 + 3 = Balance globale des paiements

La composition des échanges extérieurs

La balance commerciale *(cf. chapitre 5, fiche 3)* comptabilise les échanges de marchandises (biens « visibles »).

La balance des services (les « invisibles ») constitue, avec la précédente, la balance des transactions courantes.

En y ajoutant la balance des capitaux, on obtient la balance des paiements (parfois appelée balance globale).

Si le commerce des marchandises représente la partie la plus importante des échanges extérieurs de la France (2 517 milliards de francs en 1994), les services traditionnellement excédentaires et les capitaux, traditionnellement déficitaires, jouent un rôle stratégique dans les échanges avec l'étranger.

A. La France : deuxième exportateur mondial de services

1. La balance des services est traditionnellement excédentaire

- Cet excédent a atteint 102 milliards de francs en 1995 : 550 milliards de francs à l'exportation, 448 milliards de francs à l'importation.

2. Le tourisme et les grands travaux sont les deux secteurs les plus excédentaires

- La balance touristique a dégagé un excédent de 62 milliards de francs en 1996. Depuis six ans, la France est le premier pays touristique du monde avec plus de 60 millions de visiteurs.
- Les grands travaux (échanges de technologies) dégagent un excédent annuel moyen de 8 à 10 milliards de francs. Des entreprises comme Bouygues, la SGE (Société générale d'entreprises), filiale de la Compagnie générale des eaux, réalisent plus de 20 milliards de francs de chiffre d'affaires à l'étranger.

Les 5 premiers pays dans les échanges de services					
1) Exportateurs	Valeur*	Part**	**2) Importateurs**	Valeur	Part
États-Unis	171	16,8	Allemagne	116	11,4
France	105	10	États-Unis	110	10,8
Italie	67	6,4	Japon	99	10
Allemagne	67	6,4	France	86	8,6
Royaume-Uni	57	5,5	Italie	68	6,8
Total	467	45,1	Total	479	47,6

* En milliards. ** En pourcentage. GATT, 1994.

- D'autres secteurs des services développent puissamment leurs exportations : la publicité (Havas, Publicis), la gestion informatique (Cap Gemini Sogeti) ou EDF, qui réalise désormais 10 % de son chiffre d'affaires à l'exportation.

3. Les transports et les brevets demeurent les points noirs de la balance des services

- Le déclin sévère de la flotte de commerce entraîne un déficit annuel de 7 à 10 milliards de francs dans le domaine du transport maritime.
- Les 5 milliards de déficit de la balance des brevets matérialisent les difficultés de la recherche française.

B. La balance des capitaux est fortement déficitaire

1. Les transferts unilatéraux accusent un déficit de 40 à 50 milliards de francs

Les transferts de fonds des travailleurs immigrés, les aides gouvernementales et privées ainsi que les versements aux organismes internationaux sont les principales causes de ce déficit.

2. Le poste des revenus des capitaux présente un déficit légèrement inférieur

Les échanges de capitaux prêtés ou investis à court et long terme sont négatifs pour la France depuis 1989. Toutefois, le ralentissement des investissements français à l'étranger diminue le déficit tandis que l'abandon des créances sur les pays en développement le creuse.

Jusqu'en 1991, **les services** compensaient partiellement le déficit des échanges de marchandises. **Ils en confortent aujourd'hui l'excédent.**

CONCLUSION

Les échanges extérieurs sont révélateurs des forces et des faiblesses de l'économie.

L'excédent récent de la balance commerciale s'ajoute désormais à l'excédent plus traditionnel de la balance des services.

La part de nos échanges avec les pays de l'OCDE, et en particulier avec ceux de l'Union européenne, se renforce de plus en plus.

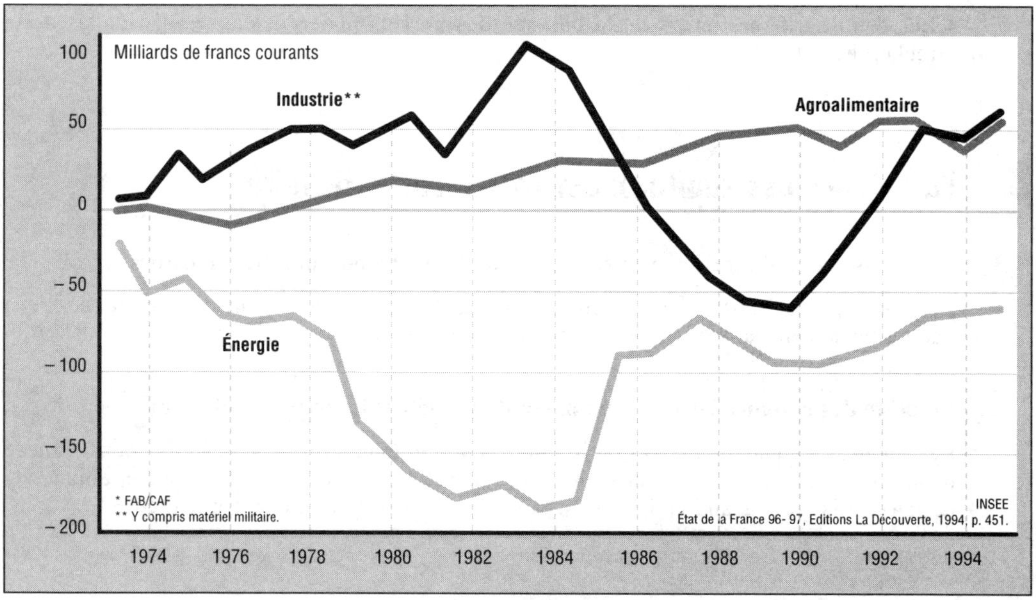

SOLDES COMMERCIAUX PAR PRODUITS DE 1974 À 1995

CHAPITRE 6

LA SITUATION ÉNERGÉTIQUE

Traditionnellement insuffisante, la production d'énergie a entraîné une dépendance permanente de la France dans ce domaine.

Comment cette dépendance a-t-elle été gérée depuis 1945 ?

1 CONSOMMATION ET PRODUCTION D'ÉNERGIE

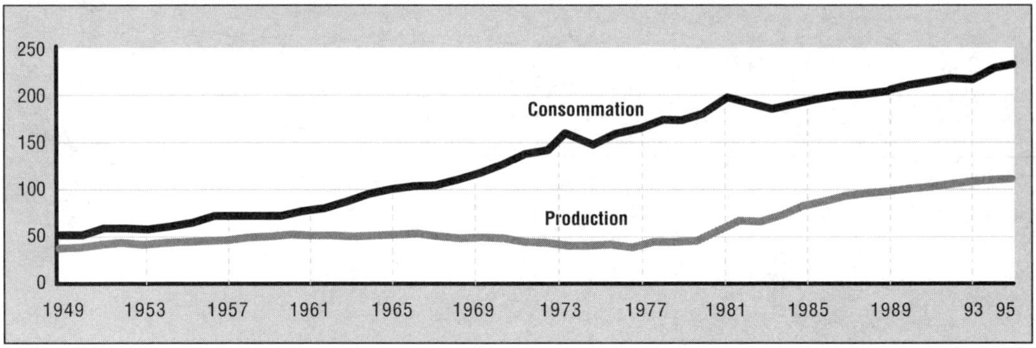

LA PRODUCTION ET LA CONSOMMATION D'ÉNERGIE (en millions de TEP)

Face à l'insuffisance des ressources nationales, l'importation d'hydrocarbures a été dans les années 60 une réponse à une croissance très forte de la consommation d'énergie, accentuant ainsi de manière inquiétante la dépendance de la France. L'évolution de la consommation, celle des prix du pétrole, mais surtout l'essor spectaculaire de l'énergie nucléaire ont, en partie, permis de résoudre pour le moment le problème de la dépendance énergétique.

A. Une dépendance permanente

1. Évolution de la consommation

- Jusqu'en 1973, la croissance économique est forte et l'énergie abondante et bon marché. La consommation énergétique de la France augmente rapidement.
- De 1973 à 1983, avec la crise économique provoquée par les chocs pétroliers de 1973 et 1979, la consommation augmente faiblement et connaît même des baisses (1974-1976, 1980-1983).
- Depuis 1983, la consommation augmente régulièrement avec le retour à une croissance économique modérée, la réduction du prix du brut (contre-choc pétrolier) et le développement de l'énergie nucléaire.

2. Évolution de la production nationale

- À partir du milieu des années 60 et jusqu'en 1976, la production nationale diminue du fait du déclin de la production charbonnière.
- Depuis 1976, et surtout depuis le début des années 80, elle augmente à nouveau de façon spectaculaire grâce à la croissance de la production d'électricité d'origine nucléaire.

3. Une dépendance qui s'amenuise

- **La dépendance énergétique de la France est une donnée permanente.** Elle est liée à l'insuffisance des ressources nationales.
- **Après s'être accrue considérablement durant les années 60, elle diminue fortement depuis une dizaine d'années grâce au nucléaire.** Actuellement, la France est le pays de l'Union européenne dont la dépendance est la plus faible après le Royaume-Uni, les Pays-Bas et le Danemark. En 1993, pour la première fois depuis plus de trente ans, la production nationale couvre plus de la moitié des besoins du pays en énergie.

B. L'évolution de la consommation des différentes sources d'énergie

1. Du déclin du charbon à l'essor du nucléaire

- Depuis 1960, **le charbon connaît un déclin irréversible**. Il est devenu une source d'énergie secondaire. La concurrence du pétrole dans les années 60, la faiblesse des ressources nationales et les coûts d'extraction élevés sont les principales causes de la baisse considérable de la consommation.
- **Le pétrole est toujours la principale source d'énergie consommée en France** (41 % en 1995). Sa part baisse depuis une vingtaine d'années. Cependant, elle doit se maintenir au niveau actuel car la consommation se concentre de plus en plus dans des domaines où elle ne peut être remplacée par d'autres sources d'énergie (transports). De plus, les bas prix actuels du pétrole n'incitent guère aux économies.
- Le gaz, après avoir connu une croissance assez forte dans les années 70, voit actuellement sa consommation stagner (13,2 % en 1995).
- L'hydroélectricité ne représente qu'une part secondaire de la consommation (7,4 % en 1995). Les meilleurs sites ont été équipés. Il devient difficile d'augmenter la production de façon notable.
- **Le nucléaire a connu un essor spectaculaire.** Il est devenu la seconde source d'énergie. Sa part dans la consommation est de 36 % en 1995 (1,8 % en 1973). **L'augmentation de la consommation d'électricité d'origine nucléaire est la réponse de la France au défi énergétique qui s'est posé à elle dans les années 70.**

2. L'évolution du bilan énergétique

- **En 1955, le charbon est encore la principale source d'énergie.** Il représente plus de 65 % de la consommation d'énergie. Le pétrole en représente alors près du quart. En dehors de l'hydroélectricité (9,3 %) les autres sources sont négligeables.
- **1973 marque l'apogée du « tout pétrole ».** Le brut couvre 70 % de notre consommation énergétique. Le charbon, l'hydroélectricité et le gaz naturel ne sont que des sources secondaires. Le nucléaire n'a qu'un rôle très faible.
- **En 1995, le bilan est plus équilibré.** Si le rôle du charbon est devenu négligeable (6 %), le pétrole, bien que principale source, n'a plus la prépondérance des années 60 (41 %) et le nucléaire, s'il n'est que le brillant second (36 %), joue un rôle fondamental.

C. Une situation moins tendue qu'en 1973

- En 1973, la France dépendait d'une source d'énergie non produite sur le territoire national qu'elle se procurait surtout dans une zone sensible (le Moyen-Orient) et dont le prix allait augmenter considérablement.
- **En 1992, la dépendance s'est fortement atténuée :**
  - les sources d'énergie autres que le pétrole jouent un rôle plus important. Les importations proviennent de zones géographiques très diverses ;
  - les zones d'approvisionnement en pétrole se sont diversifiées. Le Moyen-Orient ne joue plus le rôle qu'il jouait en 1973 ;
  - la France produit plus d'énergie qu'elle n'en importe. Elle exporte même de l'électricité chez ses voisins européens (73 milliards de kWh en 1995).
- **Le coût de l'énergie a baissé :**
  - la facture pétrolière est moins élevée en raison d'importations plus faibles, de la baisse du prix du pétrole et de celle du dollar ;
  - grâce au nucléaire, le prix du kilowattheure est un des moins chers d'Europe. Il a même baissé pour les particuliers (passant de l'indice 100 en 1983, à 77 en 1995) et plus encore pour la grande industrie (indice 100 en 1983 et 67,4 en 1995) ;
  - une énergie meilleur marché allège de façon notable les coûts de production des entreprises.

2 LES POLITIQUES DE L'ÉNERGIE DEPUIS 1945

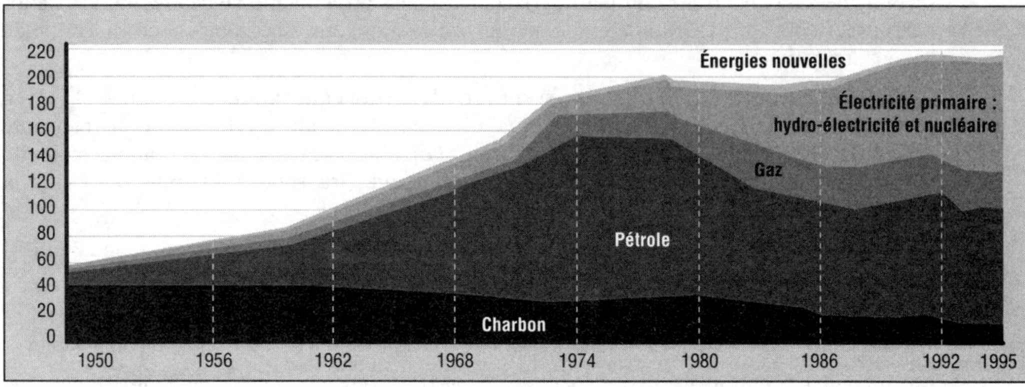

L'ÉVOLUTION DE LA CONSOMMATION D'ÉNERGIE PRIMAIRE (en millions de TEP)

Toute politique de l'énergie doit assurer au moindre coût la sécurité de l'approvisionnement du pays. Elle est donc pour chaque période fonction d'un contexte économique et technique spécifique. Elle doit orienter les conditions de production, d'approvisionnement et de consommation.

A. De 1945 à 1958 : le développement des énergies nationales

1. La priorité est à l'indépendance énergétique

- Au lendemain de la guerre, l'énergie est rare sur les marchés mondiaux. La France a peu de dollars et il est préférable de les réserver à d'autres usages. La protection douanière permet de ne pas tenir compte des coûts de la production nationale.
- **Le charbon exploité sur le territoire national est encore la principale source d'énergie.** Les possibilités d'équipement hydroélectrique sont importantes. La France nourrit de sérieux espoirs de découvrir du pétrole dans son empire colonial.

2. L'exploitation des ressources nationales

- **Les Charbonnages de France (nationalisés en 1944) font un effort considérable de modernisation.** Les rendements en Lorraine sont parmi les plus élevés d'Europe (2,4 tonnes par mineur et par jour). Cependant, les objectifs fixés par les plans (64 millions de tonnes par an pour le premier et 62 millions pour le second) ne seront jamais atteints et, en 1958, année record, la production sera de 59 millions de tonnes.
- **Un effort considérable se porte sur l'équipement hydroélectrique** dans le Massif central (équipement de la Vézère et de la Dordogne), les Alpes (Tignes, Serre-Ponçon…), le Rhône (Génissiat, Donzère-Mondragon, Montélimar…) et le Rhin (Ottmarsheim, Vogelgrun…).
- Un grand programme de prospection pétrolière est mené (découverte de Lacq en 1951, de Parentis en 1954 et d'Hassi-Messaoud, en Algérie, en 1956).
- Le CEA dirige les recherches nucléaires : mise au point de la filière française et construction de la première centrale à Chinon en 1960.

B. De 1958 à 1973, priorité au pétrole et aux importations

1. Les nouvelles donnes économiques

- **La production nationale ne peut suffire** pour faire face à une hausse importante de la consommation.
- La consommation de charbon baisse (au profit du pétrole, plus facile à utiliser, à stocker et offrant un meilleur rendement énergétique).
- Sur le marché mondial, les prix de l'énergie baissent. La France s'ouvre sur l'extérieur. **L'énergie étrangère, moins chère, concurrence l'énergie nationale.**

2. L'utilisation des énergies les moins chères

- La production française de charbon national décline et passe de 59 millions de tonnes en 1958 à 28 millions de tonnes en 1973. Il est concurrencé non seulement par le pétrole, mais aussi par les importations de charbon étranger (20 millions de tonnes par an) permises par l'essor des transports maritimes.
- **Les importations de pétrole connaissent un essor spectaculaire** et passent de 35 millions de tonnes en 1961 à 135 en 1973.
- Les efforts d'équipements hydroélectriques se poursuivent sur le Rhin, le Rhône et dans les Alpes.
- Le nucléaire, peu rentable, ne se développe qu'avec lenteur et, en 1969, la filière française est abandonnée au profit de la filière américaine Westinghouse.

La priorité donnée aux énergies moins chères, mais importées, a accentué de manière inquiétante la dépendance énergétique.

C. La crise oblige à définir une nouvelle politique

1. Les chocs pétroliers placent la France dans une situation dangereuse

Le renchérissement de l'énergie déclenche la crise économique et place la France dans un état de dépendance dangereux. Le pétrole représente près de 75 % de notre consommation d'énergie et l'essentiel des importations vient du Moyen-Orient.

2. Les objectifs

- Il faut réduire la consommation d'énergie et surtout de pétrole.
- La France doit aussi réduire la dépendance nationale par une diminution des importations et une diversification géographique des approvisionnements.

3. Les résultats

- Le plan Bettencourt (1968) avait pour objectif de ramener la production française de charbon à 10 millions de tonnes en 1980 mais l'exécution de ce plan a été ralentie après le premier choc pétrolier (la production fut stationnaire de 1974 à 1976). Pourtant, même dans un contexte de crise, le charbon français ne peut concurrencer les charbons étrangers. La volonté de la gauche de vouloir valoriser les ressources nationales en montant la production à 30 millions de tonnes a rapidement échoué. Les années 80 voient le déclin rapide du charbon national.
- Dès 1974, avec la mise en place de l'Agence nationale pour les économies d'énergie, différentes mesures sont prises. L'utilisation des énergies nouvelles, peu encouragée, ne donne que des résultats limités. La stagnation de la consommation, jusqu'au début des années 80, est essentiellement due à la faiblesse de l'activité économique générale.
- **L'effort essentiel se porte sur l'énergie nucléaire avec le lancement en 1974 du plan Messmer.** Le développement de l'électricité nucléaire est l'aspect le plus important de la politique énergétique des 20 dernières années. En 1995, elle représente 72 % de la production nationale d'énergie primaire.
- **La consommation de pétrole a diminué très nettement** (110,9 millions de tonnes en 1973 ; 84 millions de tonnes en 1995). La géographie des importations s'est diversifiée. Les sociétés pétrolières françaises exploitent des gisements partout dans le monde (mer du Nord, Extrême-Orient, Afrique…).

3 LE CHARBON

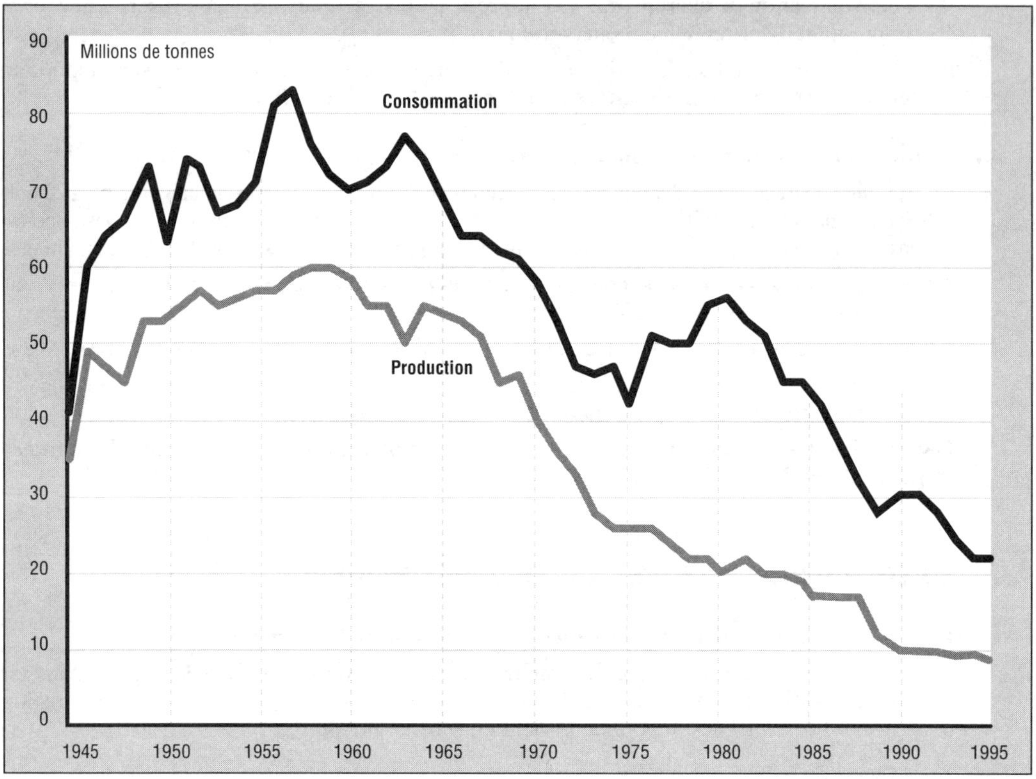

LA PRODUCTION ET LA CONSOMMATION DE CHARBON DE 1945 À 1995

Étudier le charbon, c'est étudier l'**histoire d'un déclin.** Après avoir joué un rôle fondamental dans l'industrialisation de la France jusqu'au début des années 60 et dans la reconstruction du pays après la guerre, il ne représente plus, en 1995, que 6,4 % de la consommation d'énergie. Ce déclin a-t-il tenu à la concurrence d'autres sources d'énergie ou/et à des problèmes spécifiques au charbon français ?

A. L'agonie du charbon en France

1. La baisse de la consommation et la baisse de la production

- Depuis 1980, la part du charbon dans le bilan énergétique français a diminué de façon considérable. Énergie fondamentale après la guerre et jusqu'en 1960, elle est devenue marginale depuis quelques années.
- **La consommation a baissé considérablement mais il faut noter que la production nationale a diminué encore plus vite.** La France consomme plus de charbon importé que de charbon extrait de son sous-sol. En 1995, la production nationale n'était plus que de 8,4 millions de tonnes contre 59 millions en 1958 et 16,7 en 1986.

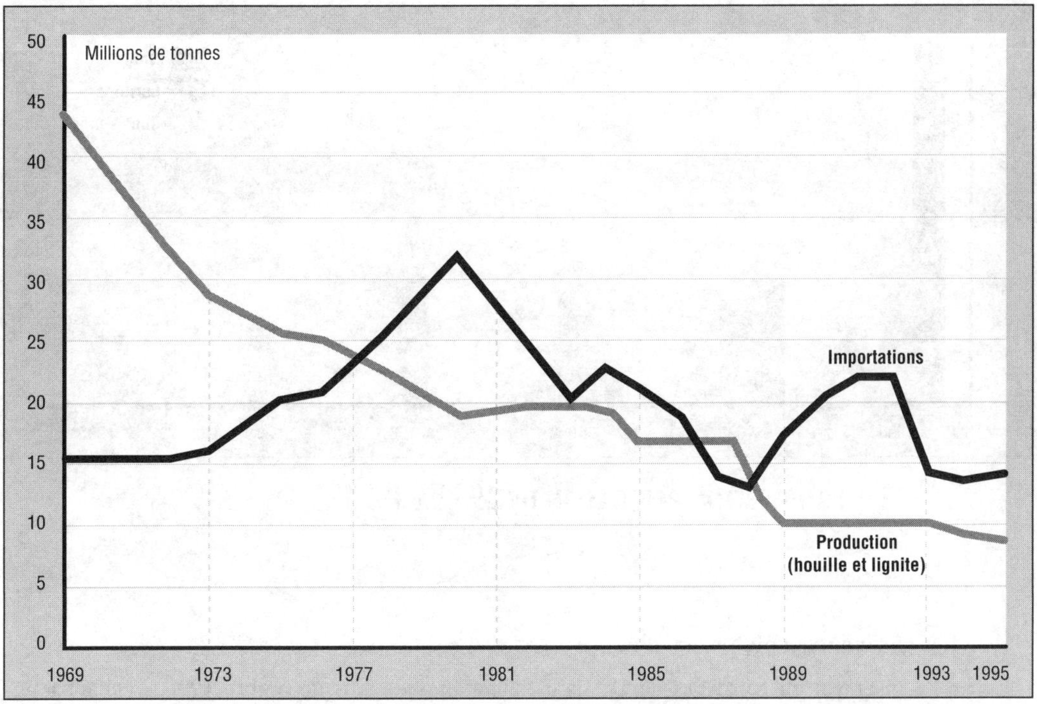

LA PRODUCTION ET LES IMPORTATIONS DE CHARBON DE 1969 À 1995

■ Cette baisse de la production s'ajoute à une **très forte hausse de la productivité** responsable d'une contraction spectaculaire des effectifs : il n'y a plus que 14 696 mineurs en France en 1995.

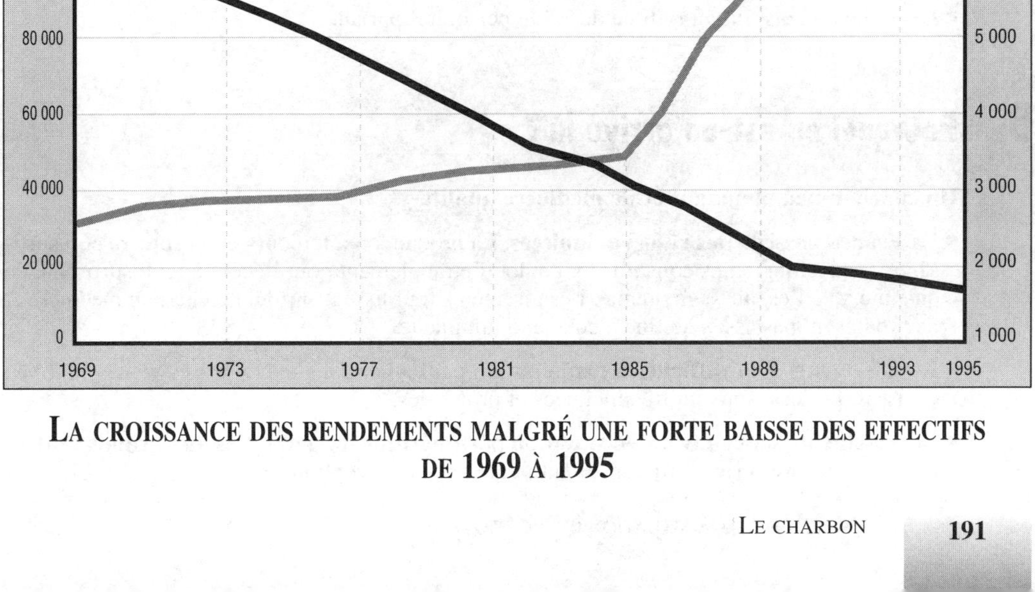

LA CROISSANCE DES RENDEMENTS MALGRÉ UNE FORTE BAISSE DES EFFECTIFS DE 1969 À 1995

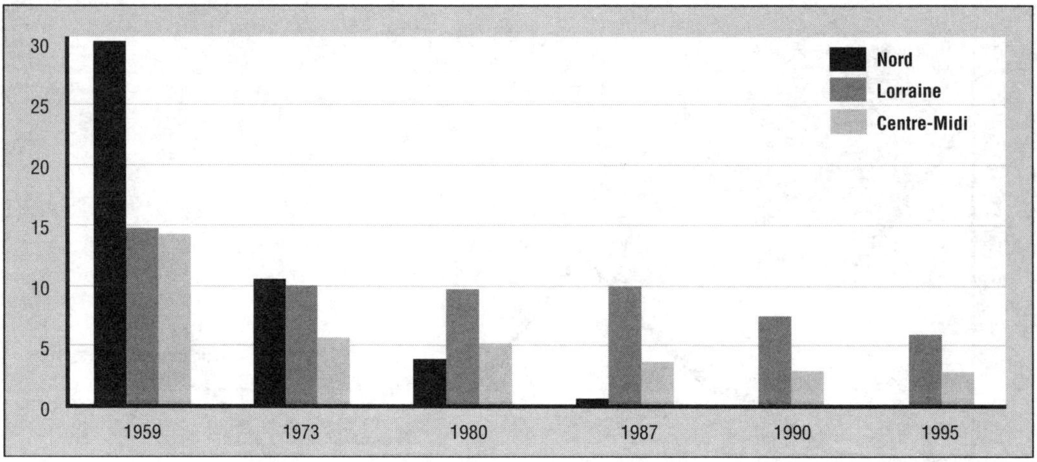

LA PRODUCTION PAR BASSIN DE 1959 À 1995 (en millions de tonnes)

2. Les gisements exploités en 1993

- Le gisement du Nord-Pas-de-Calais est abandonné depuis décembre 1990. Pendant longtemps, il avait été le principal gisement français.
- **Le bassin lorrain (Forbach) fournit l'essentiel de la production** (5,8 millions de tonnes en 1995).
- Les bassins du Centre-Midi fournissent le reste. L'exploitation se fait dans quelques petits centres en bordure du Massif central, dans le Dauphiné (anthracite de La Mure), en Provence (lignite de Gardanne) et dans les Landes (lignite d'Arjuzanx).

3. Vers un arrêt total de l'exploitation charbonnière

- Charbonnages de France procède à la fermeture progressive de tous les sites. 2005 est l'échéance prévue pour l'arrêt total de l'exploitation charbonnière, avec la fermeture de la dernière mine lorraine.
- Blanzy (Bourgogne) a fermé en 1992, La Mure doit fermer en 1997. Le gouvernement a choisi de maintenir l'exploitation à Gardanne jusqu'en 2000.
- Les effectifs baissent au rythme de 1 300 personnes par an.

B. Pourquoi en est-on arrivé là ?

1. Un charbon peu abondant et de médiocre qualité

- **La France possède des réserves limitées.** La production a toujours été médiocre et insuffisante. Cela a longtemps constitué un goulot d'étranglement pour l'économie. Insuffisante en quantité, elle l'est aussi en qualité. Les gisements fournissent surtout un charbon médiocre et ne produisent pas assez de fine à coke et d'anthracite.
- **Les gisements sont difficiles à exploiter**, en particulier dans le Nord. Les veines sont peu épaisses, faillées, souvent très inclinées et profondes.
- **Les gisements sont souvent en situation périphérique ou mal reliés aux grands centres de consommation** (le Nord constituait peut-être une exception).

2. Un coût d'extraction élevé

- Le coût d'extraction est élevé et le charbon français est de moins en moins compétitif. Non seulement il est plus cher que celui des pays concurrents (678 francs la tonne contre 140 aux États-Unis et 85 en Afrique du Sud en 1989 !). En 1994, Charbonnages de France perd de l'argent sur chaque tonne extraite (355 francs de perte par tonne).

- Cette situation tient :
  - aux difficultés techniques d'extraction ;
  - aux énormes investissements qu'il faut amortir. En effet, depuis la Seconde Guerre mondiale, les Charbonnages ont dû consentir de coûteux investissements pour assurer la modernisation de l'outil et pour augmenter la productivité. Actuellement, les techniques et le matériel sont parmi les plus performants du monde ;
  - aux incidences financières des fermetures de sites, et des réductions d'effectifs : aides à la reconversion, versement des pensions de retraites, aides sociales diverses…

- En 1995, CDF a enregistré une perte de 4,16 milliards de francs pour un chiffre d'affaires de 8,27 milliards. Ses dettes s'élèvent à 29 milliards. Seule l'aide de l'État peut assurer l'équilibre des comptes du groupe. Elle atteignait 4 milliards en 1994 ; elle sera de 5,4 milliards en 1997.

3. Une concurrence très forte

- **Les charbons étrangers, moins chers et de meilleure qualité, assurent maintenant les deux tiers de la consommation**. En 1994, le prix moyen de la tonne importée est de 320 francs. Le charbon d'Afrique du Sud coûte moins de 200 francs la tonne dans les ports européens. La fin de l'embargo risque d'accentuer encore cette concurrence.

- Le charbon n'est pas en mesure de concurrencer les autres sources d'énergie. La crise pétrolière des années 70 n'a pas permis la relance du charbon. Actuellement, le charbon français ne peut lutter contre les bas prix du pétrole et du kilowattheure nucléaire.

- Beaucoup de gros clients de CDF ont diminué ou cessé leurs achats : la consommation de houille d'EDF dans ses centrales thermiques est passée de 21,1 millions de tonnes en 1984 à 8,6 millions de tonnes en 1994. Les entreprises sidérurgiques et les cimenteries ont également réduit leurs approvisionnements.

En France, le charbon appartient de plus en plus au passé. De moins en moins compétitif, il est condamné par la concurrence d'autres énergies. Pourtant, à l'échelle mondiale, l'avenir du charbon est assuré en raison de l'abondance des ressources.

4 LES HYDROCARBURES

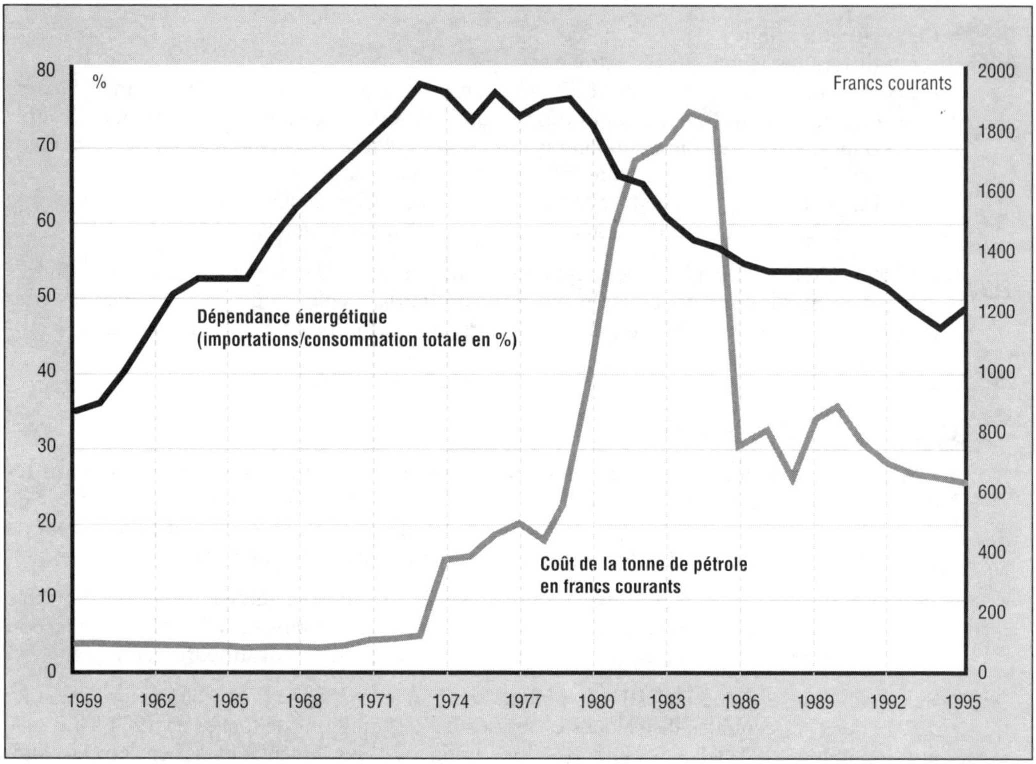

L'ÉVOLUTION DE LA DÉPENDANCE ÉNERGÉTIQUE DE LA FRANCE DE 1959 À 1995

La production nationale d'hydrocarbures (pétrole et gaz) est très insuffisante. Pour couvrir les besoins, des importations importantes sont nécessaires. Si la consommation de gaz augmente, celle du pétrole a considérablement baissé depuis 1973, réduisant la dépendance énergétique de la France mais entraînant une crise de l'industrie du raffinage.

A. Le gaz

1. Une progression lente mais régulière de la consommation

- GDF transporte et distribue aux usagers le gaz naturel acheté aux producteurs.
- Le gaz a beaucoup d'atouts. C'est une source d'énergie sûre, peu polluante et abondante. Cependant, il est coûteux à produire et à transporter.
- La consommation augmente régulièrement (3 milliards de mètres cubes en 1960, 13,3 milliards de mètres cubes en 1973, 36,9 milliards de mètres cubes en 1995). Avec 13,3 % de la consommation totale d'énergie en 1995, **le gaz est la troisième énergie consommée en France** derrière le pétrole et l'électricité primaire.

2. La nécessité d'importer

- **Pendant longtemps, les gisements du Sud-Ouest (Lacq...) ont fourni une part importante de la consommation.** Ces gisements, en voie d'épuisement, ne fournissent plus que 3,3 milliards de mètres cubes.
- **La France est obligée d'importer 90 % du gaz qu'elle consomme.** En 1995, les importations proviennent :
  – d'Algérie (7,3 milliards de mètres cubes). Le gaz est amené par des navires méthaniers aux terminaux de Marseille et de Nantes ;
  – des Pays-Bas (5,1 milliards de mètres cubes) ;
  – de la mer du Nord (7,6 milliards de mètres cubes) où les sociétés pétrolières françaises participent à l'exploitation ;
  – de Russie (13,5 milliards de mètres cubes).

L'APPROVISIONNEMENT EN PÉTROLE BRUT EN 1973 ET 1995

en millions de tonnes	1973	1995	1973 %	1995 %
Moyen-Orient	96,4	34,8	71,5	43,5
Algérie	11,1	2,6	8,2	3,2
Libye	6,4	1,6	4,7	2
Autres pays africains	15,0	9,2	11,1	11,5
Venezuela	1,8	–	1,3	–
URSS	3,3	6,1	2,4	7,6
Mer du Nord	0,0	23,1	0,0	28,9
France	1,2	2,5	0,9	3,1
Total	135,2	79,9	100,0	100,0

B. Le pétrole : une dépendance moins forte

1. L'évolution de la consommation

- En 1973, la France a consommé plus de 110 millions de tonnes de pétrole, soit 66 % de la consommation nationale d'énergie.
- En 1995, la consommation a été de 94 millions de tonnes, soit 41 % de la consommation totale d'énergie.
- **Il y a non seulement baisse mais aussi modification de la consommation.** Si la consommation de carburants pour les transports (super, gazole, kérosène) a augmenté, la consommation des produits « noirs » (fioul, goudron...), en particulier des fiouls lourds utilisés dans l'industrie, a fortement diminué. Les centrales thermiques ont réduit de façon considérable la consommation de produits pétroliers au bénéfice du charbon.

2. L'évolution de la production

- **La production nationale a toujours été très insuffisante** et elle a peu évolué. En 1995, la France a produit 2,5 millions de tonnes qui viennent de la Brie (1,5 million de tonnes) et d'Aquitaine (0,95 million de tonnes).
- **En revanche, la plus grande diversification géographique de l'approvisionnement donne à celui-ci plus de sécurité.** En 1973, le Moyen-Orient représentait 71 % de nos importations, l'Algérie et la Libye 13 %. Actuellement, il ne représente plus que 44 %, l'Algérie et la Libye 5 %. D'autres fournisseurs importants sont apparus : Norvège (17 %), Royaume-Uni (12 %), Russie (7,7 %), Gabon, Nigeria (7,3 %)...

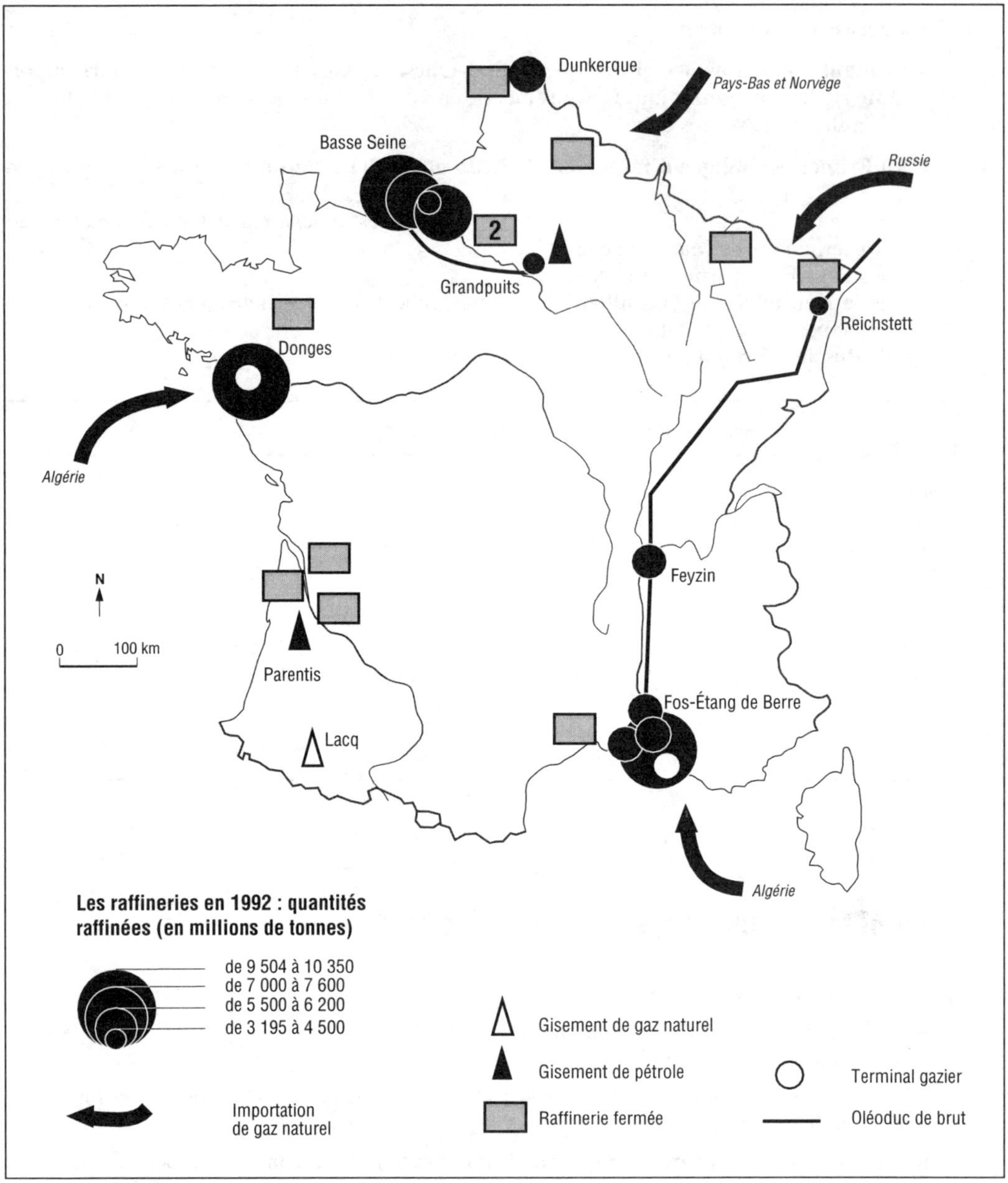

LA PRODUCTION ET L'IMPORTATION DE PÉTROLE ET DE GAZ NATUREL EN FRANCE EN 1995

- En outre, les groupes français ont des permis de recherche et d'exploitation sur tous les continents (Gabon, mer du Nord, Canada, Extrême-Orient, Amérique latine…). En 1995, ils ont produit 62,6 millions de tonnes de pétrole. Cela, aussi, peut contribuer à une plus grande sécurité dans l'approvisionnement.

- Jusqu'au milieu des années 80, pour assurer la stabilité de son approvisionnement, la France a signé des contrats à long terme avec certains pays producteurs (Moyen-Orient). Profitant de la faiblesse des prix, les compagnies pétrolières s'approvisionnent de plus en plus sur le marché *spot* de Rotterdam où les cours sont inférieurs.

C. Les conséquences de la baisse de la consommation de pétrole

1. L'évolution de l'activité des compagnies pétrolières françaises

■ Si certaines firmes étrangères (Esso, BP, Shell, Mobil...) assurent une partie du raffinage et de la distribution, le secteur pétrolier est dominé par ELF et Total. Pour le chiffre d'affaires, ELF est la première entreprise française en 1995 et la cinquième société pétrolière mondiale. Total se place au cinquième rang des entreprises françaises et au dixième rang des sociétés pétrolières mondiales.

■ Les 2 sociétés nationales ont su diversifier leurs activités. Elles sont présentes non seulement dans l'activité pétrolière (production, raffinage et distribution) mais elles ont aussi des intérêts dans l'extraction minière (Total possède des mines de charbon en Afrique du Sud et aux États-Unis, ELF des mines de soufre et de phosphates...). ELF a étendu ses activités à la chimie, à la pharmacie, aux parfums (Yves Rocher) et même... à la haute couture (Yves Saint-Laurent). Cependant, depuis 1994, Elf se recentre sur ses activités de base en renforçant ses investissements dans l'exploitation et l'exploration de gisements.

2. Le déclin de la flotte pétrolière

(Cf. chapitre 4, fiche 8.)

3. Le déclin de l'industrie du raffinage

■ Depuis 1973, la baisse et la modification de la consommation ainsi que le développement et la concurrence de raffineries dans les pays du tiers-monde se sont traduits par une surcapacité de l'industrie du raffinage en France.

■ **La crise qu'a traversée ce secteur s'est traduite par la fermeture de 11 raffineries sur les 24 que la France comptait en 1974.** La capacité de raffinage était de 176 millions de tonnes en 1976, elle est tombée à 86 millions de tonnes en 1995.

■ La France est devenue importatrice nette de produits raffinés (9,1 millions de tonnes en 1995).

5 L'ÉLECTRICITÉ EN FRANCE

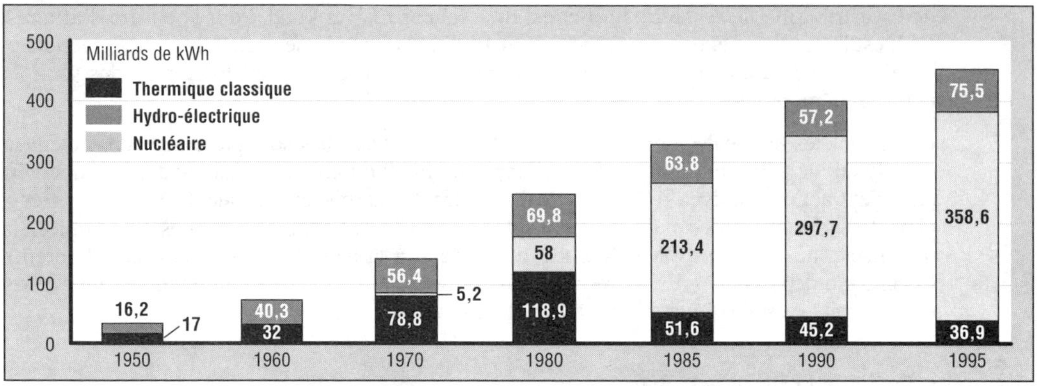

L'ÉVOLUTION DE LA PRODUCTION FRANÇAISE D'ÉLECTRICITÉ DE 1950 À 1995

À plus d'un titre, l'électricité tient une place originale. **En utilisant essentiellement les ressources nationales, elle permet d'atténuer la dépendance énergétique.** La forte croissance de la consommation ne permet pas d'absorber une production de plus en plus importante liée au développement du nucléaire. **La France est, ainsi, devenue le premier exportateur européen d'électricité.**

A. Une place originale dans les différentes sources d'énergie

1. Le rôle d'EDF

- Électricité de France (EDF) est une entreprise publique qui produit l'électricité et la distribue aux usagers (entreprises et ménages). À partir de 1998, en application des règles communautaires de libre concurrence, EDF n'aura plus le monopole de la commercialisation de l'électricité. Les plus gros utilisateurs (plus de 3 000 entreprises) pourront s'approvisionner auprès d'autres fournisseurs. EDF, conservant le monopole de la distribution, percevra, alors, au passage des droits pour le transport.
- Elle n'est pas le seul producteur français d'électricité ; les Charbonnages de France, la Compagnie nationale du Rhône… vendent à EDF leur surplus.
- En 1995, EDF a produit 444 milliards de kilowattheures et les autres, 27 milliards de kilowattheures.

2. Une forte progression de la production

- La consommation ne cesse d'augmenter. La croissance, très rapide durant les « trente glorieuses », demeure soutenue depuis le début des années 80.
- La production française (471 milliards de kWh) se situe au septième rang mondial et au deuxième rang européen.
- **Jusqu'au début des années 80, l'électricité d'origine hydraulique et thermique classique a fourni l'essentiel de la production. Depuis, le nucléaire a pris la relève en reléguant les autres au rôle de sources d'appoint.**

3. Les caractères de la consommation

- À la différence des autres énergies, **l'électricité ne peut être stockée**. Elle doit être consommée immédiatement ou exportée.
- Or, la **consommation dans le temps est très irrégulière**. Elle varie dans la journée (creux de la nuit), dans la semaine (creux du week-end) et dans l'année (creux de l'été, pointe de décembre).

■ **L'équipement doit faire face à ces variations et satisfaire immédiatement la demande.** Les centrales nucléaires et hydroélectriques « au fil de l'eau » (Rhin, Rhône) assurent la consommation de base. Les centrales hydrauliques (dépendantes du niveau de remplissage du lac de barrage qui les alimente) et les centrales thermiques permettent d'ajuster la production aux variations de la demande dans le temps.

■ Les pointes extrêmes de consommation sont assurées par le thermique classique.

B. Thermique classique et hydro-électricité : un rôle secondaire

1. Le thermique classique

■ **En 1970, il fournissait 56 % de l'électricité produite ; actuellement, sa part n'est plus que de 4 %.** En 1973, le fioul brûlé dans les centrales fournissait 39 % de la production électrique. En 1992, sa part n'est plus que de 1,3 %. Actuellement, les centrales thermiques brûlent surtout du charbon.

■ Les centrales thermiques sont situées :
– dans les régions productrices d'énergie. Elles permettent, en particulier, d'utiliser une partie de la production charbonnière (Carling, Gardanne…) ;
– dans les ports importateurs d'énergie (Le Havre, Nantes...) ;
– dans les régions fortement consommatrices, en particulier la région parisienne (Vaires-sur-Marne, Vitry…).

2. L'équipement hydro-électrique

■ **La production d'électricité d'origine hydraulique a peu augmenté depuis vingt ans.** La production n'est pas constante (entre 57 et 70 milliards de kilowattheures) et varie d'une année à l'autre en fonction des aléas climatiques. Sa part dans la production totale n'est plus que de 15 % (contre 56 % en 1960).

■ **Tous les sites les plus rentables ont été équipés.** La potentialité de croissance de la production est très limitée.

■ Les grands équipements se situent tous à l'est d'une ligne Biarritz-Strasbourg. Les principaux aménagements sont situés :
– le long du Rhin (8 centrales) et surtout du Rhône (12 centrales en aval de Lyon) ;
– dans les Alpes, et en particulier dans les Alpes du Nord qui ont été remarquablement équipées (Maurienne, Tarentaise, vallées du Drac, de la Durance et du Verdon…) ;
– les Pyrénées et le Massif central (vallées de la Dordogne et de la Truyère) jouent un rôle plus secondaire.

C. Une production concentrée géographiquement entraîne des flux importants

1. Régions productrices et régions consommatrices

■ **Les grandes régions productrices sont situées à l'est d'une ligne Saint-Malo-Marseille.** Elles correspondent aux régions bien équipées en centrales nucléaires (Centre, Rhône-Alpes, Nord…).

■ Le centre de la France mais surtout l'Ouest et le Sud-Ouest ont une production très faible.

■ Les régions fortement consommatrices sont les plus urbanisées et les plus industrialisées. Elles appartiennent surtout à la France du Nord et de l'Est.

2. La distribution

■ Toutes les centrales sont branchées sur un réseau à haute tension interconnecté qui permet les échanges avec l'étranger et entre les régions où la production est déficitaire et celles où elle est excédentaire. Il permet d'utiliser, au mieux, les différents types de centrales en fonction des variations de la demande et de la production.

■ Schématiquement, les flux se dirigent des régions excédentaires (Rhône-Alpes, Centre, Lorraine, Alsace, Nord…) vers les régions déficitaires (Paris, régions de l'Ouest…).

6 L'ÉNERGIE NUCLÉAIRE

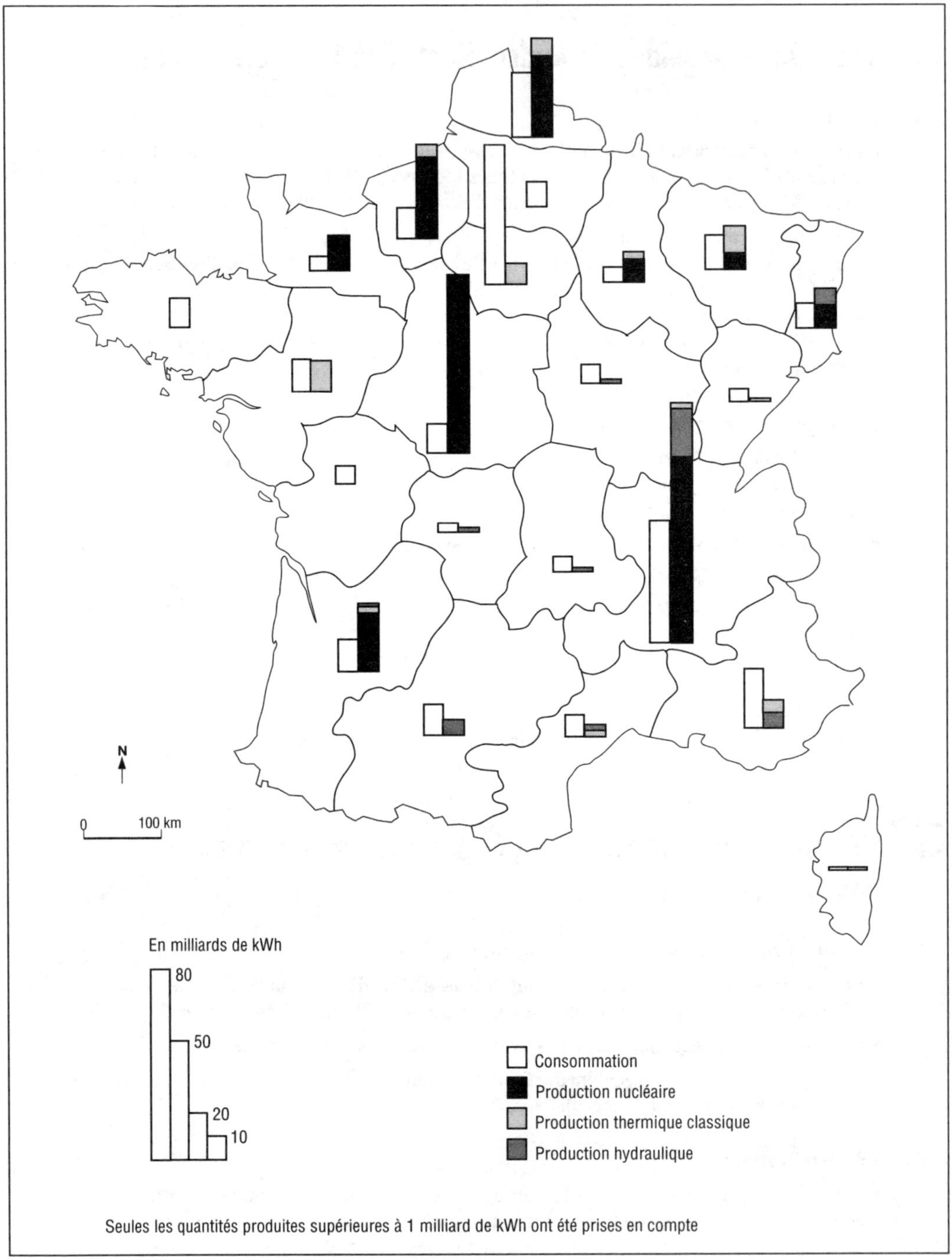

LA RÉPARTITION RÉGIONALE DE LA PRODUCTION ET DE LA CONSOMMATION D'ÉLECTRICITÉ

La croissance de la production de l'électricité d'origine nucléaire est le fruit de **la volonté politique d'atténuer la dépendance énergétique du pays**. Par la place importante tenue par le nucléaire, par son avance technologique, **la France occupe une place originale dans le monde**. Pourtant, des problèmes tant économiques qu'écologiques ne sont pas totalement résolus.

A. Un équipement colossal, fruit d'une volonté politique

1. Le nucléaire est une réponse aux défis énergétiques des années 70

■ Jusqu'en 1973, **le nucléaire n'occupe qu'une place modeste** malgré le rôle pionnier que la France a joué dans ce domaine.

■ La crise pétrolière met en valeur la dépendance et la fragilité de l'approvisionnement énergétique de la France. À la différence de beaucoup de pays, elle voit, dans **le choix d'une politique électronucléaire ambitieuse, la solution à ses problèmes. Plusieurs raisons ont motivé ce choix** :
- la France possède une bonne maîtrise des technologies de l'atome, malgré une certaine dépendance, à l'époque, vis-à-vis des États-Unis tant pour la fourniture d'uranium enrichi que pour certains brevets (licence Westinghouse depuis l'abandon, en 1969, de la filière française) ;
- le territoire national peut fournir une partie importante de l'uranium nécessaire. Le reste provient de mines situées au Niger, au Gabon et au Canada où la COGEMA* a des participations ;
- avec la hausse des tarifs de l'OPEP, le kilowattheure devient compétitif ;
- enfin, la puissance des réacteurs nucléaires permet de produire d'importantes quantités d'électricité à un coût moindre que dans les centrales thermiques.

■ En 1974, par le plan Messmer, est décidée la construction, en dix ans, de 13 centrales nucléaires de 1000 mégawatts. En 1975 est décidée la construction, à Tricastin, de l'usine EURODIF avec la participation de l'Iran, de la Belgique, de l'Italie et de l'Espagne. Produisant de l'uranium enrichi, elle permet de s'affranchir de la dépendance américaine.

■ Cette politique ambitieuse ne sera pas remise en question. Cependant, le programme s'est nettement ralenti dans les années 80 en raison d'une progression de la consommation d'électricité inférieure aux prévisions.

2. Le rôle fondamental de l'État

■ **Ce programme résulte d'une stratégie à long terme et d'une volonté politique.**

■ L'État a joué un rôle moteur et volontariste.

■ Les entreprises publiques ont été les artisans qui ont permis l'accomplissement de ce programme : le CEA**, la COGEMA (approvisionnement et retraitement des matières fissiles), EDF et Framatome (construction des chaudières nucléaires).

3. L'équipement

■ En 1995, 17 centrales sont en fonctionnement. Leur localisation répond à plusieurs critères :
- la proximité de grands fleuves ou du littoral pour trouver l'eau nécessaire au refroidissement des installations ;
- dans des régions fortement consommatrices d'énergie ou à proximité de celles-ci ;
- dans des régions pauvres en énergie.

■ **Chacune de ces centrales représente un énorme potentiel de production.** Gravelines, la plus puissante d'Europe, a produit à elle seule 37 milliards de kilowattheures en 1995, soit l'équivalent de la production thermique classique.

■ La première des deux tranches construites à Chooz (Ardennes) a été couplée au réseau en 1996. La deuxième tranche ainsi que les deux de Civaux (Vienne) le seront en 1997-1998.

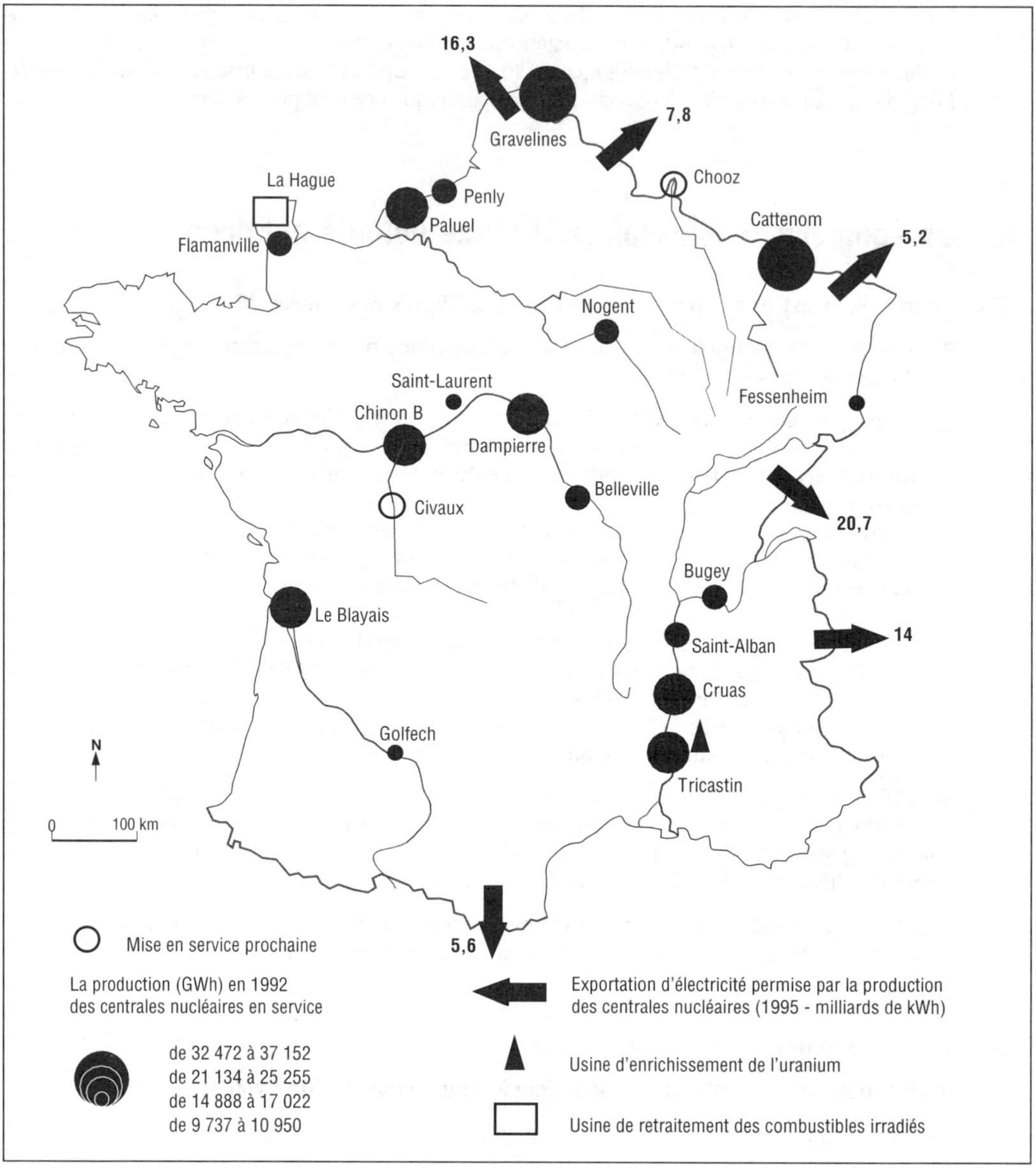

L'ÉNERGIE NUCLÉAIRE EN FRANCE EN 1995

B. Le rôle essentiel du nucléaire

1. Dans la production d'énergie

- **La France est, après les États-Unis, au deuxième rang dans le monde (17 % de la production mondiale) pour la production d'électricité d'origine nucléaire.** En 1995, celle-ci représente 77 % de la production nationale d'électricité.
- **La montée en puissance du nucléaire depuis vingt ans a permis de faire face à la croissance de la consommation et de réduire la dépendance énergétique.**
- Grâce au nucléaire, la France exporte plus de 73 milliards de kilowattheures vers les pays voisins. **Le prix du kilowattheure est un des moins chers du continent.**

- Le développement du nucléaire a permis à des régions pauvres en énergie de devenir de grosses productrices d'électricité (Centre).

2. La France occupe une place originale dans le monde

- **La France est le seul pays au monde où le nucléaire joue un tel rôle dans la production d'électricité.**
- Bien plus, ailleurs, sauf quelques pays d'Asie, dont le Japon, les programmes d'équipement sont gelés ou en voie de réduction à la suite de la catastrophe de Tchernobyl (1986) et au bas prix des autres sources d'énergie.

3. La France exporte ses technologies

- **L'avance technologique prise est importante.** Cela permet de participer à l'équipement d'autres pays (Chine, Taiwan...), d'exporter des biens d'équipement, de vendre des brevets et des services.
- FRAMATOME est devenu le leader mondial pour la construction des cuves de centrales. De nombreux pays s'adressent au centre de la Hague pour le retraitement de leurs déchets nucléaires (Japon, Allemagne).

C. Un certain nombre de questions se posent

1. Les problèmes écologiques

- Les préoccupations écologiques et les questions de sécurité, bien que déjà très présentes auparavant, se sont accentuées avec la catastrophe de Tchernobyl. Le programme électronucléaire rencontre une opposition, qui, bien que moins forte que dans d'autres pays, est réelle.
- Parmi les nombreux problèmes posés, on peut évoquer :
  - la question du devenir des déchets radioactifs qui ne peuvent être éliminés et doivent être stockés; des études sont en cours pour pouvoir stocker en site profond (500 m) les produits les plus nocifs;
  - la désaffectation des centrales qui ne fonctionnent plus (Brennilis, en Bretagne, est en cours de démantèlement depuis 1995 ; à fin 1998, ne subsistera que le bâtiment du réacteur placé sous haute surveillance...) et qui doivent demeurer l'objet de contrôle;
  - Superphénix (surgénérateur qui produit plus de plutonium qu'il n'en consomme) a été arrêté en raison des problèmes qu'il posait. En 1994, la décision de le remettre en marche dans une perspective expérimentale et scientifique a suscité hostilité et scepticisme, ce réacteur étant coûteux et peu adapté à cette activité. Le problème de son devenir est toujours d'actualité en 1997.

2. Les problèmes économiques

- Pour financer son programme d'investissement, EDF a dû emprunter massivement, en particulier en devises sur les places étrangères. L'endettement d'EDF, bien qu'en cours de résorption depuis quelques années, reste cependant considérable (243 milliards en 1990; 211,6 milliards en 1992; 145 milliards en 1995).
- Actuellement, le parc nucléaire est surdimensionné. Or, dans quelques années, il va falloir renouveler la première génération des centrales construites dans les années 70. Cela supposera un lourd programme d'investissement. Faut-il réduire ce programme et cesser d'exporter ou réaliser complètement le programme nucléaire alors que les autres sources d'énergie (gaz et charbon) sont abondantes et bon marché ?

La politique nucléaire a été une réponse à la situation des années 70. Ses résultats sont incontestablement positifs. Pourtant la situation a évolué. La question du nucléaire ne se pose-t-elle pas maintenant d'une façon différente ?

* ***COGEMA*** *: Compagnie générale des matières nucléaires.*

** ***CEA*** *: Commissariat à l'énergie atomique.*

CONCLUSION

Le secteur énergétique a constitué un handicap très lourd pour l'économie française jusqu'au milieu des années 80. Depuis cette période, la place exceptionnelle du nucléaire, la baisse du prix des hydrocarbures et les économies d'énergie ont permis de réduire ce handicap de manière significative.

CHAPITRE 7

L'AGRICULTURE À LA CROISÉE DES CHEMINS ?

L'ÉVOLUTION DE LA SURFACE AGRICOLE DE 1949 À 1992

(en milliers d'hectares)	1949	1975	1985	1992
SAU	33 571	32 450	31 486	30 345
Terres labourables	18 509	16 987	17 907	18 042
Surface toujours en herbe	12 238	13 499	12 254	11 094
Vigne, cultures maraîchères, cultures fruitières, jardins...	2 824	1 964	1 325	1 209

LA CROISSANCE DES RENDEMENTS DE 1949 À 1994

(en quintaux à l'hectare)	1949	1954	1967	1978	1985	1990	1994
Blé	19	26	37	50,3	60	66,1	66,7
Maïs	16	20,5	35	40,2	58,2	59,4	77,1
Betterave à sucre	240	307	407	437	550	656	687

L'ÉVOLUTION DE QUELQUES PRODUCTIONS DE 1955 À 1995

(en milliers de quintaux)	1955	1968	1995
Blé	10 365	14 985	30 690
Maïs	1 091	5 385	12 580
Betterave à sucre	10 043	17 557	29 170
Lait*	18 337	31 400	26 425
Vin*	61 057	64 450	56 290

(*) En milliers d'hectolitres

1 UNE GRANDE PUISSANCE AGRICOLE

LE RÔLE DE LA FRANCE DANS QUELQUES PRODUCTIONS AGRICOLES EN 1995

	Production (millions de quintaux)	Place mondiale	Place dans la CEE	Part dans la production de la CEE
Blé	30 690	4	1	36 %
Maïs	12 580	5	1	43 %
Betterave à sucre	29 170	2	1	27 %
Vin (en milliers d'hectolitres)	56 290	2	2	35 %
Viande bovine*	1,7	8	1	22 %
Viande porcine*	2,1	8	2	14 %
Lait (en milliers d'hectolitres)	22 000	5	2	17 %

(*) Production 1994 en millions de tonnes.

La France est devenue la première puissance agricole de l'Union européenne. Son agriculture joue un rôle essentiel dans l'économie nationale. **C'est une hausse extraordinaire de la productivité**, depuis une quarantaine d'années, qui lui permet d'être aussi **performante**.

A. La France est une grande puissance agricole

1. La première agriculture de l'Union européenne

- La France dispose de près de 23 % de la surface cultivable de l'Union européenne et produit près de 22 % de la valeur de la production européenne. Si l'Europe communautaire est devenue une grande puissance exportatrice de produits agricoles, elle le doit pour une grande partie à la France.
- La puissance de l'agriculture française repose sur 4 points forts : les céréales, la viande (bovine surtout), le sucre et, dans une moindre mesure, les vins ainsi que les fruits et les légumes.

2. La France est le deuxième exportateur mondial

- Pour les exportations, elle se place derrière les États-Unis et devant les Pays-Bas. Le montant des exportations agroalimentaires françaises a été de 215 milliards de francs en 1995. Nos principaux clients sont les pays de l'Union européenne (ils représentent près de 80 % de nos exportations agricoles et 76 % des exportations de l'industrie agroalimentaire).
- Les exportations sont composées essentiellement de 3 types de produits : céréales, boissons et produits alcoolisés, produits de l'élevage.

B. Un maillon essentiel de l'économie française

1. Une place en apparence modeste qui décline

- **L'agriculture ne représente qu'une faible part du PIB** (6 % en 1980, 2,6 % en 1995). L'agriculture ne fournissant que des produits bruts à faible valeur ajoutée, sa part a tendance à se réduire.

- Les agriculteurs sont de moins en moins nombreux, et ne représentent plus que 4 % de la population active. Ils sont actuellement près de 800 000. On estime que 90 exploitations agricoles disparaissent tous les jours.

2. Un rôle économique important

- **L'agriculture est le maillon central d'un secteur économique très vaste.** En amont, elle est le débouché d'industries comme la chimie (engrais, produits phytosanitaires...) ou le machinisme agricole qui, avec 15 000 salariés, est un des secteurs les plus importants des industries mécaniques. En aval, elle fait vivre le très important secteur des industries agroalimentaires (premier secteur industriel français, il réalise 17 % du chiffre d'affaires industriel national).

- **L'agriculture est d'une importance capitale pour notre commerce extérieur.** En 1995, l'excédent de l'agroalimentaire a été de 51,6 milliards de francs (l'agriculture représentant à elle seule 20,1 milliards). Certaines années, les céréales rapportent plus de devises que les ventes d'Airbus ou d'automobiles.

3. Les agriculteurs ne jouent pas seulement un rôle économique

- Dans les campagnes, ils ne représentaient plus que 18 % de la population rurale en 1990. Pourtant, dans beaucoup de villages à la population vieillie, où les habitants sont majoritairement des retraités ou des résidents secondaires, ils conservent un rôle social et économique important.

- Dans beaucoup de régions, ils participent à la protection de l'environnement en entretenant les fossés, les chemins... Ils sont, aussi, les jardiniers du paysage. L'abandon d'une partie du territoire par l'agriculture peut entraîner des déséquilibres (avalanches en montagne, feux de forêts, inondations...).

C. Un secteur qui a connu des progrès remarquables

1. Il y a quarante ans, une agriculture traditionnelle et peu productive

- Vers 1950, 30 % des actifs travaillent la terre. Pourtant, cette agriculture a du mal à nourrir le pays. Seules quelques productions dégagent un léger excédent (céréales, viande et produits laitiers).

- Les exploitations sont petites (15 hectares) et peu mécanisées. Elles dégagent de faibles revenus. Les rendements sont faibles faute d'une utilisation suffisante d'engrais.

2. Une augmentation spectaculaire de la production

- **Cette augmentation s'est faite malgré un recul de la surface agricole** du fait de la croissance urbaine, de la progression des friches ou de la forêt et, depuis quelques années, du gel des terres. Elle s'est faite aussi malgré une baisse très importante du nombre d'exploitations et du nombre d'agriculteurs.

- **Cette augmentation ne peut donc s'expliquer que par une très forte croissance des rendements** (quantité produite par unité de surface) **et de la productivité** (quantité produite par agriculteur).

- L'agriculture est le secteur économique qui a connu les plus gros gains de productivité depuis quarante ans. En 1950, un agriculteur nourrissait 8 personnes, il en nourrit actuellement plus de 30.

Ces progrès remarquables, qui ont fait de la France un grand pays exportateur, sont le résultat d'une **véritable révolution qui a affecté les campagnes depuis une quarantaine d'années**. Ils sont le fruit d'une profonde mutation des exploitations agricoles et d'une modification des méthodes de cultures.

2 LE RÔLE DE LA PAC

LA CEE : UN RÔLE IMPORTANT DANS LE COMMERCE FRANÇAIS DES PRODUITS AGRICOLES ET ALIMENTAIRES DES ANNÉES 60 ET 70

(en milliards de francs)	1965	1972	1973	1974	1975	1976	1977
Exportations vers la CEE*	7,7	17,1	20,2	25	22,1	27,3	31,3
Part de la CEE dans les exportations agricoles	44 %	70 %	66 %	64 %	62 %	66 %	67 %
Balance							
Avec la CEE	1,5	9,2	10,7	13,5	8,2	10,8	9,6
Avec les autres pays	– 3,8	– 4,3	– 4,4	– 3,7	– 3,9	– 7,5	– 13,3
Ensemble	– 2,3	4,9	6,3	9,8	4,3	3,3	– 3,7

* CEE à 6 en 1965.

La Politique agricole commune (PAC) a joué et joue un rôle fondamental. La plupart des décisions concernant l'agriculture française se prennent désormais à Bruxelles. Autant que l'État et les agriculteurs, elle a été un facteur essentiel de modernisation et de croissance de la production. Pourtant, l'hostilité des agriculteurs à son égard prouve qu'elle est source de problèmes graves. **La nouvelle orientation de la politique communautaire met en difficulté beaucoup d'exploitations et remet en cause les orientations suivies depuis plus de trente ans.**

A. La PAC a permis à la France de moderniser son agriculture et de devenir une grande puissance exportatrice

1. La France a beaucoup attendu de la PAC

- Quand l'Europe verte se met en place, la France en attend beaucoup. En 1962, l'agriculture française commence seulement sa modernisation et, par rapport à ses principales concurrentes, elle est encore en retard (rendements inférieurs, mécanisation moins avancée...). Cependant, la France est plus riche que ses voisins en potentialités agricoles (conditions physiques meilleures et surface agricole utile (SAU) plus importante).
- **L'objectif des pouvoirs publics de l'époque est de faire de l'Europe le principal débouché de notre agriculture.** En effet, les prix mondiaux sont insuffisamment rémunérateurs pour nos agriculteurs. L'existence d'un grand marché protégé paraît être le meilleur débouché pour les produits d'une agriculture qui, en se modernisant, est appelée à produire davantage.
- **Vendre sur ce marché avec des prix garantis et suffisamment élevés permet d'assurer à nos agriculteurs des revenus satisfaisants.**

2. Grâce à la PAC, la France est devenue un grand pays exportateur

- **Une partie croissante de la production agricole française est exportée vers les pays de la Communauté** qui représentent, dès les années 70, près des deux tiers des exportations agricoles. Actuellement, près de 80 % des exportations agroalimentaires sont destinés aux pays de l'Union européenne. **Dans un marché intérieur qui ne pouvait absorber une production croissante, le débouché communautaire a été essentiel.**

- Les mécanismes de restitution ont permis aux agriculteurs français de vendre sur les marchés extracommunautaires une partie importante de leur production en leur assurant des prix supérieurs aux cours mondiaux.

3. La PAC a permis aux agriculteurs de produire davantage sans se soucier des débouchés

- La PAC, en soutenant des cours élevés et en assurant la gestion des excédents, a permis aux agriculteurs de produire sans se soucier de l'écoulement de leurs produits. **Elle a encouragé l'accroissement de la production, l'augmentation des rendements et le productivisme.**
- **Un tel système a permis aux exploitations les moins rentables de survivre tout en avantageant les plus compétitives.**
- **La France est, avec l'Italie, le pays qui a le plus reçu de la PAC**.
- Ainsi, les mécanismes de la PAC expliquent, en partie, la croissance spectaculaire de la production agricole française et communautaire depuis trente ans.

4. La PAC a été un facteur de modernisation des structures

- **Elle a fait évoluer les mentalités** et elle a été un accélérateur et un stimulant de la modernisation de l'agriculture et de l'évolution des structures.
- **Le FEOGA* (section orientation) a pu subventionner un certain nombre d'actions de restructuration, de modernisation et de protection des exploitations :**
  - aides à l'investissement, à la formation des agriculteurs ;
  - aides aux exploitants âgés qui veulent cesser leurs activités ;
  - mesures spécifiques pour les exploitations des zones de montagne ;
  - Plans intégrés méditerranéens (PIM). Pour une partie importante de leur action, ils permettent de moderniser et d'intensifier certaines productions, de développer l'irrigation, d'améliorer les structures de production et le revenu des agriculteurs. Les régions du sud de la France en ont profité.
- L'ouverture des frontières a permis aux agriculteurs de se fournir à meilleur compte en produits industriels nécessaires à l'agriculture (engrais, machines agricoles, aliments du bétail…). Ainsi, l'industrie française de la machine agricole est dominée par des grands groupes étrangers, et 45 % de la demande intérieure est couverte par des importations d'Allemagne, d'Italie, de Belgique et du Royaume-Uni…).

La France est le principal bénéficiaire de la PAC

Les dépenses du FEOGA en 1992 par État membre (millions d'euros)

	Garantie	Orientation
Belgique	1 378	28
Luxembourg	1	6
Danemark	1 167	23
France	**6 916**	**554**
Allemagne	4 830	254
Grèce	2 231	392
Irlande	1 453	194
Italie	5 141	376
Pays-Bas	2 390	22
Portugal	424	290
Espagne	3 578	634
Royaume-Uni	2 451	101
Europe des 12	32 107	2 875

B. Certains problèmes sont liés à l'Europe verte

1. L'agriculture française est concurrencée par celle des autres pays de l'Union européenne

- **La France,** par la diversité de ses conditions naturelles, **subit la concurrence de tous les États européens :**
  - les pays de l'Europe du Nord pour les produits de l'élevage;
  - les pays de l'Europe méditerranéenne pour les vins, les cultures maraîchères et fruitières. L'entrée de la Grèce et des pays ibériques, dont l'agriculture, bien que plus archaïque, bénéficie de coûts de production plus bas et des conditions climatiques plus avantageuses, n'a fait qu'aggraver le problème.
- Les Montants compensatoires monétaires (MCM) positifs ont avantagé les pays à monnaie forte.
- Beaucoup d'agricultures européennes, jadis déficitaires, ont, elles aussi, profité de la PAC et sont devenues excédentaires. **De clientes, elles sont devenues concurrentes.** C'est le cas de l'agriculture allemande qui profite, en plus, d'aides gouvernementales avantageuses.
- Les Produits de substitution aux céréales (PSC), importés à bas prix, sans taxation, de pays tiers, ont permis le développement d'élevages hors sol en Allemagne et aux Pays-Bas qui concurrencent nos élevages les moins compétitifs (ceux de porcins, en particulier).

2. L'Union européenne a accentué les inégalités

- Le système de fixation des prix agricoles, en se fondant sur les critères de rentabilité d'une exploitation moyenne, avantage les exploitations les plus rentables. En outre, les prix de certains produits, comme les fruits et légumes, sont assez mal garantis.
- **Le système des prix communautaires a accentué les inégalités entre les exploitations.** La PAC a profité beaucoup plus aux gros producteurs de céréales et de betterave à sucre qu'aux autres exploitants. Les écarts entre les régions se sont aussi accentués.
- La part faible et décroissante de la section orientation du FEOGA ne permet pas à la PAC d'avoir une politique structurelle suffisante pour corriger ces inégalités régionales.

C. La remise en cause de la PAC et ses conséquences sur l'agriculture française

1. Les réformes de la PAC

- **Le modèle productiviste mis en place par la PAC a mené à une impasse.** Il avait été conçu dans une Europe à la production déficitaire; il n'est plus supportable quand le marché est devenu largement excédentaire. De 1973 à 1988, la production agricole européenne a connu une croissance de 2 % par an alors que la consommation, elle, n'a crû que de 0,5 %. L'Europe produit 25 % de plus qu'elle ne consomme. Le coût des stocks et du financement des exportations hors de l'Union européenne est de plus en plus élevé.
- **De la mise en place des quotas laitiers en 1984 à la réforme de la PAC de 1992**, les mesures prises ont poursuivi plusieurs objectifs :
  - casser le modèle productiviste par le gel des terres, les quotas laitiers, l'encouragement à des méthodes plus extensives et la baisse des prix de soutien et des aides;
  - maintenir le revenu des agriculteurs sans qu'il dépende seulement des prix agricoles (primes aux exploitants, mécanismes d'aides à l'hectare);
  - réduire le prix des céréales et les subventions aux exportations permet de les rendre moins coûteuses, d'être plus compétitif et d'éviter les critiques de pays comme les États-Unis;
  - la troisième année de l'application de la réforme de la PAC se marque par une hausse croissante des aides de l'UE (50 milliards en 1995) améliorant le RBE (revenu brut par exploitation).

2. L'agriculture française à la croisée des chemins

- **Le modèle et la politique qui prévalaient depuis près de trente ans sont sérieusement remis en cause.** Les réactions très violentes des agriculteurs en 1992 montrent leur angoisse devant une activité qui semble très menacée.

- Les mesures vont accélérer certains processus :
  - **beaucoup d'exploitations vont disparaître.** Les zones les plus touchées sont celles qui, comme les espaces de montagne, connaissaient déjà des difficultés. Les agriculteurs qui se sont lourdement endettés pour accroître la production de leur exploitation et qui rencontrent des difficultés en raison de la baisse des cours sont particulièrement menacés;
  - le gel des terres va accélérer, dans certaines régions, le processus de retour aux friches;
  - **la production se concentrera davantage sur certaines régions** au détriment d'un espace de moins en moins mis en valeur.

- Un certain nombre de régions qui s'étaient tournées vers la production céréalière en obtenant de bons rendements grâce à un usage intensif d'engrais risquent de se trouver en difficulté (marges du Bassin parisien, certaines régions du Bassin aquitain…).

- Les régions d'élevage, à l'exception de la Bretagne, connaissent des difficultés en raison de la baisse des cours. La crise de la « vache folle » a encore aggravé le problème depuis le printemps 1996.

- **En revanche, un certain nombre de régions ou d'exploitations peuvent tirer profit des nouvelles orientations :**
  - les régions de grandes cultures céréalières qui, sans aide et sans subvention, sont suffisamment compétitives pour affronter les aléas du marché mondial. De plus, la baisse des prix permet aux céréales d'être plus compétitives face aux PSC. Il y a là un nouveau débouché;
  - les exploitations qui se sont spécialisées dans la production de qualité peuvent profiter des nouvelles mesures.

Pendant trente ans, l'Europe a imposé un certain modèle productiviste à l'agriculture. En le remettant en cause, elle va profondément modifier l'espace agricole français. En favorisant la concentration des productions sur les meilleurs espaces et sur les exploitations les plus compétitives, elle va accélérer la déprise rurale et la disparition de beaucoup d'exploitants.

Les dépenses en faveur de la PAC (millions d'euros)

	1990	1991	1992	1993	1994
FEOGA-Garantie	26 453	32 386	32 107	35 352	36 465
FEOGA-Orientation	1 846	2 128	2 938	2 946	2 864
Coût par habitant de l'UE (euros)	76,6	92,4	65,2	103,3	106,5

* ***FEOGA*** *: Fonds européen d'orientation et de garantie agricoles.*

3 L'ÉTAT ET L'ÉVOLUTION DES STRUCTURES AGRICOLES

La volonté de moderniser l'agriculture et de lui permettre d'affronter dans de bonnes conditions la concurrence de ses voisins européens a amené l'État à mettre en place toute une série d'actions permettant d'agir sur les structures agricoles pour accroître la rentabilité des exploitations. C'est au début des années 60 (ministère Pisani) que se met en place toute une politique d'aides à la mutation des structures. Ces mesures seront précisées sous les gouvernements suivants.

A. L'action sur les structures foncières

1. Il faut favoriser une exploitation familiale rentable

- **Les efforts des pouvoirs publics portent sur les exploitations de taille moyenne,** entièrement mécanisées, permettant le travail d'un couple et, éventuellement, celui de l'enfant qui prendra la relève. Inversement, les exploitations les moins compétitives ne peuvent bénéficier des aides de l'État. Dans chaque département, des critères de viabilité sont déterminés et conditionnent l'octroi des prêts et des subventions.
- Pour éviter le morcellement des exploitations, lors des successions, la propriété est indivise. L'enfant qui veut prendre la relève, achète les parts des autres héritiers et bénéficie d'un droit de préemption en cas de vente de l'exploitation.

2. Le remembrement

- **Le remembrement est un ensemble d'opérations qui vise à redistribuer les parcelles en les regroupant par échange dans des ensembles plus vastes, plus réguliers et plus faciles d'accès.** Il n'a aucune conséquence sur la taille des exploitations.
- **Le remembrement est un facteur important de modernisation** car, en remédiant à une dispersion et à un émiettement parfois très importants des parcelles, il en facilite l'accès et permet la mécanisation.

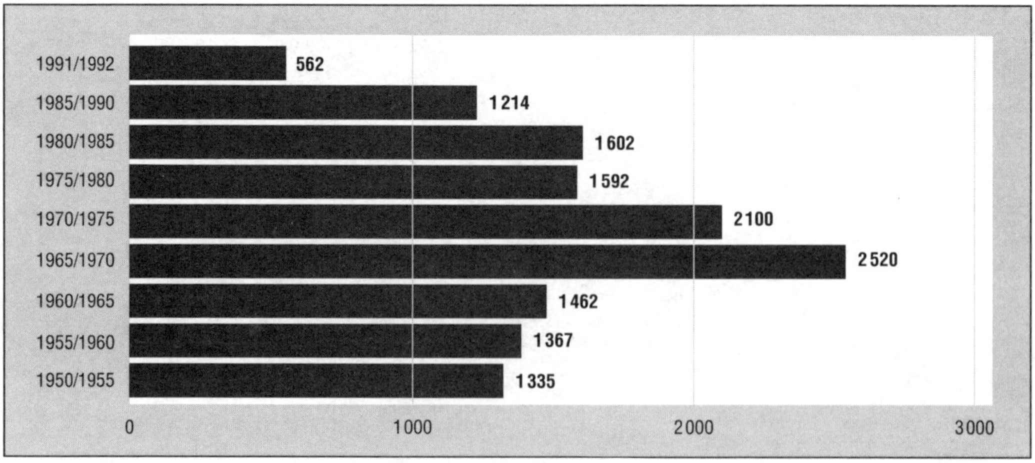

LE NOMBRE D'HECTARES REMEMBRÉS (en milliers)

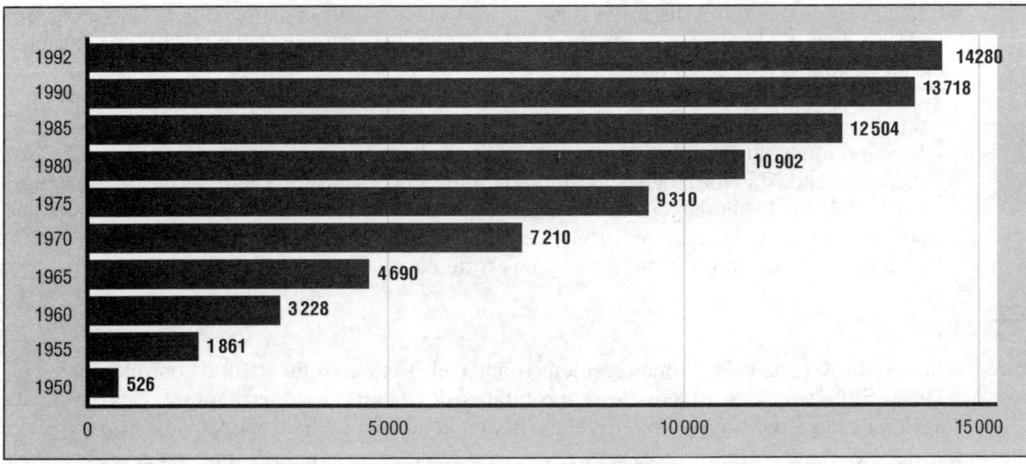

L'ÉVOLUTION DE LA SURFACE REMEMBRÉE (en milliers d'hectares)

- Plusieurs lois, dont la première date de 1919, en fixent les modalités. C'est à la demande des propriétaires que se mettent en route les opérations de remembrement. Elles se font par l'intermédiaire d'une commission communale qui regroupe l'administration, les propriétaires et des représentants de la municipalité.
- En 1992, près de 16000 opérations ont été réalisées, concernant 14,3 millions d'hectares. Dans l'Ouest, le remembrement s'est accompagné de la disparition du bocage.

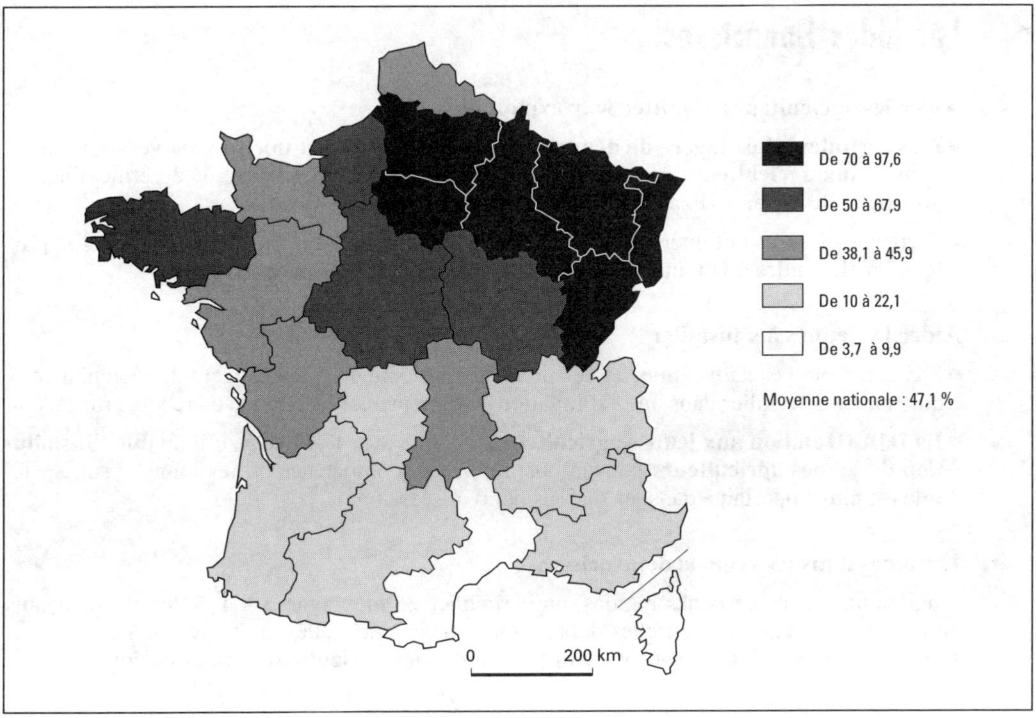

LE REMEMBREMENT : PART DE LA SAU REMEMBRÉE EN 1992 (en %)

- Il faut noter de très fortes disparités régionales. Alors que dans la partie nord de la France, près de 80 % de la SAU ont été remembrés, la France du Sud demeure plus réfractaire. Plusieurs facteurs expliquent cette opposition :
  – l'ancienneté du remembrement. C'est dans le Nord et le Nord-Est que les premières opérations ont été faites ;
  – les contraintes du milieu et des types de culture. Les opérations sont plus faciles à réaliser dans la France du Nord, où les terrains sont moins accidentés, les terroirs plus homogènes, les céréales et les herbages prépondérants, que dans la France du Sud, où la diversité des sols est grande et les cultures arbustives répandues ;
  – l'hostilité au remembrement, qui est plus forte dans la France du Sud.

3. Les SAFER

- Les SAFER (Sociétés d'aménagement foncier et d'établissement rural) ont été créées en 1960. Elles sont constituées de représentants des chambres d'agriculture, des syndicats agricoles, du Crédit agricole… Il en existe, en général, une par région.
- **Elles ont pour objectif d'accroître la superficie des exploitations existantes ou d'en créer de nouvelles, rentables.** Elles achètent des terres ou des exploitations libres pour les aménager en ensembles viables et les revendre ensuite, à bas prix, aux agriculteurs. Elles bénéficient d'un droit de préemption. C'est un moyen de maîtriser le marché foncier et d'éviter la concentration de la propriété dans les mains de gros exploitants ou de personnes étrangères à la profession.
- L'action des SAFER n'a pas toujours eu l'efficacité souhaitée faute de ressources financières suffisantes. L'obligation de rétrocéder les terres dans un délai de cinq ans ne facilite pas les restructurations.
- Les résultats sont très variables suivant les régions. Ils sont importants dans l'ouest, le sud-ouest et le centre de la France.

B. Les aides financières

1. Aider les agriculteurs à quitter leur exploitation

- **L'IVD (Indemnité viagère de départ), instituée en 1963, est une somme versée annuellement aux agriculteurs âgés qui souhaitent cesser leur activité.** Elle a permis l'agrandissement de certaines exploitations et a favorisé l'installation de jeunes.
- Certaines mesures ont intéressé les agriculteurs abandonnant la profession : formation professionnelle, aides à la mutation professionnelle, prime de départ…

2. Aider les jeunes à s'installer

- L'État octroie des subventions et des prêts aux agriculteurs qui changent de région, à ceux qui veulent s'installer dans une exploitation de dimension plus grande ou reconvertir la leur.
- **La DJA (Dotation aux jeunes agriculteurs) est une aide financière qui facilite l'installation de jeunes agriculteurs** pouvant justifier d'une compétence professionnelle suffisante. Elle est plus importante dans les régions défavorisées.

3. Les aides dans les régions défavorisées

L'agriculture, dans certaines régions, en particulier en montagne, subit de lourds handicaps en raison de conditions naturelles défavorables. Sans aides, elle serait appelée à disparaître. **Des indemnités spéciales sont versées pour aider les agriculteurs de ces régions.**

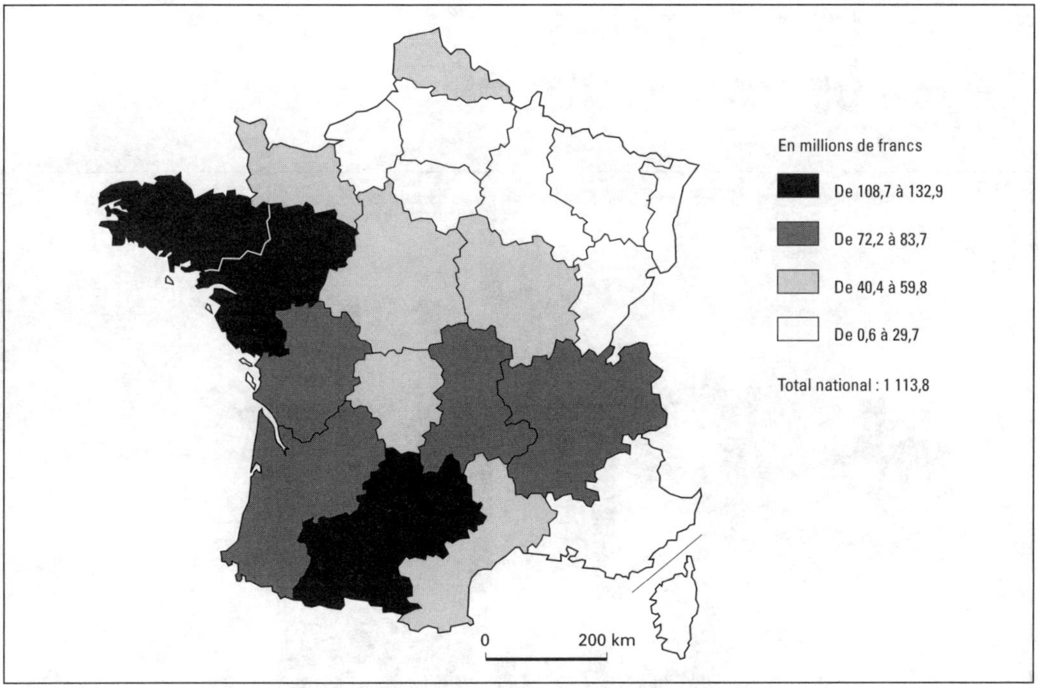

L'INDEMNITÉ VIAGÈRE DE DÉPART : LES SOMMES VERSÉES EN 1990 (en millions de francs)

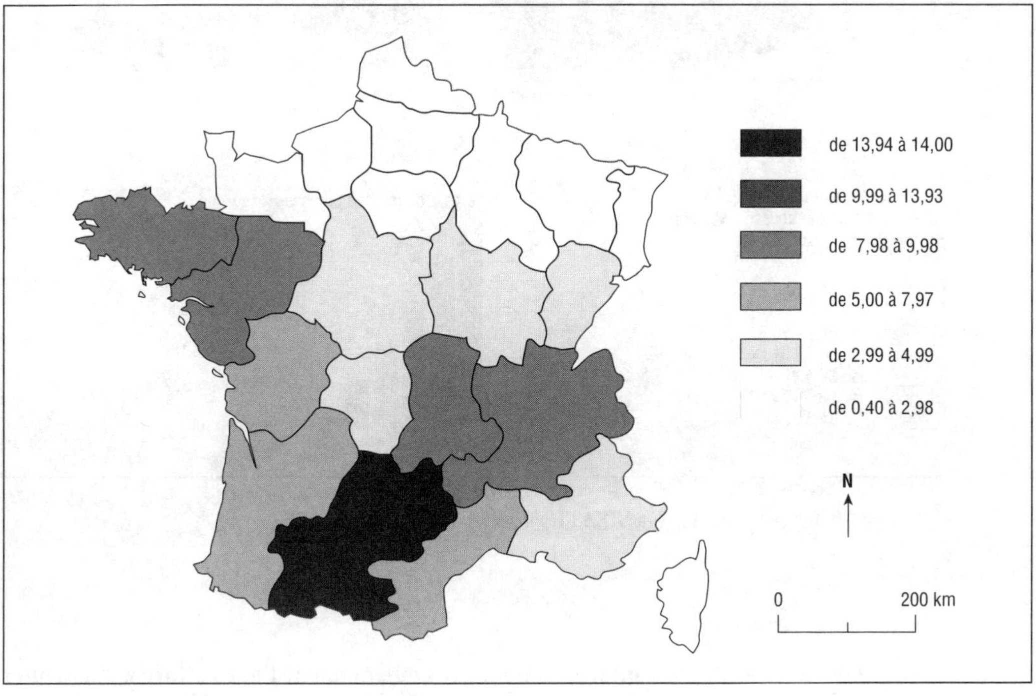

LA DOTATION AUX JEUNES AGRICULTEURS : LES SOMMES VERSÉES EN 1988
(part de chaque région en %)

4 LA MODERNISATION DE L'AGRICULTURE

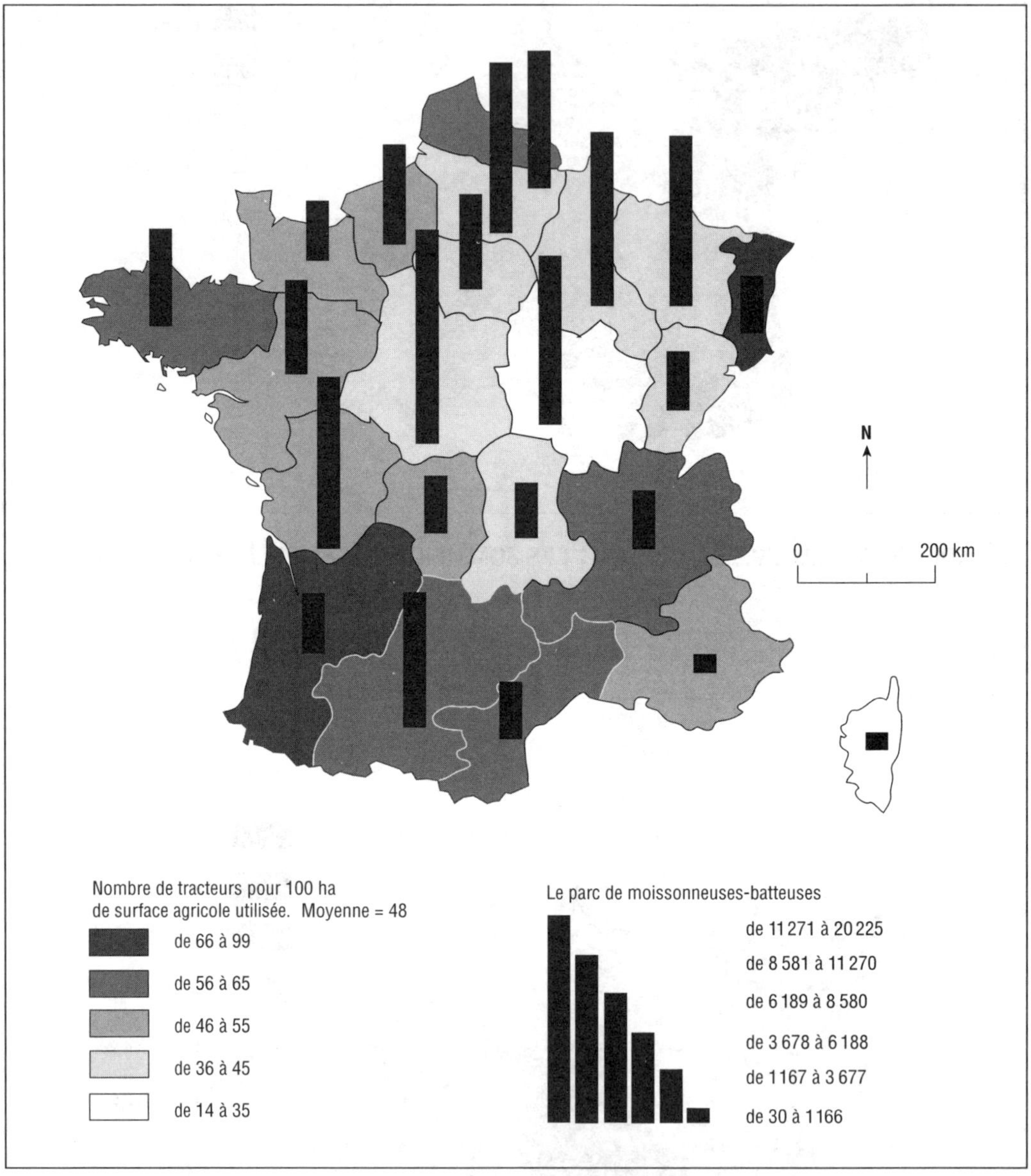

LA MÉCANISATION DE L'AGRICULTURE

La nécessité de produire davantage, au moindre coût, a amené l'agriculture à augmenter considérablement ses rendements et sa productivité. L'agriculture produit davantage grâce à de nouvelles méthodes, de nouvelles espèces et un emploi massif des produits de la chimie. L'exploitant travaille plus vite grâce à une mécanisation plus poussée.

A. L'appel aux produits de l'industrie

1. La mécanisation

- **Elle permet d'augmenter considérablement la productivité** et de cultiver des exploitations de plus en plus grandes en réduisant constamment les besoins en main-d'œuvre. L'agriculture est un des secteurs de l'économie où le coefficient de capital (valeur du capital/valeur de la production) est parmi les plus élevés. Il est comparable à celui de l'industrie lourde.
- Il y a en France près de 1,5 million de tracteurs. Si 25 % des exploitations en sont dépourvues, beaucoup en possèdent plusieurs. Les machines sont de plus en plus sophistiquées et de plus en plus spécialisées : moissonneuses-batteuses (154 000), machines à vendanger, machines à traire, machines à arracher les pommes de terre… L'emploi de l'hélicoptère se développe pour le traitement des cultures, comme la vigne !

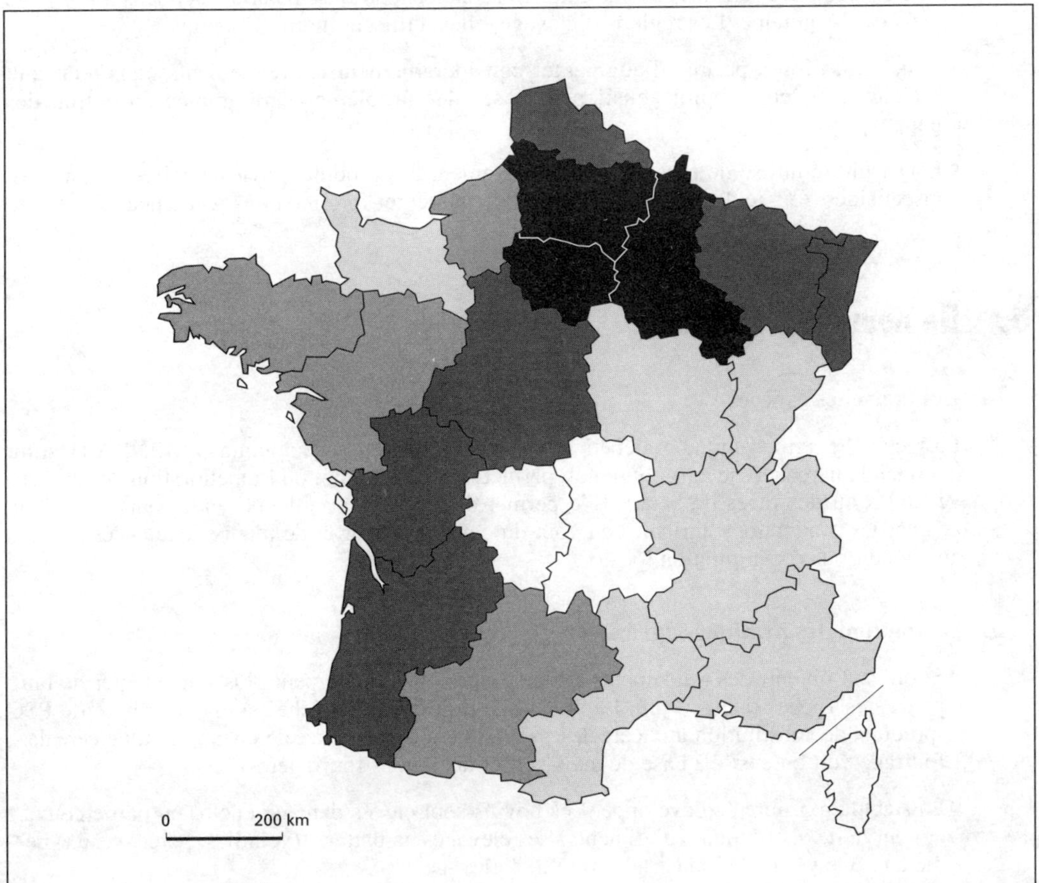

LES LIVRAISONS D'ENGRAIS AZOTÉS EN 1991-1992 (en kg/ha)

- L'augmentation de la taille des exploitations se traduit par une progression de la puissance du matériel utilisé.
- **La mécanisation pose des problèmes** :
  – certaines petites exploitations sont suréquipées et le matériel est sous-utilisé ;
  – le coût des équipements alourdit les charges et l'endettement des exploitations ; les grandes exploitations peuvent investir ; les petites ne peuvent pas ou s'endettent très lourdement et connaissent, alors, de grosses difficultés.
- Pour le machinisme agricole, la France est, en Europe, le premier marché mais n'arrive qu'au quatrième rang pour la production.

2. Une utilisation massive des produits de la chimie

- La consommation d'engrais a sextuplé depuis 1950. Depuis quelques années, elle se situe un peu au-dessous de 6 millions de tonnes. Elle demeure cependant plus faible que dans les pays du Benelux, en Allemagne et au Danemark.
- Elle est très forte dans les pays de cultures céréalières du Bassin parisien et dans les pays du maïs de l'Aquitaine. Les régions d'élevage, elles, utilisent moins d'engrais.
- Leur utilisation a permis d'augmenter considérablement les rendements mais leur coût est élevé, et leur emploi abusif peut poser des problèmes écologiques (pollution des nappes).
- L'agriculture utilise de plus en plus massivement des produits phytosanitaires (herbicides, insecticides, fongicides…) qui permettent d'augmenter fortement les rendements.

B. De nouvelles méthodes

1. Les nouvelles espèces

La recherche agronomique et génétique, à laquelle se consacre notamment l'INRA (Institut national de la recherche agronomique), permet la mise au point ou l'amélioration des espèces végétales ou des races de bétail. Elle permet d'obtenir de meilleurs rendements, de mieux adapter les productions agricoles au goût du consommateur et de mieux adapter les espèces aux conditions d'exploitation locales.

2. L'évolution des pratiques agricoles

- Si on veut obtenir des rendements laitiers importants, on ne peut plus se contenter de faire paître des vaches dans un pré. La nourriture doit être plus riche : aliments à base de PSC (produits de substitution aux céréales : soja, manioc, tourteaux de colza…) ou de céréales ; fourrage vert ou ensilé à base de maïs vert et de plantes fourragères.
- La stabulation libre se développe. Les bovins sont élevés dans un enclos en partie couvert et pourvu de distributeurs d'aliments. Les élevages en batterie (volailles, porcs, veaux) permettent une véritable industrialisation de l'élevage.
- **L'irrigation s'est beaucoup développée.** Si elle intéresse avant tout et traditionnellement les régions méditerranéennes, elle s'est beaucoup répandue dans le Sud-Ouest mais aussi dans le Bassin parisien et en Alsace (irrigation par aspersion). 1,8 million d'hectares sont irrigués actuellement, il y en avait 0,54 million en 1970. L'irrigation n'est pas seulement un moyen de lutter contre des précipitations insuffisantes, elle permet aussi d'augmenter considérablement les rendements. **En outre, on utilise de plus en plus d'espèces très productives qui exigent beaucoup d'eau (maïs) et nécessitent le développement considérable de l'irrigation dans des régions où, jadis, elle était peu utile.**

3. L'agriculteur doit être un bon gestionnaire

- L'exploitation agricole est devenue une entreprise et doit être gérée comme telle. L'agriculteur doit pouvoir calculer ses coûts de production, son revenu, les amortissements de ses matériels, les avantages comparatifs des différentes cultures possibles… Plus de 10 % des exploitations sont informatisées.

- **La profession devenant de plus en plus technique,** l'agriculteur a recours à des organismes et à des associations qui l'aident dans ses différentes tâches :
  - des laboratoires d'analyse (sols, produits) ;
  - des centres de gestion pour aider l'exploitant à tenir sa comptabilité et établir des diagnostics de prévision en fonction des résultats d'exploitation ;
  - des coopératives d'achat et de commercialisation ;
  - des Coopératives d'utilisation de matériel agricole (CUMA), qui permettent d'utiliser un matériel trop onéreux pour un seul agriculteur.

Depuis une trentaine d'années, l'agriculture a connu une véritable révolution technique. **Par sa mécanisation poussée, l'importance de la recherche scientifique, ses méthodes de gestion, etc., elle se rapproche de plus en plus de l'activité industrielle.**

5 LES EXPLOITATIONS AGRICOLES

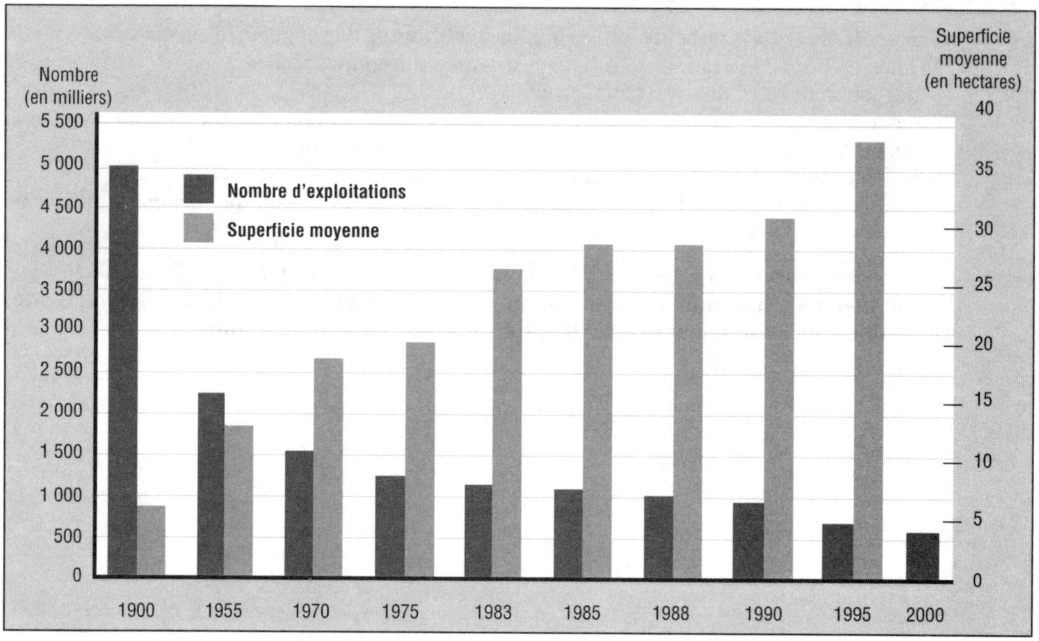

L'ÉVOLUTION DU NOMBRE D'EXPLOITATIONS ET DE LEUR SUPERFICIE MOYENNE DE 1900 À L'AN 2000

La modernisation de l'agriculture a entraîné une baisse considérable du nombre d'exploitations et une augmentation de leur taille. L'exploitation familiale moyenne domine. Le fermage est le mode de faire-valoir le plus important. Le succès des GAEC (Groupements agricoles d'exploitation en commun) contribue à assurer la survie de l'exploitation familiale.

A. Le nombre d'exploitations baisse mais leur taille augmente

1. Des exploitations moins nombreuses

- **Le nombre d'exploitations ne cesse de diminuer depuis plusieurs décennies.** Le mouvement ne se ralentit pas et on estime qu'en l'an 2000 il n'y en aura plus que 600 000. De plus, les chiffres ne reflètent pas complètement la réalité car beaucoup d'agriculteurs travaillent à temps partiel et beaucoup ont plus de 60 ans (13 % plus de 65 ans).
- Cette hémorragie est la conséquence de plusieurs facteurs :
  – l'exode rural qui a frappé les campagnes depuis plus d'un siècle ;
  – l'abandon des exploitations les moins compétitives ;
  – le manque de volontaires pour relayer les agriculteurs partis à la retraite.
- Cette diminution ne signifie pas toujours une concentration au profit des plus grosses exploitations. Beaucoup de terres laissées vacantes retournent à la friche.

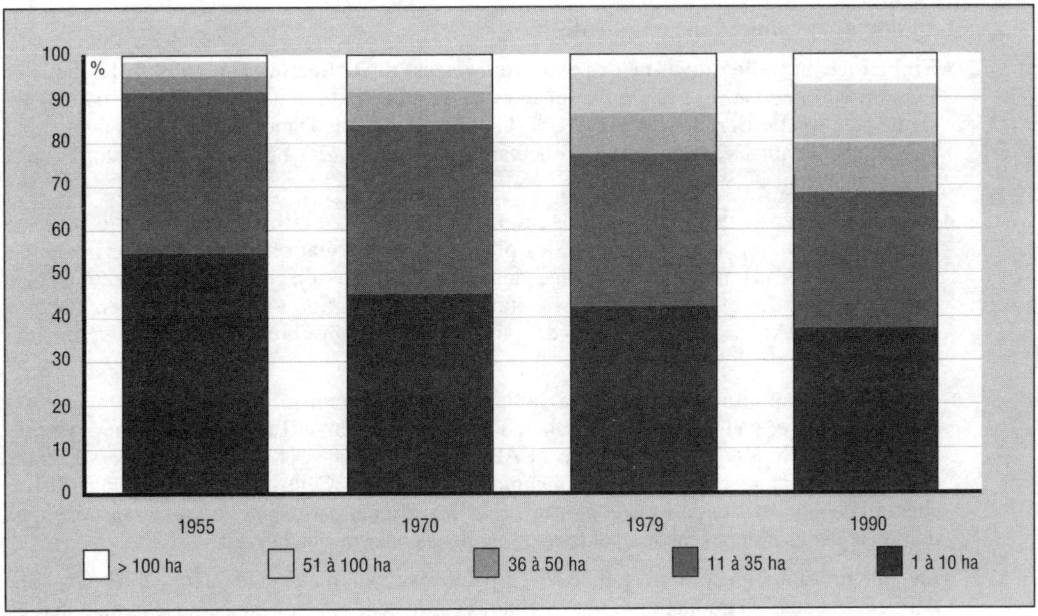

Les exploitations agricoles depuis 1955 : répartition par taille

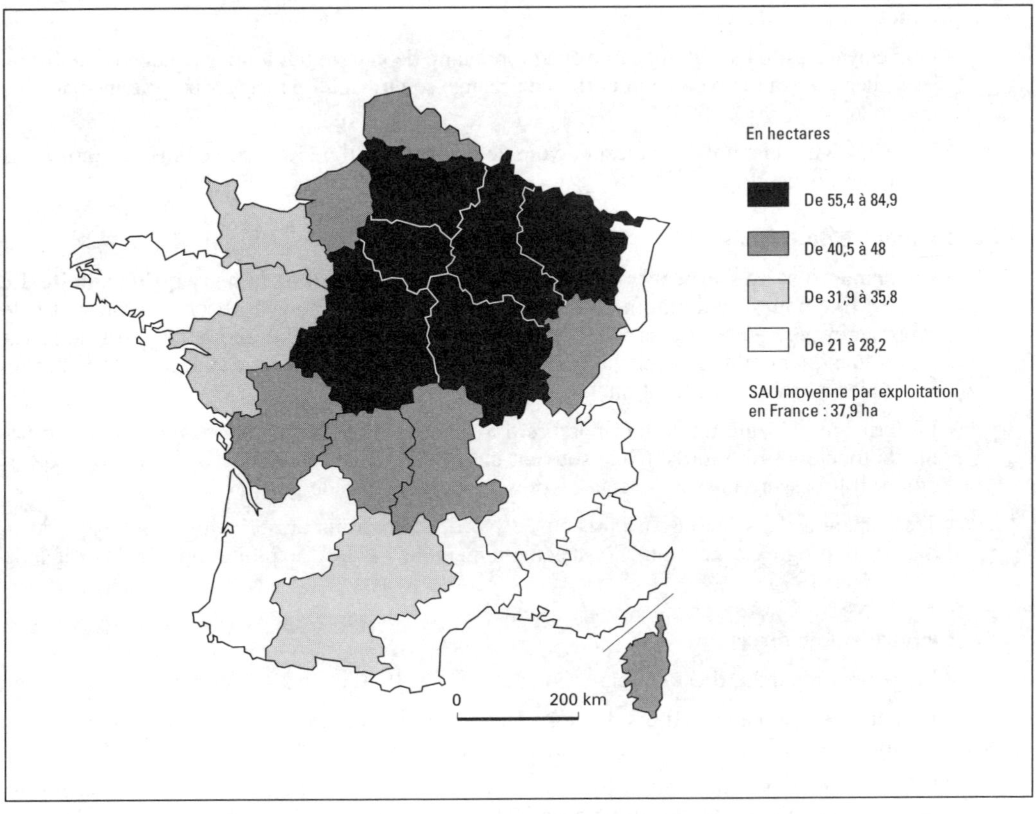

La SAU moyenne par exploitation en 1996

2. La taille des exploitations augmente

- **En France, la taille moyenne des exploitations est de 31 hectares en 1990.** À l'échelle de l'Union européenne, la France est un pays de grandes exploitations. Elle se situe en troisième position derrière le Royaume-Uni (68,9 hectares) et le Danemark (32,5 hectares) mais largement devant l'Allemagne (17,6 hectares) ou l'Italie (7,7 hectares). En 1996, la taille moyenne atteint 37,9 ha.
- **La taille moyenne des exploitations augmente régulièrement.** Cependant cette augmentation se fait plus par la disparition des plus petites exploitations que par l'accroissement des plus grandes. La forme dominante demeure l'exploitation moyenne familiale. Cependant, si les grandes exploitations représentent une faible part du total, elles cultivent une part notable de la SAU. Les exploitations de plus de 100 ha représentent 8 % de l'ensemble mais cultivent 34 % de la SAU.
- **La taille des exploitations est très variable suivant les régions.** Le Bassin parisien, en particulier son centre, voit dominer les exploitations de grande taille. En revanche, un arc périphérique allant de l'ouest de la Normandie à l'Alsace par la Bretagne, l'Aquitaine, le Massif central et les Alpes se caractérise par des exploitations plus modestes. Cette disposition générale peut cacher, à l'échelle locale, de forts contrastes. En Champagne, par exemple, les grandes exploitations céréalières s'opposent aux petites exploitations consacrées à la viticulture.
- La taille peut témoigner du niveau de développement économique et technique d'une exploitation ; elle est aussi la traduction d'une orientation de la production. Une petite exploitation n'est pas forcément le signe d'un archaïsme (exemple : viticulture, cultures maraîchères…).

B. Les modes de faire-valoir

1. Le métayage est devenu marginal

- Le métayage est un statut qui associe le propriétaire de la terre qui fournit le matériel, le bétail, les semences… à l'exploitant qui offre en échange son travail. Le métayer perçoit une partie de la récolte.
- Le métayage, jadis important, est en voie de disparition. Il ne représente plus que 0,6 % des exploitations en 1990.

2. La montée du fermage

- **Le fermage est un statut très favorable à l'exploitant qui loue la terre qu'il exploite.** Le bail est fixé pour un minimum de neuf ans. Il est automatiquement reconductible sauf si le propriétaire veut exploiter sa terre. Son montant est fixé obligatoirement à partir de la valeur d'une quantité de produits agricoles typiques de la région. En cas de vente de la terre, le fermier a droit de préemption.
- Le fermage présente un certain nombre d'avantages. Il évite à l'exploitant des investissements fonciers trop lourds. C'est souvent un moyen moins onéreux d'agrandir son exploitation. Il lui assure la sécurité tout en préservant sa liberté de gestion.
- Très répandu dans le Bassin parisien, le Nord, les confins armoricains et les pays de la Saône, il progresse partout. C'est actuellement le mode d'exploitation le plus répandu (54,4 % en 1990).

3. Le faire-valoir direct

- Largement répandu, il est en régression (51,8 % en 1970 contre 45 % en 1990).
- Il est très répandu au sud d'une ligne La Rochelle-Genève, dans le Nord-Est et en Bretagne. Il s'identifie souvent à la petite exploitation familiale.
- En fait, l'étude des faire-valoir est d'une grande complexité. En effet, un fermier peut posséder quelques terres tandis qu'un propriétaire-exploitant peut louer quelques parcelles pour agrandir son exploitation. **Le faire-valoir mixte est, en fait, le mode le plus répandu.**

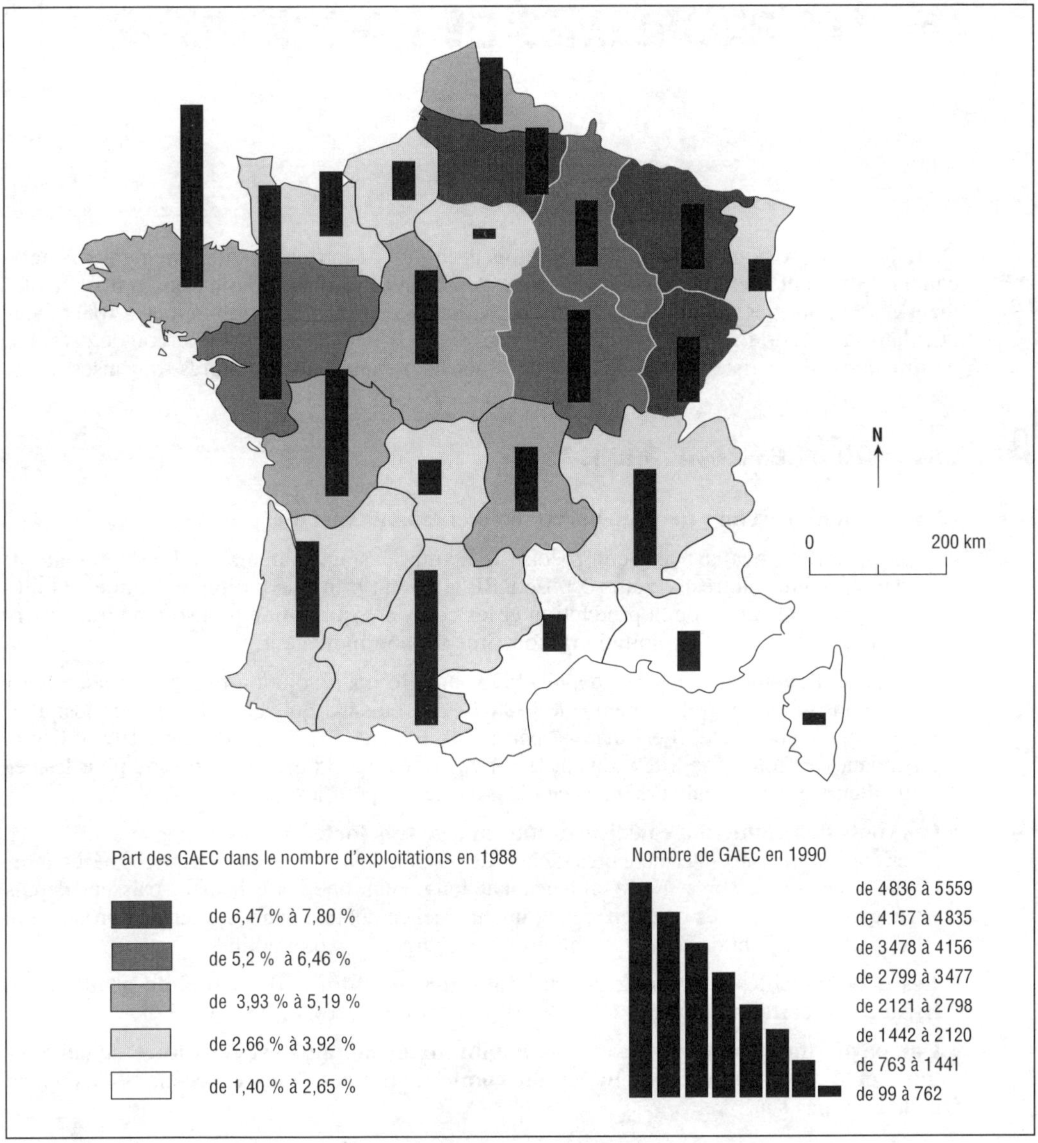

LES GAEC

4. Les Groupements agricoles d'exploitation en commun (GAEC)

- Les GAEC ont été créés par la loi de 1962. Ils regroupent 2 à 10 associés qui mettent en commun leurs terres, leur matériel, et s'engagent à travailler ensemble. Leurs membres sont rémunérés en fonction du travail fourni et du capital apporté.
- Ils présentent beaucoup d'avantages : répartition du travail en fonction des compétences, possibilité de temps libre. Les GAEC sont souvent des exploitations pilotes, plus dynamiques, qui permettent des investissements plus importants, tout en assurant une meilleure rentabilité du matériel.
- Il y a, actuellement, 46 000 GAEC regroupant plus de 100 000 exploitants. Ils sont particulièrement nombreux dans l'Ouest. En revanche, l'ensemble du Midi se montre plus réfractaire.

6 LES PROBLÈMES DE L'AGRICULTURE

De nombreux problèmes sociologiques frappent le monde agricole : vieillissement des agriculteurs, difficulté pour beaucoup de jeunes de reprendre une exploitation, célibat, isolement... Pourtant, les difficultés de beaucoup d'exploitations occupent une place fondamentale dans la question agricole. En fait, une analyse plus poussée montre une grande diversité de situations. Il n'existe pas une agriculture française, mais des agricultures françaises.

A. Les problèmes économiques

1. L'évolution du revenu : une amélioration récente mais variable

- Il est difficile d'évaluer de façon précise le revenu des agriculteurs (autoconsommation, revenus venant d'autres secteurs...). Le RBE (Revenu brut d'exploitation), qui est la différence entre la valeur de la production et les coûts d'exploitation (consommations intermédiaires et charges d'exploitation), constitue un bon indicateur.
- L'étude de l'évolution du RBE, depuis 1973, montre une évolution très contrastée. Quasi stagnant jusqu'en 1988, il augmente de 1988 à 1990, puis marque une baisse sévère jusqu'en 1992. Depuis cette date, il est marqué par une forte hausse (près de 10 % en 1995). Il y a, cependant, de fortes disparités suivant les orientations. La progression est forte pour les céréaliculteurs et les viticulteurs, mais ce n'est pas le cas pour les éleveurs.
- **Les coûts de production constituent une charge très forte**
  - Les consommations intermédiaires (achats de produits industriels ou de services nécessaires à la production), après avoir subi pendant longtemps une forte hausse, baissent depuis quelques années. Elles ont, cependant, une incidence notable dans les coûts de production.
  - Le remboursement des emprunts alourdit les charges d'exploitation.
- **Les prix agricoles n'augmentent pas toujours au rythme des coûts de production.** Ils stagnent certaines années (1985-1990) et baissent parfois (1991-1992).
- **Une partie importante du revenu de nombreux exploitants est constituée de subventions et d'aides gouvernementales ou communautaires**. Sans celles-ci, beaucoup ne pourraient pas survivre.

2. Le surendettement

- **Pour moderniser leur exploitation, les agriculteurs ont dû emprunter.** On estime que la dette moyenne par exploitation a doublé entre 1970 et 1990.
- Or, l'évolution défavorable des prix agricoles inférieure à celle des coûts de production et l'augmentation des taux d'intérêt rendent plus difficile le remboursement de la dette.
- La situation de beaucoup d'exploitations est devenue très précaire. En 1991, le Crédit agricole estimait à 40000 le nombre d'exploitations en proie à d'importantes difficultés financières. Ce chiffre a encore augmenté ces dernières années. Ce surendettement oblige certains exploitants à quitter la terre.

3. Le prix des terres

- Jusqu'au début des années 80, le prix des terres agricoles était élevé, ce qui augmentait les charges des agriculteurs voulant agrandir leur exploitation et rendait difficile l'installation des jeunes.
- Ces neuf dernières années, les prix ont baissé de 46 %. La terre, patrimoine important pour les agriculteurs, se dévalorise.

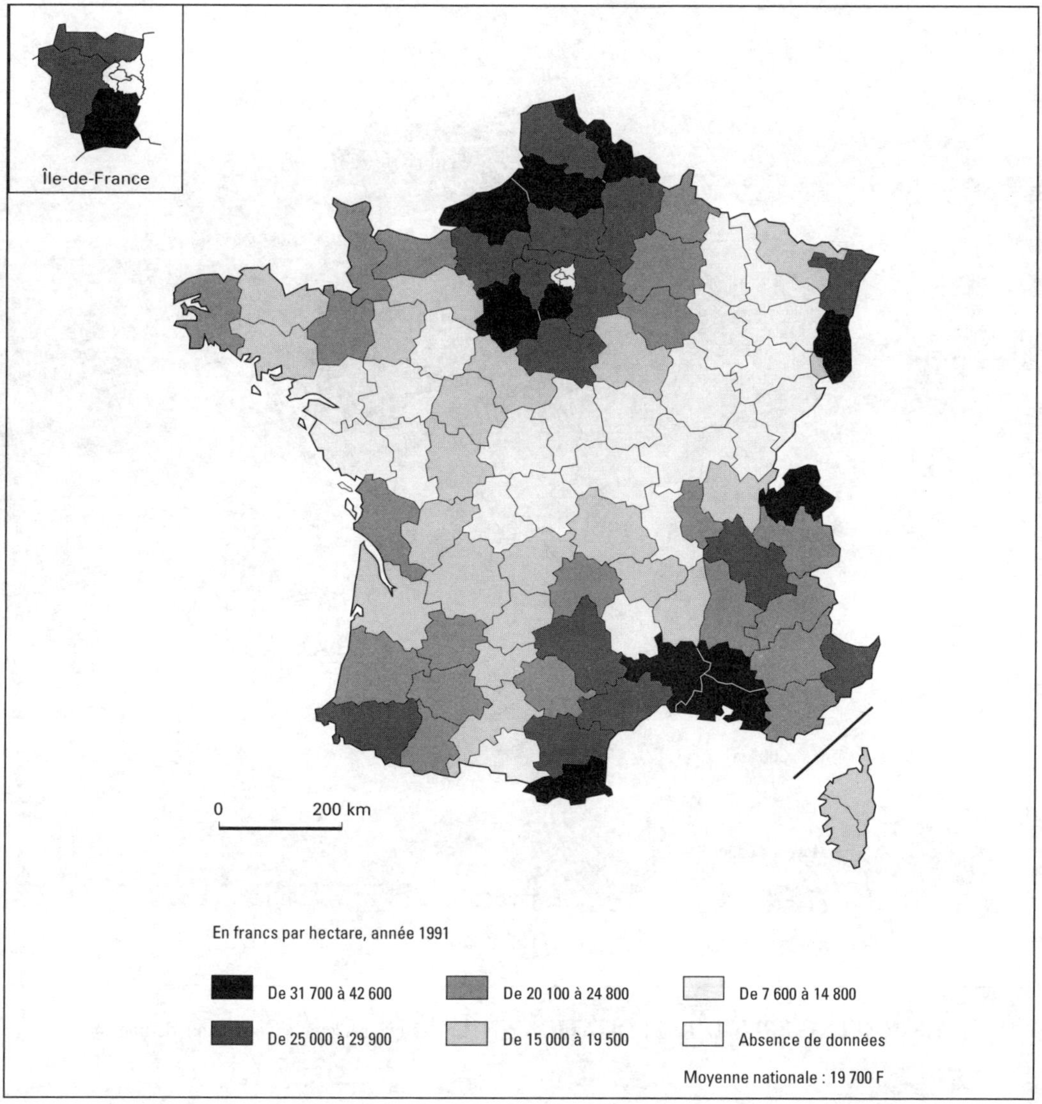

LA VALEUR VÉNALE DES TERRES AGRICOLES EN 1991 (en francs par hectare)

- Cependant, la situation varie sensiblement selon les régions. Le prix des terres dans les vignobles de qualité a tendance à croître. Les prix demeurent élevés dans les régions où l'agriculture est en concurrence avec d'autres secteurs comme l'immobilier.

B. Des situations très contrastées

1. Des situations variables suivant le type d'exploitation

- **L'orientation économique de l'exploitation influe sur le niveau des revenus des agriculteurs**. La grande culture céréalière, les vignobles de qualité, les cultures maraîchères et fruitières procurent, en général, les revenus les plus importants. En revanche, la situation des éleveurs, de bovins en particulier, est plus préoccupante.

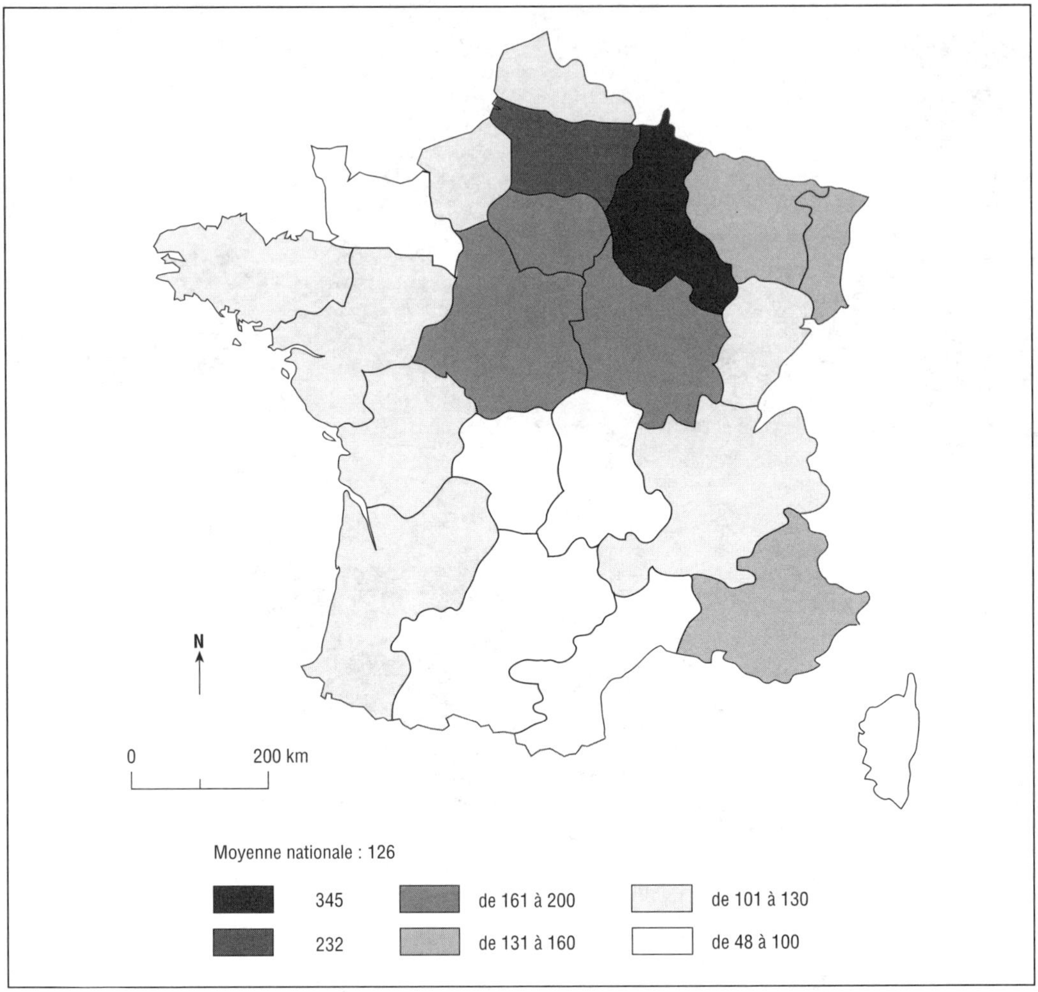

LE REVENU BRUT D'EXPLOITATION EN 1990 (par exploitation, en milliers de francs)

- **La situation varie, aussi, en fonction de la taille des exploitations et de leur gestion**. Elle varie enfin d'une année à l'autre suivant l'évolution des prix et des quantités produites.

2. Des contrastes régionaux

- **Les disparités régionales sont importantes.** Le RBE est 7 fois plus élevé en Champagne-Ardenne qu'en Limousin ! Certaines régions du Bassin parisien (Picardie, Champagne, Île-de-France) dominent les autres.
- **D'autres régions se distinguent par des revenus particulièrement bas** :
  - régions méridionales (Midi-Pyrénées, Languedoc, Corse) ;
  - régions du Massif central ;
  - certaines régions d'élevage touchées par l'évolution économique (Basse-Normandie).

3. Plusieurs agricultures cohabitent en France

- **Une agriculture performante qui a su se moderniser.** Elle est favorisée par la nature des productions qu'elle réalise et bénéficie de conditions naturelles favorables. Des exploitations de grande taille procurent des revenus élevés et permettent d'amortir le matériel. Elles sont suffisamment compétitives pour affronter la concurrence internationale.

■ Il existe, aussi, **une agriculture qui a de plus en plus de mal à survivre.** Défavorisée par la nature de ses productions, des conditions naturelles médiocres, des exploitations trop petites et une modernisation insuffisante. Dépendante des aides de l'État, elle est menacée par l'évolution actuelle de l'agriculture française et communautaire.

Cette opposition rejaillit sur l'organisation de l'espace français à petite et à grande échelle.

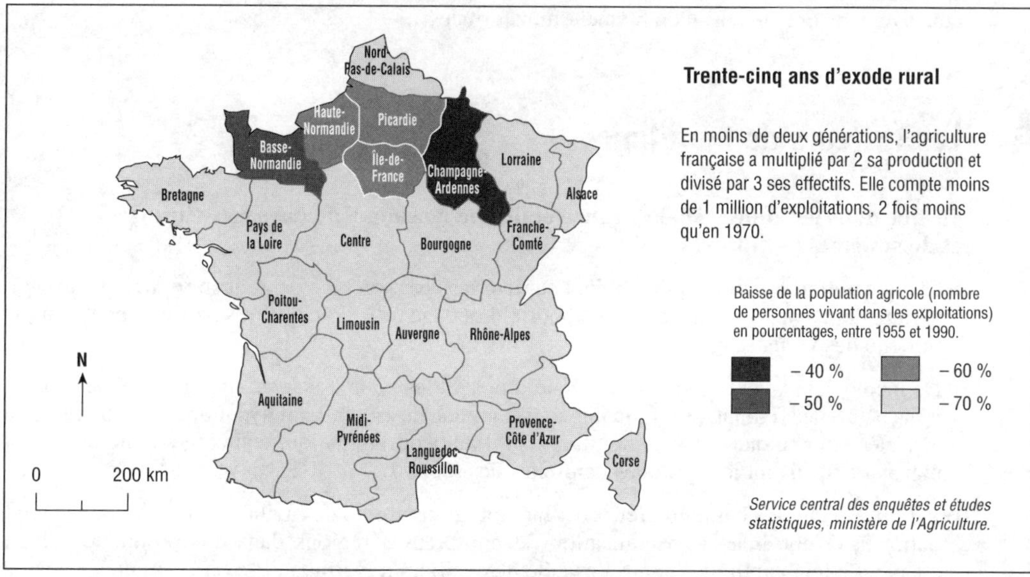

L'EXODE RURAL DE 1955 À 1990 (en %)

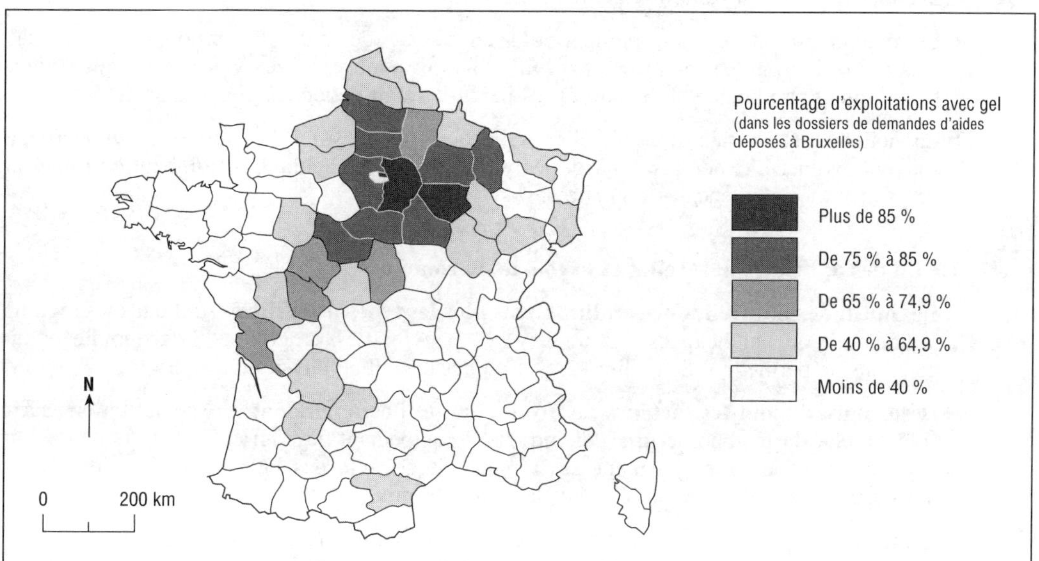

LE TAUX D'EXPLOITATIONS AVEC GEL (en %)

7 LES MUTATIONS DE L'ESPACE AGRICOLE

La modernisation de l'agriculture a entraîné une profonde mutation des espaces agricoles. Les spécialisations régionales ont tendance à s'atténuer face aux impératifs économiques. Certaines régions ont été considérablement transformées.

A. Les facteurs de mutation

1. Jusque dans les années 50, la France était une mosaïque de paysages ruraux et de systèmes de cultures

- Chaque région et chaque pays étaient caractérisés par son type de maison rurale, un paysage agraire dont l'opposition classique openfield/bocage ne reflète que très partiellement la multiplicité des nuances.
- De même, les systèmes de cultures étaient très variés pour s'adapter à la diversité des conditions naturelles (climat, relief, qualité agronomique des sols). La polyculture-élevage, réponse aux aléas climatiques et à l'importance de l'autoconsommation, était le système dominant mais variait suivant les aptitudes naturelles des régions.
- Au XIXe siècle, le chemin de fer offrit bientôt la possibilité de ravitailler un marché, devenu national, et entraîna la spécialisation de nombreuses régions dans des productions bien adaptées à leurs aptitudes naturelles : élevage laitier en Normandie et en Charentes, élevage d'embouche du Charolais, vignoble de masse du Languedoc, cultures maraîchères et fruitières du bas Rhône et de la vallée de la Garonne…

2. Les conséquences du remodelage des exploitations

- Le remembrement, le regroupement et le remodelage des parcelles imposés par la mécanisation et l'agrandissement des exploitations ont bouleversé les vieux paysages ruraux traditionnels. Le bocage a disparu et les parcelles sont devenues plus massives.
- La vieille maison rurale traditionnelle, mal adaptée aux besoins de l'agriculture moderne, a souvent évolué. L'exode rural a vidé les villages dont les habitations tombent en ruine ou deviennent des résidences secondaires.

3. La fin des aptitudes naturelles et le rôle de l'économie

- **Les aptitudes naturelles ne conditionnent plus les types de cultures** sauf dans les régions accidentées ou handicapées par un sol très pauvre. Les progrès de l'agronomie et du machinisme permettent de pallier les contraintes du milieu physique.
- **Désormais, ce sont les facteurs de production qui commandent** les spécialisations agricoles. L'état du marché, le prix des intrants, l'équipement de l'agriculteur, la taille de son exploitation et le développement des réseaux de collecte des industries agroalimentaires deviennent des critères essentiels dans le choix des productions.
- L'atténuation du risque des mauvaises récoltes et la marginalisation de l'autoconsommation ont tendance à faire **disparaître la polyculture-élevage traditionnelle**. Elle continue de régresser partout, même dans le Sud-Ouest, où elle était le modèle dominant. Les exploitations poursuivent leur spécialisation en fonction des données économiques.

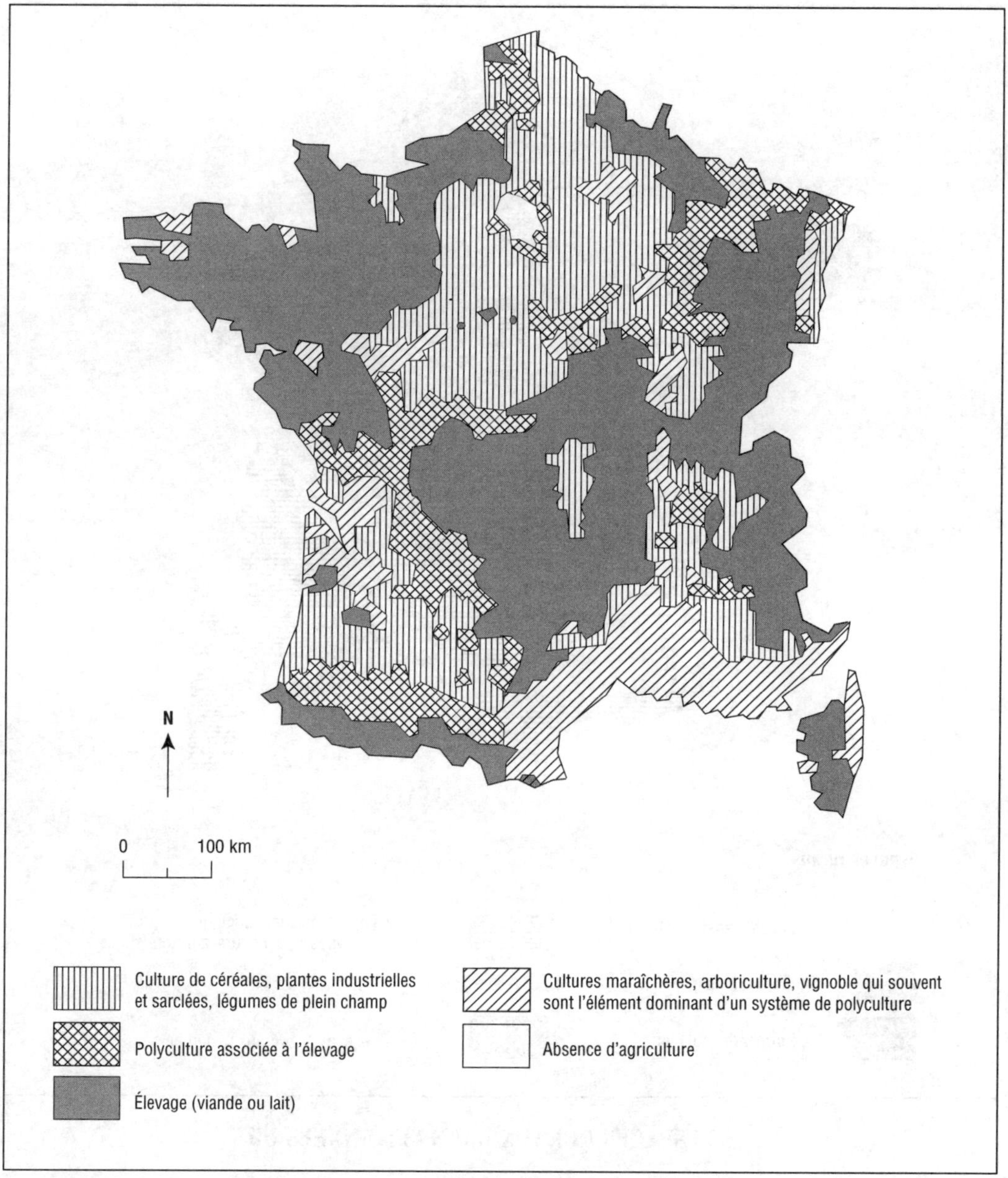

LES PRINCIPALES ORIENTATIONS AGRICOLES

B. Vers une simplification et une uniformisation de l'espace agricole

1. L'uniformisation des paysages

- Les contrastes entre les terroirs s'atténuent. Le paysage rural est constitué de grandes parcelles massives bien adaptées au travail des engins agricoles et à la spécialisation des cultures. Les immenses champs de céréales, plantes sarclées, fourragères ou industrielles, les vergers modernes à la taille « standard », etc., concourent à une certaine uniformisation du paysage.

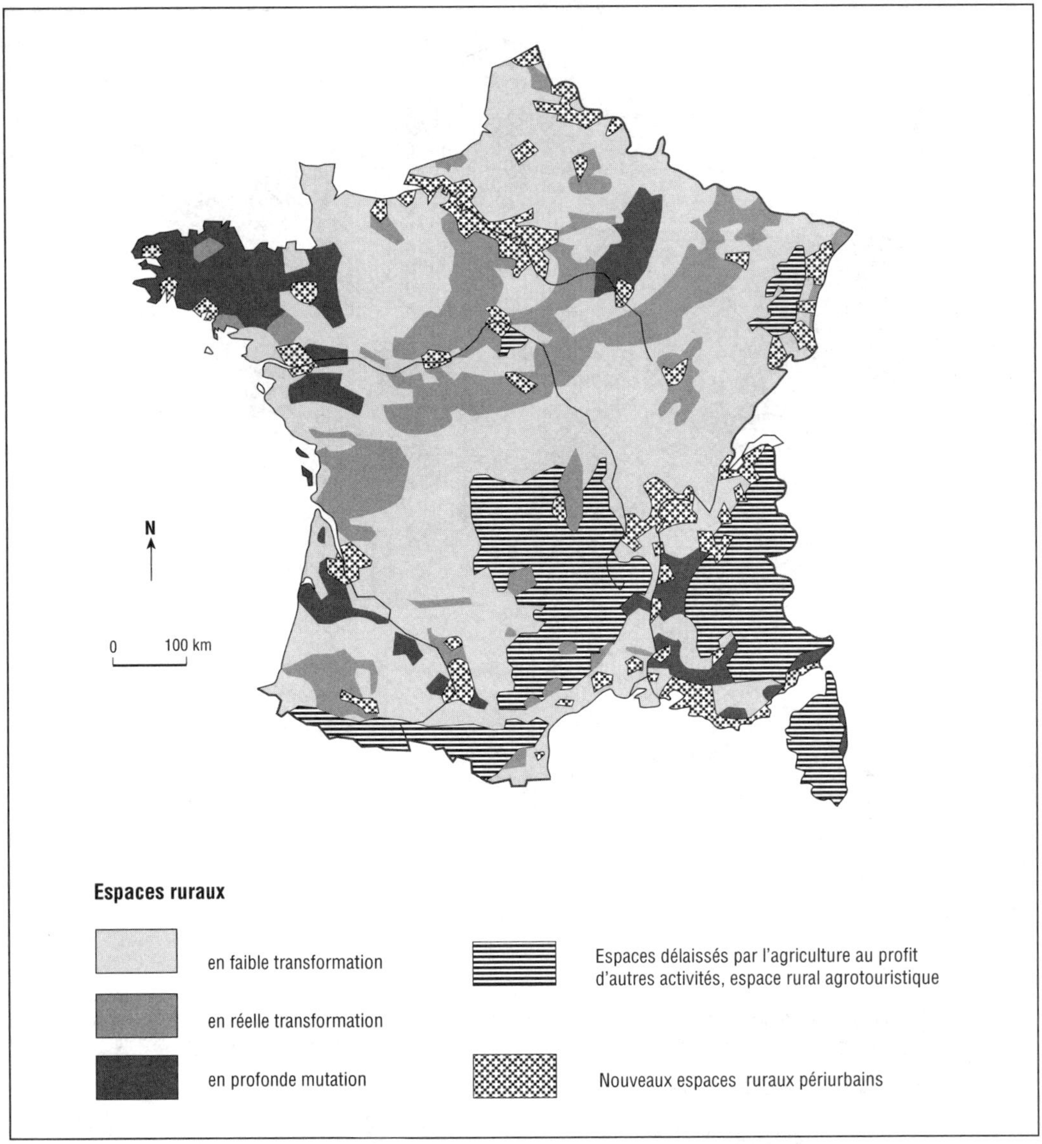

Les espaces ruraux dans les années 80

- La construction de fermes, de bâtiments agricoles et d'élevage modernes contribue à la banalisation de l'habitat rural.

2. La simplification des systèmes de cultures

- L'évolution économique et technique aboutit à une simplification de la mosaïque des spécialités régionales. L'espace français se divise schématiquement en 3 grands systèmes de production.
- **Le système des grandes cultures** (céréales, plantes sarclées, cultures fourragères et industrielles) couvre une partie importante du Bassin parisien (du Nord au Berry, à la Meuse et aux plateaux bourguignons) ainsi que certaines régions du Bassin aquitain. Plus encore que la nature des cultures, c'est la taille des exploitations et leurs bons résultats économiques qui caractérisent ces régions.

- **Un autre ensemble est tourné vers l'élevage** (d'embouche ou laitier). Il est le fait soit de régions ayant connu un grand essor (Bretagne), soit de régions où les exploitations n'ont pas les moyens de se tourner vers la grande culture.
- **Les régions de viticulture, de cultures maraîchères et fruitières** (région méditerranéenne, vallées du Rhône et de la Garonne, Val de Loire) forment des ensembles où la spécialisation est très poussée et bien adaptée aux conditions du milieu physique. L'opulence apparente cache parfois une modernisation faible.

C. Des mutations inégales

1. Les régions fortement transformées

- **La Bretagne** est certainement **la région qui a le plus évolué**. Elle est la première région de France pour la valeur de la production. Le développement des cultures fourragères a permis la mise en place d'un élevage intensif (bovins, porcins, volailles). Le paysage rural a été bouleversé. De multiples constructions nouvelles (bâtiments agricoles et d'élevage hors sol) ont transformé le paysage. La puissance de l'agriculture repose aussi sur de grosses sociétés agroalimentaires (laiteries, usines de conditionnement de la viande, de production d'aliments du bétail).
- **La Champagne**, jadis réputée pour la pauvreté de ses sols (Champagne pouilleuse), est **devenue une des régions les plus riches de France**. L'emploi massif d'engrais et une mécanisation poussée sur de grandes exploitations ont permis le développement des cultures céréalières, fourragères (grandes usines de déshydratation de la luzerne) et de la betterave à sucre (les sucreries de Champagne sont parmi les plus importantes d'Europe).
- De même, certaines régions du **Bassin aquitain** (Lauragais, plaine toulousaine, Landes, pays de l'Adour) se tournent de plus en plus vers les cultures céréalières associées aux protéagineux. Le maïs est parfois devenu une monoculture, grâce à l'irrigation (exemple : grandes exploitations implantées dans d'immenses clairières au cœur de la forêt landaise). L'économie rurale de ces régions **jadis vouées à la polyculture** a ainsi **subi une profonde mutation**.

2. Les régions qui ont peu évolué

- Ce sont les régions dont l'agriculture était déjà très performante en 1950 : Nord, Picardie, centre du Bassin parisien…
- Dans d'autres régions, l'évolution de l'agriculture est restée très limitée. Des spécialisations peu porteuses, le vieillissement des exploitants et la faiblesse des revenus y freinent la modernisation et menacent la pérennité de l'activité agricole. Les espaces cultivés reculent avec l'extension des terrains en friche et de la forêt. Le développement des activités touristiques et de la périurbanisation contribue aussi à la réduction de l'espace agricole.

En moins de 3 décennies, l'espace agricole français, héritage d'une vieille civilisation agraire, a connu de profonds bouleversements.

8 LES CÉRÉALES

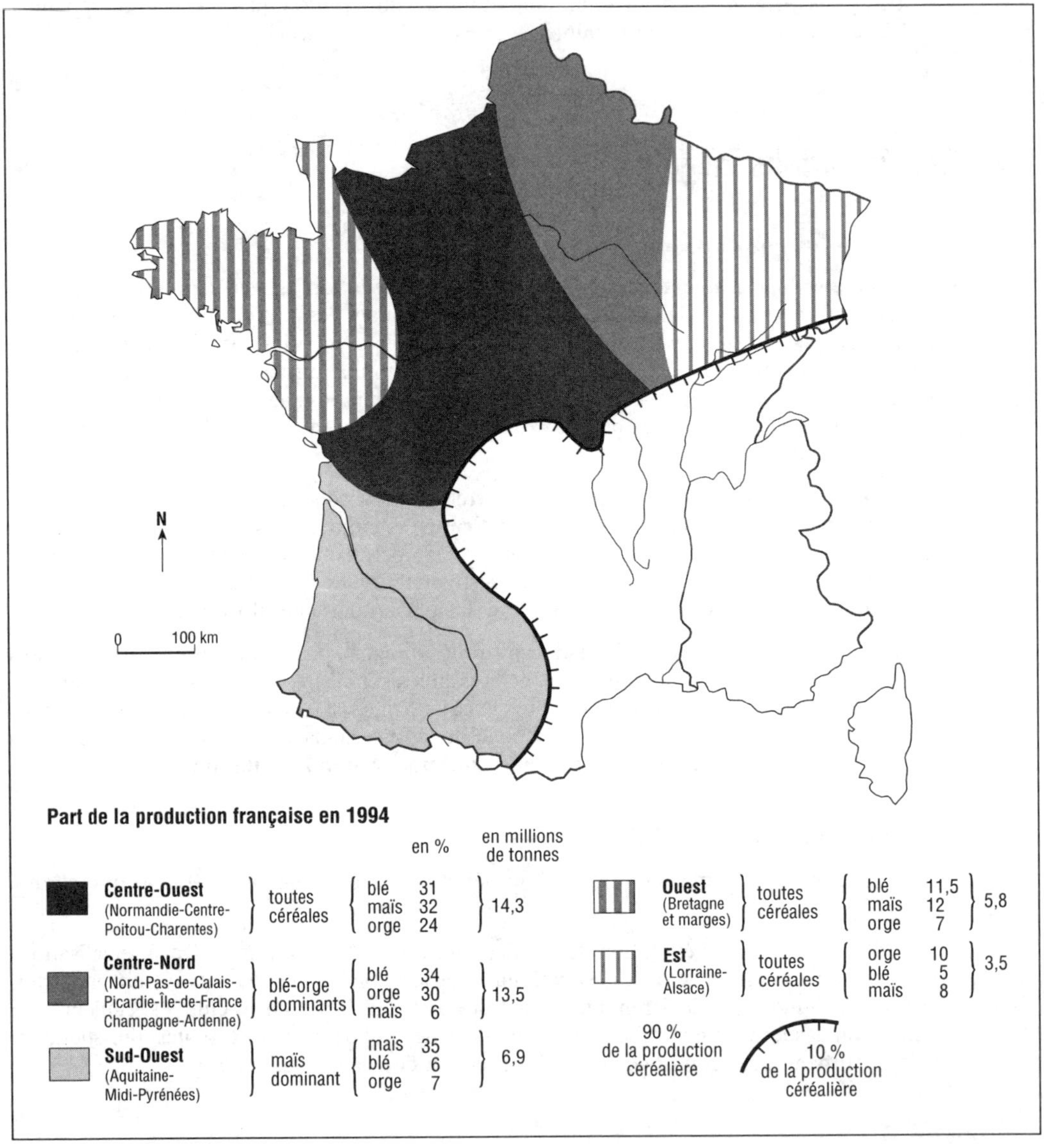

LES GRANDS ENSEMBLES RÉGIONAUX PRODUCTEURS DE CÉRÉALES EN 1994

LES PRODUCTIONS DE CÉRÉALES DE 1950 À 1995

(en millions de tonnes)	1950	1986	1995
Blé	7	26,6	30,7
Maïs	0,2	11,4	12,6
Orge	3,5	10,5	7,6

LES RENDEMENTS PAR PRODUIT DE 1950 À 1995

(en quintaux/hectare)	1950	1986	1995
Blé	16	55	69
Maïs	20	58	71
Orge	20	48	57

Avec un peu moins de 9 millions d'hectares, la céréaliculture couvre 50 % des terres labourables ; malgré l'augmentation des rendements, la production globale a légèrement régressé à cause du gel des terres. Le blé occupe la première place devant le maïs et l'orge. Les autres céréales, riz, seigle, avoine, sont devenues marginales.

A. L'augmentation globale de la production

1. Elle résulte d'une forte intensification de la culture

■ Celle-ci s'explique par 2 facteurs principaux :
– d'abord **la localisation de la céréaliculture** : les céréales poussent sur les meilleurs sols et dans des régions où les risques climatiques sont limités ; cela est particulièrement vrai pour le blé ; un tel choix est propre à l'Europe du Nord-Ouest ; en effet, dans les autres grands pays producteurs (Amérique anglo-saxonne, Russie, Australie), les céréales sont cultivées dans des espaces pédologiques et climatiques moins favorables ;
– ensuite **l'utilisation massive** des engrais et des produits phytosanitaires, la mécanisation et la sélection des semences.

2. La production céréalière est réglementée au niveau communautaire

■ La France produit **30 % des céréales** de l'Union européenne ; soit entre 50 (1986) et 58 millions de tonnes (1992) par an (51 millions de tonnes en 1995).

■ Pour **freiner la surproduction** et réduire les stocks de blé, l'Union européenne a pris plusieurs mesures :
– elle a mis en place une taxe de coresponsabilité égale à 3 % du prix auquel le blé est acheté aux producteurs qui fournissent plus de 250 quintaux ;
– la PAC a imposé le gel d'une partie des terres des céréaliculteurs produisant plus de 920 quintaux de blé par an ;
– enfin, Bruxelles impose une baisse des prix de 20 % en trois ans afin de rendre compétitive la consommation de céréales par le bétail par rapport aux **PSC***.

■ Ces 3 mesures ont entraîné une **diminution générale de la production céréalière**. La récolte de blé est passée de 34,4 millions de tonnes en 1991 à 30,7 millions de tonnes en 1995 ; celle de maïs de 14,4 millions de tonnes en 1992 à 12,6 en 1995. La baisse est encore plus spectaculaire pour l'orge : 7,6 millions de tonnes en 1995 contre 10,5 millions en 1991.

■ Cependant, la pénurie mondiale de céréales apparue à la fin de l'année 1995 devrait permettre une nouvelle augmentation des quantités récoltées dans les années à venir.

3. Les céréales sont de plus en plus destinées au bétail et aux marchés extérieurs

■ La consommation humaine **ne représente que 14 % du total de la production céréalière** ; l'orge est proportionnellement plus consommée (26 %) que le blé (15 %) sur le marché français.

■ **Le bétail absorbe 50 % de la production céréalière** malgré la concurrence des PSC massivement importés dans l'Union européenne depuis vingt ans.

■ **Les exportations représentent 36 % de la production française de céréales.** La moitié de la production de blé est vendue à l'étranger, principalement dans l'Union européenne (60 % du total). Les exportations extracommunautaires, largement subventionnées depuis 1994, devraient l'être beaucoups moins dès 1998 grâce à la remontée des cours mondiaux.

* ***PSC** : Produits de substitution des céréales (manioc, soja, déchets de cannes à sucre ou de brasseries).*

L'UTILISATION DES PRINCIPALES CÉRÉALES EN 1995					
(en millions de tonnes)	Production	Consommation humaine intérieure	Consommation humaine (% de la production)	Bétail	Exportation
Blé	30,7	4,6	15 %	11	15,1
Maïs	12,6	0,4	3 %	11	1,6
Orge	7,6	2	26 %	3,7	1,9
Total	50,9	7	13,7 %	25,7	18,2

B. Le blé, principale culture en France

1. Le blé tendre

- Destiné à la fabrication de la farine pour le pain et la pâtisserie, il constitue **l'essentiel** de la production de blé : 29,1 millions de tonnes en 1995.
- Semé à l'automne, récolté au début de l'été, il couvre 4,5 millions d'hectares, contre 7 millions au début du siècle. Les rendements obtenus sont très élevés : en moyenne **70 quintaux à l'hectare**.
- Bien que cultivé en toute région, il n'occupe que des espaces limités à l'est d'une ligne Metz-Poitiers-Carcassonne.
- **4 régions du Bassin parisien assurent la moitié de la production nationale :** le Centre, la Picardie, la Champagne-Ardenne et l'Île-de-France. Dans ces régions, le blé tendre constitue une culture spéculative, très mécanisée, à hauts rendements (80 à 90 quintaux à l'hectare), pratiquée sur de vastes exploitations.

2. Le blé dur

- Destiné principalement **à la fabrication des pâtes alimentaires**, sa production est restée déficitaire jusqu'à la fin des années 80 : 0,5 million de tonnes sur 130000 hectares (rendement : 38 quintaux à l'hectare). Elle est actuellement suffisante : 1,4 million sur 288000 hectares (rendement : 46 quintaux à l'hectare).
- Son aire de culture traditionnelle va des Bouches-du-Rhône à la Haute-Garonne. L'augmentation de la production de blé dur est liée à sa culture dans la Beauce : l'Eure-et-Loir est devenu le premier département producteur.
- Il n'est pas soumis aux quotas ; son prix de vente est donc plus élevé : 1400 francs la tonne contre 1000 francs pour le blé tendre.

LA PLACE DE LA FRANCE DANS LA PRODUCTION MONDIALE DE CÉRÉALES EN 1995									
(en millions de tonnes)	Production	France % production mondiale	Rang	États-Unis	Canada	Allemagne	Royaume-Uni	Italie	Espagne
Blé	30,7	5,7 %	4e	59,4	24,1	17	14,5	8	3
Maïs	12,6	2,5 %	5e	191	6,5	2,6	ns	7,8	2,4
Orge	7,6	5,2 %	6e	7,9	13	11,4	6,2	1,4	5,2
Riz	0,13	ns	ns	8	0	0	0	1,2	0,3
Total	51,03			266,3	43,6	31	20,7	18,6	10,9

ns = non significatif.

C. Le maïs

1. Une céréale revivifiée par les hybrides

- Le développement de la culture du maïs a été lié à la mise au point d'espèces hybrides très productives, résistant bien à la sécheresse, tout en étant favorisées par l'irrigation. Bien adapté à la grande culture mécanisée, le maïs hybride a logiquement trouvé sa place dans le Bassin parisien, principalement en Beauce mais également dans le Valois et la Brie.
- De 1950 à 1995, la superficie cultivée est passée de 325 000 hectares à 2,8 millions d'hectares et la production de 0,2 à 12,6 millions de tonnes (rendement : 71 quintaux à l'hectare).
- Les agriculteurs délaissent le maïs-grain au profit du maïs fourrager, ensilé et consommé vert par le bétail.

2. Le Bassin parisien (46 %) et le Bassin aquitain (32 %) assurent l'essentiel de la production

- Dans ces 2 régions, l'irrigation, très développée, fait de la culture du maïs une des plus grandes consommatrices d'eau.
- Le Sillon séquano-rodhanien, l'Alsace et les marges armoricaines sont des régions productrices secondaires.

D. Riz, avoine, seigle sont des céréales de plus en plus marginales

1. Les variations de la production de riz

- Apparue dans le delta du Rhône en 1942, la riziculture s'est effondrée au milieu des années 70 sous la double concurrence des riz italiens et des riz extracommunautaires. Elle ne représentait plus que 49 000 tonnes sur 6 000 hectares en 1974.
- Une nette reprise de la production s'est manifestée à la fin des années 80, portant la production française à 130 000 tonnes sur 13 000 hectares en 1995.

2. Le déclin continu de la production de seigle et d'avoine

- L'avoine, dont la production est passée de 2 millions de tonnes en 1974 à 0,6 million en 1995, n'est plus guère cultivée que dans le Massif armoricain et en Lorraine.
- Le seigle (0,3 million de tonnes en 1974; 0,2 million en 1995) n'occupe plus que quelque 80 000 hectares en Bretagne et dans le Massif central.

Avec **25 milliards de francs** (15 milliards pour le blé, 10 milliards pour le maïs), **les exportations de céréales** représentent près de la moitié des excédents agricoles de la France, pratiquement à égalité avec les vins et spiritueux (28 milliards).

9 L'ÉLEVAGE

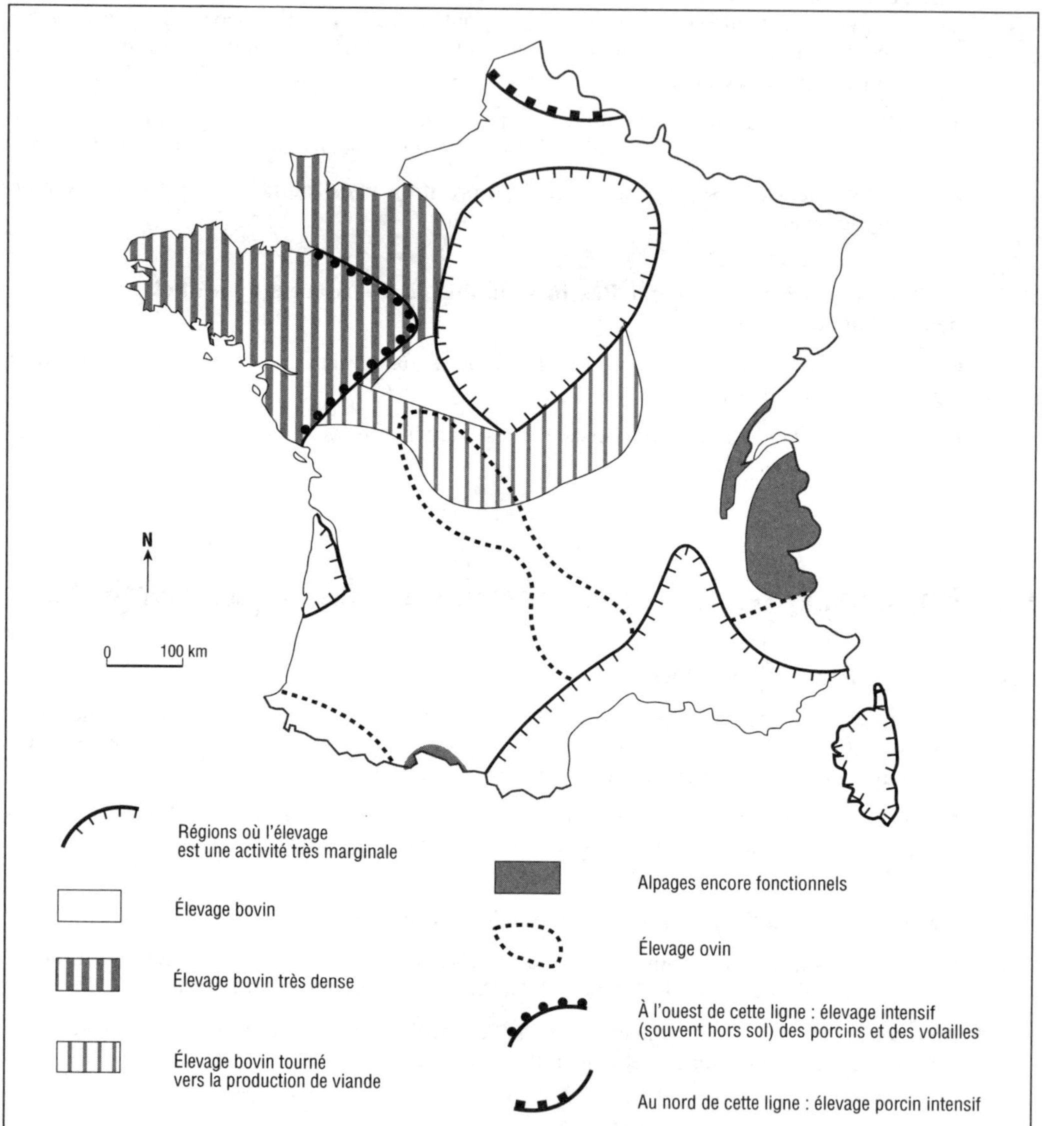

L'ÉLEVAGE EN FRANCE MÉTROPOLITAINE

Au début des années 80, l'élevage a représenté **57 % de la valeur** de la production agricole totale. Les quotas laitiers d'avril 1984 et la réforme de la PAC en 1992 ont provoqué une baisse sensible du cheptel (bovin principalement) et une diminution de 11 points de l'élevage dans la production agricole (**46 % en 1995**). Le recul de l'élevage bovin n'a été que partiellement compensé par l'essor de l'élevage et des productions porcine et avicole.
Le niveau des activités d'élevage est lié à la demande intérieure et à la réputation des produits français à l'étranger.

Le cheptel en 1974 et 1995 (milliers d'unités)	1974	1995
Bovins	22 864	20 470
Ovins	10 324	11 420
Porcins	11 369	12 500
Volailles	172 000	252 000

Les productions de 1974 à 1995 (milliers de tonnes)	1974	1992	1995
Viande	4 680	5 877	5 430
Lait	30 800	26 136	25 000
Beurre	539	470	460
Fromage	870	1 523	1 532
Œufs	680	960	1 031

A. Les modifications de la PAC en 1984 ainsi que les changements dans les habitudes alimentaires pèsent sur les orientations de l'élevage

1. Les objectifs de la PAC en matière d'élevage concernent principalement les productions bovines

- La production laitière **a baissé de 15 %** depuis 1984, entraînant une réduction du cheptel de 10 % et une concentration des troupeaux grâce à l'octroi de primes aux éleveurs ayant accepté de cesser de produire du lait.
- Le prix de la viande bovine a baissé de 15 % à 20 % pour susciter une reprise de la consommation.
- Des primes, destinées à encourager l'élevage traditionnel et à améliorer la qualité, ont été versées.
- L'élevage intensif n'a pas bénéficié d'aides communautaires. Il profite toutefois de la baisse de 29 % en trois ans des prix des céréales pour l'alimentation du bétail.
- En 1996, l'apparition de l'encéphalopathie spongiforme bovine (maladie de la « vache folle ») a obligé les États et l'UE à aider les éleveurs de viande bovine dont les revenus ont baissé de 20 %.

2. Les changements dans les habitudes alimentaires

- La consommation de viande a régulièrement augmenté depuis la Seconde Guerre mondiale, passant de 52 à 85 kilogrammes par an et par habitant en 1976, pour se stabiliser et même régresser légèrement depuis cette date. C'est la consommation de viande bovine qui a le plus reculé, alors que celle de viande de porc et de volaille continue à progresser.
- Chaque Français consomme, sous différentes formes, l'équivalent de 450 litres de lait par an. Ce chiffre est en très légère progression depuis dix ans.
- La quasi-stagnation des consommations de viande et de lait, alors que les productions continuent à progresser, a motivé les réorientations de la PAC qui se sont répercutées sur les différents types d'élevage et principalement sur celui des bovins.

B. Les mutations de l'élevage bovin

1. Jusqu'à la mise en place de la PAC, l'élevage bovin était le symbole des petits et moyens exploitants agricoles

- **77 %** des exploitants possédaient des bovins en 1954, **65 %** en 1974, **45 %** en 1992 et **42 %** en 1995.
- De 22 bêtes (dont 9 laitières) en 1974, le troupeau moyen est passé à 50 bêtes (dont 23 laitières) en 1995.
- La vente de lait constituait la principale rentrée régulière d'argent dans les exploitations.
- Les progrès techniques et la lourdeur des investissements ont éliminé progressivement bon nombre de petits producteurs.

2. L'élevage productiviste engendré par la PAC s'est traduit par une forte augmentation de la production… et de l'endettement des agriculteurs

■ Les prix garantis ont poussé les exploitants à produire toujours plus grâce à différents procédés :
- l'augmentation du cheptel, qui est passé de 20,6 millions de têtes en 1965 à 23,7 millions de têtes en 1975 ;
- l'amélioration génétique du troupeau qui se concentre sur 3 races à lait (frisonne pie noir, montbéliarde et normande) et 2 races à viande (charolaise et limousine) ;
- une meilleure alimentation (?) des bêtes grâce au développement des cultures fourragères (maïs, blé, sorgho, choux) et de l'industrie des aliments composés pour le bétail (firmes Sanders et Guyomarc'h) ;
- la généralisation de la stabulation libre qui supprime les déplacements des animaux.

■ Tous ces moyens, visant à l'augmentation de la production, ont exigé des investissements très lourds, qui ont accru l'endettement des éleveurs : une étable moderne de 35 laitières avec salles de traite automatique représentait 800 000 francs d'investissement au début des années 80.

■ **Les quotas ont mis à mal cette stratégie productiviste.**

3. Les grandes régions d'élevage bovin

■ **Le Midi méditerranéen** (vigne, cultures fruitières et maraîchères) ainsi que **le centre du Bassin parisien** (grande céréaliculture) sont des territoires où **les bovins sont rares**.

■ Toutes les autres régions de la France métropolitaine pratiquent l'élevage bovin :
- du Poitou à la Haute-Normandie, le grand Ouest regroupe près de la moitié du cheptel, avec des densités très fortes dans le Massif armoricain et sur ses marges (700 000 bovins dans la Manche) ;
- l'ensemble géographique du Nord à l'Alsace rassemble 15 % du troupeau ;
- le Sud-Ouest en représente 13 % ;
- les zones de montagne, comprenant la moitié nord du Massif central, les Alpes du Nord et le Jura, totalisent 12 % du cheptel.

C. Progrès et difficultés des élevages porcin et avicole

1. Des caractères communs

■ Ces élevages **sont concentrés** en Bretagne et dans les Pays de la Loire pour les volailles, en Bretagne et le dans le Nord-Pas-de-Calais pour le porc.

■ Les productions, **en hausse**, atteignent 2 millions de tonnes pour la viande de porc et 1,75 million de tonnes pour celle de volaille qui dépasse désormais la viande bovine (1,7 million de tonnes). La production d'œufs a progressé de 27 % en vingt ans et atteint 1 million de tonnes.

■ Ces progrès sont le résultat de **mutations plus brutales** encore que celles de l'élevage bovin :
- développement de l'élevage hors sol sur de petites exploitations qui font souvent moins de 15 hectares ;
- intégration complète de ces exploitations dans une chaîne agroalimentaire comprenant, en amont, les fournisseurs d'aliments du bétail et, en aval, les entreprises d'abattage et de commercialisation.

2. L'élevage porcin est soumis à une forte concurrence communautaire

■ Le cheptel a légèrement augmenté avec la mise en place de la PAC, passant de 11,2 millions de têtes en 1970 à12,2 millions en 1988 (+10 %).

■ Mais depuis cinq ans, **le troupeau stagne** (12,5 millions de têtes en 1995) à cause de la concurrence des Pays-Bas, du Danemark, de l'Irlande et de la Belgique.

- Malgré les efforts de productivité et de concentration des élevages, les prix du porc français restent les plus élevés de l'Union européenne, pour 2 raisons essentielles :
  – bien que 7 000 exploitations concentrent 70 % du cheptel, les élevages néerlandais ou danois sont encore plus concentrés ;
  – le cheptel français consomme des céréales et des aliments composés dont le coût est largement supérieur à celui des PSC largement utilisés par les concurrents étrangers.
- Les importations de viande de porc sont donc massives, et ce secteur accuse un déficit de 2 à 5 milliards de francs selon les années.
- Les crises cycliques du porc touchent particulièrement la Bretagne.

3. L'élevage avicole a connu un développement remarquable

- Cet essor résulte de **la modernisation** du cycle de production :
  – le développement de l'élevage industriel fondé sur l'utilisation massive des aliments composés ;
  – la construction d'abattoirs géants appartenant à de grands groupes (Doux, Bourgoin...) ;
  – l'élevage et l'abattage sont étroitement associés pour éviter les surcoûts liés aux transports (surtout en Bretagne).
- Une demande intérieure et extérieure en forte croissance favorise le développement de l'aviculture :
  – les œufs et la viande de volaille tiennent une place croissante dans l'alimentation des Français, souvent au détriment de la viande de bœuf ;
  – les exportations sont de 8 à 10 fois supérieures aux importations (350 000 tonnes contre 34 000 tonnes) ; les principaux clients sont les pays arabes et ceux de la Communauté.
- Comme pour l'élevage porcin, la Bretagne assure l'essentiel des productions (47 %) devant les Pays de la Loire et le Sud-Ouest. Les régions atlantiques fournissent les trois quarts de la production française d'œufs et de viande de volaille.

D. Déclin économique et concentration géographique des élevages ovin et caprin

1. Le troupeau ovin est en grande partie situé dans les moyennes montagnes de la moitié sud de la France

- Le Limousin, les Grands Causses du Massif central, les Pyrénées, le sud des Alpes et la Corse constituent **les terres ovines** par excellence.
- Avec 11,4 millions de têtes en 1995, **le cheptel est en déclin** : il comptait 13 millions de têtes en 1980 et 20 millions au début du siècle.
- La production de viande est le principal débouché de l'élevage ovin ; la production de lait de brebis, pour la fabrication du fromage de Roquefort, est une occupation originale dans l'Aveyron, en Lozère, dans les Hautes-Pyrénées et en Corse.
- La concurrence du Royaume-Uni est responsable d'un déficit de 1 à 2 milliards de francs dans les échanges extérieurs de viande ovine.

2. Plus concentrés encore, les caprins sont répartis sur la bordure nord du Massif central, du Poitou au Mâconnais

- Le troupeau compte 1,3 million de têtes, ce qui permet la production d'un grand nombre de fromages dont la consommation est en hausse (cendré de Sainte-Maure en Touraine, crottin de Chavignol en Berry...).

À l'exception des volailles, **tous les types d'élevage sont en difficulté**. Selon les directives de Bruxelles, on s'oriente, comme pour les cultures, vers des activités moins productivistes.

10 LA VIGNE EN FRANCE

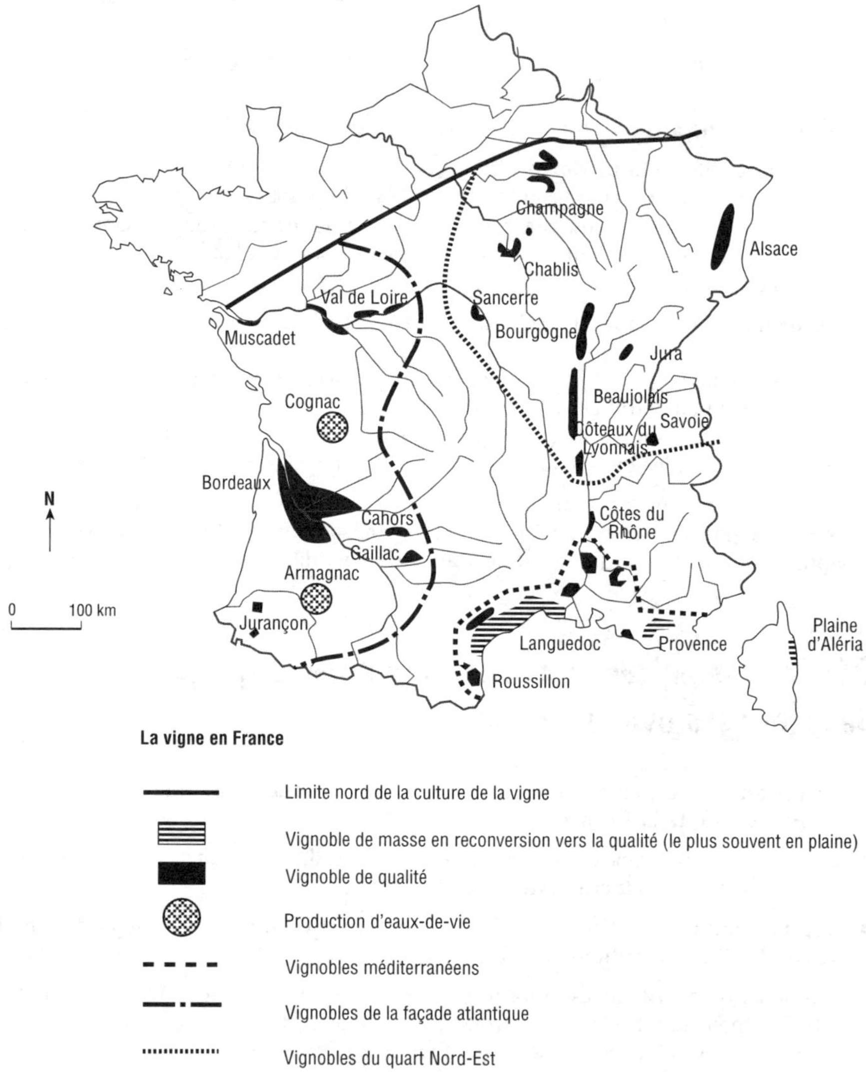

La vigne en France

En **1995**, la vigne couvre **870 000 hectares** (moins de 3 % de la SAU) et occupe 530 000 viticulteurs dont plus de la moitié ne produit que pour sa consommation personnelle. En **1960**, le vignoble couvrait encore **1,45 million d'hectares** et occupait 1,1 million de viticulteurs.

La production de « vins de table » **a diminué** rapidement au profit des VQPRD (Vins de qualité produits dans des régions délimitées) qui ont progressivement regroupé l'ensemble des VDQS (Vins délimités de qualité supérieure) et des AOC (vins d'Appellation d'origine contrôlée).

Les productions du vignoble français (milliers d'hectolitres)	1970	1980	1995
Vins de table	50	30	18
VQPRD	20	30	48
Total	70	60	56

L'évolution de la viticulture en France (milliers d'hectares et milliards de francs en 1995)	Vins de table	VQPRD	Total
Superficie du vignoble	360	510	870
Valeur de la production	9	31	40
Solde de la balance commerciale	2	16	18

INSEE et chambres d'agriculture.

Comment la réorientation des productions se traduit-elle dans les régions viticoles et dans le commerce des produits de la viticulture ?

A. Le vignoble reste éparpillé au sud d'une ligne Nantes-Reims-Thionville

1. La qualité des terroirs et le savoir-faire des vignerons sont désormais déterminants dans les localisations

- Les Français ont réduit leur consommation de vin, qui est passée de 140 litres par an et par habitant, au lendemain de la Seconde Guerre mondiale, à moins de 70 litres en 1995.
- L'augmentation générale du niveau de vie les a conduits à consommer davantage de vins de qualité au détriment des vins de table.
- Cette évolution de la consommation ainsi que la réforme de la PAC ont poussé les viticulteurs à faire preuve **d'imagination** et à rechercher **la qualité** plutôt que **la quantité**.

2. Très hétérogènes, les vignobles méditerranéens ont subi les transformations les plus profondes

- Le bas Languedoc, la dépression périphérique des Maures et la plaine d'Aléria, anciens vignobles de masse, réduisent fortement leur superficie et abandonnent rapidement la production de vins rouges et rosés anonymes.
- Le Roussillon, le bas Rhône et quelques vignobles varois pratiquent depuis l'entre-deux-guerres une viticulture de qualité implantée souvent sur des coteaux : Rivesaltes, Châteauneuf-du-Pape, Bandol…

3. Les vignobles de coteaux du quart nord-est de la France

- Les vignobles de Bourgogne et de Champagne sont **les plus prestigieux** :
  – la Bourgogne possède une multitude de vignobles : les prestigieuses côtes de Nuits et de Beaune, mais également les côtes chalonnaise et mâconnaise, le Beaujolais, le Chablis et la région d'Auxerre dont les vignobles sont en plein renouveau ;
  – malgré le ralentissement des ventes de 1992 à 1994, le vignoble champenois n'a cessé de s'étendre et de prospérer depuis trente ans.
- Le vignoble alsacien produit surtout des vins AOC blancs : relancée à la fin du XIXe siècle, sa production est très homogène.
- De nombreux petits vignobles renaissent : la recherche de l'originalité par la clientèle a été favorable aux vignobles jurassien (Arbois), savoyard (Apremont) ou aubois (Les Riceys).

4. Les vignobles de la façade atlantique

- De la Loire au pied des Pyrénées, ils sont le plus souvent situés sur les rives peu inclinées des cours d'eau.
- Les vignobles de la Loire. Redécouverts depuis vingt ans, les vins de Vouvray, de Bourgueil, de Saumur ainsi que le muscadet connaissent une progression de leurs ventes. Ils sont parfois commercialisés comme vins « nouveau » ou « primeur » pour concurrencer le beaujolais de même appellation.
- Le vignoble charentais est le plus grand au monde pour la production d'eau-de-vie (70 000 hectares autour de Cognac). Sa notoriété est assurée par de prestigieuses maisons comme Martell ou Hennessy...
- Le Bordelais :
  - créé par les Anglais, c'est le deuxième vignoble en étendue (200 000 hectares) après celui du Languedoc-Roussillon ;
  - la production est assez hétérogène puisqu'à côté des 200 « crus classés » **à la réputation prestigieuse** (« Château-Yquem » en Sauternais, « Haut-Brion » dans les Graves, « Margaux » et « Latour » en Médoc, « Cheval Blanc » à Saint-Émilion), le Bordelais produit également des vins estimables mais plus modestes.
- Les vins des petits vignobles du Bassin aquitain (Gaillac, Cahors, Jurançon, Madiran) connaissent un succès certain.

B. Les réorientations de la viticulture n'ont provoqué ni crise ni déclin

1. Une situation atypique au sein de l'agriculture française

- Depuis trente ans, **le recul** de 40 % des superficies et **une baisse** de moitié de la consommation intérieure se sont traduits par une diminution de la production d'un quart en volume mais également par une forte augmentation de 70 % en valeur.
- Ainsi les 530 000 viticulteurs actuels réalisent **un chiffre d'affaires supérieur de 70 %** (en francs constants) à celui des 1,1 million de viticulteurs du début des années 60.

Or, dans tous les autres secteurs de l'agriculture, la baisse de la production a été accompagnée d'une réduction des cours et d'un appauvrissement des exploitants.

2. La réforme de la PAC a accéléré un mouvement né du changement de comportement des consommateurs

- La surproduction des vins ordinaires était permanente jusqu'au début des années 60 :
  - comme tous les autres produits agricoles, le vin de table a bénéficié de prix incitatifs et garantis jusqu'en 1984 ;
  - les rendements atteignaient fréquemment 200 hectolitres à l'hectare en Languedoc-Roussillon ;
  - la surproduction des vins de consommation courante était permanente et de plus en plus coûteuse pour la Communauté ;
  - ces vins ordinaires se conservaient mal et, chaque année, un quart à un tiers de la récolte devait être distillé pour permettre le stockage de la récolte suivante ;
  - la surproduction française s'ajoutait à celle des autres grands pays producteurs : l'Italie puis l'Espagne.
- Les mesures mises en œuvre dans le cadre de la PAC ont eu **des effets positifs** :
  - comme pour les céréales, des Quantités maximales garanties (QMG) ont été instaurées pour les vins de table ;

– le rachat à bas prix des productions excédentaires vouées à la distillation a dissuadé les viticulteurs qui produisaient des VCC (Vins de consommation courante);
– aujourd'hui, **70 %** des viticulteurs produisent des VQPRD;
– les vins de qualité échappent à la surproduction car les rendements à l'hectare sont limités (40 à 50 hectolitres) afin de garantir la réputation des produits; en outre, ce sont des vins de garde, qui peuvent être stockés en cas de mévente.

C. Les productions viticoles constituent plus que jamais un des points forts du commerce extérieur français

1. La réputation mondiale des vins français

- La rigueur de la réglementation française en matière de production viticole a depuis longtemps rassuré les acheteurs étrangers.
- Les investissements japonais et américains dans les vignobles les plus prestigieux (Bordelais) se sont multipliés depuis une dizaine d'années.
- Les 60 millions de touristes étrangers qui viennent en vacances en France favorisent la promotion et la vente des vins hors de nos frontières.
- La France n'est que le deuxième exportateur mondial en volume (25 % des ventes contre 27,3 % à l'Italie) **mais le premier en valeur** (45 % du total des exportations).

2. Les échanges

- Les exportations de vins et d'eaux-de-vie (cognac, armagnac) ont dégagé **un solde positif** de 18 milliards de francs en 1995 (27,5 milliards pour l'ensemble du secteur des vins et des boissons).
- Sur 14 millions d'hectolitres exportés, les 5 premiers produits vendus sont les bordeaux, les bourgognes et les beaujolais, les côtes-du-rhône, le champagne et le cognac.
- Une dizaine de pays absorbe 70 % de nos exportations. L'Allemagne, la Belgique, les États-Unis, le Royaume-Uni, la Suisse, les Pays-Bas et le Japon sont nos meilleurs clients.
- Les importations de vins ordinaires d'Italie et d'Espagne, destinés à couper les vins de table, diminuent; celles des vins de qualité stagnent à un niveau modeste.

Le choix d'orienter la viticulture française vers les produits de qualité, aux prix plus élevés, s'est avéré fructueux. En 1996, **la crise viticole**, qui a touché la France pendant un siècle, **est oubliée**.

11 LES MUTATIONS DU VIGNOBLE EN LANGUEDOC-ROUSSILLON

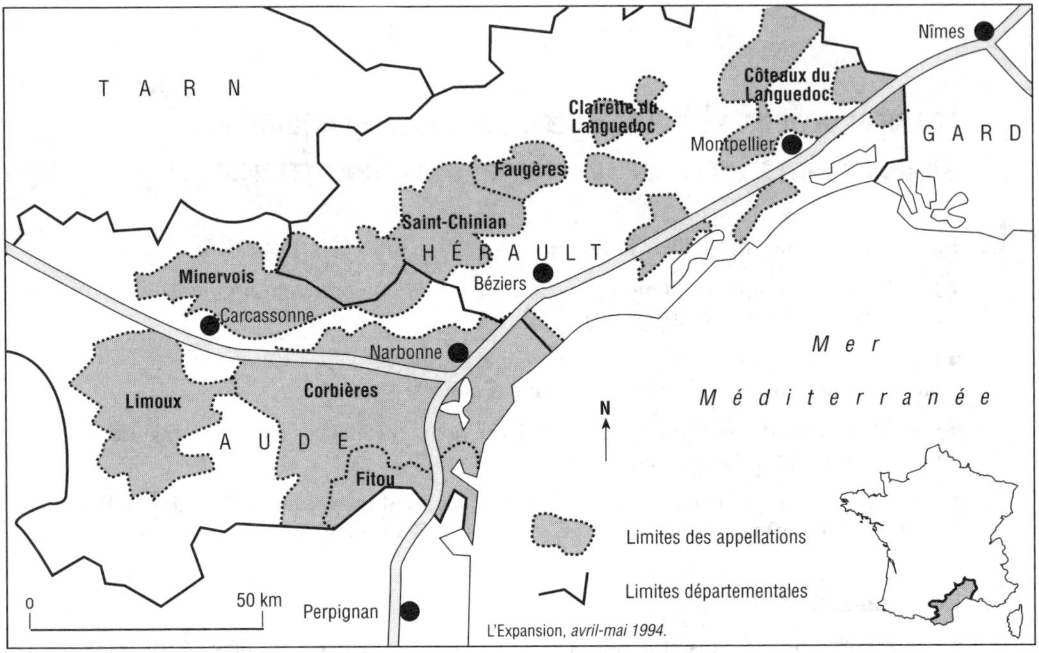

LES TRANSFORMATIONS DU VIGNOBLE LANGUEDOCIEN DEPUIS VINGT ANS

À la fin du XIXe siècle, le Languedoc est devenu le plus grand vignoble de masse du monde, sacrifiant la qualité à la quantité. Depuis trente ans, la diminution de la consommation des vins ordinaires en France a conduit ce vignoble à une remarquable transformation de ses productions.

L'ÉVOLUTION DE LA PRODUCTION DE VIN EN LANGUEDOC-ROUSSILLON DE 1983 À 1993

(milliers d'hectolitres)	1983	1988	1993
VQPRD	8 880	12 200	12 720
VCC	17 192	10 967	7 782
Total	26 072	23 167	20 502

INSEE TELR, 1994.

A. La production massive de vins de consommation courante (VCC) jusqu'aux années 60

1. Le développement du vignoble de masse

- À la fin du XIXe siècle, **ruinée par le phylloxéra**, la région se tourne vers la production de vins ordinaires. Entre les deux guerres, un océan de vignes de 480 000 hectares couvrait alors les plaines du Languedoc-Roussillon. Les rendements atteignaient 200 hectolitres à l'hectare ; le vin, faible en alcool (8 à 9 °), était coupé avec des vins d'Algérie débarqués dans le port de Sète.

- Cette viticulture apporta **la prospérité** à l'ensemble de la région : en 1955, un hectare de vigne valait aussi cher en Languedoc qu'à Saint-Émilion !
- Plus de 500 coopératives commercialisaient le vin dont les excédents chroniques étaient régulièrement rachetés par l'État.

2. Le retournement de la situation dans les années 60

- L'indépendance de l'Algérie fit cesser l'importation des vins plus riches en alcool.
- Les vins italiens puis espagnols commencèrent à concurrencer la production languedocienne, de plus en plus médiocre.
- Enfin, les Français délaissèrent progressivement les vins ordinaires pour s'intéresser aux AOC et aux VDQS.

B. La restructuration du vignoble depuis trente ans repose sur 3 facteurs

- L'espace, qui est le premier atout de la région.
- La prime d'arrachage communautaire (40 000 à 45 000 francs par hectare), qui a fait disparaître 115 000 hectares depuis le début des années 80. Dans le même temps la production de vin est passée de 30 à 20 millions d'hectolitres et le nombre des exploitations a diminué de 12 000.
- L'intérêt porté au Languedoc par une quarantaine d'investisseurs étrangers à la région : des Allemands, des Belges, des Suisses, des Australiens, des Français (Jacques Ribourel, qui dispose de 1 000 hectares près de Gruissan ; François Dalle, ancien P-DG de L'Oréal ; l'acteur Pierre Richard) qui constituent des domaines plantés de cépages nobles (syrah, viognier, picpoul). Les jeunes viticulteurs languedociens suivent le mouvement. 50 000 hectares ont déjà été replantés, produisant 500 millions de bouteilles par an, vendues entre 8 et 100 francs pièce.
- Depuis 1988, la production de VQPRD (AOC, VDQS, Vins de pays) dépasse celle des VCC.

C. Le nouveau visage du Languedoc-Roussillon

- Dès la Seconde Guerre mondiale, quelques vignobles s'étaient tournés vers la production de vins de qualité, essentiellement en Roussillon (Banyuls, Rivesaltes), où la viticulture n'a jamais été une monoculture. Depuis quinze ans, toute la région, du Rhône à la frontière espagnole, est touchée par la restructuration du vignoble.
- L'« océan de vignes » et les vins anonymes disparaissent progressivement ; le vignoble se fractionne en **une vingtaine de terroirs**, donnant des vins d'appellation (Coteaux-du-Languedoc, Faugères, Saint-Chinian, par exemple). Les techniques de culture se sont modifiées : taille comme dans le Bordelais, vendanges pendant la nuit pour éviter l'oxydation du raisin… La prospérité revient dans les campagnes : les plus anciens ont touché les primes d'arrachage, les plus jeunes, sur des exploitations restructurées, peuvent compter sur un revenu net de 15 000 à 30 000 francs par hectare.
- Quelques espaces languedociens, comme la plaine à l'ouest de Carcassonne, le Biterrois, le sud-ouest du Gard, échappent encore à cette orientation vers la qualité.

En une vingtaine d'années, le Languedoc-Roussillon est sorti d'une monoproduction viticole qui l'avait entraîné vers une succession de crises de surproduction et de campagnes d'arrachage du vignoble. Nous assistons là à **une des plus spectaculaires mutations** de l'agriculture française.

12 LA FORÊT ET LES INDUSTRIES DU BOIS

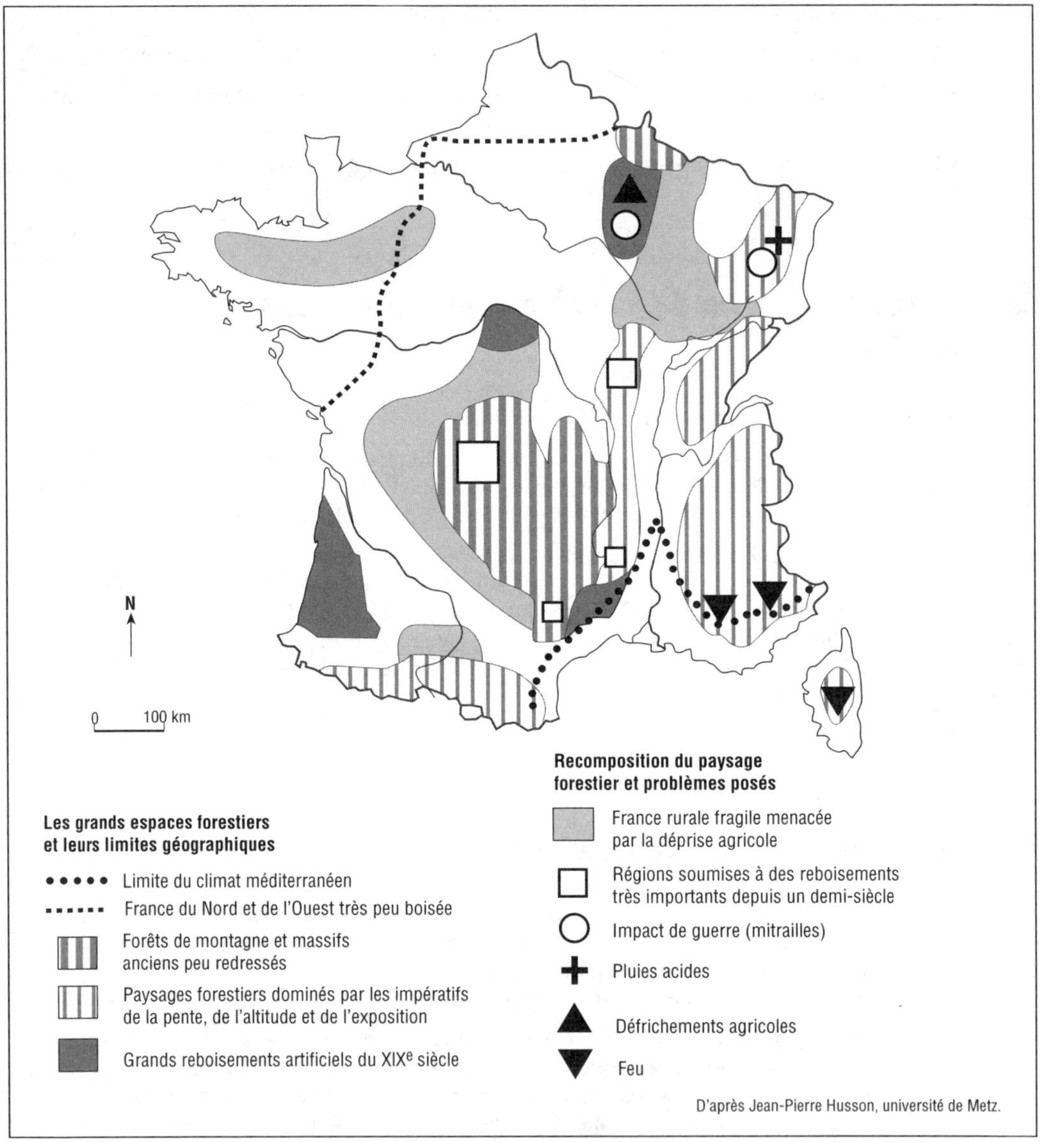

LES ESPACES FORESTIERS EN FRANCE MÉTROPOLITAINE

La forêt couvre 14,7 millions d'hectares, soit **27 % du territoire métropolitain** auxquels s'ajoutent 8 millions d'hectares de forêt équatoriale en Guyane. Constamment défrichée et exploitée jusqu'à la seconde moitié du XIXe siècle, elle a permis à l'homme d'assurer sa subsistance.

Gérée de façon rationnelle, à des fins économiques et écologiques, elle a regagné du terrain depuis un peu plus d'un siècle, au fur et à mesure que l'exode rural vidait les campagnes.

A. Évolution spatio-temporelle de la forêt

1. Un recul incessant jusqu'au milieu du XIXe siècle

■ La forêt était un espace nourricier :
- en plus du bois de construction et de chauffage, elle fournissait des ressources complémentaires comme les champignons et le gibier ;
- sa grande valeur économique en a fait une possession des ordres privilégiés jusqu'à la Révolution ;
- lors de la conquête de la Gaule par César, la forêt couvrait 85 % du territoire ;
- mais l'homme a accru l'espace cultivé aux dépens de la forêt, pour faire face à la pression démographique à la fin du Moyen Âge, au XVIIIe siècle et au cours de la première moitié du XIXe siècle ;
- ces défrichements continus ont réduit l'espace forestier à 13 % du territoire au début du règne de Napoléon III.

■ Le recul des espaces forestiers n'a pas été homogène :
- rapide et presque total dans la France de l'Ouest et la France méditerranéenne, sous la pression démographique, le recul de la forêt a permis l'avancée de formations secondaires comme la lande, la garrigue ou le maquis ;
- il fut plus tardif mais aussi complet sur les riches terres agricoles du Bassin parisien (Beauce, Picardie, Champagne berrichonne et Champagne crayeuse, où les derniers défrichements sont postérieurs à la Seconde Guerre mondiale) ;
- il fut moins prononcé dans les régions de montagne et sur les plateaux calcaires de l'est du Bassin parisien, en raison d'une pression démographique et d'une richesse des sols moindres ;
- au milieu du XIXe siècle, les 13 % du territoire qu'occupait l'espace forestier étaient largement concentrés dans le triangle Metz-Limoges-Nice.

2. La perception et l'utilisation des espaces forestiers ont changé avec l'industrialisation et l'urbanisation de la France

■ Le retour de la forêt depuis un siècle :
- les grands déboisements **ont cessé** dans la seconde moitié du XIXe siècle ;
- de grandes opérations de **reboisement** ont été entreprises à partir du second Empire ; les plus spectaculaires ont été menées dans les Landes, en Sologne, dans les Cévennes et dans la Champagne crayeuse, déboisée soixante-quinze ans plus tard ;
- les reboisements se sont poursuivis jusqu'à nos jours sous la direction des Eaux et Forêts puis de l'ONF (Office national des forêts). Depuis dix ans, le rythme annuel atteint 25 000 à 30 000 hectares. La DATAR prévoit 5 millions d'hectares de friches supplémentaires d'ici à 2005, ce qui va probablement accélérer les reboisements ;
- depuis le milieu du XIXe siècle, l'espace forestier métropolitain est passé de 7 millions à 14,7 millions d'hectares (soit une progression de 13 à 27 % du territoire).

■ Les causes de ce doublement de la couverture forestière en moins d'un siècle et demi sont multiples :
- l'industrialisation, accompagnée de l'urbanisation, a progressivement vidé l'espace rural ;
- la forêt a perdu son rôle dans la subsistance des hommes (ainsi le bois de chauffage a été remplacé par d'autres formes d'énergie) ;
- les machines et les engrais ont permis une augmentation spectaculaire des rendements agricoles ne nécessitant plus l'extension de l'espace cultivé pour nourrir une population de plus en plus nombreuse ;
- au contraire, les dernières décisions de la PAC vont réduire l'espace cultivé dont une partie va retourner à la forêt ;
- les citadins, désormais largement majoritaires, font pression pour obtenir la préservation et le développement des massifs forestiers à proximité des plus grandes agglomérations (ceinture verte autour de la plupart des grandes villes). La forêt a donc **une fonction écologique** aussi importante que la fonction économique liée aux industries du bois.

B. Structure et localisation de la forêt française

1. Trois grands types de forêts en liaison avec les trois grands domaines climatiques

- **La forêt océanique** est, à l'origine, principalement constituée de feuillus : chênes (40 %), hêtres (15 %), charmes, trembles…
- **La forêt méditerranéenne** est constituée à part égale de feuillus (châtaigniers, chênes verts et chênes-lièges) et de conifères (plusieurs essences de pins).
- **La forêt montagnarde** est caractérisée par son étagement : les feuillus (chênes, hêtres) jusqu'à 800 mètres, les conifères (sapins, pins, épicéas, mélèzes) jusqu'à 2 000 mètres.

2. Pour des raisons économiques, les conifères constituent l'essentiel des reboisements

- En 1995, les résineux représentaient **35 %** de la forêt française, contre **14 %** en 1900.
- En effet, un chêne ou un hêtre sont adultes entre 150 et 200 ans ; les conifères vers 100 ans. De plus, les résineux donnent un bois tendre plus adapté à la trituration, qui est à la base de l'industrie de la pâte à papier, et à la fabrication des panneaux de particules, qui absorbent 55 % de la production forestière.

3. Les grands massifs forestiers

- Ils sont localisés **à l'est d'une ligne Bordeaux-Charleville-Mézières.**
- Deux types de localisation peuvent être identifiés :
  - **les massifs montagneux**, où la forêt occupe l'espace abandonné par les ruraux et limite l'action du ravinement sur les fortes pentes ;
  - **les plaines et les plateaux aux sols pauvres** : sableux comme dans les Landes, en Sologne ou autour de l'agglomération parisienne ; calcaires comme en basse Bourgogne ou sur les revers des cuestas de l'est du Bassin parisien ; humides comme le ried alsacien.

4. Une forêt assez mal exploitée

- **65 %** des forêts françaises sont la propriété de particuliers dont les deux tiers possèdent moins de 10 hectares ; d'où une exploitation médiocre, voire une absence totale d'exploitation.
- Les **35 %** restants, appartenant à l'État (14 %) ou aux communes (21 %), sont bien gérés et bien exploités par l'ONF.
- **Donc seule un peu plus de la moitié** de l'espace forestier français est correctement mise en valeur.
- À ce problème foncier s'ajoute un problème technique : seules les futaies aux bois propres ont une bonne production de bois mais elles ne représentent que 45 % de la forêt française, contre 78 % en Allemagne. Avec 55 % de l'espace boisé, les taillis sous futaie et les taillis sont beaucoup moins productifs.

C. Dispersion et difficulté des industries du bois

- Trois activités essentielles constituent l'ensemble de la filière bois :
  - **l'industrie papetière**, fortement concentrée autour de quelques firmes car très exigeante en capitaux ;
  - **l'ameublement**, avec 13 000 entreprises le plus souvent artisanales ;
  - **les scieries** et la fabrication de **panneaux de particules** : 8 000 entreprises, dont très peu dépassent 50 salariés.

1. L'industrie papetière est en crise depuis vingt ans

- Elle est divisée en 2 branches :
  – l'industrie de la pâte à papier, qui absorbe 20 % de la production forestière;
  – l'industrie des papiers et cartons, qui se trouve à l'aval de la précédente.

- Ces 2 secteurs sont contrôlés par de **puissantes firmes** comme la Cellulose du Pin (rachetée récemment par la firme irlandaise SMURFIT), Aussedat Rey (filiale de l'américain International Paper) ou NSI (groupe norvégien qui possède une puissante usine près d'Épinal).

- **78 000** personnes sont employées dans ces 2 branches. Les principaux foyers de production sont les massifs forestiers : Landes, Vosges, Périgord, Alpes du Nord et la basse vallée de la Seine qui travaillent de la matière première importée (La Chapelle-Darblay à Saint-Étienne-du-Rouvray près de Rouen).

- La crise de cette industrie est due à la concurrence des pays du Nord (Canada, Scandinavie, Finlande, Russie) qui détiennent d'immenses réserves forestières et dont certains ont des monnaies dévaluées (Finlande) ou très faibles (Russie).

2. L'industrie de l'ameublement

- Dominée par une trentaine de grandes firmes comme Parisot et Roset, elle est surtout constituée de **12 000 artisans** employant moins de 10 salariés.

- Elle consomme 25 % des produits de la forêt et importe des essences tropicales (acajou, palissandre…).

- Employant **80 000** personnes, elle est dispersée sur tout le territoire avec un foyer important : l'Ouest (Vendée), qui regroupe 40 % des effectifs.

3. Les scieries et la production de panneaux de particules

- Les 850 scieries françaises, employant **20 000** personnes, travaillent pour le bâtiment et l'emballage; la plupart de ces unités de production sont situées à proximité des massifs forestiers (Vosges, Jura, Alpes du Nord).

- Le secteur de la fabrication des panneaux de particules, qui emploie **20 000** personnes, est apparue comme prometteur au début des années 60 mais il est, aujourd'hui, concurrencé par ceux des grands pays forestiers de la zone intertropicale (Indonésie, Thaïlande, Brésil). Sa localisation est la même que celle des scieries.

Grande richesse écologique et économique, la forêt française est en pleine extension. **Sa valorisation est insuffisante** à cause des structures foncières inadaptées, des entreprises trop dispersées et d'une concurrence communautaire et extracommunautaire très forte.

13 LA PÊCHE MARITIME

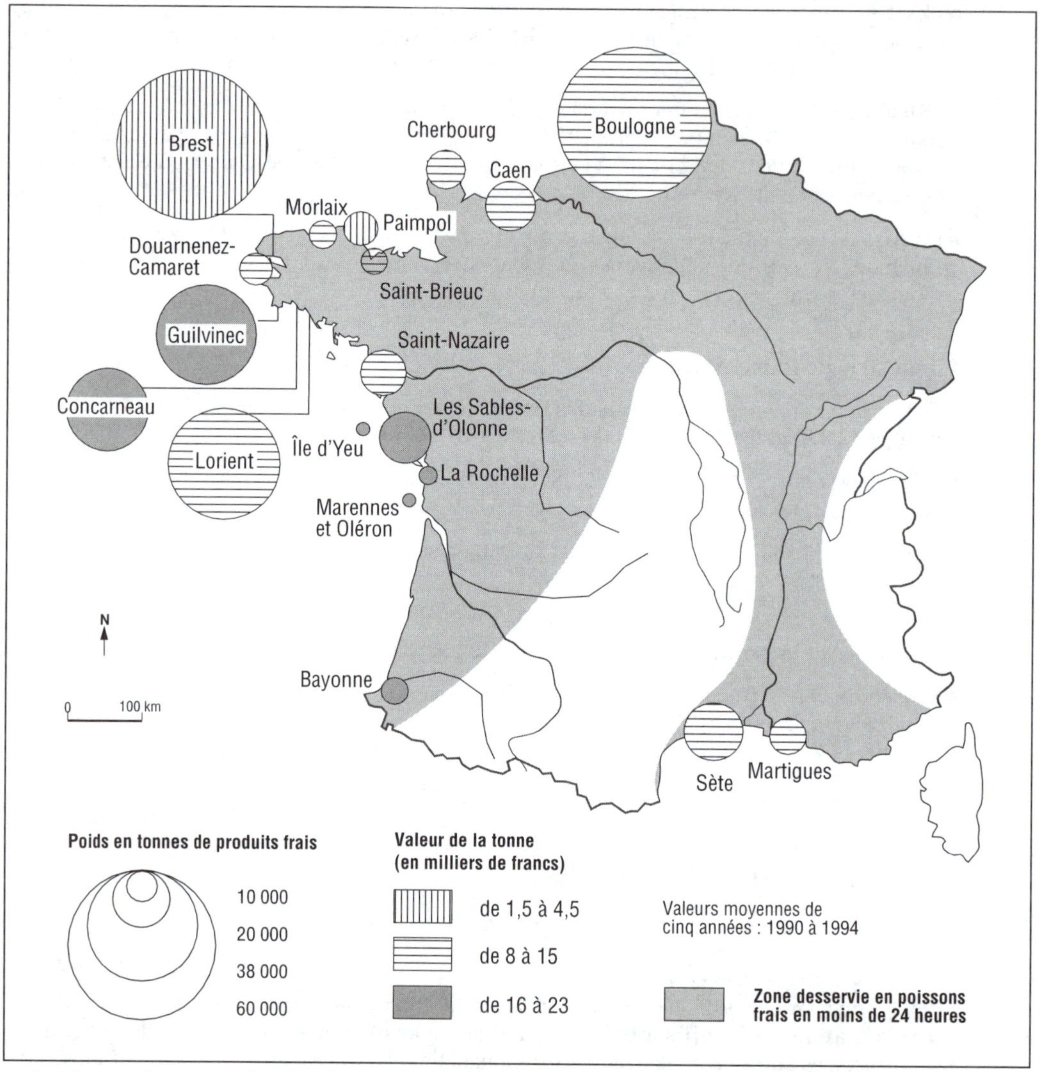

La pêche maritime et les grands ports en France métropolitaine

Grâce à l'étendue de ses façades maritimes, la France possède un potentiel important dans le domaine de la pêche maritime.

Cependant, ce secteur, en difficulté depuis plus de vingt ans, a vu ses effectifs passer de **34 000** pêcheurs, en 1970, à **15 000** en 1995. Trois causes principales expliquent cette longue crise de la pêche française :

– l'hétérogénéité de la profession ;
– la concurrence communautaire et extracommunautaire ;
– la **surpêche***, qui oblige les pêcheurs français à aller de plus en plus loin.

A. Pêche industrielle et pêche artisanale

On observe **une remise en cause** de la pêche industrielle.

- Inspirée par les Japonais et les Soviétiques dans les années 60, cette forme de pêche est apparue comme une évolution normale de la profession vers le modernisme. Des chalutiers de plus de 100 tonnes, à chalutage par l'arrière, ramenant 150 à 250 tonnes de poissons à chaque sortie, démontrèrent le manque de rentabilité de la pêche artisanale.
- Toutefois, cette forme de pêche connaît une crise depuis vingt ans ; la hausse du prix des carburants, entre 1973 et 1985, a renchéri les prix de revient : pour 15 tonnes de prises, un chalutier industriel consomme 5 tonnes de mazout contre 1 tonne pour un chalutier artisanal.
- Même si le prix du carburant a baissé depuis la fin de l'année 1985, 3 autres facteurs sont venus entamer la rentabilité de la pêche industrielle :
  - **l'épuisement** des zones de pêche situées à proximité des côtes françaises, à cause de la surpêche, d'où la nécessité d'aller de plus en plus loin pour rentabiliser ces grands et coûteux navires ;
  - les réglementations diverses qui gênent davantage les grands chalutiers : limitation des prises de certaines espèces, taille précise des filets, création en 1976 de la Zone économique exclusive (ZEE) ;
  - la fragilité des structures de commercialisation et **la baisse** des cours du poisson débarqué.
- Le nombre des grosses unités diminue donc alors que celui des navires moyens et petits est stable. Cette évolution est semblable dans tous les pays européens. La France conserve la deuxième flotte industrielle de l'Union européenne après celle de l'Espagne, d'où les nombreux conflits entre les 2 pays.

B. Une profession et des types de pêche très complexes

1. 14 000 pêcheurs participent à la pêche artisanale

- Ils travaillent sur 8 000 bateaux de moins de 30 tonnes et sont rémunérés à la part (leurs revenus dépendent directement des prises).

Les sorties durent de 1 à 10 jours, et cela toute l'année. Cette forme de pêche fournit essentiellement du poisson frais et représente **65 %** de la production française.

- Elle se divise en 2 grands types :
  - **la pêche côtière** (sorties de 1 à 3 jours), qui concerne la recherche de quelques espèces bien précises : bar, sardine et anchois en Méditerranée, thon et crustacés dans l'Atlantique ;
  - **la pêche au large** (sorties de 3 à 10 jours), pratiquée par des chalutiers de plus grande taille qui recherchent le thon ou le maquereau dans le golfe de Gascogne.
- Techniquement au point, la pêche artisanale n'a pas bien organisé la commercialisation de sa production : les variations (surtout à la baisse depuis cinq ans) du cours du poisson rendent de plus en plus difficile la survie de cette activité et ont incité le gouvernement à aider massivement les pêcheurs au printemps 1994.

2. La pêche industrielle n'emploie plus que 1300 personnes sur moins d'une centaine d'unités

- Les bateaux jaugent plus de 100 tonnes ; le propriétaire reste à terre, contrairement à la pêche artisanale, et possède souvent plusieurs navires. Cette forme de pêche assure près de **35 %** des prises. Elle se pratiquait très loin des côtes françaises jusqu'à l'augmentation du coût des carburants et la création des ZEE dans les années 70.

* ***Surpêche*** *: exploitation d'une zone de pêche au-delà de ses possibilités.*

- Elle se partage aujourd'hui en 2 secteurs :
  – **la grande pêche lointaine** à la morue, à la crevette, au thon, à la langouste (campagnes de 2 à 4 mois) dans l'Atlantique Nord et tropical et dans l'océan Indien ;
  – **une pêche plus proche** dans les mêmes eaux que la pêche artisanale et recherchant les mêmes prises (campagne de 10 à 20 jours).
- Malgré ces adaptations, le tonnage de la flotte industrielle est en recul : 125 000 tonnes en 1995 contre 200 000 tonnes en 1980.

C. Les ports de pêche

1. Les 155 ports sont regroupés en 40 quartiers de pêche, dont une quinzaine compte réellement

- Quatre quartiers se détachent nettement : **Concarneau** et **Guilvinec** qui ont largement dépassé, en valeur, **Boulogne** et **Lorient,** longtemps aux premier et deuxième rangs.
- Par secteur géographique, le littoral atlantique, de Brest à l'estuaire de la Gironde, est le premier en France pour la pêche maritime (48 % du total) avec une concentration élevée pour la valeur des prises en Bretagne Sud entre Douarnenez et Lorient.
- Le deuxième secteur, géographiquement moins concentré, est celui de la Manche et de la mer du Nord, de Morlaix à Dunkerque (40 % du total).
- Le littoral atlantique au sud de l'estuaire de la Gironde (5 %) et le littoral méditerranéen (7 %) apparaissent nettement en retrait.

2. Boulogne et Lorient demeurent cependant les ports les mieux équipés

- Outre des bassins à flot pour la pêche artisanale et industrielle, ces 2 ports possèdent de grandes halles pour la criée où les mareyeurs-expéditeurs achètent tous les jours le poisson débarqué.
- Ce poisson frais, transporté par wagons et camions frigorifiques, atteint l'ensemble du territoire français en moins de 24 heures, à l'exception d'une partie du Sud-Est et du Sud-Ouest.
- Boulogne a plus particulièrement développé l'industrie du froid (congélation du poisson ou de plats cuisinés à base de poissons).
- Lorient est plutôt le centre de la conserverie traditionnelle du littoral sud de la Bretagne.

Les 10 premiers quartiers de pêche, en valeur et en tonnage, en 1994

Quartiers de pêche	Valeur (en millions de francs)	Tonnage (en tonnes)
Concarneau	1 079	168 200
Guilvinec	610	36 500
Boulogne	494	67 100
Lorient	360	38 400
Les Sables-d'Olonne	317	21 200
Sète	285	24 100
Cherbourg	232	50 300
Saint-Nazaire	211	16 900
Caen	203	17 700
Marennes et Oléron	161	5 700

D. La conchyliculture et l'aquaculture

Alors que la pêche classique connaît de plus en plus de difficultés, la conchyliculture (élevage des coquillages) reste active, tandis que l'aquaculture se développe lentement.

1. La conchyliculture

- **L'ostréiculture** (élevage des huîtres) se pratique dans des parcs du Cotentin au bassin d'Arcachon et un peu en Méditerranée sur l'étang de Thau (Bouzigues). Elle emploie 18 000 personnes car l'élevage des huîtres est une activité délicate qui nécessite de nombreuses manipulations et une surveillance constante. Étoiles de mer et crabes prédateurs, maladies et pollution menacent les coquillages. Les entreprises familiales ont souvent des problèmes de revenus car les ventes sont essentiellement concentrées sur les mois d'hiver.
- **La mytiliculture** (élevage des moules) se pratique sur de gros piquets (bouchots) pour la production d'un coquillage moins fragile, de plus faible valeur marchande mais dont la consommation est plus régulière. Elle se pratique entre le Cotentin et l'estuaire de la Gironde et emploie 6 000 personnes environ.

2. Le lent développement de l'aquaculture

- **La pisciculture** en eau douce existe depuis toujours et conserve une vigueur certaine dans quelques rivières montagnardes non polluées ou dans certains pays riches en étangs comme la Dombes.
- **L'aquaculture marine** consiste à élever dans des bassins d'eau de mer des espèces sauvages, à forte valeur marchande, qui supportent la domestication.
- La Norvège, l'Écosse, le Canada, le Japon pratiquent l'aquaculture depuis la fin de la Seconde Guerre mondiale. C'est ainsi que ces 3 premiers pays ont pu inonder les marchés de saumons frais et fumés, provoquant une spectaculaire chute des prix de vente et rendant ces produits presque accessibles à tous.
- La France s'est lancée plus tardivement dans l'aquaculture; ses littoraux étant plus humanisés que ceux des 3 premiers pays producteurs. D'autre part, le tourisme balnéaire et l'aquaculture ne font pas bon ménage à cause de la pollution engendrée par les bassins aquacoles.
- Cependant, depuis vingt-cinq ans et surtout depuis 1985 (création de l'IFREMER : Institut français de recherche pour l'exploitation de la mer), l'aquaculture progresse, concurrençant dans une certaine mesure la pêche au large.
- Elle se pratique :
  – soit dans des marais salants désaffectés (Sigean pour l'élevage du bar, de la dorade et du turbot; littoral charentais pour la crevette);
  – soit dans des bassins artificiels, en Bretagne principalement (saumon et crustacés).
- La France a importé, en 1994, pour 1,5 milliard de francs de saumon ! L'aquaculture semble donc une voie intéressante pour compléter la pêche traditionnelle, en produisant à faible coût des espèces très demandées par la clientèle.

Avec une production de 800 à 850 000 tonnes par an, depuis vingt ans, la pêche française (y compris la conchyliculture et l'aquaculture) se situe, suivant les années, au **vingt-quatrième** ou au vingt-cinquième rang mondial en volume et au **neuvième** ou dixième rang en valeur (10 milliards de francs).

Cependant, l'augmentation constante des importations (780 000 tonnes en 1995 pour une valeur de 11 milliards de francs) montre que cette activité ne répond plus parfaitement aux besoins du marché et marque ainsi ses difficultés et **son déclin relatif**.

CONCLUSION

L'agriculture a participé aux remarquables efforts de modernisation et d'adaptation que le pays a effectués depuis 1945.

Stimulée et subventionnée par la PAC et les pouvoirs publics jusqu'au début des années 80, elle doit désormais apprendre à produire dans un marché plus concurrentiel.

Une minorité d'exploitations s'adapte à ces nouvelles conditions. Quel sera l'avenir des autres ?

CHAPITRE 8

L'INDUSTRIE

La France appartient aux nations industrielles les plus performantes. À ce titre, elle délaisse progressivement les industries de main-d'œuvre à faible valeur ajoutée et à technologie simple. Pour compenser, elle développe des industries fondées sur la mobilisation de la matière grise plus que sur la consommation de matières premières et d'énergie.

Cette évolution explique les mutations et les restructurations qui affectent les activités industrielles depuis un quart de siècle.

1 L'INDUSTRIE : UN SECTEUR IMPORTANT MAIS EN DÉCLIN

L'INDUSTRIE FRANÇAISE GARDERA-T-ELLE SON RANG DANS LE MONDE ?

La France est-elle une grande puissance industrielle ? Oui, sans ambiguïté. Conservera-t-elle son rang actuel... dans les dix ans à venir? Non, selon la grande majorité de nos interlocuteurs. Surprenant constat. Après quinze années de sang et de larmes, sanctionnées par la disparition d'1,7 million d'emplois industriels, l'industrie française n'aurait toujours pas décroché les clés de la pérennité. Pis : après s'être hissée à mi-pente de l'Olympe, au terme d'un effort de rattrapage inouï sur le terrain de la compétitivité, nos entreprises auraient atteint une sorte d'apogée... Dans dix ans, la France sera rattrapée par certains pays émergents comme la Chine ou la Corée...
Depuis l'extinction presque totale des canards boiteux (mécanique, machines-outils, chantiers navals), l'industrie n'est plus un objet de passion dans ce pays. Difficile de jouer les Cassandre quand l'année 1994 renvoie l'image d'un appareil industriel au mieux de sa forme. Excédent de 82 milliards de francs de la balance commerciale des industries manufacturières (y compris l'agroalimentaire), taux d'autofinancement passé de 96 % en 1993 à 109 % en 1994, ratio des capitaux empruntés sur ressources propres divisé par deux en dix ans, croissance des parts de marché, une amélioration générale des résultats d'exploitation l'an dernier... « Nous sommes entrés dans une phase de germanisation : les excédents commerciaux de notre industrie résistent malgré les désordres monétaires. Nous sommes sortis, en revanche, de la période où la France fondait sa compétitivité sur les prix, ce qui la rendait extrêmement dépendante des aléas conjoncturels. [...]
Car les tendances longues alimentent le doute pour le futur. Premier constat : sur la liste des entreprises industrielles mondiales classées par le chiffre d'affaires, il faut plonger jusqu'au vingt-cinquième rang pour dénicher le premier groupe français, Elf. [...] Quand on regarde le paysage mondial par secteurs, la présence d'un groupe français parmi les cinq premiers est exceptionnelle. [...] L'industrie française n'a pas de grand secteur dominant sur le plan international, contrairement à l'Allemagne, qui a comme points forts la mécanique et la chimie, ou le Japon, qui est en pointe dans l'automobile et l'électronique. [...] Autre handicap : le déclin continu de l'industrie dans notre économie. Entre 1980 et 1994, sa contribution directe au PIB a reculé de près de 6 points pour atteindre 28,7 %. [...] L'avenir de notre puissance industrielle se jouera principalement dans ce secteur multiforme et explosif où se dessine la future "société de l'information". La France aborde cette troisième révolution industrielle avec un retard préoccupant. [...] Autre enjeu : la capacité de nouer des alliances en gardant la maîtrise de son destin : dans les coopérations avec l'Allemagne, nos groupes ont du mal à surmonter le handicap de la taille. [...]

L'Expansion, *n° 500, avril 1995.*

La place moins importante depuis vingt ans de l'industrie dans l'économie nationale et dans la production industrielle mondiale et la crise de certains secteurs pourraient laisser entendre qu'il s'agit d'une activité en déclin. Pourtant, il faudrait plutôt y voir les conséquences des mutations profondes et nécessaires pour mieux s'adapter aux conditions nouvelles de l'économie mondiale. La situation des entreprises est très diverse, mais beaucoup, des PMI aux grands groupes industriels, sont dynamiques et performantes.

A. Malgré un certain déclin, ce secteur reste fondamental dans l'économie française

1. Une place fondamentale dans l'économie

- L'industrie française se place au quatrième rang des pays de l'OCDE derrière les États-Unis, le Japon et l'Allemagne. Elle occupe la deuxième place dans l'Union européenne.
- En 1995, l'ensemble du secteur industriel représente plus de 28 % du PIB et les industries manufacturières près de 17 %.

- **Les produits industriels représentent près de 90 % des exportations françaises.**
- Ce secteur représente 5,7 millions d'emplois, soit 27 % de la population active ; l'industrie manufacturière au sens strict, 3,5 millions, soit 16 % de la population active.

2. Un secteur qui décline ?

- En 1970, la part de l'industrie (bâtiment non compris) représentait 33,6 % du PIB ; elle n'en représente plus que 22 %.
- **Depuis une vingtaine d'années, on peut estimer que 1,5 million d'emplois ont été perdus dans l'industrie.** Les fermetures d'entreprises, la baisse d'activité dans certains secteurs, la hausse de la productivité et le transfert de certaines activités vers des entreprises de services expliquent cette hémorragie.
- **Certaines branches ont connu une baisse très importante de leur production depuis 1974** : sidérurgie, construction navale, raffinage du pétrole, textile, machine-outil…
- **Des régions entières sont en crise** à cause du déclin ou de la disparition des industries qui étaient le pilier de leur économie. Cela touche les vieilles régions industrielles mais aussi les espaces dynamiques au cours des « trente glorieuses ». La restructuration des industries d'armement menace gravement beaucoup de villes, en particulier dans le Sud (Tarbes…) et dans l'Ouest (Brest…).

3. La part de l'industrie française dans la production mondiale diminue

- **Dans beaucoup de secteurs, la place de la France a régressé.** Sa part dans la production mondiale a diminué.

DANS UN CERTAIN NOMBRE DE SECTEURS, L'INDUSTRIE FRANÇAISE A ENREGISTRÉ UN RECUL ENTRE 1973 ET 1995

(en milliers de tonnes)	Rang mondial 1973	Rang mondial 1995	Production 1973	Production 1995
Capacité de raffinage	5	9	147 050	86 044
Acier	5	11	25 264	18 107
Aluminium	6	12	358	364
Filés de coton	6	22	272	105
Laine (filés)	3	10	151	52
Textiles synthétiques	7	20	266	130
Automobile (1)	4	4	3 202	3 042
Construction navale (2)	5	18	1 133	136

(1) en milliers de voitures particulières. (2) en milliers de TPL.

B. Les performances et le degré de concentration des industries varient fortement

1. Une production diversifiée

- En 1995, la valeur ajoutée des industries de biens intermédiaires représentait 403 milliards de francs, celle des biens d'équipement professionnels 331 milliards et celle des biens de consommation 327 milliards.
- **La France possède une gamme de productions industrielles très complète.**

- **Cependant, cela ne doit pas cacher la faiblesse de certaines productions** et la dépendance qui en résulte vis-à-vis de l'extérieur (motocycles, machine-outil, industries du bois et de l'ameublement, équipement ménager, électronique grand public...). Ces lacunes s'expliquent le plus souvent par l'incapacité à faire face à la concurrence étrangère ou par des erreurs de stratégie.

2. Les PMI

- Dans l'industrie manufacturière, les entreprises de moins de 500 salariés représentent près de 93 % du total, environ 50 % de l'emploi industriel mais seulement 26 % de l'investissement.
- Jusqu'à une période récente, les PMI ont mieux résisté à la crise, perdant moins d'emplois que les grandes entreprises, mais leur effort d'investissement a été moindre et la plupart n'exporte qu'une faible part de leur production.
- **Certaines PMI performantes sont :**
  - celles qui fabriquent des produits innovants ou dont elles maîtrisent bien la technologie. Elles sont alors très compétitives sur le marché mondial : Essilor, Salomon, Rossignol, remontées mécaniques Pomagalski... ;
  - les sous-traitants qui fabriquent en petites séries des produits de haute technologie pour les grandes firmes (automobile, aéronautique, électronique...).
- Pourtant, **beaucoup de PMI, à la limite de la rentabilité, sont menacées**. Celles-ci travaillent généralement dans des secteurs traditionnels (textile, habillement, cuirs...).

3. Les grandes entreprises

LES 10 PREMIÈRES ENTREPRISES INDUSTRIELLES FRANÇAISES EN 1995

Société	Activité	Chiffre d'affaires (milliards de francs)	Effectifs	Rang en Europe	Rang mondial
1 Elf Aquitaine	Pétrole, chimie, santé	208,2	85 500	10	27
2 Renault	Automobile	184	138 574	12	33
3 PSA	Automobile	164,2	139 900	15	38
4 Alcatel Alsthom	Télécom, transports	160,4	191 800	18	42
5 Total	Pétrole, chimie	135,8	53 536	23	53
6 Rhône-Poulenc	Chimie, santé	84,8	82 556	34	96
7 Bouygues	BTP, communication	82	91 894	35	99
8 Danone	Alimentation	79,4	73 823	40	*
9 Usinor-Sacilor	Sidérurgie	78,4	59 335	41	*
10 Péchiney	Aluminium, emballages	77	59 999	42	*

* Entreprise ne figurant pas dans les 100 premières mondiales.

L'Expansion, *n° 536, novembre 1996.*

- En 1995, 9 entreprises françaises se classent parmi les 100 premières mondiales, 26 parmi les 100 premières européennes.
- Moins de 1000 entreprises emploient plus de 500 personnes. Elles représentent près de 50 % des emplois, 62 % des ventes hors taxes de l'industrie. Ce sont elles qui font le plus gros effort de recherche-développement. Une part croissante de leur activité se fait à, ou avec, l'étranger. Elles assurent près des trois quarts des exportations et investissent de plus en plus hors de nos frontières.

- **Depuis 1974, elles ont fait de gros efforts pour améliorer leur productivité et se restructurer. Ce sont elles qui ont enregistré les pertes d'emplois les plus importantes.**
- **La concentration est inégale suivant les secteurs.** Elle est très forte dans les secteurs de l'énergie, la métallurgie, l'aéronautique et la chimie. Elle est très faible dans les secteurs du textile, de l'habillement, de l'ameublement, de l'agroalimentaire et de la mécanique où près de 3 000 entreprises sur 6 000 ont moins de 50 salariés.

LES CARACTÉRISTIQUES DES ENTREPRISES DE 20 SALARIÉS ET PLUS DANS L'INDUSTRIE MANUFACTURIÈRE EN 1994

	Taille des entreprises		
(nombre de salariés)	**20 à 99**	**100 à 499**	**500 et plus**
Nombre	17 246	3 961	850
Effectifs employés (en milliers)	710,1	806,7	1 549,2
Chiffre d'affaires HT (milliards de F)	483,2	716,2	2 133,5
Part dans les exportations industrielles (%)	7,5	20,7	68,8
Valeur ajoutée HT (milliards de F)	185,7	243	751,4
Investissements (milliards de F)	16,7	25,2	115,1

2 L'INDUSTRIE FRANÇAISE FACE AUX DÉFIS DE L'ÉCONOMIE MONDIALE

LA FRANCE A DES SOCIÉTÉS PUISSANTES MAIS MANQUE DE GÉANTS INDUSTRIELS

Secteurs d'activité	1re entreprise française	1re entreprise mondiale	2e entreprise mondiale	3e entreprise mondiale	4e entreprise mondiale
Automobile	Renault (184)	General Motors (É-U, 842)	Ford (É-U, 684)	Toyota (Japon, 564)	Daimler Benz (All., 360)
Pétrole	Elf (208)	Exxon (É-U, 550)	Royal Dutch Shell (P-B, 548)	Mobil Oil (É-U, 332)	British Petroleum (R-U, 284)
Chimie	Rhône-Poulenc (85)	Dupont de Nemours (É-U, 187)	Hoechst (All., 181)	BASF (All., 160)	Bayer (All., 155)
Électronique	Thomson (72)	Hitachi (Japon, 441)	Matsushita (Japon, 358)	General Electric (É-U, 349)	Toshiba (Japon, 260)
Informatique	IBM France (34)	IBM (É-U, 358)	Fujitsu (Japon, 204)	Hewlett Packard (É-U, 157)	NEC (Japon, 231)
Agroalimentaire	Danone (79)	Philipp Morris (É-U, 329)	Unilever (P-B, 247)	Nestlé (Suisse, 238)	Pepsico (É-U, 151)

Le nombre entre parenthèses indique le chiffre d'affaires de 1995 en milliards de francs.
Tableau établi d'après les données de *L'Expansion*, n° 536, novembre 1996.

L'ouverture sur l'extérieur est une nécessité impérieuse pour l'industrie française. Quelles en sont les conséquences ? Les remarquables progrès dans le domaine de la compétitivité qui ont été faits depuis une quinzaine d'années ont-ils donné à l'industrie des atouts suffisants ?

A. Un secteur largement ouvert sur l'extérieur

1. Une internationalisation de plus en plus poussée

LA PART DU CHIFFRE D'AFFAIRES RÉALISÉ À L'ÉTRANGER POUR QUELQUES ENTREPRISES FRANÇAISES (1995)

Elf	52,6 %	Thomson	74,3 %
Renault	51,8 %	Saint-Gobain	84,5 %
PSA	54,7 %	Michelin	62,3 %
Alcatel-Alsthom	75,2 %	L'Oréal	73,6 %
Total	72,1%	Eridania-Beghin-Say	78,6 %
Rhône-Poulenc	78,2 %	Aérospatiale	70,5 %
Danone	53,4 %	Sollac	60,2 %
Péchiney	63,2 %	LVMH	83 %

D'après L'Expansion, *n° 536, novembre 1996*

■ **L'étranger joue un rôle croissant dans l'activité des entreprises industrielles.** Leur stratégie s'inscrit toujours plus dans un contexte de mondialisation et de pénétration des marchés extérieurs. Le marché français se révèle trop étroit pour la croissance et le maintien de la compétitivité de ces sociétés.

■ **Depuis quelques années l'effort d'investissement à l'étranger est impressionnant**.

■ **Les exportations représentent une part importante de la production de certains secteurs :** 74 % dans la chimie de base, 47 % dans le secteur de l'automobile et des matériels de transports terrestres, 38 % dans la parachimie-pharmacie, 60 % dans la construction aéronautique, navale et l'armement, 60 % dans les biens d'équipement ménager….

■ Beaucoup de grosses entreprises réalisent l'essentiel de leur chiffre d'affaires à l'étranger grâce à leurs exportations ou à l'activité de leurs filiales.

2. Cette ouverture est nécessaire

■ La nécessité d'importer de l'énergie et des matières premières oblige la France à exporter.

■ Une partie importante de la production (30 % du CA des entreprises de produits manufacturés) et des emplois est liée aux exportations.

■ Par son intégration à l'Union européenne, la France est ouverte sur le marché le plus important du monde. Les pays européens sont ses principaux clients.

3. L'ouverture impose des défis difficiles à relever

■ L'ouverture des frontières se traduit par la concurrence acharnée de pays dans le domaine des prix, de la qualité ou de la technologie. **Cette concurrence se fait sur les marchés extérieurs mais aussi sur le marché intérieur.**

■ **Elle impose des délocalisations à l'étranger** aux entreprises qui veulent produire moins cher ou conquérir des marchés extérieurs. Toutefois, cela nuit à l'emploi et à la croissance de la production française. Par exemple, alors que Péchiney est un des plus gros producteurs d'aluminium dans le monde, la France ne se situe qu'au douzième rang mondial pour la production de ce métal, malgré la mise en service récente de l'usine de Gravelines.

B. L'ouverture révèle certaines faiblesses mais aussi certains atouts

1. Une spécialisation insuffisante

■ **La France n'a pas toujours su choisir les créneaux industriels les plus porteurs**, à la différence de l'Allemagne (mécanique, chimie) ou du Japon (électronique, biens d'équipement). Rares sont les entreprises occupant une place de leader dans leur secteur (Michelin, Péchiney, Saint-Gobain, L'Oréal…).

■ **Les firmes françaises ont un profil trop généraliste** : l'automobile, par exemple, ne parvient pas à conquérir une part significative du marché européen des voitures haut de gamme malgré des efforts renouvelés (605, XM, Safrane).

■ **Les groupes français ont souvent une taille insuffisante** face à leurs principaux concurrents étrangers.

■ Souvent bien placés, les différents secteurs industriels français n'occupent que trop rarement une place déterminante sur les marchés.

2. Investissements et R & D n'ont pas toujours été suffisants

- Depuis le déclenchement de la crise jusqu'au début des années 80, les investissements ont été sacrifiés au profit du maintien du niveau de vie.
- En revanche, à partir de 1985, **un formidable effort d'investissement a permis à la France d'accroître fortement sa compétitivité au détriment de l'emploi.**
- Cependant, l'investissement productif a baissé de façon inquiétante de 1991 à 1993 (– 21 %). Il stagne depuis.
- La R & D, négligée entre 1970 et 1985, connaît depuis cette date un essor important qui permet à la France de se situer au quatrième rang mondial dans ce domaine malgré une dépense par habitant inférieure à celle du Japon, des États-Unis et de l'Allemagne. Deux faiblesses persistent dans ce secteur :
  – les liens entre recherche fondamentale et entreprises demeurent insuffisants ;
  – la balance des brevets reste déficitaire.

3. Formation et coût de la main-d'œuvre

- Bien qu'en progrès sensible depuis une quinzaine d'années, la formation professionnelle et technique demeure mal adaptée en raison des liens insuffisants entre le système scolaire et les entreprises.
- En ce qui concerne **le coût du travail, la France est bien placée par rapport à la plupart de ses principaux concurrents.** Toutefois, le poids des charges sociales constitue un lourd handicap, plus particulièrement pour les industries de main-d'œuvre.

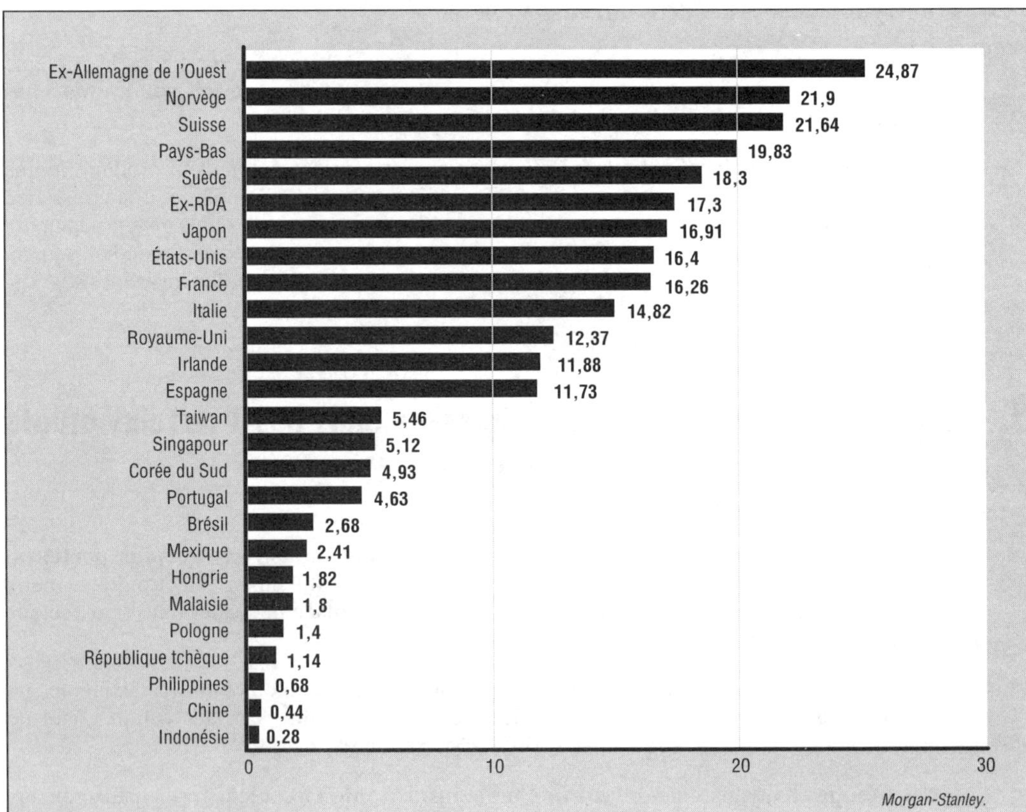

LES COÛTS SALARIAUX OUVRIERS EN 1993
(en dollars par heure dans l'industrie)

4. Les atouts de la géographie

- La France est un des pays de l'Union européenne qui dispose encore d'un vaste espace aménageable (c'est l'aspect positif du sous-peuplement relatif).
- Les possibilités d'amélioration de cet espace sont renforcées par l'amélioration constante des infrastructures de transport, à l'exception des installations portuaires.
- Le cadre, la qualité de la vie et l'environnement intellectuel constituent autant d'atouts, en particulier pour les investissements étrangers.

Tous ces éléments confirment que la France demeure un grand pays industriel, moins typé cependant que l'Allemagne et le Japon.

LES PRODUITS DE HAUTE TECHNOLOGIE

	Valeur des exportations (1)	Part dans les exportations industrielles (%)	Part du marché mondial des produits de HT (%)	Dépenses d'investissement en R & D (2)
États-Unis	135 834	40	19,7	2,7
Japon	119 822	36	17,5	2,9
Allemagne	79 357	20	11,6	2,5
Royaume-Uni	51 325	32	7,5	2,2
France	47 770	25	7	2,4
Italie	20 679	13	3	1,3

(1) : en millions de dollars.
(2) : en % du PIB de l'année 1993.

L'Industrie française, *pp. 55 et 61, SESSI, ministère de l'Industrie, années 1995-1996.*

3 L'ESPACE INDUSTRIEL AU DÉBUT DES ANNÉES 50

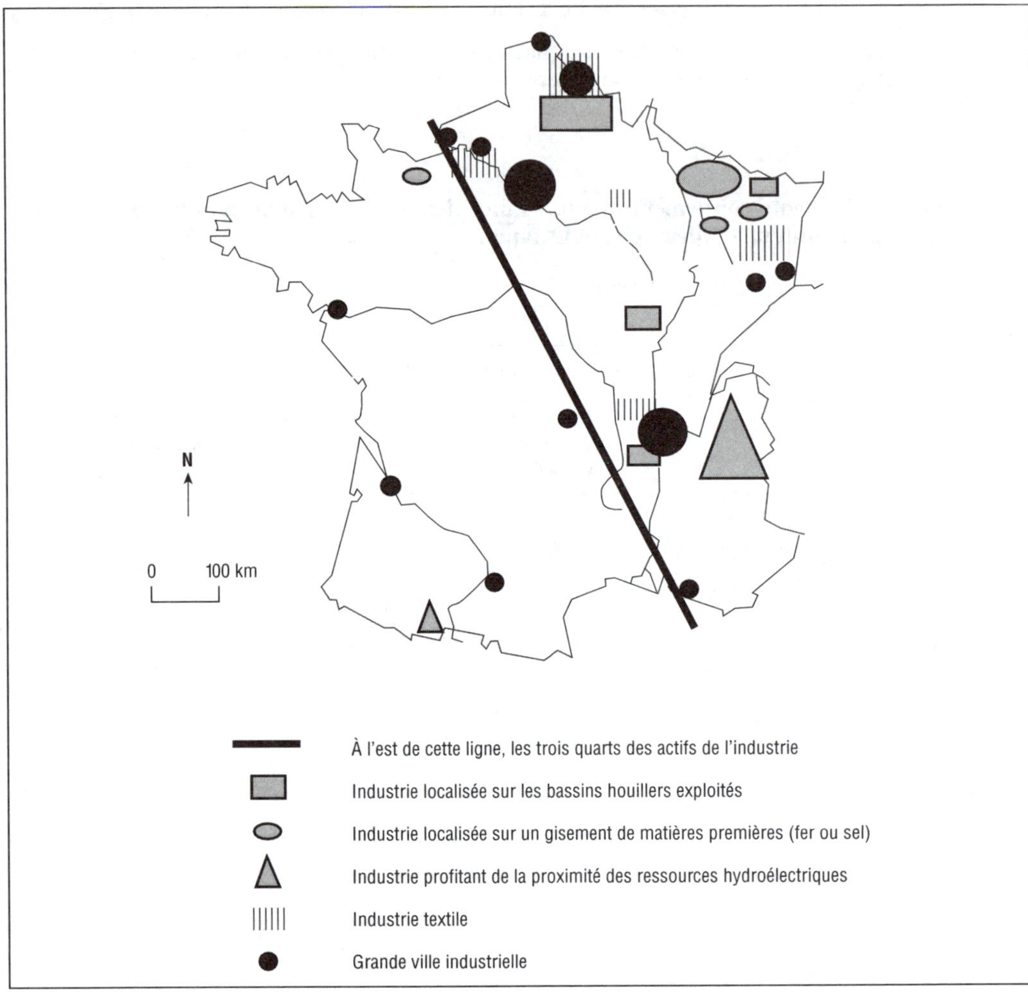

L'ESPACE INDUSTRIEL EN 1950

Au début des années 50, l'espace industriel français est l'héritage des facteurs de localisation traditionnels, essentiellement liés à la première révolution industrielle. Ceux-ci favorisent la moitié est de la France. L'Ouest reste sous-industrialisé.

A. Les facteurs traditionnels de localisation

1. Les ressources du sous-sol

- La relative fermeture de l'économie française favorise l'exploitation des ressources nationales en énergie et en matières premières minérales.

- Le souci de minimiser les coûts d'approvisionnement a conduit les industries de base à s'installer à proximité des gisements permettant le développement d'un certain nombre de régions industrielles :
  – charbon du Nord, hydroélectricité des Alpes ;
  – fer de Lorraine ou de Normandie ;
  – sel de Lorraine, potasse d'Alsace…

2. Ville et moyens de communication

- Les moyens de communication de l'époque ont joué un rôle important dans l'organisation de l'espace industriel français. Si la voie d'eau n'a pas eu le même rôle moteur qu'en Allemagne, le chemin de fer a conditionné le développement industriel des régions. Des villes comme Orléans ou Auxerre, en refusant d'être desservies par une gare, ont retardé durablement leur essor économique. De même, les ports ont constitué un facteur d'implantation d'industries liées à leurs activités d'échanges : construction navale, transformation des produits coloniaux….
- Certaines grandes villes ont attiré l'industrie. C'est le cas de Lyon mais surtout de Paris. Leurs atouts furent :
  – un savoir-faire et des traditions remontant à l'époque préindustrielle ;
  – la présence d'une main-d'œuvre nombreuse ;
  – l'existence d'un marché important ;
  – leur position de carrefour majeur ;
  – la présence de capitaux.

3. Des facteurs divers peuvent expliquer un certain nombre de localisations

- Certaines localisations sont des héritages d'activités économiques traditionnelles souvent implantées en milieu rural : métallurgie ardennaise, horlogerie et industries de précision en Franche-Comté…
- Certaines régions ou certaines villes doivent leur activité industrielle à de grandes familles d'entrepreneurs : développement du textile dès le XVIIIe siècle à Mulhouse (familles Kœchlin, Dolfuss, Mieg…), des industries mécaniques à Sochaux (Peugeot), des pneumatiques à Clermont-Ferrand (Michelin).

B. En 1950, prépondérance de quelques régions industrielles

1. En 1950, une ligne Le Havre-Marseille coupe la France en deux

- **À l'est, se trouvent les grandes régions industrielles dont le développement et le dynamisme sont remarquables.** Elles emploient les trois quarts des actifs de l'industrie. La France de l'Est est plus urbaine et plus riche en énergie et en ressources du sous-sol.
- **L'Ouest est resté plus rural,** et seuls quelques pôles industriels (en général des ports ou des villes comme Toulouse) émergent d'un ensemble peu dynamique dont le développement connaît quelques retards.

2. Quatre grandes régions industrielles dominent l'espace français

- **Paris se situe nettement au premier rang.** La ville et sa proche banlieue assurent, en 1953, près de 20 % de la production industrielle nationale. Toute la gamme des industries de transformation est représentée.
- **Le Nord-Pas-de-Calais** (10 % de la production industrielle) est la deuxième région industrielle. Sa force repose sur le charbon, le textile, l'industrie chimique et l'agroalimentaire.
- **La Lorraine** est une région dynamique à l'expansion remarquable : sidérurgie, charbon, chimie liée au charbon et au sel, textile dans les Vosges…
- **La puissance de la région Rhône-Alpes** repose sur le charbon et la métallurgie à Saint-Étienne, sur la chimie et les industries mécaniques à Lyon, ainsi que sur l'électrométallurgie dans les vallées alpines.

4 L'ESPACE INDUSTRIEL AU DÉBUT DES ANNÉES 70 : UNE ATTÉNUATION DES CONTRASTES EST-OUEST

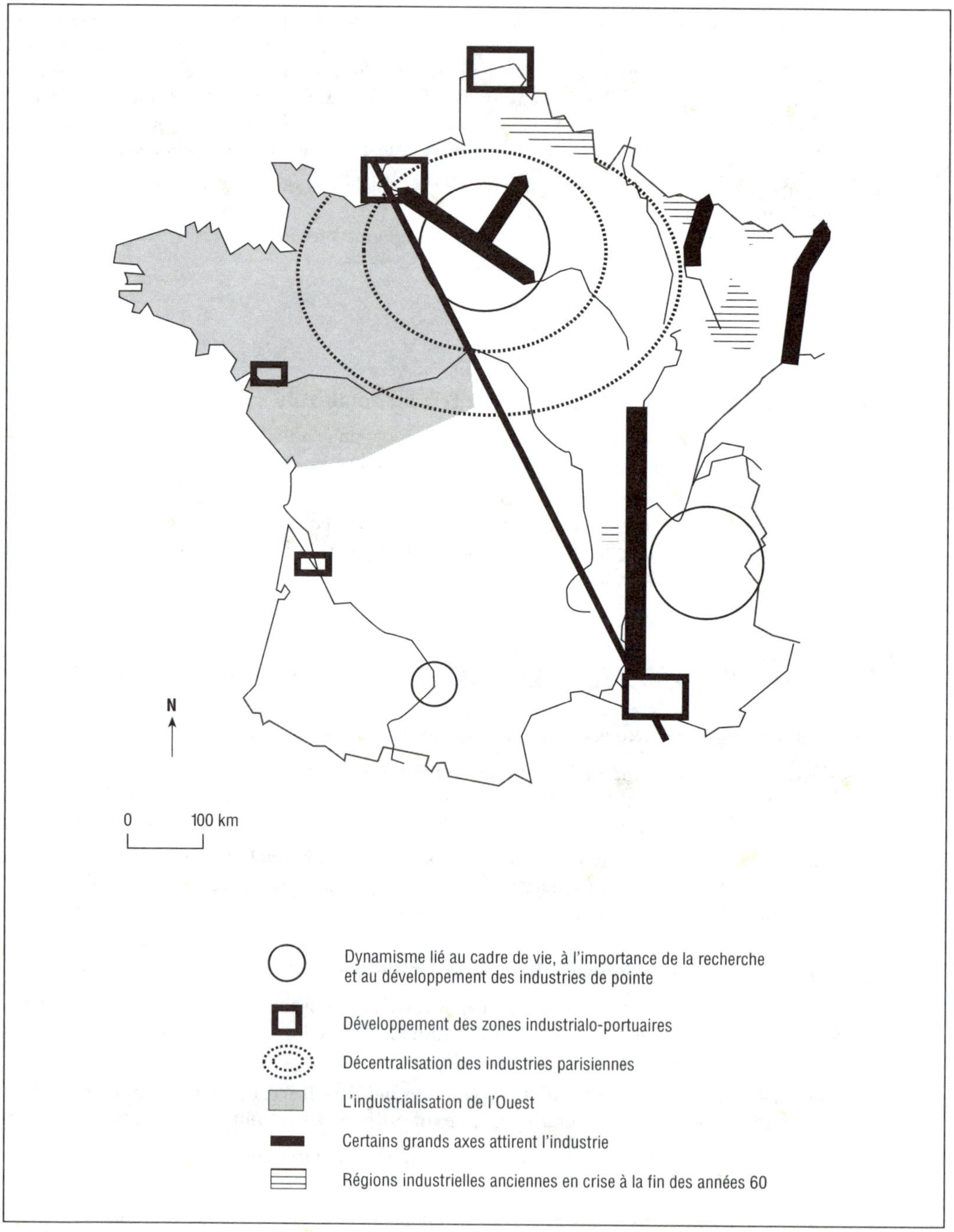

LES MUTATIONS DE L'ESPACE INDUSTRIEL DURANT LES « TRENTE GLORIEUSES »

La croissance des « trente glorieuses », qui a bouleversé et modernisé l'industrie française, a-t-elle modifié sensiblement l'espace industriel ? Les nouveaux facteurs de localisation liés à l'évolution économique et à la géographie volontaire ont atténué les contrastes spatiaux sans les faire disparaître totalement.

A. La croissance des « trente glorieuses » : de nouveaux facteurs de localisation

1. Le rôle des moyens de transports

■ **L'ouverture de l'économie, le souci de s'approvisionner à meilleur compte en énergie et en minerais ainsi que la révolution des transports maritimes ont renforcé la littoralisation des activités industrielles** : raffinerie, pétrochimie, sidérurgie sur l'eau… Trois zones portuaires sont privilégiées : Dunkerque, Fos et la basse Seine. Les ports de l'Atlantique profitent moins de cet essor en raison de communications plus difficiles avec l'arrière-pays.

■ **Les localisations se font, aussi, de façon linéaire sur de grands axes** où se trouvent les principales infrastructures de transports et qui sont animés par un ou plusieurs pôles de croissance :
- l'axe de la Seine est le plus important : il bénéficie de la voie d'eau, d'un tissu d'autoroutes, de tubes, de voies ferrées, de grands ports et de la proximité de Paris. De nombreuses industries s'y développent (automobile, pétrochimie…) ;
- l'axe rhodanien est desservi par la voie d'eau, l'autoroute et l'oléoduc Marseille-Karlsruhe. Il constitue un « couloir de la chimie » et dispose d'infrastructures comme les barrages construits sur le Rhône ;
- l'axe rhénan et, dans une moindre mesure, l'axe mosellan, où certaines usines sidérurgiques lorraines profitent de la Moselle canalisée, sont également favorables aux implantations industrielles.

Ces axes structurent de plus en plus l'espace français.

2. La géographie volontaire

■ Dans les années 50, les pouvoirs publics prennent conscience des déséquilibres de l'espace français : hypertrophie parisienne et sous-industrialisation de l'Ouest. Les années 60 voient apparaître les premiers signes de la crise des vieilles régions industrielles : charbon (Nord en particulier), textile (Nord, Vosges…), minerai de fer (Lorraine).

■ **Une politique volontariste de l'État**, par le biais de l'aménagement du territoire, tente de corriger ces déséquilibres par un certain nombre de mesures :
- création d'infrastructures permettant de favoriser l'implantation d'industries (zones portuaires, aménagement des voies d'eau, autoroutes…). La DATAR a joué un rôle moteur dans la création de Fos ;
- primes, aides, mesures fiscales pour favoriser l'implantation d'industries dans certaines régions ;
- politique de décentralisation pour encourager les entreprises parisiennes à s'installer en province et freiner toute installation ou tout agrandissement en région parisienne.

■ Au niveau local et régional, le dynamisme d'élus locaux parfois influents, la création de zones industrielles aménagées et une politique fiscale avantageuse expliquent certaines localisations industrielles.

3. Le facteur main-d'œuvre est déterminant pour beaucoup d'industries

■ Certaines industries recherchent une main-d'œuvre qualifiée, d'autres, au contraire, une main-d'œuvre peu exigeante pour diminuer les coûts salariaux. Ces facteurs ont joué dans les deux sens dans la France des années 60.

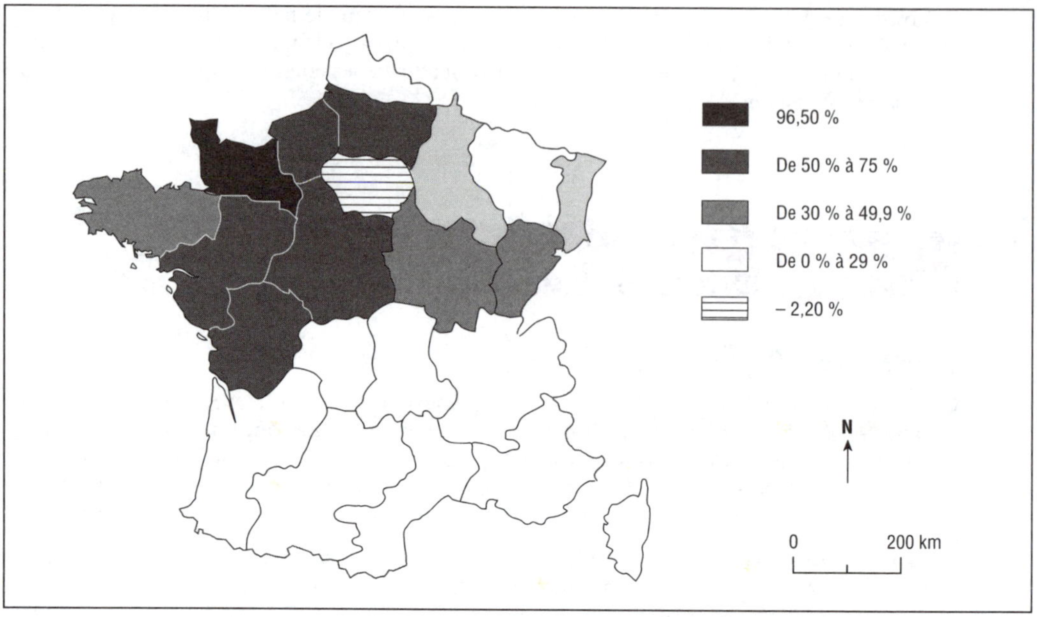

LA CROISSANCE DE L'EMPLOI INDUSTRIEL DE 1954 À 1975

- Certaines régions de l'Est, du Nord et de l'est du Bassin parisien ont profité d'installations d'industries en raison de leurs ressources en main-d'œuvre qualifiée et de l'existence de traditions industrielles.
- Inversement, la nécessité de créer des emplois à faible coût salarial et peu qualifiés a favorisé l'implantation d'usines dans des régions encore très sous-industrialisées mais disposant d'une main-d'œuvre disponible et nombreuse du fait de la baisse de l'emploi agricole. C'est le cas des régions de l'Ouest, en particulier la Bretagne et la Basse-Normandie.
- La recherche de la qualité de la vie et de l'environnement dans un milieu socioculturel favorable, à proximité de grands centres de recherche, commence à jouer en faveur de certaines régions. Le dynamisme de Grenoble en est un bon exemple.

B. Une atténuation des contrastes Est-Ouest

1. La France est toujours coupée par la ligne Le Havre-Marseille

- Près des deux tiers des emplois industriels se trouvent toujours à l'est de cette ligne. Malgré la crise qui commence à toucher certaines régions (le Nord et, dans une moindre mesure, la Lorraine), la partie orientale de la France reste prépondérante.
- **La littoralisation de l'industrie, la dynamique des grands axes et l'essor de certaines régions** (Alsace, Alpes) **ont profité surtout à la moitié est.**

2. La décentralisation a été une réussite partielle

- **Paris reste, encore et de très loin, la principale région industrielle de France.** L'Île-de-France a perdu, de 1962 à 1975, 130 000 emplois dans l'industrie manufacturière (BTP et énergie exclus). La ville et la proche couronne ont connu une désindustrialisation. Pourtant, la « grande couronne » a gagné 154 000 emplois industriels.

- **La décentralisation a surtout profité aux régions proches de Paris** : Centre, Haute-Normandie et Basse-Normandie, Picardie… L'essentiel des opérations s'est fait dans un rayon de 200 kilomètres autour de la capitale. Il faut parler de desserrement plus que de décentralisation. Il n'y a pas eu, le plus souvent, de transferts complets, mais des extensions d'activités sans grande autonomie. Ce sont les emplois non qualifiés qui ont bénéficié le plus de la décentralisation.

3. L'Ouest s'est industrialisé

- **Ce sont les régions de l'Ouest (du Poitou-Charentes à la Normandie) qui enregistrent les plus forts taux de croissance de l'emploi industriel de 1962 à 1975.** Les créations les plus nombreuses se font dans la région Centre, les Pays de la Loire, la Bretagne et la Basse-Normandie. Ces 3 dernières régions ont accueilli 200 000 emplois sur les 650 000 créés dans l'industrie manufacturière durant la période.

- L'Ouest a profité de sa main-d'œuvre nombreuse et disponible et de la décentralisation industrielle dans l'automobile, la construction électrique et l'électronique principalement.

5 LES NOUVEAUX FACTEURS DE LOCALISATION INDUSTRIELLE

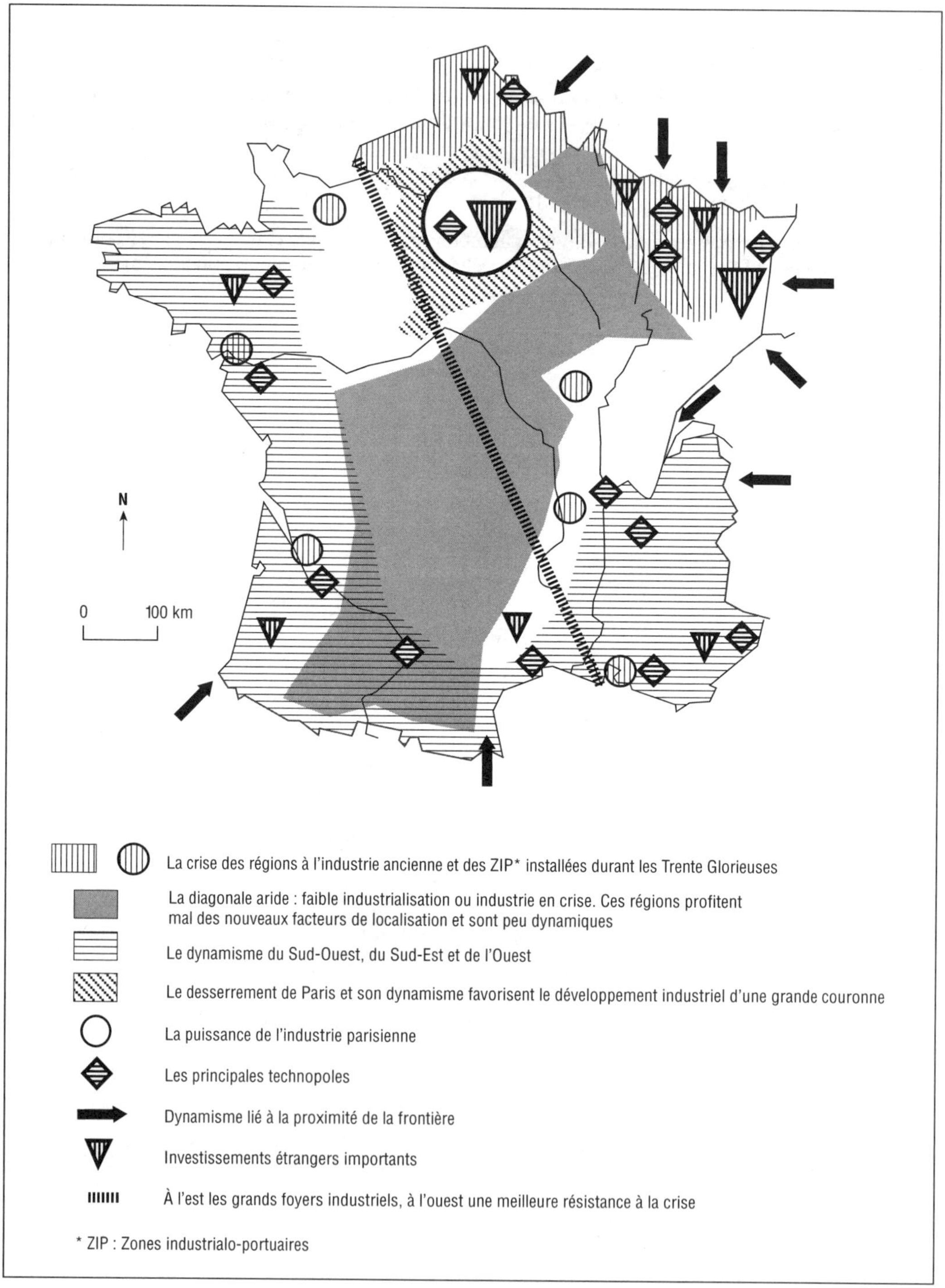

L'ESPACE INDUSTRIEL EN 1995

Depuis vingt ans, certaines mutations de l'industrie ont eu des conséquences sur les localisations industrielles. Celles-ci imposent moins de contraintes et sont devenues plus souples.

A. Beaucoup de facteurs traditionnels ne jouent plus

1. L'énergie et les matières premières ont un rôle plus secondaire

- **Les industries traditionnelles, fortes consommatrices d'énergie et de matières premières, sont frappées par la crise.** Leur déclin entraîne celui des régions dont la richesse et le dynamisme reposaient sur la sidérurgie, l'électrométallurgie, le raffinage, la pétrochimie… Les vieilles régions industrielles mais aussi les industries portuaires créées durant les « trente glorieuses » sont touchées.
- Le rôle de ces 2 facteurs est secondaire dans les localisations des industries de la troisième révolution industrielle qui consomment peu d'énergie et de matières premières.

2. Le rôle de la main-d'œuvre

- **De même, le déclin des industries de main-d'œuvre minimise de plus en plus ce facteur.** La recherche d'un bassin de main-d'œuvre, de régions à tradition industrielle n'est plus un impératif aussi déterminant.
- En revanche, **les nouvelles industries exigent de disposer d'un personnel hautement qualifié** et de bénéficier de la proximité de laboratoires et d'entreprises de même type pour que se créent les synergies et les échanges nécessaires (d'informations, de services…).

B. Le rôle fondamental de l'environnement et des communications

1. L'importance des aménités

- L'attrait des régions au cadre de vie agréable (soleil, mer, montagne…) et à la vie culturelle animée joue un rôle croissant.
- On recherche la proximité d'une grande université et d'écoles ainsi que la concentration de chercheurs, d'ingénieurs et de cadres hautement qualifiés.
- **Le technopôle* où se concentrent les laboratoires, les centres de recherche, les entreprises high-tech et les services est le lieu privilégié d'installation des industries de pointe.** Depuis la création de Sophia-Antipolis, on assiste à leur multiplication (Toulouse, Montpellier, Rennes, Grenoble, Nancy…). Si beaucoup de grandes villes de l'espace français sont concernées, le phénomène caractérise surtout un arc périphérique de la Bretagne à la Côte d'Azur.

2. Le rôle des moyens de communication

- L'évolution de la technologie et des méthodes industrielles (juste à temps) a modifié le rôle des transports. Le chemin de fer et la voie d'eau voient leur importance diminuer au profit de l'autoroute et des plates-formes portuaires et aéroportuaires.
- **À l'échelle nationale, les activités se polarisent sur les principaux nœuds, les centres d'interconnexion entre plusieurs modes de transports.** Les zone mal desservies ou loin de ces nœuds se marginalisent.
- **À l'échelle locale, les activités industrielles quittent les centres** pour se regrouper dans les périphéries à proximité des bretelles d'autoroute ou dans les parcs d'activités les plus accessibles.

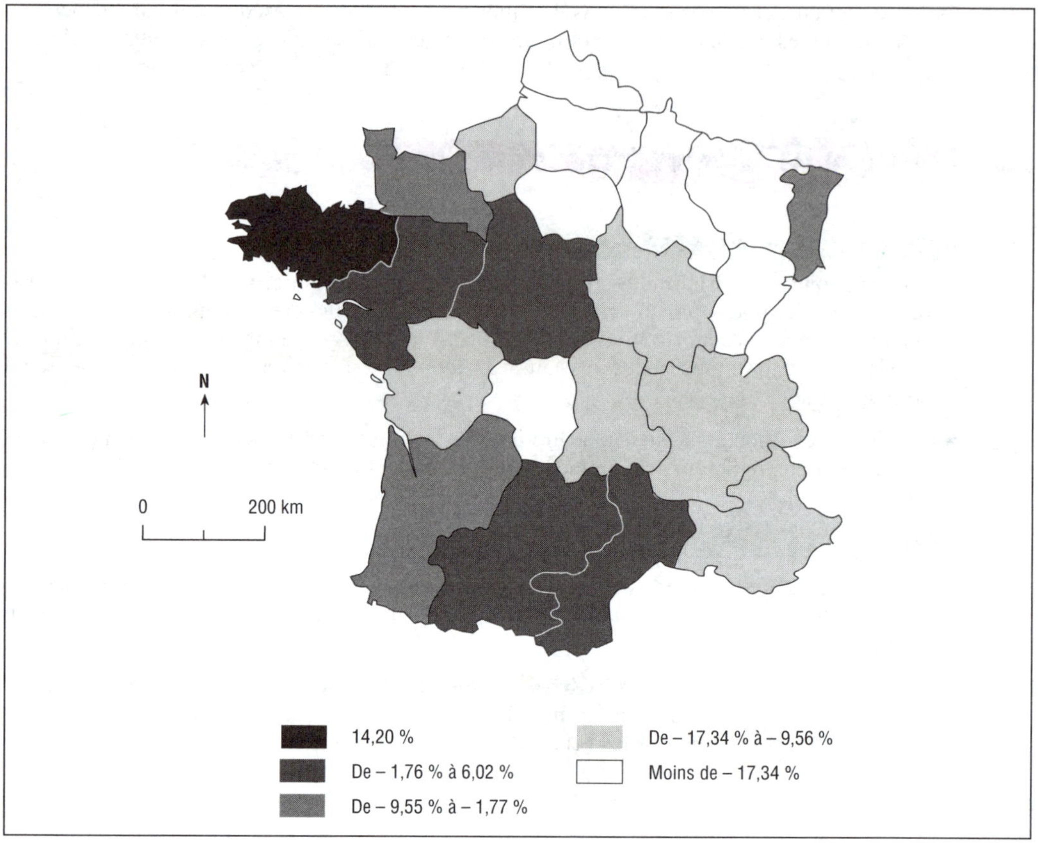

LA CROISSANCE DE L'EMPLOI INDUSTRIEL DE 1975 À 1990

- Si les méthodes actuelles concentrent les activités sur les pôles les mieux desservis, le développement futur du télétravail, par une large diffusion de l'information sur l'ensemble du territoire, pourra permettre une dispersion plus grande des activités et une localisation plus souple.

C. De nouvelles donnes pour la géographie volontaire

1. Le rôle de l'Europe

- **Les régions proches du cœur de l'Union européenne ou situées sur les grands axes européens profitent de leur situation.** Les localisations se font de plus en plus dans une perspective européenne. Les régions situées à l'est de la ligne Le Havre-Marseille attirent plus facilement les investissements étrangers. En revanche, la France du Centre à l'écart des grands axes et l'arc atlantique, en situation périphérique, sont handicapés.
- **Un certain nombre de régions frontalières multiplient leurs relations avec les régions contiguës des pays voisins.** Elles peuvent profiter de leur dynamisme, comme l'Alsace. Dans cette région, un quart des emplois industriels est fourni par des capitaux étrangers, en particulier allemands ou suisses. Des coopérations transfrontalières et des politiques d'aménagement se mettent en place (Nord, Lorraine, Alsace). Les forces centrifuges atténuant la centralisation parisienne se développent.

2. L'aménagement du territoire : de nouveaux objectifs

■ **L'État doit aider la reconversion des régions industrielles en crise.** Depuis 1984, 15 pôles de reconversion ont été créés et reçoivent des aides spéciales.

■ Il doit aussi développer les infrastructures de transports (autoroutes, TGV) et améliorer la qualification des hommes (recherche, formation, transferts de technologies) pour répondre à 2 objectifs :
– donner aux régions les atouts nécessaires à leur développement ;
– permettre leur adaptation à l'ouverture sur l'Europe et aux nouvelles données de l'économie.

3. L'importance des lois de décentralisation (1982)

Elles donnent aux régions un rôle important en matière de politique industrielle. Les contrats de plans signés par les régions avec l'État incluent des mesures favorisant la création d'industries.

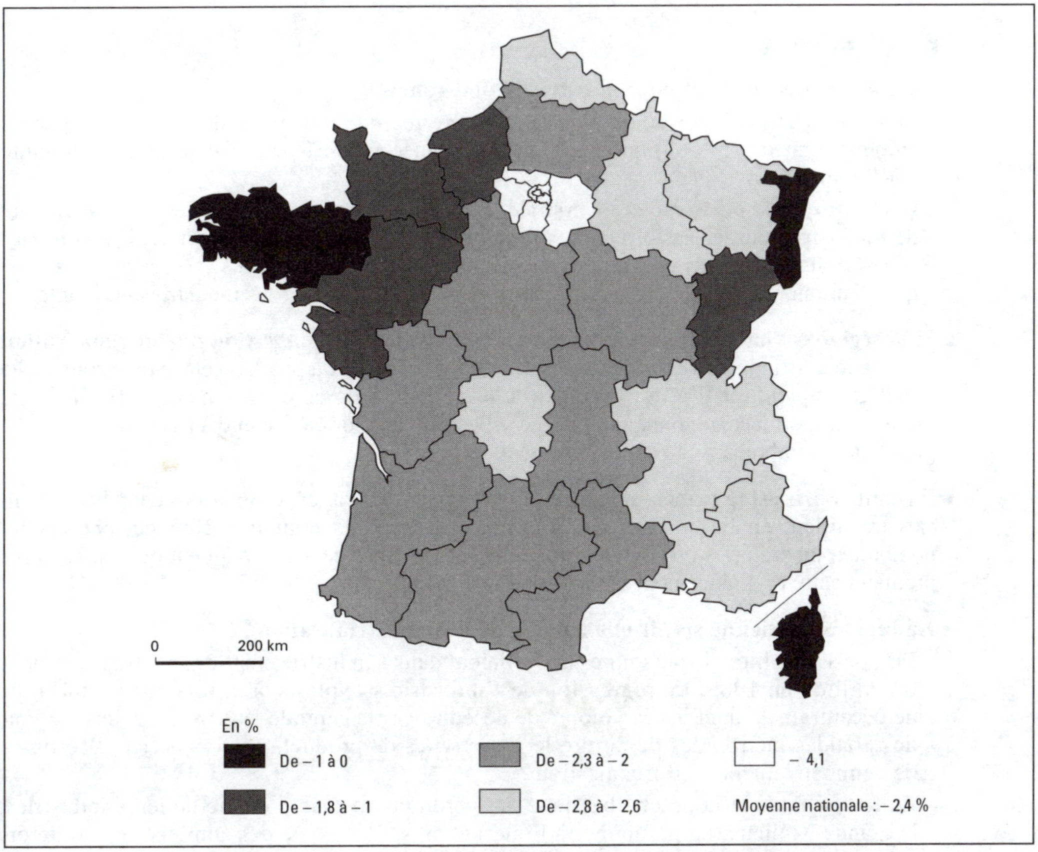

L'ÉVOLUTION DE L'EMPLOI INDUSTRIEL DE 1990 À 1995

* ***Technopôle*** *: parc où se concentrent des activités de recherche et des industries de pointe.*

* ***Technopole*** *: agglomération où les activités de recherche et les industries de pointe jouent un rôle très important. Une technopole peut compter un ou plusieurs technopôles.*

6 UN DYNAMISME INDUSTRIEL INÉGAL SELON LES RÉGIONS

Comment les crises, les restructurations et les mutations qui ont affecté l'industrie depuis vingt ans se sont-elles traduites au niveau des grands ensembles de l'espace français ? Quelles en sont les répercussions sur les plans de leur organisation spatiale et de leur dynamisme ? La hiérarchie des différentes régions a-t-elle été profondément modifiée ?

A. Paris, Rhône-Alpes et Alsace : puissance et dynamisme

1. Le rôle de Paris

■ **Paris est la première région industrielle de France**

- La région parisienne reste, de loin, la première région industrielle de France tant par les emplois (plus de 750 000) que par la valeur ajoutée (26,3 % de la valeur ajoutée produite par l'industrie française).
- L'industrie y est puissante et diversifiée. Elle couvre presque tous les secteurs, sauf ceux de l'industrie lourde. Ses principaux points forts sont les industries de luxe, les industries aérospatiales, la chimie et la pharmacie, les constructions électriques et électroniques ainsi que l'automobile. C'est, aussi, le premier centre français pour les industries de pointe.

■ **Si la région est handicapée par les inconvénients liés à la congestion de l'agglomération** (circulation difficile, difficulté d'extension faute de place et du prix trop élevé du terrain), **elle bénéficie cependant d'atouts remarquables :** centre de commandement et financier de première importance, rayonnement d'une ville dont la notoriété s'étend à l'échelle mondiale, population nombreuse, carrefour important…

■ En outre, **Paris est le principal centre de recherche de France,** et 56 % des chercheurs français travaillent en Île-de-France. Importance des crédits pour la recherche, chercheurs nombreux, laboratoires prestigieux, universités et grandes écoles expliquent que Paris soit le premier centre en France pour les industries de pointe.

■ **La région parisienne serait-elle en voie de désindustrialisation ?**

- Plus de 1,6 million de personnes travaillaient dans l'industrie en 1968, contre seulement 0,9 million en 1989. La régression de l'industrie s'explique à la fois par les mesures de décentralisation et par la volonté de désengorger la capitale. N'est-ce pas aussi le fait des grandes métropoles de perdre leurs activités de production au bénéfice d'activités de commandement et d'organisation ?
- En fait, si Paris et la proche banlieue ont perdu une part importante de leurs industries, la grande banlieue (en particulier à l'ouest et au sud) a gagné des emplois sans toutefois compenser les pertes totales de la région. Plus que de désindustrialisation, il serait plus opportun de parler de desserrement. Les régions proches de l'Île-de-France ont connu depuis une trentaine d'années une croissance qui doit beaucoup à la proximité de Paris ; la région Centre en est le plus bel exemple. Ainsi, l'agglomération-capitale propagerait son dynamisme dans un rayon de plus en plus grand.
- Cette croissance a tendance à privilégier l'axe de l'Oise jusqu'à Creil et Compiègne, l'axe ligérien, ainsi que l'axe de la Seine, qui, grâce aux industries nées des activités portuaires, ses voies de communication nombreuses et la proximité de Paris, est un des grands espaces industriels français.

2. Un dynamisme ancien et durable : Alsace et Rhône-Alpes

■ **Ces 2 régions ont un certain nombre de points communs**

– Elles bénéficient d'une situation géographique remarquable en particulier vis-à-vis des régions dynamiques de l'Europe. Elles sont situées toutes les 2 sur des grands axes qui ont permis et permettent encore le développement.
– L'industrie y est forte et ancienne, elle a connu un grand essor dans les années 60.
– Elles produisent une part importante de l'énergie française (hydroélectricité et nucléaire).
– L'importance de la recherche, des universités et des laboratoires (Strasbourg, Lyon, Grenoble) y favorise le développement de la haute technologie.
– Elles disposent l'une et l'autre d'une bonne armature urbaine (en particulier dans la région Rhône-Alpes).

■ **L'Alsace : son dynamisme est-il lié à sa position frontalière ?**

– l'Alsace est la terre d'élection des capitaux étrangers qui assurent à eux seuls un quart des emplois industriels. La diversification des activités a atténué le recul de l'emploi industriel. L'industrie en terme de valeur ajoutée connaît une croissance remarquable (le triple de la croissance nationale depuis dix ans).
– Cependant, le plus grand dynamisme des régions de Karlsruhe et de Bâle offrant des salaires plus élevés attire toujours plus de travailleurs alsaciens (8 % de la population active travaillent en Allemagne ou en Suisse).

■ La région Rhône-Alpes est la deuxième région industrielle de France (11,4 % de la valeur ajoutée de l'industrie française).

– **L'industrie est puissante et très diversifiée.** Elle repose surtout sur la chimie, la métallurgie, les biens d'équipement industriels et les matériels de transports. Les industries de pointe sont elles aussi présentes. Grenoble est un des centres de recherche parmi les plus importants de France et a vu se développer une des grandes technopoles françaises (Grenoble-Meylan);
– **Cependant, la région n'est pas homogène.** L'Ouest avec l'Ardèche, peu urbanisée, à l'écart des grandes voies de passage, et la Loire, surmontant difficilement la crise de ses industries traditionnelles (charbon et métallurgie à Saint-Étienne, textile et armement à Roanne), participent peu au dynamisme régional.
– certaines vallées alpines trop liées à l'électrométallurgie connaissent, elles aussi, des difficultés (Maurienne, Oisans). **L'axe rhodanien, l'extension vers l'est de l'agglomération lyonnaise ainsi que les villes et les grandes voies de passage des Alpes constituent les lignes de force de cet espace industriel puissant et dynamique.**

B. Vers un renouveau des vieilles régions industrielles du Nord et de l'Est ?

1. Ces régions doivent faire face à un certain nombre de handicaps

■ **La mauvaise image de marque de ces régions en partie héritée de la crise :**

– les conséquences de la crise qui les a touchées : les friches industrielles, la baisse de l'emploi dans l'industrie, l'effondrement de certaines activités, les conséquences sociales ne sont pas totalement effacées;
– le climat difficile, la tristesse des paysages industriels, la médiatisation des conflits sociaux qui émaillèrent la reconversion du tissu économique… ont altéré l'image de marque du Nord et de l'Est.

■ **Des distorsions importantes existent à l'intérieur de ces régions :**

– certains espaces ont pu surmonter la crise et connaissent à nouveau un certain dynamisme;
– d'autres, au contraire, semblent connaître un déclin difficile à enrayer : Sambre-Avesnois, Valenciennes… dans le Nord, région de Briey, vallées de l'Orne et de la Fensch… en Lorraine.

2. Pourtant, ces régions possèdent de sérieux atouts qui peuvent être à l'origine d'un renouveau

■ **Des facteurs géographiques :**
- leur situation géographique à proximité du cœur européen est privilégiée ;
- elles disposent d'une très bonne infrastructure de transports qui les relie aux grands axes européens ;
- ces atouts favorisent davantage le Nord que la Lorraine.

■ **La tradition industrielle :**
- dans ces régions de vieille tradition industrielle, la main-d'œuvre est qualifiée et réputée sérieuse ;
- l'industrie reste puissante, en particulier dans le Nord. Elle a su se diversifier (la sidérurgie ne représente plus que 2 % de l'emploi en Lorraine) ;
- ces régions bénéficient d'aides et de primes à la reconversion et ont su attirer des investisseurs étrangers nombreux (exemple : Japonais et Coréens dans la région de Longwy, usine Swatch-Mercedes à Sarreguemines). L'entreprise coréenne Daewoo, qui possède déjà trois usines en Lorraine (Longwy, Fameck) doit en construire deux nouvelles (Verdun et Thionville).

3. Une industrie qui s'est diversifiée

■ **Le Nord**
- Le Nord est au premier rang des régions françaises pour la sidérurgie et le textile.
- L'industrie s'est diversifiée. Les cristalleries d'Arques sont le premier employeur industriel de la région ; l'industrie automobile est devenue un secteur important, la moitié de la construction ferroviaire nationale provient de la région. À Dunkerque, Péchiney a construit une immense usine d'aluminium et Coca-Cola une usine d'embouteillage permettant de ravitailler toute l'Europe. Lille attire les industries de haute technologie.
- Par un transfert d'emplois, le Nord est devenu une grande région tertiaire.

■ **La Lorraine souffre encore des séquelles d'une crise qui l'a frappée très durement**
- Le tissu social a été moins affecté que l'économie car la progression du travail frontalier et l'émigration vers d'autres régions ont joué un rôle régulateur.
- L'image d'une Lorraine à l'économie fondée sur le charbon, le textile et l'acier s'estompe progressivement. Le tissu industriel se diversifie dans l'électronique, l'automobile…
- La région profite aussi du développement des industries de haute technologie dans ses 2 principales villes, autour de leurs technopôles (Metz-2000 et Nancy-Brabois), de leurs universités et de leurs grandes écoles. Avec Nancy, la Lorraine dispose d'un des grands centres universitaires nationaux.
- Longwy, ville sinistrée de la sidérurgie, met en place, depuis 1986, un Pôle européen de développement avec la collaboration des Belges et des Luxembourgeois qui doit accueillir plus de 8 000 emplois en dix ans.

C. La montée en puissance du Sud et de l'Ouest

1. L'Ouest : une industrialisation récente à confirmer

■ **Les facteurs de l'industrialisation** : l'industrialisation de l'Ouest a profité pendant longtemps de 2 facteurs importants : la décentralisation et une main-d'œuvre nombreuse et disponible. Si ces facteurs sont aujourd'hui moins déterminants, d'autres atouts peuvent jouer en faveur de l'industrie :
- la puissance et l'organisation de l'agriculture (en particulier en Bretagne), qui ont permis le développement d'une importante industrie agroalimentaire ;
- le désenclavement de l'Ouest, qui est désormais bien relié à Paris par l'autoroute mais aussi par le TGV ;
- d'importants laboratoires et des universités dynamiques (en Bretagne, en particulier) qui permettent le développement d'industries de pointe, surtout dans l'électronique. C'est, par

exemple, à Rennes que le laboratoire Télécom a mis au point le Minitel. La Bretagne appartient désormais à l'arc des technopoles (de Rennes à Nice).

- **L'Ouest a rattrapé une partie de son retard**
  - L'industrie pèse désormais d'un certain poids non seulement dans les économies régionales, en particulier dans les Pays de la Loire, mais aussi sur le plan national.
  - L'industrie s'est diversifiée mais elle repose surtout sur l'agroalimentaire (Besnier en Mayenne, SOCOPA dans la Sarthe, Fleury-Michon en Vendée….), le textile, la confection et la chaussure (en particulier dans le Choletais), l'automobile (Citroën à Rennes, Renault au Mans et à Caen), la construction électrique et l'électronique (Alcatel, Moulinex, Thomson, Canon…) à Brest, Rennes, Angers et Alençon. L'Aérospatiale est installée à Nantes.

- Une certaine fragilité demeure malgré des progrès remarquables et une meilleure résistance à la crise que les autres régions françaises :
  - **les industries de main-d'œuvre doivent faire face à la concurrence des pays à bas salaire** par la mise en œuvre de technologies de pointe, des transferts d'activité et, depuis quelques années, des réductions d'effectifs (ex. : textile du Choletais, Thomson et Alcatel, Citroën…);
  - l'industrie révèle d'autres faiblesses : une dépendance en particulier vis-à-vis de Paris, une moindre productivité que dans d'autres régions, une faible qualification des emplois, de moindres investissements et une ouverture internationale relativement réduite;
  - **l'Ouest est dans une situation périphérique par rapport aux régions dynamiques de l'Europe;**
  - **l'Ouest est en fait relativement hétérogène :** le Poitou est peu industrialisé, la basse Loire comme la région de Caen connaissent ou ont connu des problèmes de reconversion (chantiers navals de Saint-Nazaire, fermeture en 1993 de l'usine sidérurgique de Caen). Rennes et sa technopole Rennes-Atalante profitent de la dynamique liée à l'essor des activités *high-tech*.

2. Le dynamisme des Suds

- **La croissance des industries de pointe**
  - L'espace s'étendant de Nice à Bordeaux connaît depuis une vingtaine d'années un dynamisme remarquable qui se traduit par un développement rapide des industries de pointe, des créations plus nombreuses d'entreprises ainsi que des investissements industriels et des dépenses en recherche-développement supérieures à ceux des autres régions.
  - Ce dynamisme s'explique par la présence d'une bonne infrastructure (aéroports, autoroutes…), par l'existence de grandes universités, de laboratoires et de technopôles, mais aussi par un climat et un cadre de vie agréables attirant les cadres. **On pourrait penser à un développement de type californien.**

- **Pourtant ce développement ne peut cacher certaines faiblesses et certaines limites**
  - **L'ensemble est peu industrialisé.** Le poids de l'industrie dans ces régions est inférieur à la moyenne nationale. Le Languedoc ne représente que 1,8 % de la valeur ajoutée de l'industrie française. La surtertiarisation de la PACA est plus un signe de sous-industrialisation que de modernité. Les entreprises *high-tech* sont plus souvent des entreprises de services que de véritables entreprises industrielles.
  - **L'industrie se polarise sur quelques puissantes agglomérations et sur des technopoles sans créer de véritable espace régional industriel.** Ainsi, le dynamisme ne profiterait-il qu'à quelques pôles puissants sans irriguer véritablement l'ensemble de la région et sans créer un véritable tissu industriel ? Le dynamisme de Toulouse, la puissance de ses entreprises industrielles ne doivent pas faire oublier que la région Midi-Pyrénées est peu industrialisée (3,1 % de la valeur ajoutée de l'industrie française).
  - **Les Midis comptent aussi beaucoup de régions où l'industrie est en crise.** L'opération de Fos est un semi-échec. Les chantiers navals de La Seyne et de La Ciotat ferment. Marseille connaît une maladie de langueur alarmante. Il en est de même de Bordeaux, dans une moindre mesure. La crise des industries traditionnelles frappe beaucoup de petites villes du Languedoc et de Midi-Pyrénées (textile, houille, électrométallurgie des Pyrénées…).

7 L'ESPACE INDUSTRIEL EN 1994 : PERMANENCES ET MUTATIONS

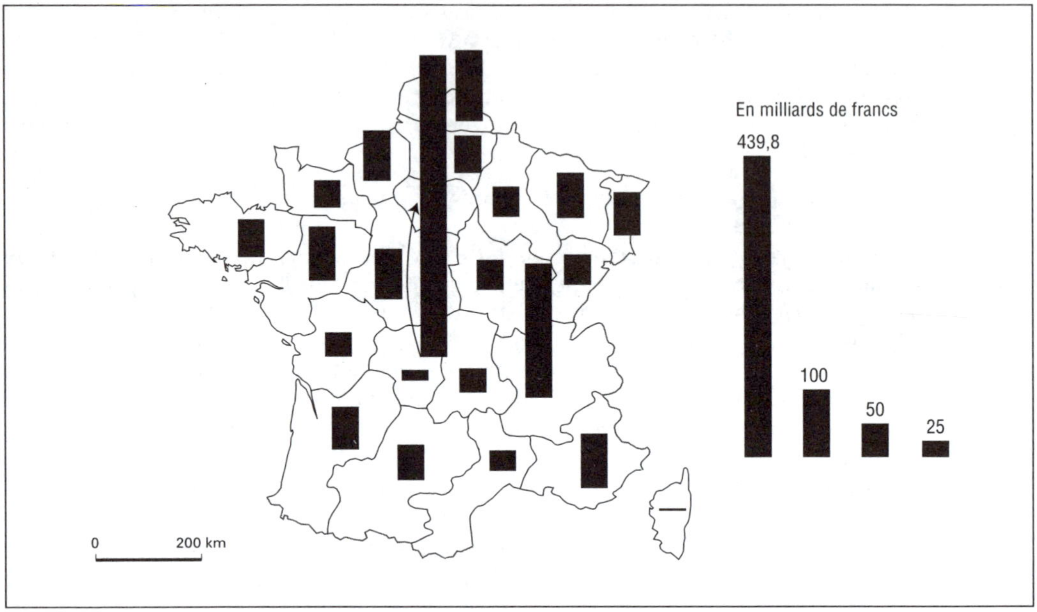

LA VALEUR AJOUTÉE DE L'INDUSTRIE EN 1992

Jusqu'au début des années 70, il était relativement facile de décrire l'organisation de l'espace industriel. Depuis lors, sa structure est devenue plus complexe et plus nuancée. L'espace français est en pleine évolution et se réorganise. Chaque région comportant des pôles dynamiques et des espaces en crise, il faut, cependant, se garder d'affirmations trop péremptoires et insuffisamment nuancées. Ainsi est-il trop schématique d'opposer un Nord en perte de vitesse à un Sud qui deviendrait le grand espace industriel de demain. En effet, le nord de la France comporte des régions dynamiques, tandis que dans le Sud des espaces traversent des crises sévères. Il est simpliste d'opposer des régions dynamiques à des régions en crise car ces dernières, en voie de reconversion, possèdent parfois des pôles dont l'avenir est prometteur. Il est caricatural de ne voir que des industries de pointe et des technopôles dans le Sud alors que le Nord ne compterait que des industries traditionnelles. Paris domine largement les autres régions pour les industries *high-tech,* et certaines technopoles dynamiques sont dans le Nord ou l'Est.

A. Les permanences

- L'étude de l'espace industriel, en 1994, montre que **la coupure est-ouest de la France de part et d'autre de la ligne Le Havre-Marseille demeure une réalité. Si les différences se sont largement atténuées, elles subsistent et demeurent une permanence de l'espace français.**
- **L'Est regroupe les principales régions industrielles.** L'investissement y est plus élevé que dans la moyenne des régions françaises. La répartition de l'investissement étranger favorise nettement les régions à l'est de la ligne Le Havre-Marseille. Les infrastructures de transports et la proximité de l'Europe dynamique sont des atouts pour le futur.

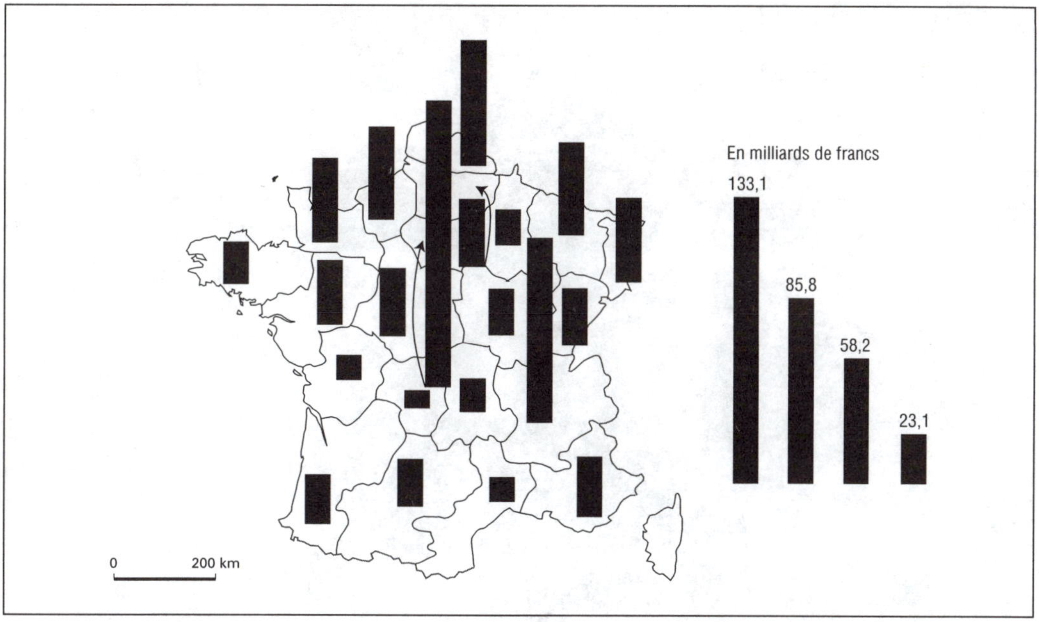

Les investissements industriels (hors énergie) de 1989 à 1993

- **L'Ouest a rattrapé une partie de son retard mais le tissu industriel est encore fragile et moins dense qu'à l'est.** L'emploi industriel a mieux résisté à la crise mais l'industrie présente encore des faiblesses structurelles. La dépendance vis-à-vis de Paris est accentuée par l'organisation des réseaux de transport. En outre, l'Ouest pourrait souffrir de sa situation à la périphérie de la dorsale européenne.
- **Paris, malgré une certaine désindustrialisation, reste la première région industrielle de France.** Elle maintient son pouvoir de commandement et constitue un des premiers centres européens pour toutes les industries de pointe. La métropole transmet son dynamisme aux régions voisines.

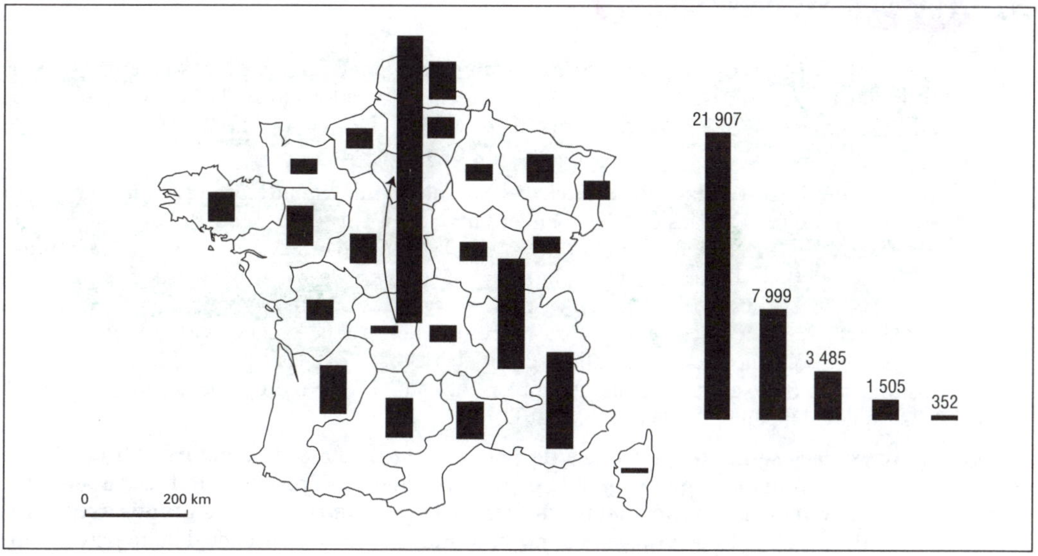

Les créations d'entreprises, hors énergie et IAA, de 1989 à 1993

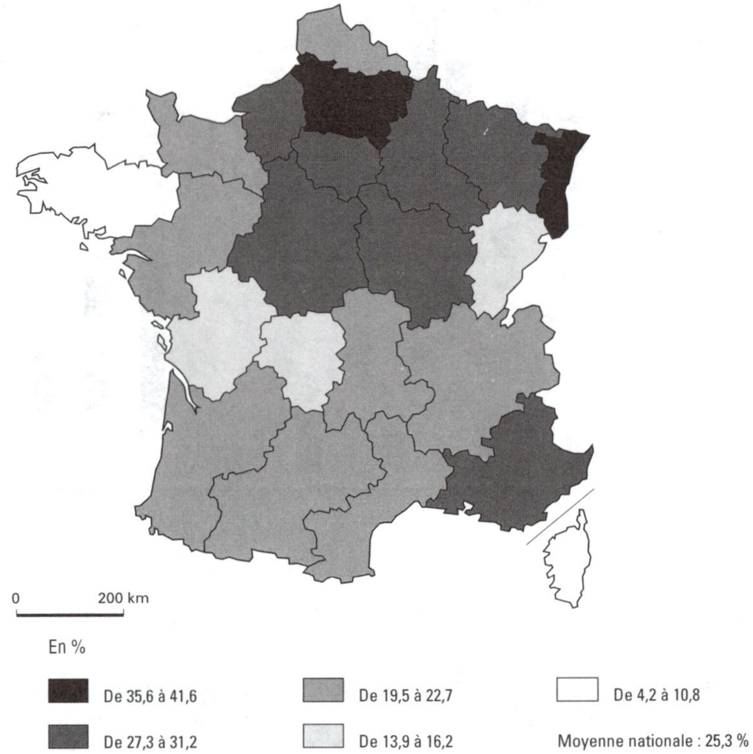

La part des effectifs de l'industrie employés dans des entreprises à participation étrangère (au moins 20 % du capital) en 1993

B. Les réalités nouvelles

- **L'incontestable dynamisme des Suds est un phénomène important et un renversement historique.** Les Suds attirent les investissements, l'emploi et les cadres. La recherche-développement est plus importante que dans le Nord. Le Sud a peut-être plus d'atouts que le Nord pour entrer dans la nouvelle révolution industrielle.
- **Enfin, l'étude de l'espace industriel met en valeur une grande fracture qui déchire la France en deux.** Tous les critères mettent en valeur l'existence d'une « diagonale aride » des Pyrénées jusqu'aux Ardennes et traversant la France par le Massif central et la bordure orientale du Bassin parisien. Cette ligne traverse des régions sous-industrialisées et des régions industrielles ayant gravement souffert de la crise. L'investissement et les créations d'entreprises sont faibles. Ces régions ne comportent pas de grandes villes pouvant développer des pôles de recherche. Elles sont mal irriguées par les transports (infrastructures insuffisantes ou axes importants qui traversent sans desservir). Les perspectives d'avenir pour le développement industriel y sont faibles.
- **Deux espaces se mettent en place de part et d'autre de cette fracture. Au nord et à l'ouest, un système organisé par le centre parisien et dépendant de lui. Au sud et à l'est, un système moins dépendant de Paris car plus tourné vers les grands axes européens** (Europe du Nord et rhénane d'une part, Europe méditerranéenne d'autre part). L'importance des investissements étrangers et l'orientation des infrastructures de transports attestent de cette plus grande insertion dans un espace transfrontalier.

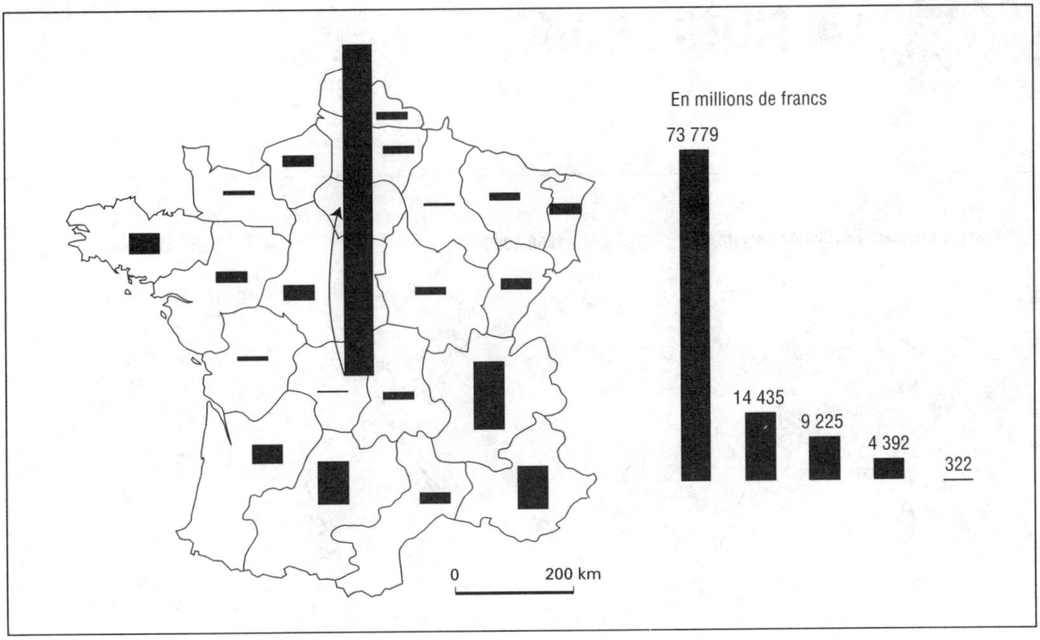

LES DÉPENSES DE RECHERCHE-DÉVELOPPEMENT EN 1993

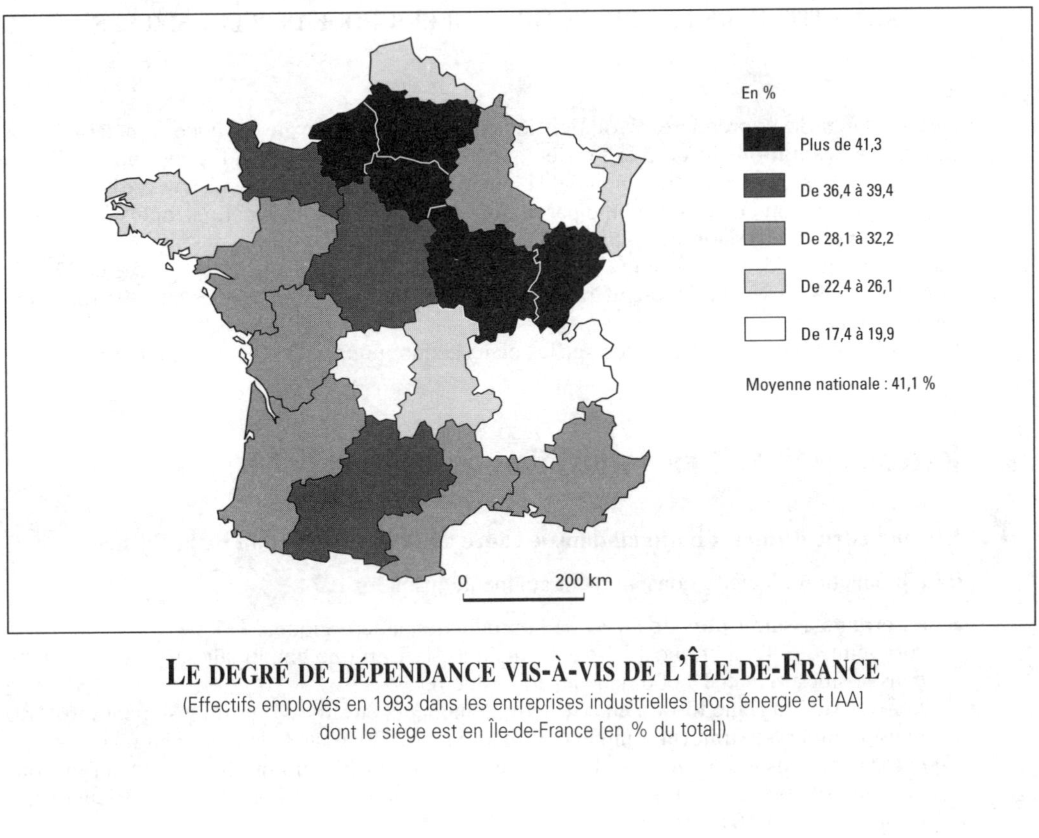

LE DEGRÉ DE DÉPENDANCE VIS-À-VIS DE L'ÎLE-DE-FRANCE

(Effectifs employés en 1993 dans les entreprises industrielles [hors énergie et IAA] dont le siège est en Île-de-France [en % du total])

8 LA SIDÉRURGIE

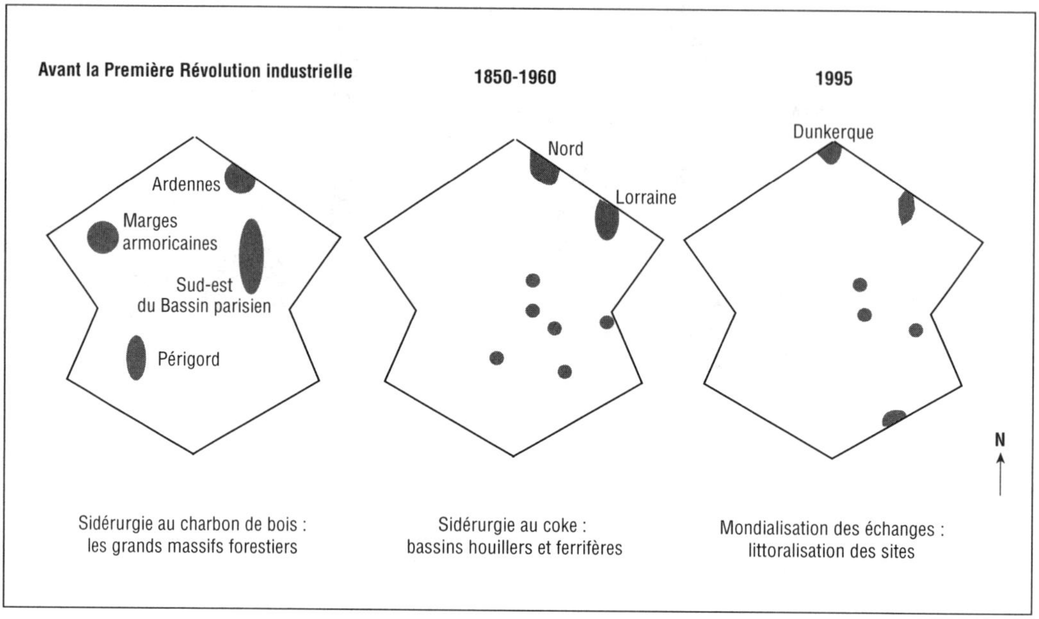

LA RÉPARTITION DE LA PRODUCTION SIDÉRURGIQUE DEPUIS 2 SIÈCLES

Née au cours de la première révolution industrielle, **la sidérurgie** au coke a matérialisé **la puissance des nations** jusqu'à la troisième révolution industrielle à la fin des années 60.
Depuis vingt ans, la production mondiale d'acier **stagne**, mais on assiste à une **redistribution** de cette production qui s'est traduite par un fort **recul** des anciennes nations industrialisées et par une **forte progression** des NPI.
La France n'a pas échappé à cette évolution puisque sa production d'acier est passée de **27** millions de tonnes en 1974 (cinquième rang mondial) à **18,1** millions de tonnes en 1995 (onzième rang mondial).
Comment ce **recul** s'est-il effectué sur les plans économique, social et géographique ?

A. Reconstruction et modernisation de 1945 à 1974

1. Une industrie d'intérêt national dans le cadre de la reconstruction de la France

- La production d'acier a constamment augmenté jusqu'en 1974.
- La Lorraine assurait **plus de 50 %** de la production sidérurgique :
  - surnommée « Texas français » par les médias, la Lorraine employait 110 000 personnes dans la sidérurgie et 18 000 dans les mines de fer ;
  - le foyer sidérurgique lorrain était **le seul** au monde à être fondé sur un gisement ferrifère, mais le minerai extrait (la « minette ») était pauvre (30 à 38 % de teneur en fer) ;
  - la trentaine d'usines exploitées alors par de Wendel, Sidélor ou Lorraine-Escaut étaient souvent **mal situées** ; les 3 grosses unités de la vallée de la Chiers à Longwy dépendaient totalement du transport ferroviaire.

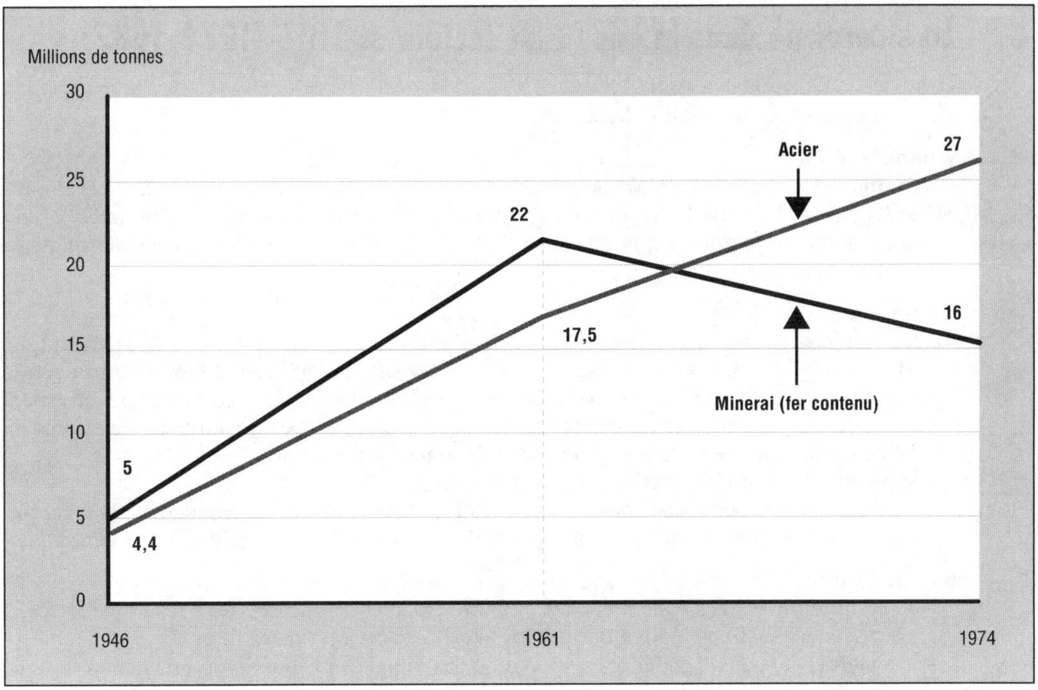

L'ÉVOLUTION DE LA PRODUCTION D'ACIER ET DE MINERAI DE FER DE 1946 À 1974

■ Le Nord et quelques foyers secondaires assuraient **l'autre moitié** de la production :
– la vallée de l'Escaut (Denain-Valenciennes) était le grand centre de production, ravitaillé en minerai lorrain par la ligne Valenciennes-Thionville, électrifiée dès le lendemain de la guerre ;
– de nombreux bassins houillers du Massif central possédaient un petit centre sidérurgique : Le Creusot, Saint-Étienne, Decazeville…

2. Une première modernisation de 1961 à 1974

■ Le déclin de la « minette » tint à la concurrence des minerais à forte teneur en fer (55 à 63 %) importés de Mauritanie, du Canada, du Brésil et d'Australie, qui entraînèrent une baisse rapide de la production lorraine. Toutefois, cette baisse fut momentanément atténuée grâce à des achats effectués par les sidérurgies belge et luxembourgeoise.

■ Des **foyers littoraux** furent créés :
– **Dunkerque** (8 millions de tonnes de capacité) et **Fos-sur-Mer** (4 millions de tonnes) fonctionnèrent d'emblée avec des minerais et du coke importés. Ces 2 complexes accélérèrent le déclin du minerai de fer et du charbon français ;
– le très moderne foyer de **Gandrange** fut construit en Lorraine, au sud de Thionville, pour éviter un effondrement brutal de la sidérurgie lorraine ;
– ces nouvelles unités utilisent les techniques les plus performantes : hauts fourneaux géants, coulée continue, aciérie à l'oxygène, qui ont permis une hausse spectaculaire de la productivité.

■ L'État dut intervenir pour tenter d'enrayer le déclin de la sidérurgie :
– la **Convention État-sidérurgie** de 1966 prévoyait l'octroi d'un prêt de plus de 14 milliards de francs pour la modernisation des entreprises sidérurgiques et le financement de la construction de 2 foyers sur l'eau (Dunkerque et Fos) ;
– sous la pression des pouvoirs publics, les entreprises durent se regrouper. Ainsi, la fusion de de Wendel et de Sidélor donna naissance à **Sacilor** en 1973.

■ L'année 1974 marqua une rupture dans la production sidérurgique française.

B. La sidérurgie dans la crise : un secteur sinistré (1974-1987)

1. Les causes de la crise sont à chercher :

■ **dans le monde :**
- profitant des coûts de production plus faibles, les entreprises sidérurgiques de pays comme le Japon, la Corée ou le Brésil renforcèrent leurs positions sur le marché mondial;
- la consommation d'acier diminua sous l'effet de la crise et de la concurrence des matières plastiques et de l'aluminium…

■ **en France :**
- les pouvoirs publics commirent des erreurs d'appréciation sur l'évolution de la sidérurgie. Malgré le déclenchement de la crise, la France envisageait, en 1974, d'élever sa production d'acier de 30 et 34 millions de tonnes à l'horizon 1980. En 1981, le nouveau gouvernement arrêta les restructurations et prévit une production plancher de 25 millions de tonnes en 1986. Celle-ci ne dépassa pas 18 millions de tonnes à cette date;
- le secteur était peu productif et surendetté;
- les installations étaient dispersées et la concurrence des sites les plus modernes (Dunkerque, Fos, Gandrange) précipita le déclin des vieilles usines de Lorraine et du Massif central.

■ **en Lorraine :**
- de nombreuses usines étaient enclavées car exclusivement desservies par la voie ferrée, à l'ère des localisations le long des grands axes fluviaux ou sur les littoraux;
- le minerai était pauvre en fer et l'importation des minerais exotiques représentait un surcoût.

2. Les efforts de restructuration et leurs conséquences

■ Le rôle des pouvoirs publics s'étendit :
- ils furent progressivement conduits à nationaliser la sidérurgie;
- en 1978, l'État prit à sa charge les dettes d'Usinor et de Sacilor;

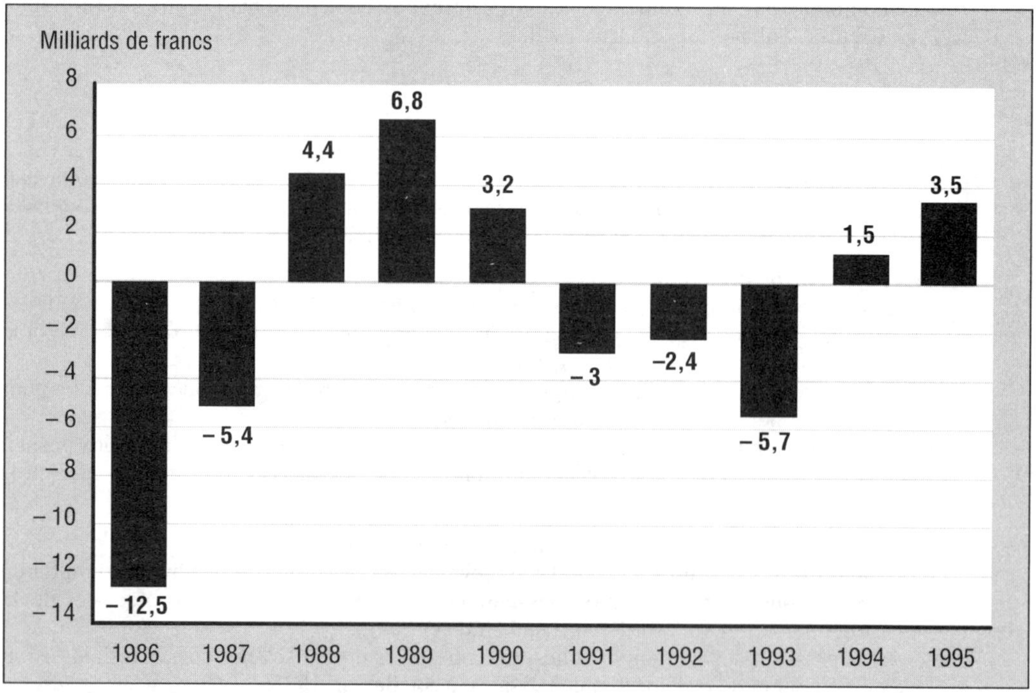

LES RÉSULTATS NETS DE LA SIDÉRURGIE FRANÇAISE DE 1986 À 1995

– en 1982, les 2 groupes furent nationalisés et absorbèrent Ugine-Aciers ainsi que la Société métallurgique de Normandie, dans la banlieue de Caen (fermée début 1995). En 1987, les 2 groupes fusionnèrent.

■ Le rôle de l'Union européenne

En 1980, le plan du commissaire européen à l'Industrie, Étienne Davignon, fixa des quotas et des prix planchers pour les différents produits sidérurgiques. Il supprima les surcapacités en autorisant l'aide des États.

C. Malgré un redressement, la sidérurgie reste vulnérable aux cycles de l'acier

1. En 1995, Usinor-Sacilor est le quatrième groupe mondial

■ Le groupe assure **90 %** de la production sidérurgique française. Seuls Pont-à-Mousson (Saint-Gobain) et Boulogne-Outreau (groupe franco-gabonais) demeurent indépendants.

■ Usinor-Sacilor s'est internationalisé par le rachat d'entreprises allemandes et américaines.

2. Une situation incertaine

■ Bénéfices et déficits se sont succédé depuis la fusion de 1987. Les efforts entrepris par Usinor Sacilor ont rendu possible la privatisation au début du mois de juin 1995.

■ Toutefois, la situation du groupe demeure incertaine :
– sur le long terme, la sidérurgie mondiale est en surcapacité chronique ;
– la concurrence des pays de l'Est s'ajoute à celle des NPI ;
– le protectionnisme américain perturbe les exportations de produits sidérurgiques ;
– la reprise de 1994 est largement due à la bonne tenue du secteur automobile qui représente 50 % du chiffre d'affaires d'Usinor-Sacilor.

3. La géographie de la sidérurgie s'est modifiée en vingt ans

■ Le Nord-Pas-de-Calais est devenu **la première** région sidérurgique. On y assure 45 % de la production d'acier, principalement à Dunkerque.

■ Le Sud-Est est **le deuxième** ensemble sidérurgique (plus de 30 %), essentiellement grâce à l'usine de Fos-sur-Mer, la seconde usine littorale française.

■ La sidérurgie lorraine **ne fournit plus** que 23 % de la production, principalement autour de Thionville (Sollac) et à Pont-à-Mousson. Elle ne conservera que trois hauts fourneaux en 1998.

L'invention du coke sidérurgique a ruiné la sidérurgie au charbon de bois (Ardennes, plateau de Langres, Périgord...) au profit des bassins charbonniers (Nord...) ou ferrifère (Lorraine, Normandie).
Ces derniers ont, à leur tour, été mis à mal par les nouveaux sites littoralisés nés de la mondialisation des échanges. Ainsi, en moins de 2 siècles, la sidérurgie a-t-elle connu **3 types de localisations.**

L'ÉVOLUTION DES EFFECTIFS DE LA SIDÉRURGIE EN FRANCE EN 1974 ET 1996

	Lorraine	Nord	Sud-Est	Autres régions	Total
1974	80 000	47 000	5 000	19 000	151 000
1994	11 000	12 000	6 500	6 500	36 000

9 UNE INDUSTRIE EN DÉCLIN : LE TEXTILE ET L'HABILLEMENT

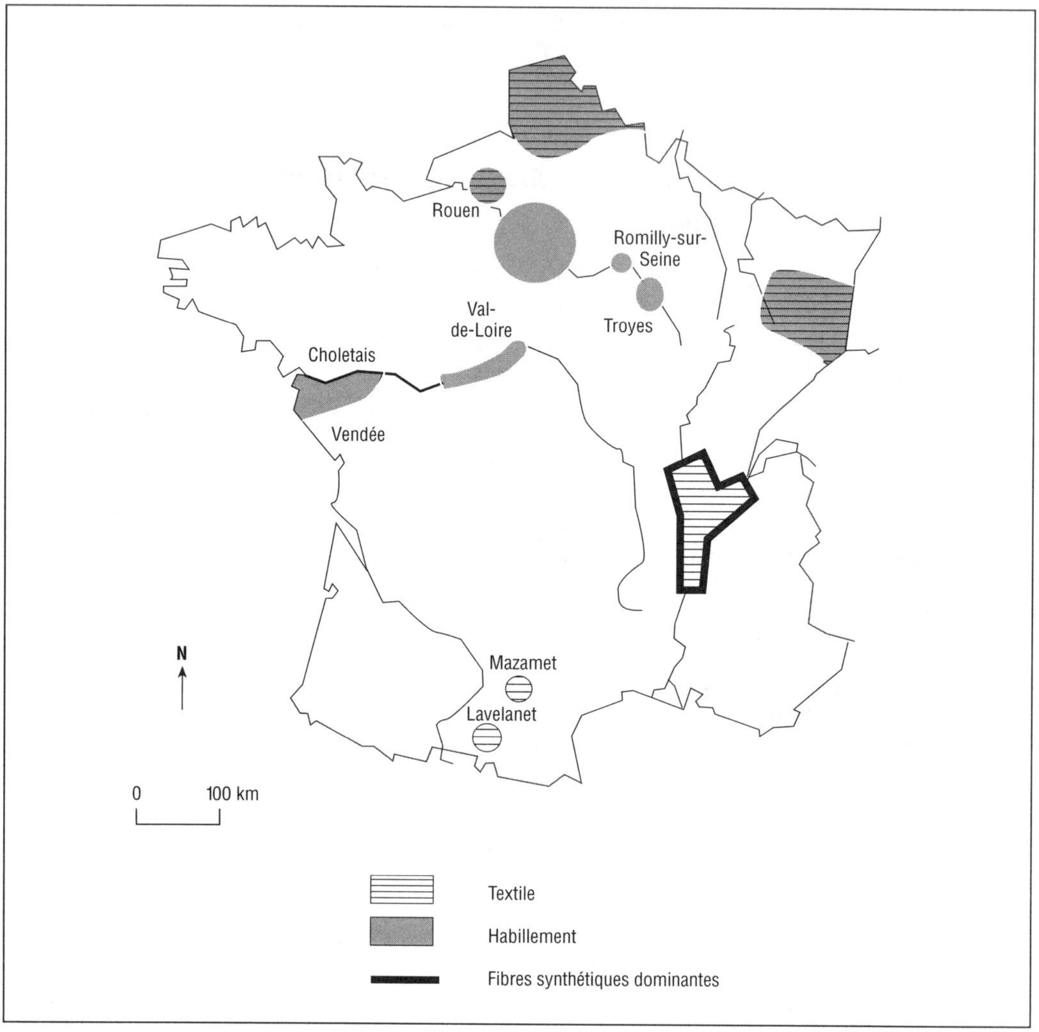

LE TEXTILE-HABILLEMENT EN FRANCE MÉTROPOLITAINE

Boussac en 1978, Agache-Willot en 1981, la Lainière de Roubaix en 1993 : 3 disparitions d'entreprises qui matérialisent **l'accélération du déclin** du textile en France depuis trente ans.

La chute brutale de la production depuis 1974 (– 35 % pour les fibres artificielles et synthétiques, – 65 % pour l'ensemble des fibres naturelles) a provoqué une baisse de 58 % du nombre d'emplois dans cette branche.

Si toutes les régions textiles déclinent, le Nord-Pas-de-Calais, la Lorraine, l'Alsace et la Haute-Normandie ont connu les pertes d'emplois les plus importantes.

Comment la production textile française est-elle passée **du deuxième rang** mondial en tonnage de filés à la veille de la Première Guerre mondiale **au seizième rang** actuellement ?

L'ÉVOLUTION DU NOMBRE D'EMPLOIS DANS LE TEXTILE ET L'HABILLEMENT DE 1974 À 1993	Textile	Habillement	Total
1974	382 000	311 000	693 000
1984	278 000	227 000	505 000
1988	224 000	184 000	408 000
1992	185 000	152 000	337 000
1993	175 000	142 000	317 000
1995	162 000	132 000	294 000

A. La géographie du textile en 1995

1. Une situation partout dégradée

- La baisse des effectifs et des productions est plus forte dans les régions essentiellement fondées sur le travail des fibres naturelles (coton, laine, lin, jute), comme le Nord-Pas-de-Calais ou l'Est alsacien et lorrain.
- En revanche, les régions qui produisent des fibres synthétiques (Rhône-Alpes) ou travaillent dans l'habillement (Île-de-France, Pays de la Loire, Centre) ont vu leurs effectifs décroître moins rapidement.
- De nombreuses entreprises travaillant les fibres naturelles, comme dans les vallées vosgiennes ou dans l'agglomération lilloise, ont disparu sous l'effet des importations de tissus en provenance des pays en voie de développement.
- En revanche, la production des fibres synthétiques contrôlée par Rhône-Poulenc se maintient correctement (couloir de la chimie au sud de Lyon) car la concurrence ne se manifeste qu'entre pays développés.
- Le secteur de l'habillement souffre de la concurrence directe des NPI, mais également des délocalisations effectuées par les industriels français vers les pays en développement ou les ex-pays de l'Est.

2. Des situations très contrastées en matière d'emploi

- Les régions comme les hautes vallées vosgiennes et l'agglomération troyenne où le textile est la principale activité industrielle sont dans des situations critiques.
- Les régions dont les autres activités sont également en déclin se trouvent dans des situations comparables (Nord-Pas-de-Calais).
- Au contraire, les régions plus dynamiques comme l'Alsace ou Rhône-Alpes « supportent » mieux le déclin du textile.
- Les femmes, très nombreuses dans le textile (78 % de la main d'œuvre), sont particulièrement victimes de son déclin.

B. Textiles naturels et textiles synthétiques

À la fin des années 70, le travail des fibres synthétiques et artificielles a dépassé celui des fibres naturelles.

Techniquement, la fabrication du tissu comporte 3 phases : la filature, le tissage et l'ennoblissement (teinture, impression).

1. Les textiles naturels

- La laine, le coton, le lin, le jute et la soie étaient les seules fibres travaillées jusqu'à l'entre-deux-guerres.

Les principales fibres travaillées en 1974 et 1995		
(milliers de tonnes)	**1974**	**1995**
Fibres naturelles		
– Coton	360	78
– Laine	193	50
– Autres	34	12
Sous-total	**587**	**140**
Fibres synthétiques	424	130
Fibres artificielles	133	68
Sous-total	**557**	**198**

- La laine :
  - d'abord d'origine nationale, la matière première est massivement importée de l'hémisphère Austral (Australie, Nouvelle-Zélande, Argentine) depuis le XIXe siècle ;
  - localisée à Roubaix et dans quelques petits centres du Sud-Ouest (Mazamet, Lavelanet), l'industrie lainière s'est **effondrée** depuis dix ans. La Lainière de Roubaix, premier groupe du secteur, a déposé son bilan en 1993.

- Le coton :
  - cette matière première est entièrement importée des pays en développement (Inde, Égypte) et des États-Unis ;
  - le premier centre demeure Mulhouse et les vallées vosgiennes ; **les fermetures** d'entreprises s'y poursuivent à un rythme rapide depuis dix ans ;
  - le foyer de production normand, autour de Rouen, a quasiment **disparu**.

- Le lin, le jute, la soie :
  - le lin, produit en France, est travaillé dans la vallée de la Lys autour d'Armentières (ce foyer occupe le deuxième rang mondial). Il est utilisé dans la fabrication du linge de maison et dans la confection ;
  - le jute, importé du Bangladesh, est travaillé à Dunkerque. Utilisé autrefois pour la fabrication des bâches, il est en plein déclin ;
  - la soie dont la production a été développée par Louis XI, est concentrée dans la région lyonnaise. Elle a d'abord utilisé des fibres naturelles provenant de la sériciculture (élevage du ver à soie) du bas Vivarais et du bas Languedoc. Depuis cinquante ans, elle utilise essentiellement des fibres artificielles dans une organisation dominée par les « soyeux » lyonnais qui font travailler à façon des centaines de petits ateliers qui tissent et ennoblissent le tissu.

2. Les fibres artificielles et synthétiques

- Les fibres artificielles :
  - extraites de la cellulose, elles permettent de produire des viscoses : **rayonne** et **Fibranne** ;
  - la production est concentrée dans la région lyonnaise et dans quelques centres isolés (Ardennes, Alsace).

- Les fibres synthétiques :
  - ce terme générique recouvre une très grande variété de produits comme les polyamides (**Nylon**), les polyesters (**Tergal**) et les acryliques (**Dralon**) ;
  - elles représentent **55 %** des fibres textiles utilisées en France alors que les fibres naturelles n'en représentent plus que **35 %** et les fibres artificielles **10 %** ;
  - elles sont produites par Rhône-Poulenc, essentiellement dans la région Rhône-Alpes (couloir de la chimie entre Lyon et Le Péage-de-Roussillon) ;
  - malgré l'accord multifibre*, le marché français est fortement **concurrencé** par les fibres synthétiques produites dans l'Union européenne et dans les NPI. La production nationale ne représentait que 45 % des 130 000 tonnes travaillées en 1995.

C. L'industrie de l'habillement

Située en aval de la production de fil et de tissu, cette activité **a perdu 60 % de ses emplois** depuis 1974.

En 1995, le déficit commercial de l'industrie française de l'habillement s'est élevé à 11,5 milliards de francs.

1. Les causes du déclin

■ **La concurrence des NPI** tient aux importations et aux délocalisations :
– les vêtements en provenance de ces pays sont principalement des produits bon marché diffusés par quelques grandes chaînes de distribution comme Tati ou Kiabi ;
– **les délocalisations** permettent de produire des pièces de vêtements plus coûteux au Portugal, au Maghreb, en Asie du Sud-Est ou dans les ex-pays de l'Est ; elles sont assemblées en France afin de pouvoir bénéficier de la mention *made in France* qui garantit l'image de qualité sur les marchés français et à l'exportation.

■ **La concurrence** accrue de l'Italie et de l'Allemagne :
– les créneaux occupés par ces 2 pays sont ceux des vêtements de qualité pour une clientèle aisée ;
– des firmes très dynamiques sur le plan commercial, comme Benetton pour l'Italie, Hugo Boss ou Escada pour l'Allemagne, occupent désormais une place de choix sur le marché français ;
– la bonneterie troyenne (chemises, sous-vêtements) est particulièrement touchée par la diffusion des produits italiens ;
– depuis 1990, le prêt-à-porter français est déficitaire avec l'Allemagne, y compris pour les vêtements féminins.

■ La situation particulière de la haute couture :
– toutes les grandes maisons de mode (Christian Dior, Yves Saint-Laurent) sont aujourd'hui contrôlées par de grands groupes (LVMH, Elf-Sanofi) ;
– la fabrication de quelques milliers de modèles coûteux ne représente plus que 2 000 emplois à Paris, contre 20 000 il y a vingt-cinq ans ;
– la vente des vêtements ne représente plus qu'une part infime du chiffre d'affaires des grandes marques dont l'essentiel est constitué par les parfums, les cosmétiques et les accessoires ;
– cependant, le rôle des grands couturiers est **stratégique** pour la **défense** de tout le secteur français de l'habillement.

2. L'évolution récente

■ L'Île-de-France (avec 36 000 emplois) et les Pays de la Loire (avec 16 500 emplois) sont désormais les premières régions dans l'industrie de l'habillement, devant le Nord-Pas-de-Calais (15 000 emplois) et la région Centre (11 000 emplois).

■ À l'exception d'une trentaine de grandes firmes disposant de marques réputées et de nombreux points de vente (Devanlay, propriétaire de Lacoste), le secteur est essentiellement constitué **de PMI** (7 000 entreprises de moins de 10 personnes).

■ L'industrie textile est de moins en moins une industrie de main-d'œuvre à mesure qu'elle devient plus capitalistique : la création d'un emploi nécessite un investissement d'un million de francs.

■ Malgré les aides nationales et communautaires (700 millions à 1 milliard de francs par an) et les progrès techniques, la filière textile-habillement poursuit son déclin.

■ Il s'agit pourtant d'un secteur vital : les Français ont consacré, pour se vêtir, 10 % de leur budget total en 1995 (près de 230 milliards de francs).

■ Désormais, **la moitié** des vêtements vendus en France est importée.

** **Accord multifibre** : accord conclu en 1974 entre les PED et les pays développés fixant des quotas d'importations (par pays et par produit) dans le domaine du textile et de l'habillement. Cet accord visait à protéger les industries du textile des pays développés de la concurrence des pays à bas salaires. Son démantèlement est prévu dans un avenir proche.*

10 L'INDUSTRIE AUTOMOBILE : UNE PLACE FONDAMENTALE DANS L'ÉCONOMIE

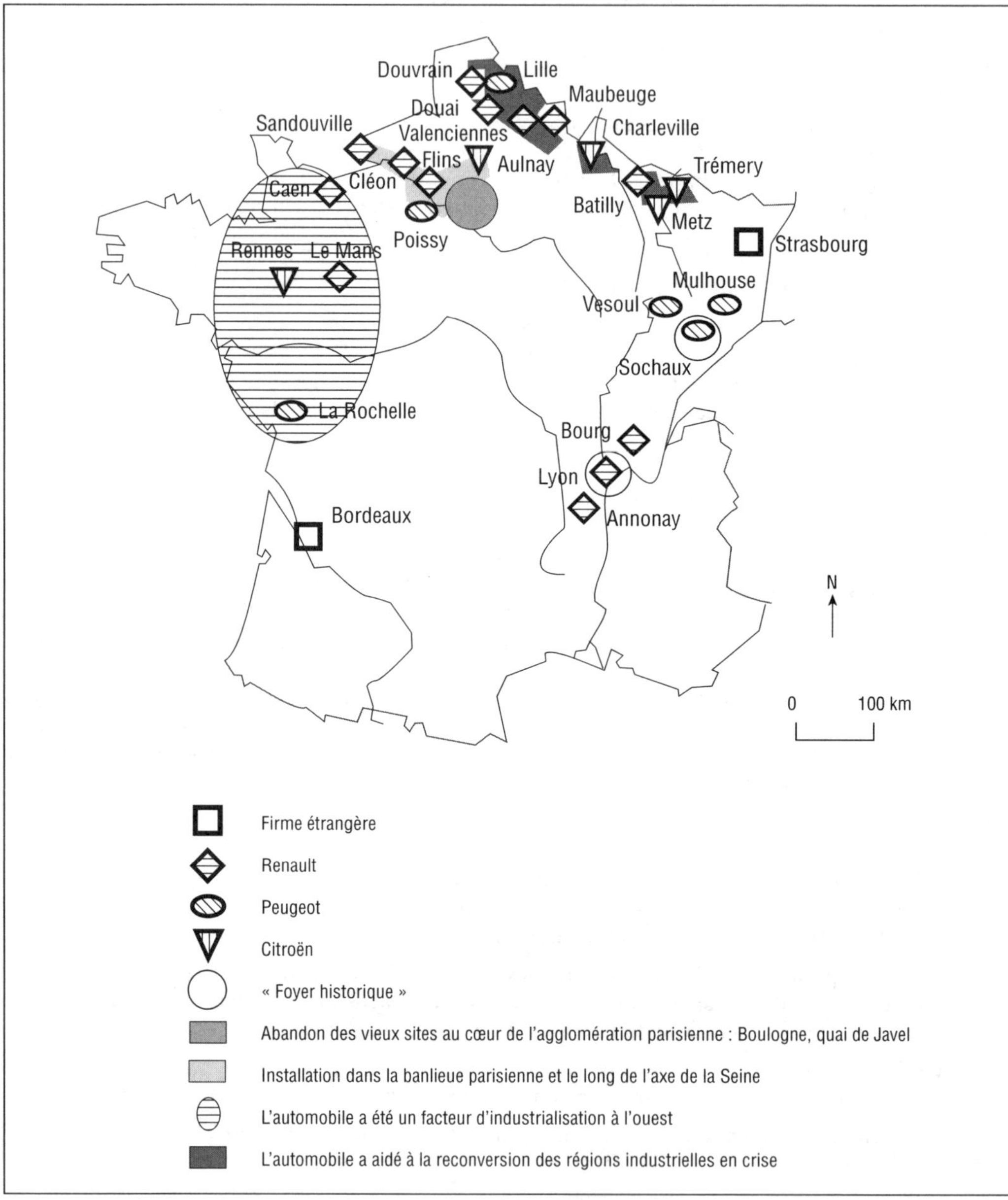

L'INDUSTRIE AUTOMOBILE

Elle a été longtemps une industrie dynamique et un moteur de la croissance. C'est, encore, un secteur essentiel dans l'économie française par les devises qu'elle rapporte et par les activités qui dépendent d'elle tant en amont qu'en aval.

A. Un rôle primordial dans l'économie française

1. Une place honorable dans l'industrie mondiale

- **La France a été un des berceaux de l'industrie automobile mondiale.** Depuis la fin du XIXe siècle (avec les grands pionniers : Panhard, Levassor, Renault, Berliet... puis avec Citroën dans les années 20), elle est un grand pays producteur et novateur dans le domaine de la technique.

- **La production française est actuellement au deuxième rang européen derrière l'Allemagne** et au quatrième rang mondial (après les États-Unis, le Japon et l'Allemagne).

- **Elle se situe au troisième rang mondial pour les exportations derrière le Japon et l'Allemagne.** En 1995, celles-ci représentaient 1,9 million de voitures particulières, soit 62 % de la production. L'automobile est un des secteurs les plus ouverts sur le monde. L'Europe absorbe 82 % des exportations françaises et surtout l'Union européenne 65 % à elle seule.

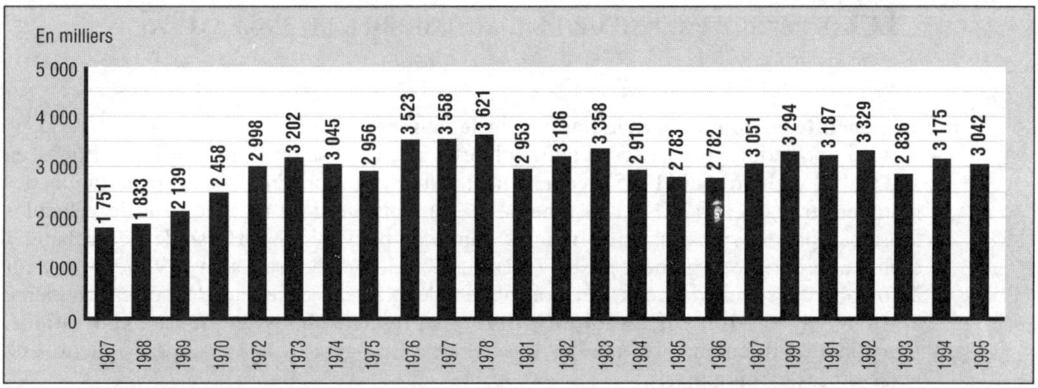

LA PRODUCTION DE VOITURES PARTICULIÈRES DE 1967 À 1995

2. Une production dont la croissance s'essouffle

- **Durant les « trente glorieuses », l'industrie automobile a connu une croissance très rapide.** La production est passée de 0,56 million en 1955 à 1,09 en 1958, 2,25 en 1970 et 3,04 en 1974. De produit réservé aux classes les plus aisées, l'automobile est devenue un objet courant accessible à presque tous les ménages. La croissance de ce marché d'équipement tient alors à l'augmentation du pouvoir d'achat et à la baisse relative des prix liée à la réduction des coûts de production.

- **Depuis 1974, la production s'essouffle,** elle se stabilise aux environs de 3 millions d'unités par an. Elle connaît de sévères phases de récession (1975, 1981, 1985, 1992-1993, 1997). La concurrence s'est accrue sur un marché de renouvellement plus sensible à la conjoncture économique.

3. Un secteur vital pour l'économie française

- **C'est une industrie pourvoyeuse d'emplois**
  - En 1994, près de 350 000 salariés travaillent directement dans cette branche.
  - En outre, l'automobile induit de multiples activités dans d'autres secteurs. En amont, les fournisseurs directs (pneumatiques, équipements, accessoires...) et indirects (métallurgie, mécanique, verre, textile, peinture, matière plastique...). En aval, des activités liées à l'usage de l'automobile (garages, assurances, entretien des réseaux, administration...).
  - Ainsi, près de 2,6 millions d'emplois dépendent directement ou indirectement de l'industrie automobile. Après avoir été un facteur de croissance, cette industrie reste un facteur essentiel de la bonne santé de l'économie.

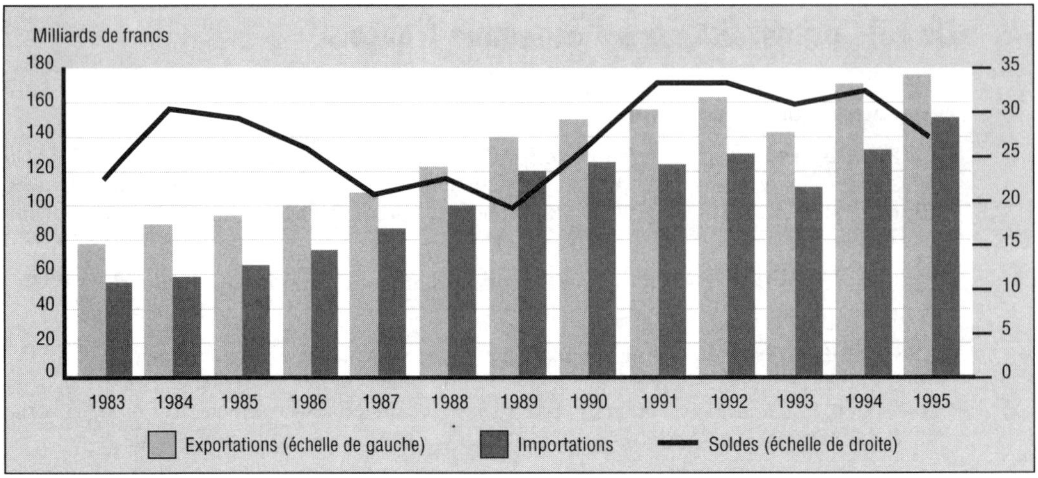

LE COMMERCE EXTÉRIEUR DE L'AUTOMOBILE DE 1983 À 1995

■ **L'automobile est une industrie pourvoyeuse de recettes**

– Si les importations françaises d'automobiles s'accroissent (56,4 milliards de francs en 1983; 150 milliards en 1995), cela tient à l'augmentation du taux de pénétration des marques étrangères (41 % du marché en 1995) mais aussi au rapatriement de véhicules fabriqués par les constructeurs français dans des pays voisins. Le solde des échanges d'automobile reste largement positif (près de 27 milliards de francs en 1995) et le secteur automobile est l'un de ceux qui contribuent le plus à l'excédent de notre commerce extérieur. **Il se réduit car les importations progressent plus vite que les exportations**.

– L'automobile draine un sixième des recettes de l'État grâce à la TVA, à la vignette, aux taxes sur les carburants...

■ **L'industrie automobile, dynamique et pourvoyeuse d'emplois, a joué un rôle important dans l'aménagement du territoire jusqu'à la fin des années 70**

– Dans les années 60, elle a été un facteur important de la politique d'industrialisation de l'Ouest et du Sud-Ouest.

– À partir de la fin des années 60, l'installation d'usines automobiles dans les régions industrielles en crise est un des moyens de lutter contre le chômage et la désindustrialisation tout en favorisant les reconversions. Le Nord et, dans une moindre mesure, la Lorraine ont profité de cette action.

B. Une industrie concentrée

1. Deux groupes dominent le secteur

■ **Le groupe Renault** a réalisé, en 1995, un chiffre d'affaires de 184 milliards de francs et un résultat net de 2,2 milliards. Les 139 700 salariés qu'il emploie ont produit 1,374 million de voitures particulières et 284 000 utilitaires. Renault n'est que la dixième entreprise automobile mondiale et la quatrième européenne. Par sa filiale RVI, le groupe est le quatrième producteur européen de poids lourds. La tentative de fusion avec Volvo a échoué. Le groupe a été privatisé partiellement à l'automne 1994.

■ **Le groupe PSA** a réalisé, en 1995, un chiffre d'affaires de 164 milliards de francs, un résultat net de 1,7 milliard. Les 143 900 salariés qu'il emploie ont produit 1,019 million de voitures particulières (Peugeot) et 637 000 (Citroën). Pour les utilitaires, les chiffres sont respectivement de 51 000 et 82 000. PSA est la onzième entreprise automobile mondiale et la cinquième européenne.

- **Financièrement, cette industrie est très concentrée.** Les 2 groupes sont parmi les plus puissants de l'industrie française. Pourtant, à l'échelle mondiale et même européenne, ils ne sont que des producteurs de taille moyenne.

- Quelques groupes étrangers sont installés en France mais ils ne produisent sur le territoire national que des composants qui sont assemblés ailleurs. Il s'agit, principalement, de Ford à Bordeaux, qui fabrique des boîtes de vitesses dans une usine employant 3 500 salariés, et de General Motors à Strasbourg (1 700 salariés).

2. Une dispersion géographique relative

- **Pendant longtemps, cette industrie a été fortement concentrée géographiquement dans la région parisienne, à l'exception de 2 grands pôles de production :** le fief de Peugeot à Sochaux et les anciennes usines Berliet de Lyon (devenues RVI depuis le rachat de la marque par Renault en 1974). C'est l'importance de pionniers mais surtout d'une main-d'œuvre nombreuse et de la proximité d'un grand marché qui explique le développement et la prépondérance de la construction automobile à Paris (usine Citroën du quai de Javel, ateliers Renault du Point-du-Jour à Boulogne-Billancourt) puis dans la couronne (Poissy, Aulnay, Flins...). En 1960, la région parisienne regroupait plus de la moitié des effectifs du secteur (75 % en 1939) et actuellement moins de 30 %.

- **À partir des années 60, une dispersion relative s'est opérée dans 2 directions :**
  - vers l'ouest, avec l'installation de Renault le long de la Seine (Flins, Cléon, Sandouville), au Mans, à Caen, ainsi que celle de Ford à Bordeaux et de Citroën à Rennes ;
  - dans le Nord-Pas-de-Calais, en particulier dans le bassin charbonnier (Peugeot à Lille, La Bassée et Valenciennes, Renault à Douai...) et en Lorraine (Citroën à Metz et Renault à Batilly en pleine zone minière en crise) ; ces derniers s'ajoutent au foyer traditionnel de Sochaux et à l'installation de Peugeot à Mulhouse.

- **Les firmes françaises sont implantées à l'étranger :**
  - elles disposent de filiales fabriquant des véhicules pour des marchés locaux (exemple : production de R 21 en Turquie et de Peugeot 505 en Argentine) ;
  - elles produisent à l'étranger des véhicules destinés aux marchés français et européen ainsi que des composants assemblés en France. Les échanges entre ces sites de production sont très importants. Les constructeurs français sont implantés en Espagne (Renault) et au Royaume-Uni (PSA).

11 UNE INDUSTRIE DE PLUS EN PLUS CONCURRENCÉE : L'AUTOMOBILE

Évolution du nombre de voitures assemblées en un an par salarié

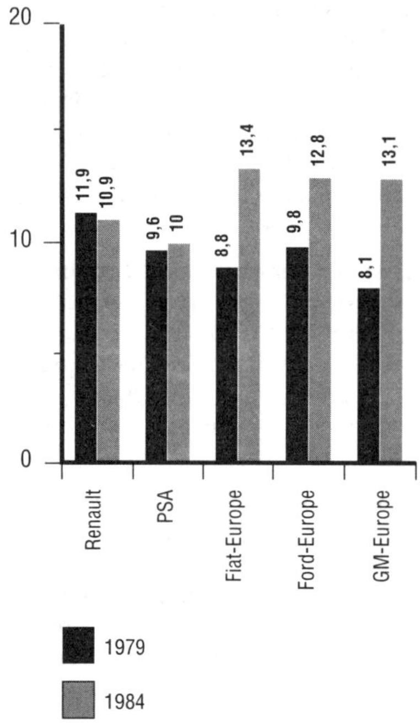

Évolution des effectifs et de la production de 1979 à 1984 (en %)

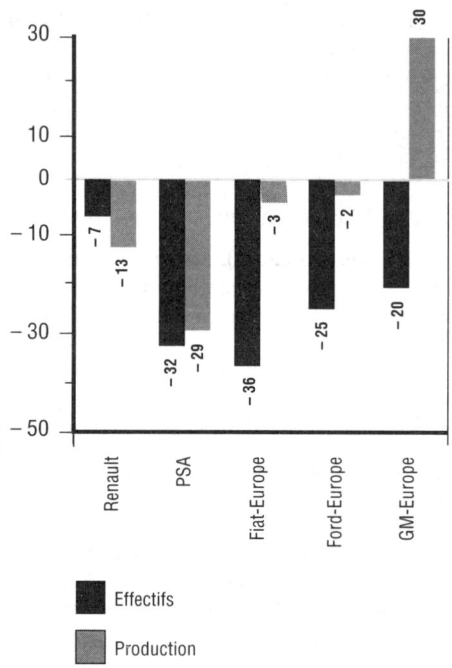

Capacités de production excessives, prix de revient trop élevé

	GM-Europe	Ford-Europe	Fiat	PSA	Renault
Taux d'utilisation des capacités de production en 1984	88 %	82 %	81 %	77 %	70 %
Prix de revient d'une voiture en 1984 (modèle équivalent)	40 400	45 400	48 400	49 700	55 300

La perte de compétitivité de l'industrie automobile au début des années 80

L'industrie automobile a longtemps appartenu aux secteurs dynamiques de l'industrie. Elle était le symbole d'une certaine réussite industrielle française. **Dans les années 80, elle a été frappée par une crise grave qui l'a obligée à se restructurer. Elle est aujourd'hui confrontée à une accentuation de la concurrence et à un essoufflement du marché.**

A. Au début des années 80, une crise aux causes multiples

1. Un marché saturé

- Les marchés européen et français, principaux débouchés de l'industrie automobile, ne croissent plus. **Marchés d'équipement durant les « trente glorieuses », ils sont devenus des marchés de renouvellement.**
- En outre, l'automobile souffre du ralentissement de la demande dû à la crise.

2. Une concurrence accrue

- Le marché japonais étant pratiquement fermé et celui des États-Unis difficile à pénétrer (exemple : expérience malheureuse de Renault dans les années 80), **l'Europe est devenu le principal théâtre de l'affrontement des firmes.**
- Sur ce marché, les constructeurs français subissent une concurrence très dure :
  - de la part des firmes italiennes et allemandes qui ont su se restructurer et se moderniser avant ;
  - de la part des firmes américaines qui portent leurs efforts sur l'Europe. Cela leur est d'autant plus facile qu'elles détiennent, déjà, une part notable du marché du continent, grâce à leurs filiales Ford-Europe et Opel (General Motors) ;
  - en outre, la grande offensive japonaise débute.

3. L'industrie française n'a pas su se moderniser et se restructurer à temps

- La robotisation est insuffisante. Les nouvelles méthodes de production ne sont pas suffisamment développées. Les effectifs sont trop nombreux.
- **Tout cela entraîne des coûts plus élevés et une perte notable de compétitivité.**

B. Une situation qui devient critique

1. Le recul de l'industrie automobile française

- La production baisse notablement.
- **L'industrie perd des marchés** non seulement en Europe, mais aussi en France, où le taux de pénétration des voitures étrangères, qui était de 20 % en 1978, passe à 30 % en 1983, pour se situer actuellement à près de 40 %.
- De ce fait, les constructeurs français reculent nettement dans les classements mondial et européen.

2. Les firmes connaissent des difficultés

- **Les constructeurs travaillent à perte dans des usines surdimensionnées.** En 1984, pour être rentable, Renault aurait dû vendre 2,1 millions de voitures alors qu'elle n'en a vendu que 1,4 !
- **Les sociétés enregistrent des déficits** de plus en plus importants. PSA réalise près de 2 milliards de perte en 1983 mais rétablit la situation à partir de 1985. Renault connaît un déficit de 12 milliards en 1985 et aurait été en état de faillite si elle n'avait pas été une entreprise nationalisée.
- **Les firmes sont surendettées** alors qu'elles doivent faire un énorme effort d'investissement pour se moderniser.

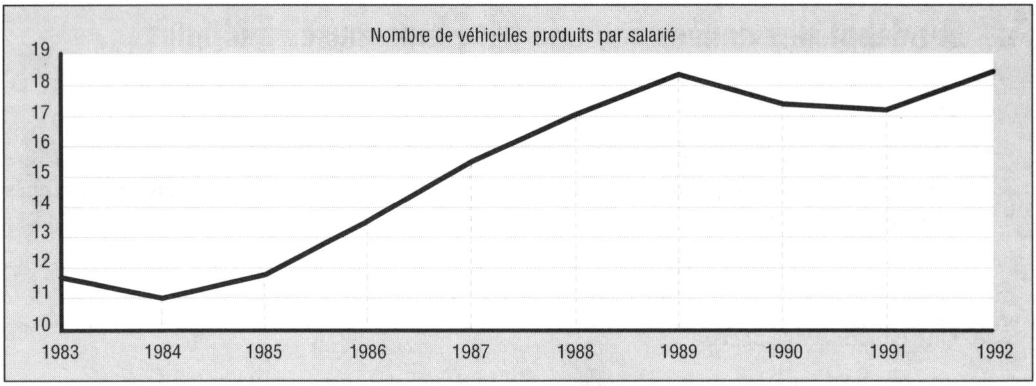

Une très forte croissance de la productivité de 1983 à 1992

C. Les remèdes

1. Baisser les coûts de production

- **Des investissements colossaux** et un formidable effort de modernisation ont permis de modifier les techniques de production (robotisation, flux tendus, disparition progressive du travail à la chaîne…).
- **Les usines les moins rentables ont été fermées** au prix de graves conflits sociaux. C'est le cas de Renault, qui a abandonné le site de Boulogne-Billancourt en 1994, pourtant berceau et symbole de la firme.
- **Les effectifs ont été fortement réduits**. Renault employait 213 000 personnes en 1984, Peugeot 187 000. En 1995, ces deux entreprises n'employaient plus, respectivement, que 138 000 et 139 000 personnes. Ce sont les OS (ouvriers spécialisés) qui ont subi les plus fortes baisses, alors que le nombre des cadres et des techniciens a augmenté.

2. Améliorer l'image de marque de l'automobile française

- Cet effort a reposé sur la sortie de modèles plus attrayants qui se sont forgé une bonne réputation de qualité et de fiabilité. La 205 a joué un rôle important dans le redressement de PSA, la R 19 puis la Clio dans celui de Renault.

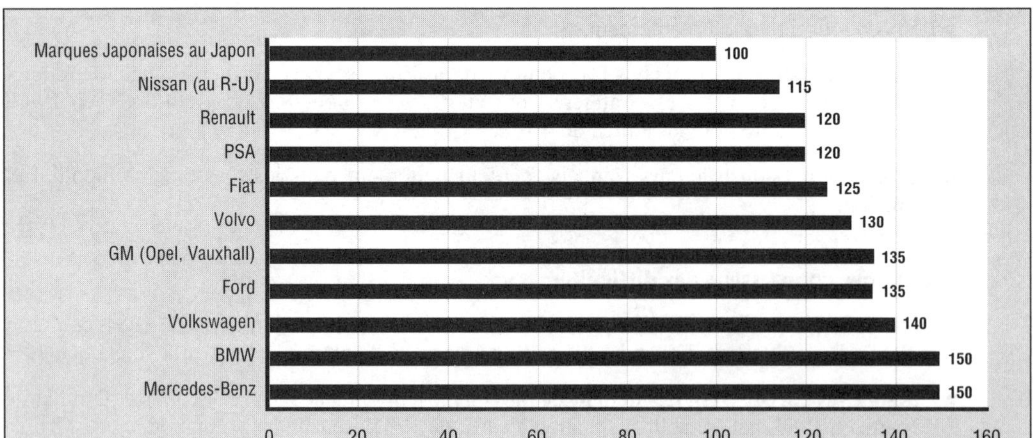

Le Nouvel Économiste, n° 904, 12 juillet 1991.

Les coûts de production de différents constructeurs automobiles en 1990

D. La situation est-elle définitivement redressée ?

1. Les mesures de redressement ont eu des résultats positifs

- **Les entreprises font à nouveau des bénéfices.** PSA a retrouvé l'équilibre à partir de 1985 et Renault en 1987. Depuis, les résultats enregistrés sont largement positifs.
- **La productivité a considérablement augmenté** au rythme de 12 % par an. Actuellement, les coûts de production sont devenus parmi les plus faibles en Europe et se rapprochent des coûts japonais.
- **Les voitures françaises jouissent d'une bonne réputation** et remportent des succès sur le marché européen et en particulier en Allemagne, où la Renault 19 a remporté un grand succès. Il en a été de même pour la Clio sur le marché européen.

2. Une nouvelle dégradation depuis 1992

- **Cependant, la situation s'est dégradée depuis 1992.** Les ventes ont chuté en particulier sur le marché français (en 1993, les Français ont acheté 384 000 voitures de moins qu'en 1992, qui était pourtant une mauvaise année).
- Les mesures Balladur (prime de 5 000 francs pour les propriétaires d'un véhicule de plus de dix ans qui achètent un véhicule neuf) puis Juppé ont permis de soutenir le marché de façon un peu artificielle. L'effondrement du marché, au début de 1997, à la suite de la suppression de la « Juppette » le montre bien.
- **La crise économique n'explique pas à elle seule la situation actuelle.** Il semble que les marchés français et européen soient de plus en plus semblables au marché américain, caractérisé par des oscillations brutales de la demande (cycles correspondant au renouvellement de l'équipement automobile des ménages amplifiés le plus souvent par la conjoncture économique).
- **1997 s'annonce difficile pour les constructeurs français** et particulièrement pour Renault, qui traverse une crise très grave. L'entreprise, pour la première fois depuis 10 ans, annonce, pour 1996 un déficit (– 5,2 milliards de francs) et la suppression pour 1997 de 6 000 emplois en France et en Belgique (fermeture de l'usine de Vilvorde).

  La taille de Renault, insuffisante face à ses concurrents étrangers, son marché trop centré sur l'Europe mettent l'entreprise française en péril à plus ou moins long terme. Pour survivre, elle doit, si elle en a la possibilité, élargir son marché hors de l'UE.

Dans les années à venir, cette industrie doit faire face à un nouveau défi : celui de la concurrence japonaise, qui va s'amplifier avec la disparition des quotas en 1999. L'industrie automobile française ne pourra y répondre que par des augmentations spectaculaires de productivité, des investissements énormes et probablement par des alliances ou des fusions avec des concurrents européens (un rapprochement Fiat-PSA a été évoqué).

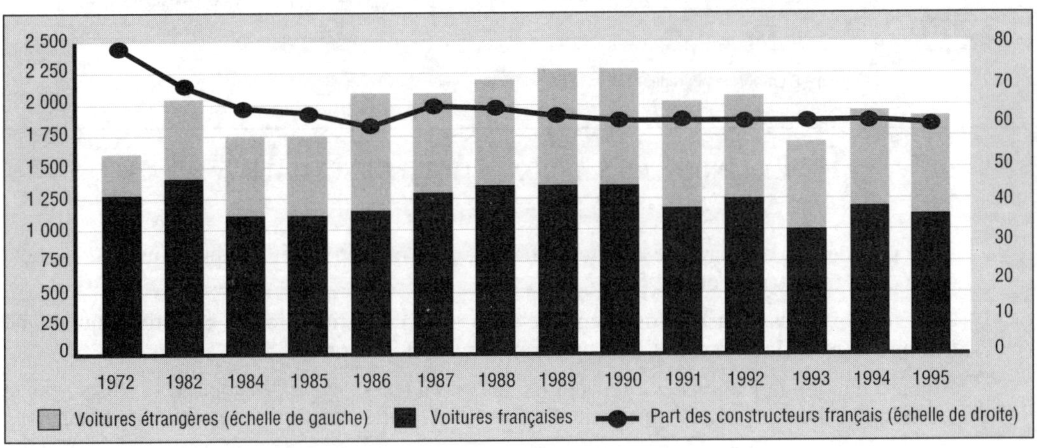

LES VOITURES IMMATRICULÉES EN FRANCE DE 1972 À 1995

12 UNE ACTIVITÉ DE POINTE : LES INDUSTRIES AÉRONAUTIQUES ET SPATIALES

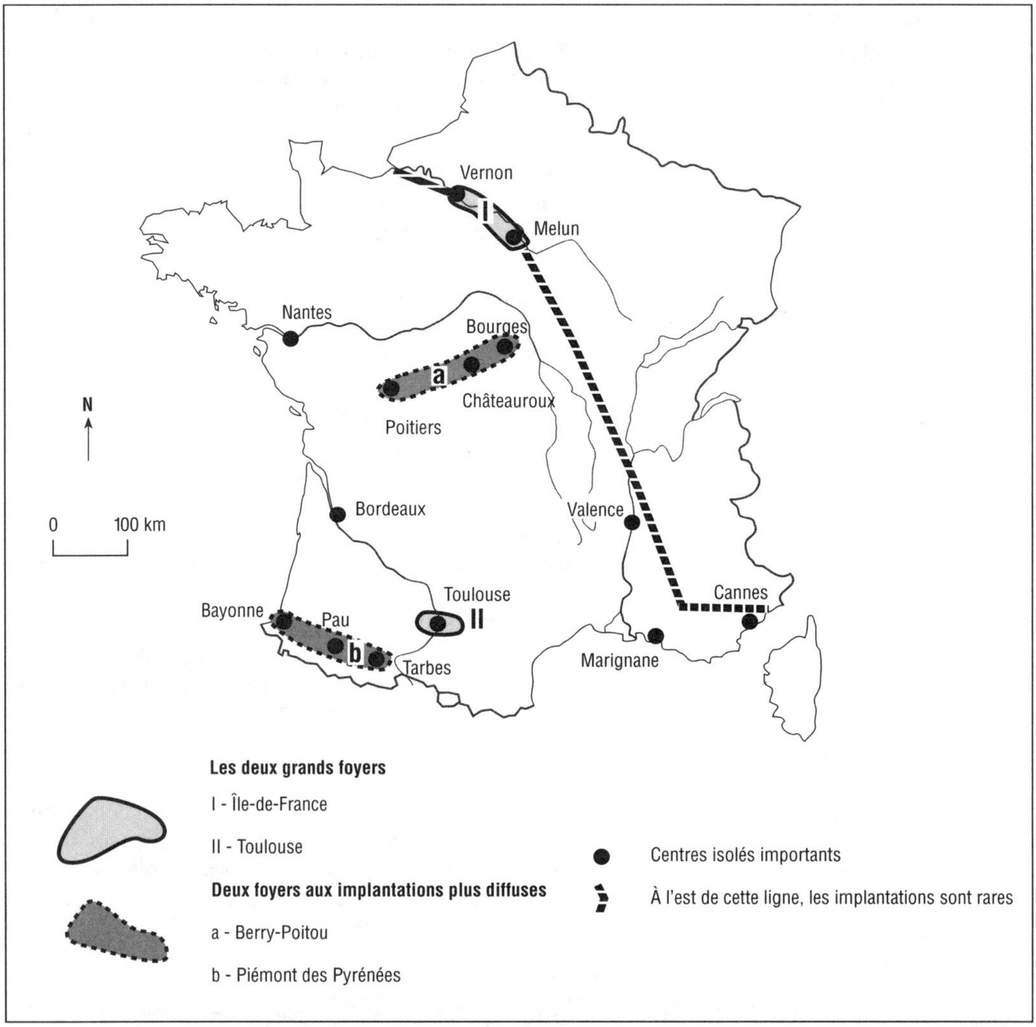

LES INDUSTRIES AÉRONAUTIQUE ET SPATIALE

Avec près de 100 milliards de chiffre d'affaires, elles ont représenté un peu plus de 2 % de la production industrielle en 1995.

Toutefois, avec les industries du téléphone et du matériel ferroviaire, c'est l'activité qui donne **l'image la plus flatteuse** de l'industrie française dans le monde.

Aujourd'hui, la fabrication des engins militaires est en baisse, celle des appareils civils stagne et l'avenir de l'industrie spatiale est plein d'incertitudes. Cette situation se retrouve à l'étranger.

Pourquoi cette activité **de très haute technologie** est-elle, plus que toutes les autres, **soumise à la conjoncture internationale ?**

A. Des industries stratégiques qui ne peuvent s'affranchir de l'aide de l'État

1. L'État finance la recherche et achète une grande partie des matériels

- La recherche - développement (**R & D**) est longue et coûteuse :
  - la mise au point des matériels (avions, hélicoptères, missiles...) est dévoreuse de capitaux ; aucune entreprise publique ou privée ne peut se passer de l'aide de l'État ;
  - la loi de programmation militaire, établie pour cinq ans, prévoit des crédits de R & D ;
  - la recherche militaire a des retombées sur la mise au point des matériels civils, et inversement : c'est une partie du Complexe militaro-industriel (CMI). La mise au point du Rafale a nécessité dix ans de travail et 4 à 5 milliards de francs d'investissements.

- Sous des formes diverses, **la moitié** de la production est achetée par l'État :
  - les matériels, produits à des fins civiles, sont achetés par des entreprises contrôlées par la puissance publique : Air France et Air Inter pour les avions, la protection civile et les douanes pour les hélicoptères. Les engins, achetés par des entreprises privées opérant en France, sont très minoritaires (ATR 42 achetés par la TAT, filiale de British Airways, Airbus livrés à Air Liberté) ;
  - quant aux matériels militaires, leurs achats en France sont évidemment effectués à 100 % par l'État. Ainsi l'armée de l'air et l'aéronavale vont acheter 320 chasseurs Rafale sur vingt ans, au prix de 300 millions de francs l'unité.

2. Pour rentabiliser ses investissements, l'État recherche des partenaires industriels et des acheteurs étrangers

- **La coopération internationale** nécessite l'accord de l'État.
  - L'accord entre la France et les États-Unis pour la production des moteurs d'Airbus CFM-56 est le fruit de la collaboration entre la SNECMA et la General Electric.
  - Les accords européens sont surtout destinés à concurrencer les États-Unis. Le consortium européen Airbus Industrie (France, Allemagne, Pays-Bas, Espagne, Royaume-Uni) constitue la plus belle réussite industrielle de l'Union européenne. Les ATR (avion de transport régional) 42 et 72 sont produits par un groupement d'intérêt économique franco-italien associant l'Aérospatiale et la firme Alenia. Ariane Espace (France, Allemagne, Royaume-Uni) assure désormais 50 % des lancements de satellites dans le monde. En revanche, le projet de navette Hermès a été abandonné, et la coopération avec la Russie s'intensifie.

- **Les grands contrats** à l'étranger sont, le plus souvent, obtenus par le ministère des Affaires étrangères et par celui du Commerce extérieur.
  - Les considérations techniques sont souvent dépassées par les offres de financement ou les pressions diplomatiques exercées par les pays vendeurs. Les succès de l'aviation militaire américaine, pendant la guerre du Golfe, ont permis aux États-Unis de décrocher de nombreux marchés depuis quatre ans aux dépens des Mirages français.
  - Les interventions des États sont également déterminantes pour les matériels civils.

Les industries aéronautiques et spatiales sont **plus sensibles** que d'autres à l'environnement international. Un conflit majeur comme la guerre du Golfe peut favoriser l'aéronautique militaire mais ralentit le trafic aérien civil et la vente des avions de ligne. À une autre échelle, le recul de la menace soviétique a réduit la livraison, en France et dans les pays de l'OTAN, des avions de guerre et des armements qui les équipent. En outre, la Russie s'est mise à brader ses stocks d'appareils qu'elle vend dans le Tiers monde.

B. Des entreprises dispersées face à la concurrence internationale

1. Deux entreprises publiques, Aérospatiale et SNECMA

- Ces 2 constructeurs réalisent **les deux tiers** du chiffre d'affaires et assurent **deux tiers** des emplois de la branche.
- **L'Aérospatiale** (dixième rang mondial) construit des hélicoptères (militaires et civils), des missiles et des avions de ligne grâce à sa participation au consortium Airbus Industrie.
- **La SNECMA** (seizième rang mondial) fabrique des réacteurs pour les avions Dassault (Mirage, Rafale) ainsi que des moteurs civils en collaboration avec la General Electric (États-Unis).

CHIFFRES D'AFFAIRES, EXPORTATIONS ET EMPLOIS DES INDUSTRIES AÉRONAUTIQUE ET SPATIALE DE 1985 À 1993

	CA (milliards de francs)	Part militaire (%)	Part civile (%)	Exportations (%)	Emplois (milliers)
1985	90,7	70	30	48,5	127
1987	86,6	60	40	52	120
1989	100,9	54	46	54,5	120
1991	105,4	47	53	52	118
1993	93,5	45	55	52	105
1995	97,6	37	63	53	101

2. Des entreprises privées très dépendantes de l'État : Matra, Dassault et les équipementiers

- Elles assurent un tiers des emplois et du chiffre d'affaires de la branche.
- **Dassault** (dix-neuvième rang mondial) construit des avions de combat et des avions d'affaires (Falcon). La baisse des commandes en France et à l'étranger l'a obligé à réduire ses effectifs de 16 000 à 11 800 personnes depuis 1988.
- MATRA fabrique des missiles et ne réalise que 11 milliards de francs de chiffre d'affaires dans l'aéronautique au sein du groupe Matra-Hachette (55 milliards).
- Sextant Avionique, SAGEM et Turboméca, qui est la division turbines d'hélicoptères du groupe Labinal, sont les principaux équipementiers.

3. Une dispersion gênante par rapport aux concentrations étrangères

- Les regroupements s'accélèrent au sein des puissants groupes américains (cf. la fusion de Grumman et de Martin Marietta en 1994).
- Dasa (Deutsche Aerospace) rassemble toute l'industrie aéronautique allemande au sein du puissant conglomérat Daimler-Benz. Ce groupe occupe le septième rang mondial.
- British Aerospace (troisième rang) et Rolls Royce (treizième rang) demeurent les 2 seules firmes britanniques.
- En France, **la coexistence** de firmes publiques et privées, si elle ne gêne pas la coopération technique sous l'égide de l'État, retarde les regroupements financiers qui semblent pourtant se dessiner (Aérospatiale - Dassault).
- On peut relever que les firmes privées vendent surtout des matériels militaires (avions de combat, missiles) tandis que les entreprises publiques livrent davantage de matériels civils.

C. Des industries qui, plus que toute autre, matérialisent le concept centre-périphérie à l'échelle nationale

1. L'agglomération parisienne demeure l'unique centre de décision et conserve l'essentiel de la recherche

- Toutes les entreprises aéronautiques ont **leur siège** en Île-de-France : Aérospatiale, Matra, la SAGEM et la SNECMA à Paris, Dassault dans les Yvelines.
- Bien qu'encore majoritairement franciliens, certains laboratoires de recherche ont été décentralisés à Toulouse :
  - l'ONERA (Office national d'études et de recherche aérospatiales), Matra, la SNECMA, Dassault conservent de nombreux centres de recherche en Île-de-France;
  - toutefois, la décision, datant de la Première Guerre mondiale, de transférer une partie de l'industrie aéronautique de Paris vers Toulouse, pour l'éloigner du « Front de l'Est », a été prolongée par la décentralisation de l'École supérieure d'aéronautique.

2. Les usines de montage sont de moins en moins parisiennes

- **Le Sud-Ouest** est le premier ensemble régional (32000 emplois) et compte 3 foyers d'importance inégale :
  - Toulouse : Aérospatiale, Airbus Industrie, Dassault (20000 emplois);
  - Bordeaux : Dassault (3500 emplois);
  - le piémont pyrénéen : Turboméca, Aérospatiale à Tarbes, à Pau et dans l'agglomération de Bayonne.
- **Le Sud-Est** a connu un essor plus récent (8 000 emplois) :
  - les hélicoptères pour l'Aérospatiale sont construits à Marignane;
  - Valence accueille la plus grande usine de Sextant Avionique;
  - Cannes possède une usine ultramoderne de l'Aérospatiale qui fabrique des satellites artificiels.
- **Le Centre** et **les Pays de la Loire** ont bénéficié de décentralisations parisiennes avec des usines de l'Aérospatiale à Bourges, à Châteauroux et à Nantes.
- Centre de commandement et de recherche, l'Île-de-France demeure un important foyer de production (25 000 emplois) :
  - la SNECMA demeure largement francilienne avec 4 usines le long de la Seine à Melun, à Corbeil, à Billancourt et aux Mureaux;
  - la Société européenne de propulsion (SEP), qui fabrique des éléments de la fusée Ariane, est implantée à Vernon, à 50 kilomètres de Paris.

Les industries aéronautiques et spatiales françaises doivent, comme leurs concurrentes étrangères, gérer les fluctuations d'un marché très instable. Elles ont été, pendant longtemps, à l'abri des crises : quand le marché militaire limitait ses commandes, c'était le civil qui tirait le secteur, et inversement. Depuis trois ans, les 2 marchés sont déprimés car les États réduisent leur budget de défense et les compagnies aériennes, presque toutes en difficulté, renouvellent moins rapidement leur flotte.

Toutefois, les activités civiles ont **un bel avenir**, les besoins des compagnies aériennes étant de l'ordre de 12000 avions pour les vingt ans à venir. En 1996, les commandes d'Airbus Industrie représentaient 800 milliards de francs. L'avenir d'Ariane Espace semble également assuré malgré la concurrence de nouveaux lanceurs japonais ou chinois. En revanche, la situation est davantage **préoccupante** pour les activités militaires, en baisse de 25 % en 1993.

13 LES INDUSTRIES AGROALIMENTAIRES (IAA)

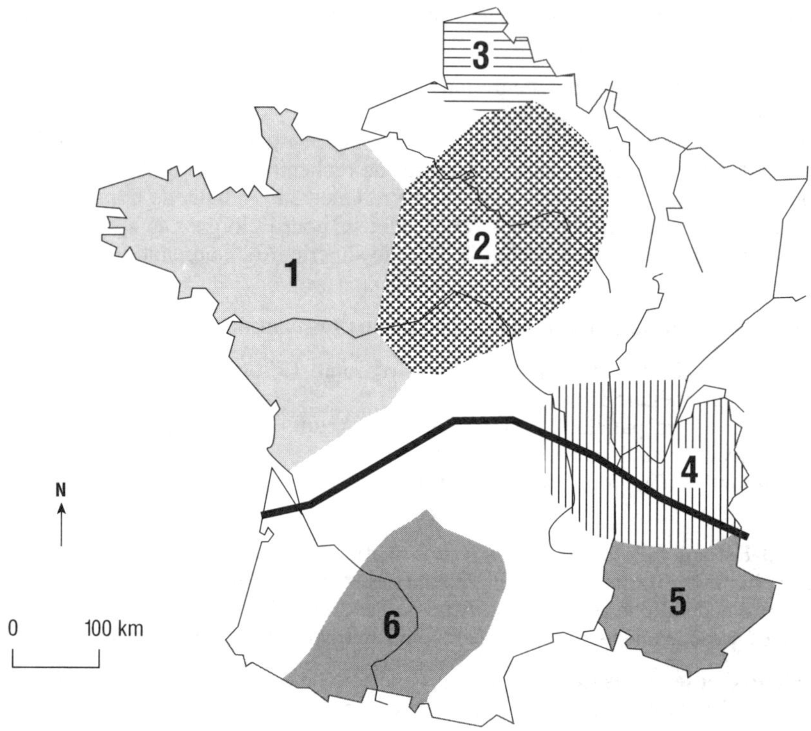

Ensembles régionaux majeurs :

1 - Grand Ouest (25 %) : viande, lait, conserves
2 - Centre du Bassin parisien (25 %) : dérivés des céréales, sucre, confiserie, oléagineux

Ensembles régionaux secondaires :

3 - Nord-Picardie (9 %) : conserves, sucre, confiserie, dérivés des grains
4 - Rhône-Alpes (6%) : produits laitiers

Les régions qui comptent au sud de la ligne Bordeaux-Montluçon-Grenoble :

5 - Provence-Alpes-Côte d'Azur (3,5 %)
6 - Midi-Pyrénées (3 %)

▬ Ligne Bordeaux-Montluçon-Grenoble

En blanc : aucune des régions ne réalise plus de 3 % de la production nationale

LES GRANDES RÉGIONS D'INDUSTRIES AGROALIMENTAIRES

Jusqu'à la fin des années 60, la France **valorisait mal** sa riche production agricole. Comment les IAA sont-elles devenues **le premier secteur industriel français** avec 760 milliards de francs de chiffre d'affaires en 1995, soit 17,5 % de la production industrielle ?

A. La place de la filière agroalimentaire dans le commerce extérieur

Les excédents commerciaux de la chaîne agroalimentaire					
(en milliards de francs)	1987	1989	1991	1993	1995
Produits agricoles (y compris sylviculture et pêche)	24,6	32,5	28,5	31,8	34,1
Produits des IAA (boissons, produits laitiers, viandes, conserves, sucre)	4,4	13,9	16,2	24,7	26,1
Total	29	46,4	44,7	56,5	60,2

1. La filière agroalimentaire repose sur 2 secteurs

■ **Les produits agricoles** constitués par toutes les productions vendues en l'état (animaux vivants, céréales…) ainsi que les vins, pourtant produits élaborés (sauf le champagne !).

■ **Les produits des IAA résultant de la transformation des produits agricoles.** Après une rapide analyse de l'ensemble de la filière, nous étudierons plus précisément ce second secteur.

2. Pris dans sa globalité, l'agroalimentaire dégage des excédents commerciaux supérieurs à ceux de l'industrie

■ En 1995, **l'excédent** a atteint le chiffre record de 60,2 milliards de francs (201,4 milliards de francs pour les exportations, 141,2 pour les importations) contre 46 milliards pour les industries dont les échanges portent pourtant sur des montants 5 fois supérieurs.

■ Cet excédent s'est décomposé de la manière suivante : 34,1 milliards de francs pour les produits agricoles (78,6 milliards à l'exportation et 44,5 à l'importation) et 26,1 milliards pour les produits des IAA (119,2 milliards à l'exportation et 93,1 milliards à l'importation).

■ L'excédent moindre des IAA pour des échanges 2 fois plus élevés révèle encore un certain manque de valorisation des produits agricoles bruts.

B. Les IAA sont devenues le premier secteur industriel en moins de vingt-cinq ans

1. Les causes de cet essor

■ L'alimentation représente toujours 20 % du budget des ménages (24,5 % en 1980).

■ L'augmentation du niveau de vie (de plus en plus de repas sont pris hors du domicile) favorise la consommation de produits plus élaborés et plus coûteux (surgelés, plats cuisinés…).

■ Quelles que soient les difficultés économiques, les ménages ne peuvent guère réduire, même temporairement, leur consommation de nourriture comme ils peuvent le faire pour celle des services ou des produits manufacturés.

■ Les ventes à l'étranger ont tiré le secteur. La France est le deuxième exportateur agroalimentaire mondial derrière les États-Unis.

■ Toutefois, la croissance des IAA n'a été que de 1 % de 1992 à 1995, contre 2,2 % en 1989, 4 % en 1990 et 2,2 % en 1991.

2. Six grandes branches de production

■ Les viandes :
- cette branche emploie 100 000 salariés pour un chiffre d'affaires de 170 milliards de francs ;
- les firmes sont de plus en plus puissantes : Socopa (13 milliards de chiffre d'affaires), Doux (7,5 milliards) ;

- toutefois, les exportations (23,4 milliards) demeurent légèrement inférieures aux importations (24,4 milliards); l'élevage porcin et ovin est largement responsable de ce déficit alors que les bovins et les volailles sont très excédentaires.

■ Le travail des grains et les produits issus des céréales :
- cette activité emploie 240 000 salariés et réalise 150 milliards de francs de chiffre d'affaires;
- la division biscuiterie et pâtes alimentaires de Danone est le leader, mais les grandes firmes étrangères comme Kraft General Foods (7 milliards de francs de chiffre d'affaires) occupent une place importante;
- les exportations (17,8 milliards de francs) dominent nettement les importations (11 milliards).

■ Les produits laitiers :
- cette branche emploie 72 000 salariés et réalise 112 milliards de francs de chiffre d'affaires;
- certaines firmes ont acquis une importance mondiale : Danone (23 milliards de francs de chiffre d'affaires pour les seuls produits laitiers), Besnier (25 milliards), Bongrain (10 milliards), Bel (8 milliards)... Le secteur coopératif est également puissant (Sodiaal : 16,5 milliards);
- l'excédent commercial atteint 13 milliards de francs (22 à l'exportation et 9 à l'importation).

■ L'huile, le sucre, la confiserie :
- 88 000 salariés travaillent dans cette branche qui réalise 84 milliards de francs de chiffre d'affaires;
- elle compte quelques puissantes firmes françaises comme Saint-Louis (35 milliards) ou la division confiserie de Danone. Mais les firmes étrangères dominent : Eridania (Italie) qui a racheté Beghin-Say (50 milliards de francs de chiffre d'affaires), Unilever (groupe anglo-néerlandais) qui a repris Miko (21,4 milliards), Nestlé (25,2 milliards);
- les exportations (8,2 milliards de francs) dominent largement les importations (2 milliards).

■ Les boissons, les alcools et le tabac :
- ces activités emploient 45 000 salariés et réalisent un chiffre d'affaires de 75 milliards;
- elles sont encore très largement contrôlées par des firmes françaises : Pernod-Ricard (15,9 milliards), Danone (10 milliards avec Kronenbourg, Évian), LVMH (11 milliards avec Moët et Chandon, Hennessy) pour les boissons; la SEITA (16,3 milliards), pour le tabac, privatisée en 1995;
- l'excédent commercial de cette branche (7,8 milliards de francs : 21,5 à l'exportation contre 13,7 à l'importation) est principalement dû aux excellentes ventes de vins et de spiritueux.

■ Les conserves :
- cette branche qui compte 37 000 salariés réalise un chiffre d'affaires de 44 milliards de francs;
- les firmes françaises sont de taille moyenne – CECAB-D'Aucy (6,1 milliards), Bonduelle (4,2 milliards), Saupiquet (1,6 milliard) – mais le plus souvent artisanales;
- la conséquence de cette situation est un déficit commercial de 6,1 milliards de francs (6 milliards de francs à l'exportation et 12,1 à l'importation).

■ À l'intérieur, les IAA, avec **565 000 emplois**, sont un secteur clé de l'industrie.

■ À l'extérieur, la création de la Communauté européenne leur a été très favorable puisque les échanges avec elle ont doublé au cours des quinze dernières années pour atteindre 70 % du total en 1995.

C. Les IAA revitalisent l'espace rural

Alors que de nombreuses industries renforcent la métropolisation du territoire en se concentrant dans les grandes agglomérations, les IAA s'en éloignent fréquemment.

1. Plus de la moitié des emplois (300 000 environ) des IAA sont dans les zones rurales

■ Les industries laitières, sucrières, de la viande et de la conserve ont les implantations **les plus rurales** :
- elles sont souvent placées dans ou à proximité de communes de moins de 5 000 habitants;
- elles nécessitent de vastes espaces, d'importants investissements et une main-d'œuvre relativement peu nombreuse par unité de production;

Les grandes régions agroalimentaires		
Régions	**Effectifs**	**Chiffre d'affaires (milliards de francs)**
Île-de-France	78 500	125,3
Bretagne	44 600	82,2
Pays de la Loire	30 200	56,2
Nord-Pas-de-Calais	29 000	45,2
Rhône-Alpes	30 700	44,4
Champagne-Ardenne	17 900	30,5
Provence-Côte d'Azur	14 000	23,6
Basse-Normandie	13 000	20,6
Centre	13 000	20,4
Alsace	13 800	20,2

- elles travaillent de gros tonnages de matières premières (betteraves, lait, viande) et, pour réduire les coûts de transport, privilégient l'implantation à proximité des lieux de production;
- exigeantes en eau et souvent polluantes, elles fuient les villes.

■ Les entreprises qui travaillent les grains et les produits issus des céréales sont plus urbaines : les grandes minoteries, approvisionnées en grains par la voie d'eau, sont implantées dans les grandes villes (Grands Moulins de Paris, de Pantin, de Strasbourg, de Marseille; Vilgrain à Nancy).

■ Les autres IAA ont des localisations plus variables : les boissons sont un exemple typique. Les usines d'embouteillage sont près des sources, les caves de champagne sont près des villes du vignoble (Reims, Épernay), Coca-Cola s'est installé à Dunkerque, près de la plus grande usine d'aluminium et de boîtes d'Europe. Beaucoup sont des créations locales (Bénédictine à Fécamp, Ricard à Marseille). Les confiseries et les chocolateries sont très souvent près des foyers de consommation (Paris, Strasbourg). Celles qui importent leurs matières premières (rhum, vanille, arachide) sont dans les grands ports (Lesieur à Dunkerque, Negrita à Bordeaux).

2. Les grandes régions d'IAA sont au nord d'une ligne Bordeaux-Montluçon-Grenoble

■ Des **liens étroits** existent entre les grandes régions agricoles et les IAA. Les productions agricoles des Midis sont majoritairement commercialisées en l'état : vins, fruits et légumes frais. En revanche, les deux tiers nord du territoire sont grands producteurs de matières premières agricoles destinées aux IAA : viande (bovins, porcins, volailles), lait, céréales, betteraves, oléagineux, vignoble champenois.

■ **Le grand Ouest** et **le centre du Bassin parisien** sont les 2 premiers ensembles régionaux :
- le grand Ouest (Bretagne, Pays de la Loire, Basse-Normandie, Poitou-Charentes) fournit 25 % de la production totale (viande, lait, conserve), soit 180 milliards de francs;
- le centre du Bassin parisien (Île-de-France, Champagne-Ardenne, Centre) en fournit également 25 % (dérivés des céréales, du sucre, de la confiserie, des oléagineux).

■ Nord-Picardie (9 %) et Rhône-Alpes (6,5 %) sont des ensembles régionaux qui comptent encore.

■ Dans le tiers sud du pays, seules les productions des régions Provence-Alpes-Côte d'Azur et Midi-Pyrénées (3 %) sont significatives.

Depuis deux à trois ans, les IAA sont en conflit avec les centrales d'achat des grands distributeurs (Carrefour, Promodès, Leclerc…) qui exigent des baisses de prix. Cette attitude oblige les entreprises (même les plus grandes comme Danone ou Nestlé) à comprimer leurs marges et à réaliser des gains de productivité au prix **de suppressions d'emplois** dans un secteur qui en **a créé de très nombreux** depuis vingt-cinq ans.

CONCLUSION

Bien que commencées il y a un quart de siècle, les mutations et les restructurations de l'industrie doivent se poursuivre pour maintenir la France au même niveau que celui de ses principaux concurrents.

CHAPITRE 9

LES SERVICES

Les services sont devenus une activité fondamentale dans l'économie française.

En effet, ils jouent un rôle déterminant dans le PIB, l'emploi et les échanges extérieurs…

Ils constituent un facteur essentiel dans la structuration et l'organisation du territoire.

1 LES SERVICES : DÉFINITION ET GRANDS SECTEURS

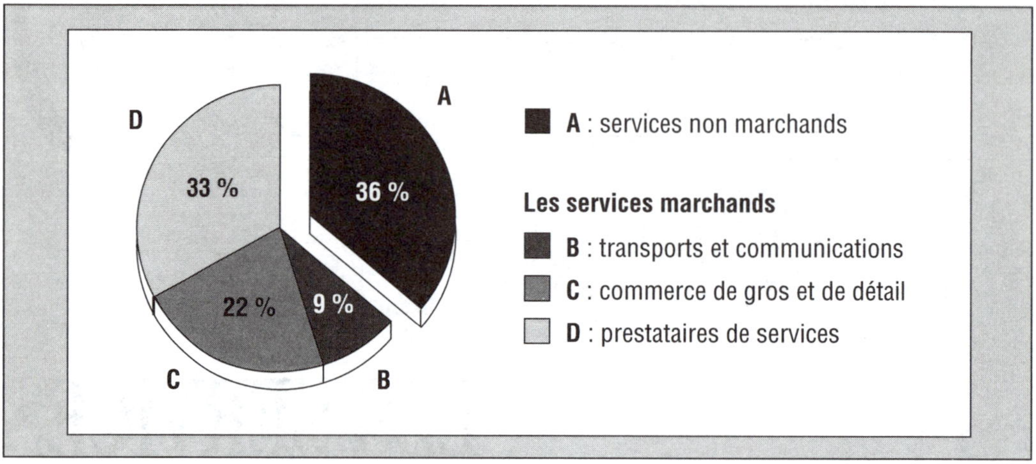

LES GRANDS TYPES DE SERVICES

En 1995, les services occupaient plus de **15 millions de salariés** (66 % de la population active), ils fournissaient **70 % du PIB** et réalisaient **38 % des exportations**.

Bien que très hétérogène, le secteur des services **est facile à définir** : il regroupe toutes les activités qui n'appartiennent ni au secteur primaire ni au secteur secondaire et constituent ainsi le secteur tertiaire.

Toutefois, pour certains (INSEE), services et tertiaire ne se recouvrent pas : les services sont ce qui reste quand on a retranché du tertiaire le commerce, les transports, les télécommunications, la banque et l'assurance ; ce qui revient à dire que le tourisme est une activité de service, alors que les transports, qui permettent de faire du tourisme, ne le sont pas !

Cette étude, en considérant que **tertiaire et services sont équivalents**, sera fondée sur une division classique entre :
- **les services non marchands,** généralement gratuits et non soumis à la loi du marché;
- **les services marchands** soumis à la loi du marché.

A. Les grands types de services

1. Les services non marchands

■ Ils sont assurés par :
- la fonction publique d'État : enseignement, police, justice, finances, défense… ;
- la fonction publique territoriale : communes, départements, régions;
- la fonction publique hospitalière.

2. Les services marchands

- **Les transports et les communications** appartiennent soit au secteur privé (la route, la voie d'eau, TF1....), soit au secteur d'État (le rail, Air France, la Poste, France Télécom ou France Télévision...).
- **Le commerce de gros et de détail.** Le grand et le petit commerce, la VPC (vente par correspondance) appartiennent au secteur privé ou au secteur coopératif.
- Les **nombreux prestataires de services** auprès des particuliers et des entreprises : les banques, les assurances, la médecine libérale, le tourisme et toutes les formes de conseil, de gestion et de maintenance sont rassemblés dans une dernière catégorie.

3. Place et caractères des services dans l'emploi

- Les services regroupent **des activités manuelles et non manuelles** exercées dans des secteurs privés et publics. Ils requièrent des qualifications très variées.
- Ils sont à la base du développement du travail des femmes dont la proportion est plus forte aux postes les moins qualifiés. **Le taux de féminisation** des emplois de service atteignait 68 % en 1994.
- La fonction publique d'État attire beaucoup de femmes car, à qualification égale, les salaires sont égaux à ceux des hommes, ce qui n'est pas le cas dans le secteur privé.
- Depuis 1987 l'État insiste sur **le rôle stratégique des services dans l'organisation du territoire**. Au nom de l'équité spatiale, il maintient, à grands frais, des services substantiels dans les régions menacées par le déclin démographique.

B. Un exemple de service non marchand : la fonction publique

Le « secteur public », la « fonction publique », les « services publics » et l'« emploi public » sont autant de termes souvent confondus, autant de réalités différentes, aux limites fluctuantes.

1. La fonction publique d'État

- Elle regroupe les personnes que l'INSEE appelle « vrais fonctionnaires » c'est-à-dire **2,3 millions de personnes** (dont 280 000 non titulaires) dépendant des ministères civils. 1,25 million appartiennent au seul ministère de l'Éducation nationale.
- Il convient d'ajouter 410 000 personnels de la Défense, 100 000 salariés du CNRS, de la Caisse des dépôts, de l'ONF et 210 000 salariés des organismes de droit privé (caisses locales et régionales de Sécurité sociale, Assedic...).
- La fonction publique d'État regrouperait donc **3 millions de salariés**.

2. La fonction publique territoriale

- Elle emploie 1,35 million de personnes dans les communes, communautés urbaines, districts urbains, départements, régions, services d'incendie, instituts médico-pédagogiques, etc.
- S'y ajoutent 150 000 salariés travaillant dans les offices publics d'HLM, les caisses de crédit municipal, les chambres d'agriculture ou d'industrie, les assistantes maternelles.
- Au total, cette seconde « fonction publique » regroupe **1,5 million de personnes**.

3. La fonction publique hospitalière

- Elle occupe **350 000 personnes** dans les hôpitaux, les maisons de retraite et les centres de soins divers.

Les 3 « fonctions publiques » emploient donc 4,9 millions de salariés, soit **près d'un quart de la population active occupée**.

4. Des mondes assez différents

- La fonction publique d'État et la fonction publique hospitalière d'une part, la fonction publique territoriale d'autre part, sont des sphères différentes qui répondent à des besoins et des logiques de fonctionnement propres.
- Les services de l'État emploient une majorité de cadres et d'enseignants (60 % ont une qualification au moins égale au baccalauréat) ; dans les services de santé, 40 % des personnels ont également un niveau égal ou supérieur au baccalauréat.
- En revanche, les collectivités territoriales emploient surtout des ouvriers ou des agents d'entretien (10 % seulement d'emplois de niveau bac) avec une féminisation (70 %) plus forte que dans les 2 autres secteurs.

C. Deux grands services marchands

1. Le commerce intérieur

- Appelé également « distribution », il employait **2,83 millions de personnes** en 1995, soit 12 % de la population active occupée et 19 % des actifs du tertiaire.
- La révolution commerciale commencée après la Seconde Guerre mondiale a eu **4 conséquences principales** :
  - le déclin du petit commerce traditionnel, en particulier alimentaire ;
  - son remplacement, dans les centres-villes, par des magasins franchisés organisés en chaînes dans toute la France (chaussures, habillement, alimentation spécialisée….) ;
  - la création, à la périphérie des villes, de centres commerciaux avec des supermarchés (400 à 2 500 mètres carrés de surface de vente) et surtout des hypermarchés (plus de 2 500 mètres carrés) entourés d'autres grandes surfaces spécialisées (pour la voiture, l'équipement de la maison, le jardinage…) qui réalisent ensemble 39 % du commerce intérieur ;
  - la disparition des petits commerces et des tournées dans les campagnes (près de **5 300** communes ont perdu leur dernier commerce entre 1982 et 1995).
- La transformation des méthodes de vente a vu le développement des centrales d'achat qui approvisionnent supermarchés et hypermarchés, mais aussi la généralisation du libre-service et celle de la vente par correspondance (La Redoute, Trois Suisses, CAMIF…).

2. Les services financiers

- Définition et caractères :
  - ils regroupent **4 secteurs** : les banques, les institutions financières non bancaires, la Bourse, les assurances ;
  - ils sont chargés de collecter les fonds pour fournir des crédits aux particuliers et aux entreprises ;
  - fortement créateurs d'emplois jusqu'en 1980, **leurs effectifs diminuent** lentement grâce à d'importants gains de productivité (le secteur comptait 715 000 emplois en 1993).
- **Les banques** et les institutions financières non bancaires :
  - elles sont contrôlées par la Banque de France, indépendante du pouvoir politique depuis 1993 et gérée par un conseil ;
  - les banques nationalisées en 1945 et en 1981, privatisées pour certaines depuis 1986 (Société générale, BNP) ont connu 5 années difficiles de 1992 à 1996 à cause de la crise de l'immobilier, **des faillites de PME** et de la baisse de la consommation des ménages ;
  - **les institutions financières non bancaires,** comme la Caisse des dépôts, les comptes chèques postaux ou la Banque française pour le commerce extérieur, ont été moins touchées par la crise car elles n'accordent des prêts que lorsqu'elles ont rassemblé des fonds, à l'exception du Crédit foncier qui est en grande difficulté.

■ **La Bourse de Paris :**
- elle constitue un marché de capitaux à long terme où se vendent et s'achètent des actions et des obligations (valeurs mobilières) ;
- elle se situe au **cinquième rang mondial**, légèrement derrière celle de Francfort (plus de 3 000 milliards de francs de capitalisation), mais très loin derrière New York, Tokyo et Londres ;
- peu active depuis le krach d'octobre 1987, elle a amorcé une reprise en 1993 en permettant aux entreprises de collecter 50 milliards de francs auxquels s'ajoutent 36 milliards de francs de privatisations ;
- autre signe de redressement, les Français se placent immédiatement après les Américains pour la détention d'actions (32 % de la capitalisation boursière de la place de Paris).

■ **Le secteur des assurances :**
- il est en plein essor depuis 1981, les primes encaissées étant passées de 156 milliards de francs en 1981 à 820 en 1995 ;
- grâce à une telle collecte, les compagnies d'assurances jouent un rôle de plus en plus grand dans le financement des entreprises, d'où leur intégration de plus en plus marquée dans le système bancaire et financier ;
- l'assurance vie (en plein essor face aux incertitudes qui pèsent sur les régimes de retraite) et l'activité à l'étranger sont les moteurs d'un secteur en pleine croissance (145 000 emplois) ;
- les entreprises sont régies par 3 statuts : les nationalisées (GAN, AGF), les privées (UAP, Axa), les mutuelles (MAAF, MAIF, MACIF…).
- 1996 a vu la fusion AXA-UAP, qui a fait naître un des trois premiers groupes mondiaux du secteur de l'assurance.

Handicapée par des placements hasardeux, l'épargne française éprouve des **difficultés** certaines à s'investir ailleurs que dans des placements « sûrs ».

La croissance rapide des services est un phénomène qui s'inscrit dans une durée très courte (une quarantaine d'années) et a profondément modifié l'économie, la société et l'organisation du territoire.

2 LE RÔLE DES ACTIVITÉS TERTIAIRES DANS L'ORGANISATION DU TERRITOIRE FRANÇAIS

Jusqu'à la Seconde Guerre mondiale, **l'industrie,** première activité économique, marquait fortement de son empreinte **l'organisation de l'espace**.

La tertiarisation de l'économie depuis quarante ans a donné naissance à des **territoires** que l'on peut qualifier de **tertiaires**.

Comment les activités de service **se diffusent-elles** sur le territoire et **quelles sont les conséquences géographiques ?**

A. L'extension continue des activités et des territoires tertiaires

1. Tertiaire et espace rural

- Les emplois tertiaires sont devenus **majoritaires** dans les zones rurales devant les emplois industriels et primaires (agriculture, exploitation de la forêt).
- Deux grands types de tertiaire coexistent :
  - **un tertiaire ancien** constitué des commerces élémentaires (épiceries, boulangeries, cafés…), de moins en moins nombreux, et des services de proximité, publics et privés (écoles, collèges, gendarmerie, médecins, vétérinaires). Leur disparition accélère le déclin démographique ;
  - **un nouveau tertiaire** lié à l'essor du tourisme.
- Les sports d'hiver créent, sur des espaces restreints, commerces, hôtels, agences immobilières, stations pour les remontées mécaniques. De nombreux bourgs et villages connaissent une véritable renaissance démographique accompagnée du maintien ou de la réouverture d'une école, de l'installation de cabinets médicaux. Ce nouveau tertiaire est à l'origine de **mutations spatiales**. C'est le cas en haute Tarentaise, où les versants enneigés le plus longtemps (*ubacs*) se développent davantage que les versants plus ensoleillés voués, jadis, à l'agriculture (*adrets*).
- Le tourisme littoral a produit des effets comparables en créant de nombreux emplois tertiaires en arrière des plages (commerces, hôtels, campings) ; la Bretagne en est l'exemple le plus significatif.
- Localement, « **le tourisme vert** » a rapidement marginalisé les activités agricoles : ainsi le plateau ardéchois entre Aubenas et Vallon-Pont-d'Arc ou les bourgs de Meyrueis (1200 habitants, 15 hôtels) et de Florac entre les Cévennes et les Causses dans le département de la Lozère.
- De nombreuses zones rurales sont ainsi passées d'un territoire modelé par l'agriculture à un territoire consacré au tourisme.

2. Territoire et espace urbain

Ce sont les villes qui ont évidemment connu le plus grand essor des activités de services.

■ **Le tertiaire est à la base de la hiérarchie urbaine :**

– dès qu'une ville atteint 5 000 à 10 000 habitants, la gamme des services qu'elle offre s'étoffe : sous-préfecture, lycée, petit centre hospitalier, centre des impôts, supérettes ou supermarchés, professions libérales (dentistes, avocats...) ;
– la distance de ces petites villes entre elles et leur situation géographique par rapport aux plus grandes sont déterminantes pour le nombre d'emplois tertiaires ;
– Saint-Flour (8 000 habitants), sous-préfecture du Cantal, à 880 mètres d'altitude, 75 kilomètres d'Aurillac et 100 kilomètres de Clermont-Ferrand, possède les services d'une ville de 20 000 à 30 000 habitants située en plaine ;
– en revanche, Pont-du-Château (8 000 habitants), situé à 15 kilomètres de Clermont-Ferrand, ne possède que des services élémentaires : la plupart de ses actifs travaillent dans le tertiaire, à Clermont-Ferrand ;
– c'est le nombre et la qualité des activités tertiaires supérieures qui **distinguent** les grandes métropoles des villes moyennes : la limite se situe entre 200 000 et 300 000 habitants ;
– le tertiaire supérieur est représenté par la préfecture de région, un CHU (Centre hospitalo-universitaire), une ou plusieurs universités, un technopôle, de nombreuses classes préparatoires, des agences de publicité, des sociétés de conseils aux entreprises, des sociétés de gestion en informatique, un environnement culturel de haut niveau, un journal régional... ;
– mais le seuil de 200 000 à 300 000 habitants n'est **pas toujours déterminant** : Toulon (460 000 habitants) ou l'agglomération tripolaire de Cannes-Grasse-Antibes (340 000 habitants) n'offrent pratiquement aucun des services que possède Nancy (330 000 habitants) ou Rennes (280 000 habitants).

■ **La distribution des activités tertiaires dans les plus grandes villes**

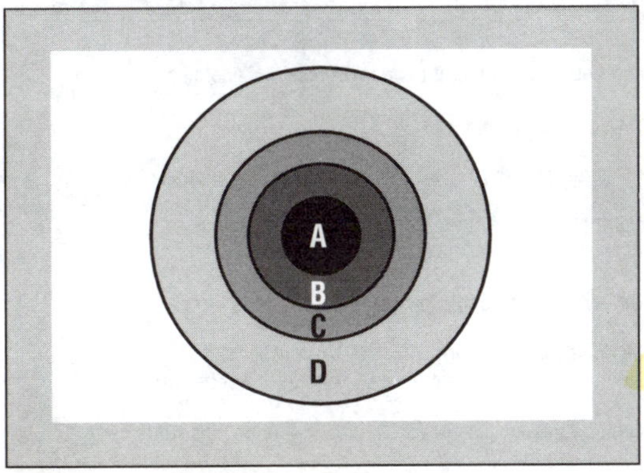

Le noyau central ou **hypercentre** (A sur le croquis) comprend : les services administratifs publics, les établissements d'enseignement les plus anciens (lycées, facultés, bibliothèques...), les cabinets des médecins spécialistes, les grandes succursales des banques et des assurances, les services aux entreprises (publicité, intérim...), les commerces non alimentaires, les restaurants, les bars, les cinémas, les théâtres...

Cet espace est généralement totalement ou partiellement interdit aux automobiles ; il est fréquenté par de nombreux travailleurs et usagers le jour (50 % des emplois d'une agglomération) et compte une faible densité d'habitants.

Une première zone périphérique (B sur le croquis) comprend le plus souvent les zones résidentielles de la ville-centre ainsi que la première couronne de la banlieue. Les activités tertiaires y sont moins nombreuses. L'enseignement est représenté par les collèges et les lycées les plus récents ; les supermarchés sont assez nombreux ; les autres activités sont peu présentes à cause de la proximité et de la concurrence de l'hypercentre.

Une deuxième couronne (C sur le croquis) correspond à l'avancée des agglomérations sur les espaces ruraux au cours des 30 dernières années. L'enseignement est assuré par un ou plusieurs campus universitaires, plus un technopôle. Le CHU est également présent dans ce troisième espace. Les banques et les assurances y ont fréquemment leur direction régionale. La grande distribution occupe souvent le plus grand espace (hypermarchés alimentaires et spécialisés). On y trouve aussi les gares de marchandises ferroviaires et routières.

Une troisième couronne (D sur le croquis), où le caractère rural est encore dominant, comprend des zones de loisirs (golfe, parcours de santé), des commerces horticoles, des aéroports, des plates-formes de transport multimodales (rail, autoroutes, aéroports).

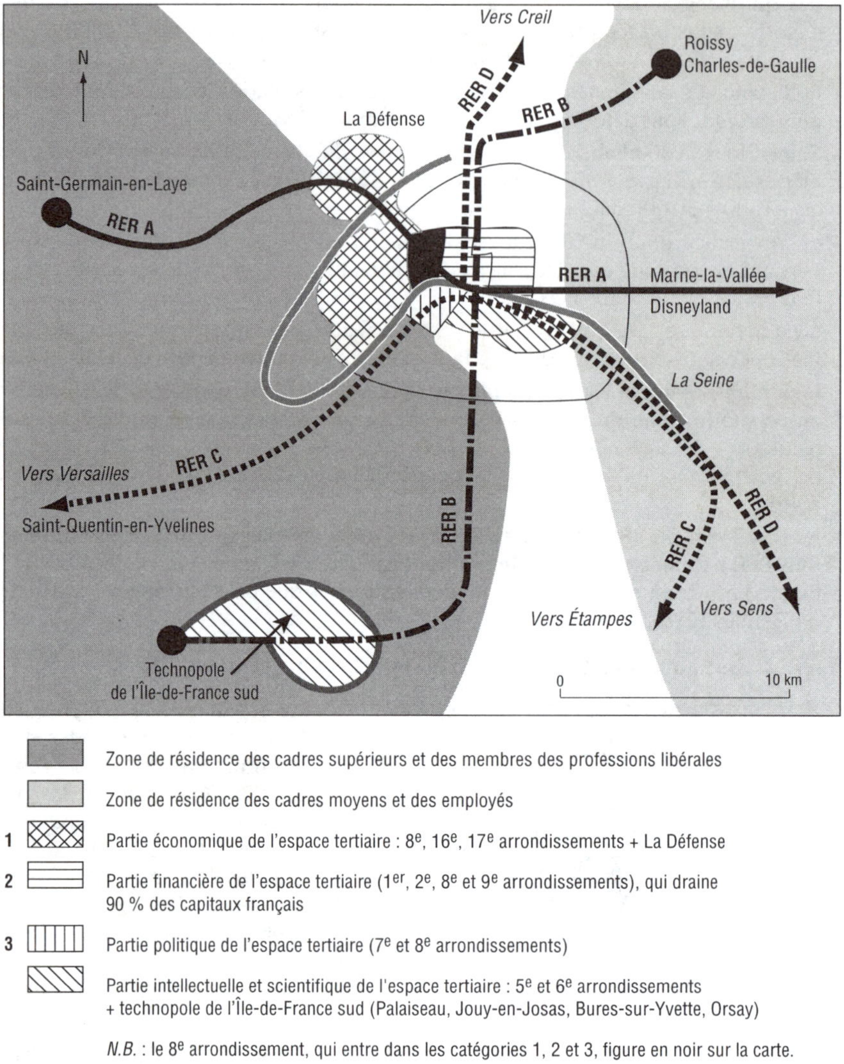

LES ESPACES TERTIAIRES DE L'AGGLOMÉRATION PARISIENNE

B. Le plus grand pôle tertiaire : Paris et son agglomération

1. 4 millions d'emplois sur un total de 5 millions

- La décentralisation industrielle a **renforcé** le poids des activités tertiaires.
- Si la perte des emplois industriels (Citroën à Rennes) ne soulève que quelques protestations, celle des emplois tertiaires, en particulier les plus prestigieux (ENA à Strasbourg), provoque de vives réactions dans la capitale.

2. L'importance du tertiaire supérieur

- **30 %** des emplois de haut niveau **sont concentrés** dans l'agglomération parisienne.

- Ces activités sont liées :
  - **au pouvoir politique** : 90 % des énarques restés dans la fonction publique sont dans la capitale ;
  - **au pouvoir économique et financier** : 80 % des firmes de plus de 500 salariés ainsi que 90 % des 500 plus grandes banques et organismes financiers ont leur siège social en Île-de-France ;
  - **au pouvoir intellectuel et scientifique** : Paris accueille un tiers des étudiants, les deux tiers des chercheurs et 45 % des diplômés de l'enseignement supérieur.

3. Les espaces tertiaires

- Répartition géographique *(cf. croquis p. 314)*.
- Fonctionnement :
  - l'espace tertiaire et l'espace résidentiel **sont dissociés** : les cadres supérieurs et les membres des professions libérales résident, de préférence, dans la partie ouest de la capitale et de l'agglomération, les cadres moyens et les employés dans la partie est ;
  - cette distribution entraîne de grandes migrations de travail qui rythment la vie de l'agglomération ;
  - les lignes du RER (Réseau express régional) jouent **un rôle essentiel** en se croisant au cœur du noyau tertiaire.

Les activités tertiaires organisent depuis longtemps les paysages urbains et la vie des citadins. Elles marquent de plus en plus les activités et les paysages ruraux. Le transfert vers les campagnes d'un certain nombre de tâches tertiaires à travers le télétravail, par exemple, peut, en quelques décennies, diminuer le poids du tertiaire dans les villes tout en redynamisant le milieu rural.

3 LE RÔLE FONDAMENTAL DU TOURISME

Les touristes étrangers en 1993

Pays	Entrées (en milliers)	Dépenses (en millions de francs français)
Allemagne	13 041	16 690
Îles Britanniques	8 597	13 621
Belgique-Luxembourg	8 289	8 627
Pays-Bas	7 141	5 117
Italie	6 473	7 712
Espagne	3 062	5 694
Union européenne	**49 338**	**58 764**
Suisse	1 967	36 990
Scandinavie	1 351	1 596
États-Unis	1 968	18 560
Canada	697	940
Japon	325	3 679
Total Monde	60 100	132 536

Patrice Cosaert, La France dans le monde, *page 152, Ellipses, 1996, et Direction du tourisme.*

Par son poids dans la formation du PIB, par les devises qu'il procure et par les emplois qu'il crée, le tourisme est **une activité essentielle** et un des **points forts** de notre économie. Pourtant, son développement, par les déséquilibres qu'il entraîne, pose des problèmes économiques, régionaux et écologiques.

A. Le tourisme dans l'économie française

1. Le pays le plus visité du monde

- La France est le pays qui accueille le plus de touristes étrangers (60,5 millions en 1995, soit **11,6 %** du total mondial) devant l'Espagne (45,1), les États-Unis (44,7) et l'Italie (29,1).
- Si les touristes viennent de presque tous les pays du monde pour visiter la France, en particulier des États-Unis (5 % des entrées) et du Japon, ce sont surtout les Allemands, les Britanniques et les habitants du Benelux qui forment les plus forts contingents.
- Aux 60,5 millions d'étrangers, il faut ajouter 33 millions de Français qui partent en vacances en France au moins une fois par an.

2. Une activité essentielle pourvoyeuse de devises

- L'excédent de la balance touristique a été de près de 57 milliards de francs en 1995. Dans les échanges extérieurs, c'est l'activité qui **contribue le plus à équilibrer** la balance des paiements. Elle rapporte plus que l'agroalimentaire ou l'automobile.

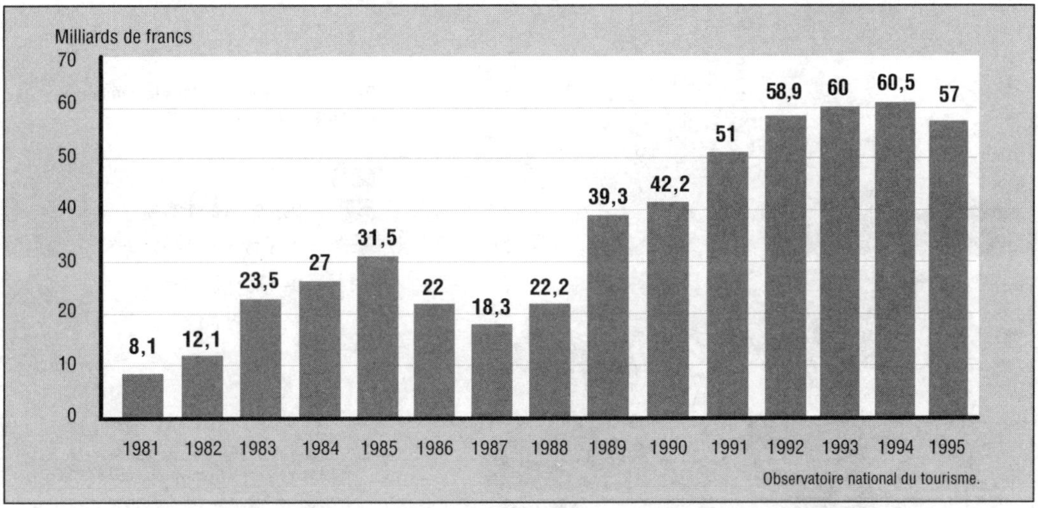

L'EXCÉDENT TOURISTIQUE FRANÇAIS DE 1981 À 1995

- L'excédent **s'accroît** depuis 1981. Le nombre des étrangers qui viennent en France augmente, alors que la part des Français se rendant à l'étranger a tendance à rester stable (autour de 17 % depuis 1977).
- Le tourisme est une activité complexe et diverse; il est donc difficile d'évaluer exactement son poids dans l'économie. On peut cependant estimer qu'il représente **9,4 % du PIB**, soit une part **plus importante** que celle de l'agriculture ou de l'industrie automobile.

3. Une activité créatrice d'emplois

- Le tourisme est à la source de nombreux emplois directs et induits, à temps complet et saisonniers. Cependant, il est difficile d'en évaluer le nombre.
- Sans compter les travailleurs saisonniers, il procurerait près de 1 million d'emplois directs dans quelque 200 000 PME.
- Depuis 1980, c'est une des rares activités qui créent des emplois (environ 35 000 en 1991). Le nombre de ceux-ci aurait progressé de plus de 30 % depuis 1981.

4. Un rôle fondamental dans certaines régions

- **Le tourisme est un facteur essentiel de développement économique** des villes pour lesquelles il constitue une activité principale, voire une monoactivité. Certaines régions de montagnes, certaines villes thermales, ne vivent que par et pour le tourisme.
- **C'est aussi un outil important de l'aménagement du territoire** car il permet de créer des emplois et de fixer des populations dans des régions défavorisées :
  - Il est pour certaines régions un facteur de dynamisme économique (Côte d'Azur). Il est une activité indispensable au développement de l'économie et de l'emploi dans plusieurs îles des DOM-TOM (Antilles, Réunion);
  - le « tourisme vert » est un moyen de lutter contre la désertification rurale. Il permet de revitaliser certaines campagnes et de fournir un complément de ressources à leurs habitants.
- **Le tourisme a permis la création d'infrastructures** (autoroutes, aéroports, lignes de chemin de fer…) utiles au développement d'autres activités et favorables à l'image de marque d'une région. L'aéroport et les installations touristiques réalisés par la ville de Nice ont été favorables au développement du technopôle de Sophia-Antipolis.

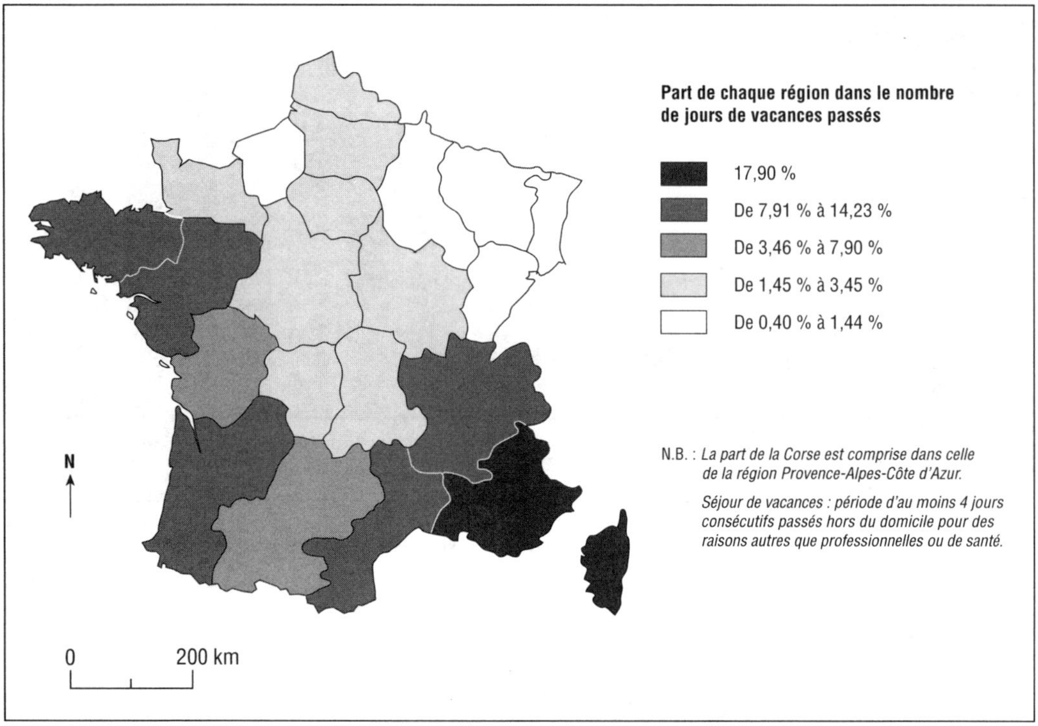

LES VACANCES DES FRANÇAIS EN MÉTROPOLE (été 1991)

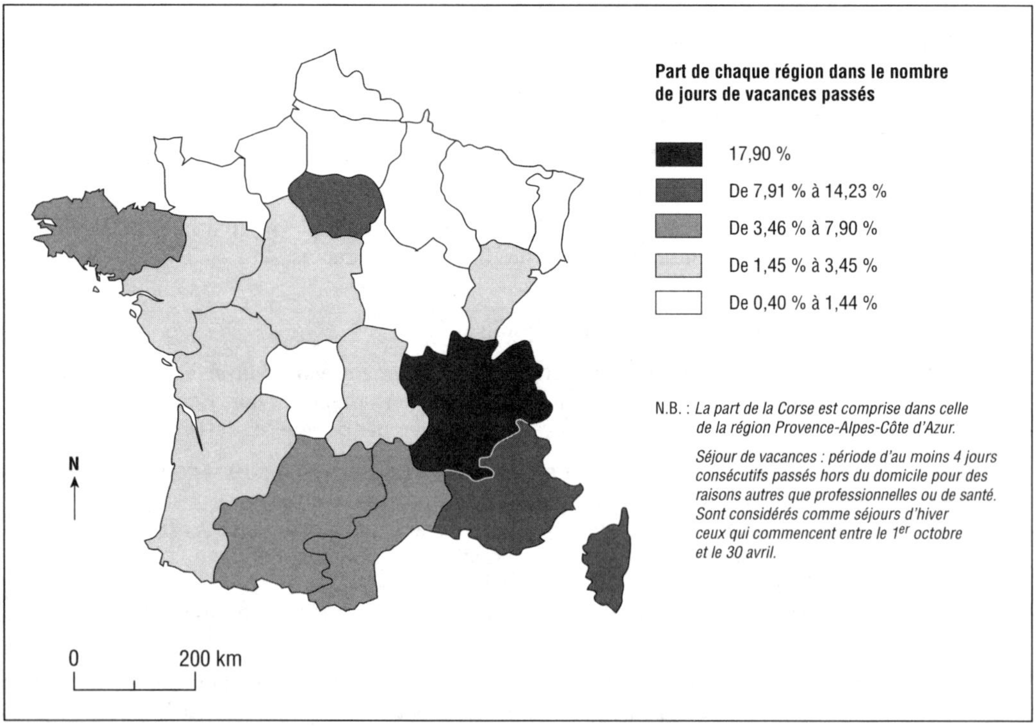

LES VACANCES DES FRANÇAIS EN MÉTROPOLE (hiver 1990-1991)

B. Une activité qui pose cependant des problèmes

1. Une activité saisonnière et dépendante

■ Dans la plupart des cas, c'est une activité **saisonnière** exercée sur une courte période dépendante de la météo, périodiquement responsable de fortes hausses des prix et nécessitant des investissements coûteux souvent surdimensionnés en dehors de la saison.

■ Les emplois créés sont généralement des emplois temporaires et à faible qualification. En outre, la population locale n'en profite pas toujours.

■ C'est une activité **dépendante** :
– de la conjoncture économique, politique et internationale : en 1986-1987, les Américains boudent la France en raison des attentats à Paris et de la baisse du dollar ; en 1995, l'insécurité est responsable d'une baisse de fréquentation des étrangers (– 1,2 %) ;
– de décisions et de capitaux souvent extérieurs à la région (le développement de beaucoup de stations de montagne a été le fait de grands organismes bancaires nationaux. De même, le développement du tourisme en Corse mobilise des ressources extérieures à l'île).

2. Une activité source de déséquilibres

■ Régionaux :
– exception faite de **Paris**, le tourisme **avantage nettement les façades maritimes et les Alpes**. 4 régions représentent, à elles seules, 47 % des séjours d'été : PACA, Languedoc-Roussillon, Rhône-Alpes, Bretagne. La France au sud de la Loire et la Bretagne accueillent l'essentiel des touristes ;
– le tourisme est souvent une activité **ponctuelle** ou **linéaire dans l'espace**. Il est donc source de déséquilibres à l'intérieur des régions. Le littoral s'oppose à l'arrière-pays (dans le Languedoc-Roussillon, sur la Côte d'Azur et en Corse). En dynamisant et en développant certains points ou certains axes, il peut accentuer le déclin des régions voisines comme l'intérieur de la Corse.

■ Écologiques :
– les sites sont parfois **défigurés** par une trop grande fréquentation (exemple : la pointe du Raz) ou par des infrastructures (marinas, ports de plaisance, pistes de ski, remontées mécaniques…) ;
– l'environnement subit des dégradations de toutes sortes : pollutions diverses, incendies, destruction de la flore et de la faune…

4 LA FRANCE POSSÈDE DE NOMBREUX ATOUTS TOURISTIQUES

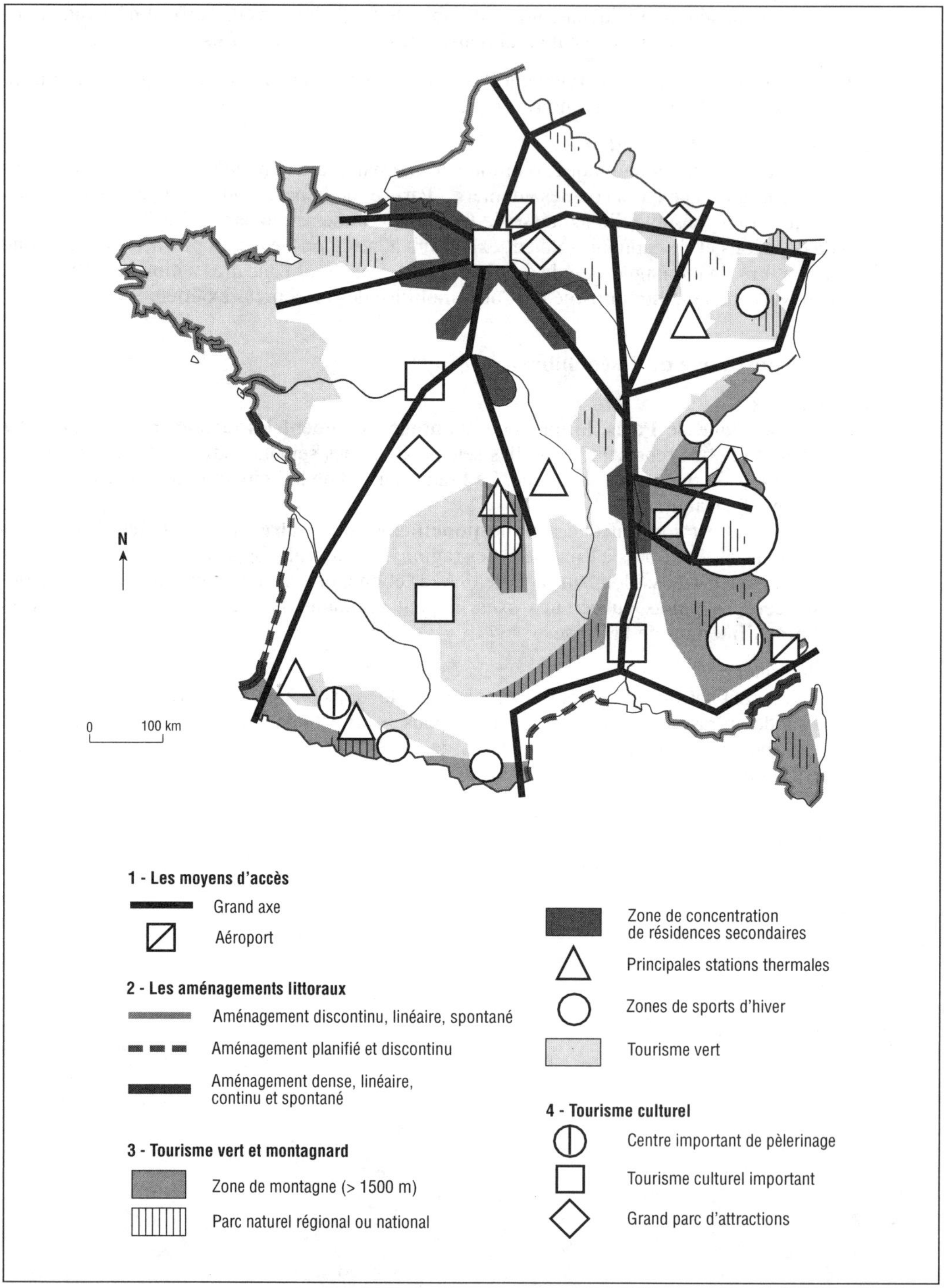

LES ESPACES TOURISTIQUES

Ce n'est pas seulement la beauté, la variété des paysages et la richesse du patrimoine culturel qui font de la France un grand pays touristique. De nombreux facteurs économiques, géographiques et sociologiques se sont ajoutés à ces atouts pour renforcer les potentialités touristiques du pays.

A. De nombreux attraits

1. La France est le pays d'Europe où les milieux physiques sont les plus variés

- Une grande variété **de climats** permet le développement des activités touristiques tant en hiver qu'en été : climat méditerranéen, climat de montagne, climat tropical des DOM-TOM…
- La France est, à elle seule, un résumé **de tous les paysages** d'Europe. On y trouve une gamme très étendue de paysages des plus sauvages aux plus humanisés.

2. Un patrimoine culturel remarquable

- Peu de pays dans le monde peuvent se flatter d'avoir un patrimoine culturel aussi varié et aussi important.
- Il intéresse toutes les périodes de l'histoire de l'humanité. Chacune d'entre elles a laissé des témoignages remarquables (de Lascaux à la pyramide du Louvre).
- Ce patrimoine est bien distribué sur tout le territoire.
- Le tourisme religieux est important : Lourdes, un des premiers lieux de pèlerinage au monde, dispose de la deuxième capacité hôtelière de France et accueille plus de 5 millions de visiteurs chaque année.

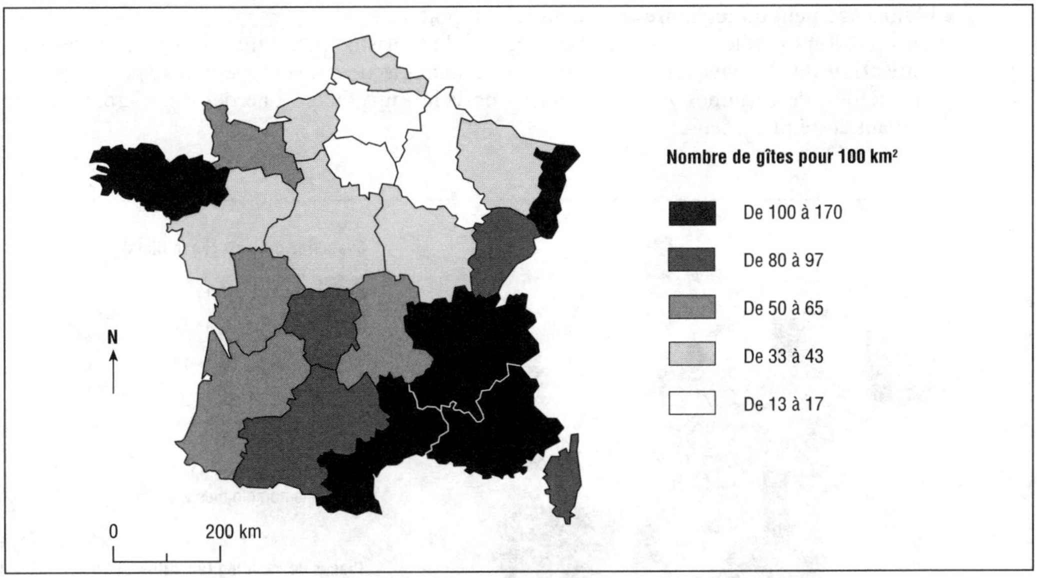

LES GÎTES RURAUX EN 1995

3. L'art de vivre à la française

- La grande variété des traditions reflétant un certain « art de vivre à la française », notamment au travers de la richesse gastronomique qui renforce l'image de marque de la France.
- L'importance, le nombre et la variété des **manifestations culturelles** valorisent le tourisme en France.

B. Les facteurs économiques et sociologiques

1. Les facteurs sociologiques

■ Le développement et la généralisation d'une **société des loisirs** dans l'Europe entière permettent au tourisme de devenir un secteur essentiel de l'économie.

■ Le touriste n'a plus la même attente ni la même motivation. Le tourisme de masse au soleil et à la plage, domaine dans lequel la France est dominée par ses voisins comme l'Espagne et l'Italie, exerce un moindre attrait. Le touriste multiplie les courts séjours où il recherche la qualité et la variété. Beaucoup de régions françaises, en particulier les zones rurales, profitent de cette évolution.

■ Si la France est un des grands du tourisme, c'est non seulement parce que c'est la première destination dans le monde pour les touristes étrangers mais aussi parce que les Français partent relativement peu à l'étranger (17 % contre 60 % pour les Allemands et 40 % pour les Britanniques). Les Français représentent, à eux seuls, **80 %** du chiffre d'affaires du tourisme en France.

2. L'intervention des pouvoirs publics

■ Dans la promotion du tourisme :
- ils **facilitent le transport** par la création ou l'amélioration des réseaux (exemple : l'aménagement de la Savoie pour les jeux d'Albertville);
- ils **favorisent les départs** par différentes mesures (chèque-vacances, réduction de prix sur le réseau SNCF pour congés payés, étalement des vacances...);
- ils **promeuvent l'image** de la France à l'étranger. Très modeste pendant longtemps, cette promotion est l'objet d'efforts considérables depuis quelques années.

■ L'aménagement du territoire a joué un rôle important :
- les pouvoirs publics ont pris conscience que le tourisme peut être un facteur de **redynamisation de l'espace**. Il faut aussi éviter l'anarchie des développements spontanés et la saturation de certaines zones. Enfin, ils doivent faire face à une demande croissante en créant des équipements;

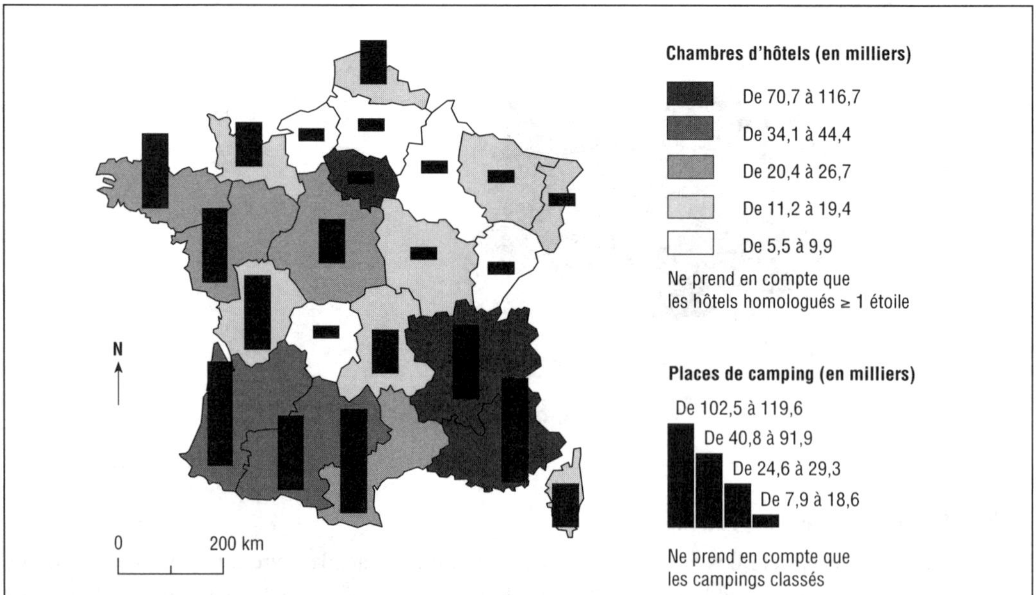

LES CAPACITÉS D'ACCUEIL EN 1995

– l’État et les collectivités locales sont intervenus pour créer des équipements pour aménager des régions comme le littoral languedocien. Il a fallu protéger certains espaces par la création de parcs nationaux ou régionaux et par la mise en place de zones ou de sites classés et protégés (zones littorales, gorges du Verdon, réaménagement de la Pointe du Raz…).

3. La France possède un équipement remarquable

L’ÉQUIPEMENT TOURISTIQUE FRANÇAIS

« […] En vrac, on pourrait citer une hôtellerie parmi les plus modernes du monde, derrière la locomotive Accor, qui a aussi entraîné l’adaptation de l’hôtellerie de charme; les 70 000 lits de Pierre et Vacances, n° 1 de la location de loisirs ; les produits Visit France d’Air Inter ; le réseau des gîtes ruraux ; celui des stations de montagne, de la thalassothérapie, des terrains de golf, les festivals d’été, les péniches à louer […]. Les études auprès de la clientèle étrangère montrent encore qu’elle est sensible au fond du décor. La protection de l’environnement, les transports qui fonctionnent, les équipements sportifs et culturels, les centres-villes rénovés, le téléphone qui marche, les plages nettoyées […]. La France aux yeux des visiteurs, c’est le charme du Sud marié à l’efficacité du Nord […]. »

L’Expansion, *n° 433, page 95.*

C. Les avantages de la position géographique

1. La proximité des grands centres de peuplement européens

- Les grandes zones touristiques françaises sont parmi **les plus proches** des zones urbanisées de l’Europe du Nord-Ouest où le potentiel de clientèle est le plus important.
- L’effet de proximité joue aussi pour des pays comme l’Espagne et l’Italie dont les habitants partent en nombre croissant à l’étranger.

2. La France est un lieu de passage obligé

- La France occupe une exceptionnelle position de **carrefour** entre l’Europe du Nord et celle du Sud. Pour le touriste se rendant en Espagne et, dans une moindre mesure, en Italie, c’est un passage obligé.
- Pour les touristes venus d’autres continents, Paris est une des principales **portes d’entrée** de l’Europe.

3. Le rôle des infrastructures de transports

- Les moyens de transports sont variés, denses et efficaces.
- Le tourisme a obligé les pouvoirs publics à **renforcer**, voire à **créer** des axes de transport :
  – des aéroports (comme celui de Nice) ;
  – un réseau autoroutier qui a permis de desservir rapidement les Alpes, le Midi méditerranéen…

5 LE TOURISME LITTORAL

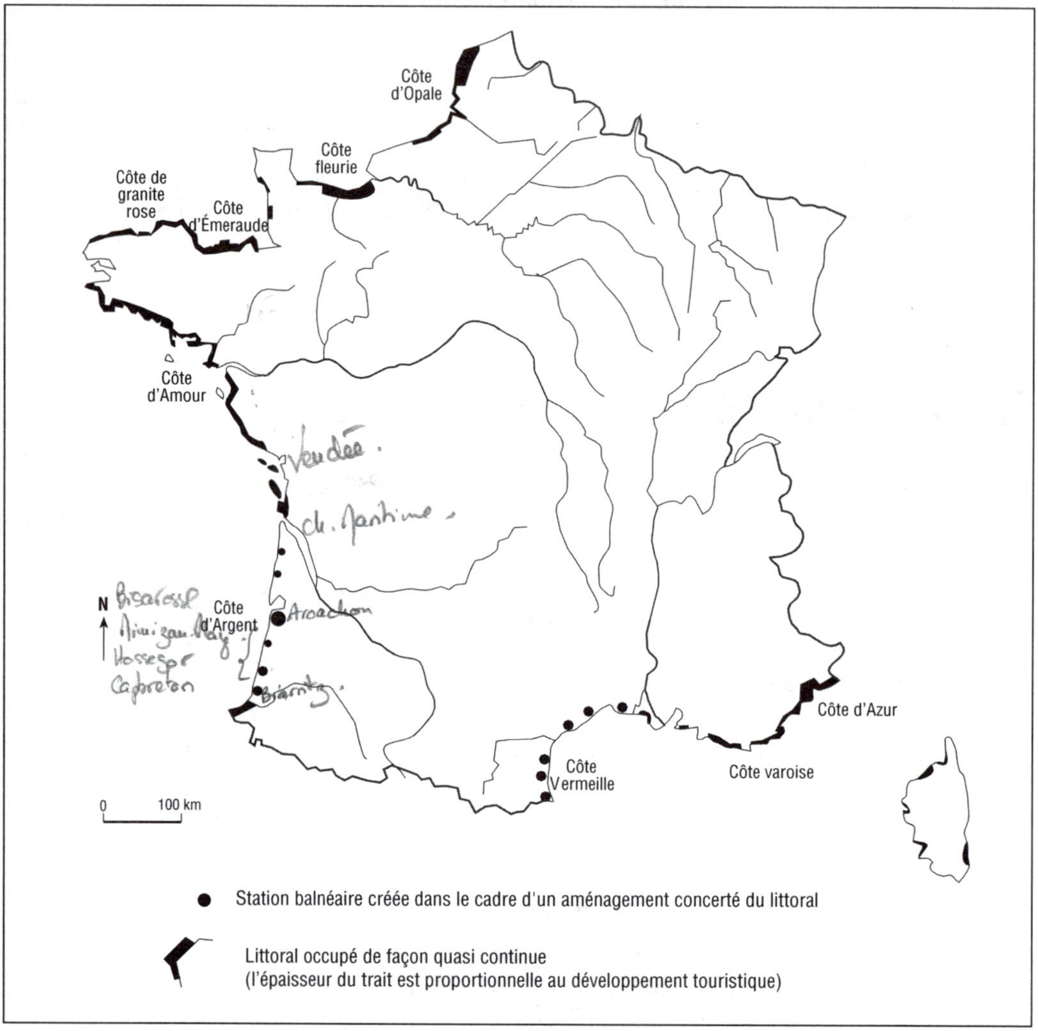

LE TOURISME LITTORAL EN FRANCE MÉTROPOLITAINE

Avec toutes ses indentations, le littoral français (métropole et DOM-TOM habités) mesure environ **10 000 kilomètres.**

L'emprise touristique concerne un ruban de terre dont **la profondeur** varie de 2 à 5 kilomètres, soit un espace compris entre 20 000 et 50 000 kilomètres carrés au maximum. Tous les bords de mer n'étant pas consacrés aux activités touristiques, on peut évaluer à **25 000 ou 30 000 kilomètres carrés** l'espace littoral voué au tourisme.

Cette superficie, équivalente à 5 ou 6 départements, a accueilli 27 millions de touristes en 1995, en plus des résidents permanents.

Comment l'aménagement et la gestion de ces bords de mer ont-ils été conduits, face à une telle **distorsion entre le nombre de touristes et la place disponible ?**

A. Tous les littoraux n'ont pas connu le même développement et les mêmes aménagements touristiques

1. Les rivages méditerranéens accueillent plus de la moitié des touristes français et étrangers qui vont à la mer

■ **La Corse :**
- la mise en valeur de l'île de Beauté demeure encore limitée du fait de la pression des indépendantistes ;
- les stations balnéaires sont modestes et constituent souvent les antennes littorales des communes montagnardes.

■ **La Côte d'Azur :**
- de Menton à Fréjus : le littoral est urbanisé en continu ;
- entre Nice et Cannes, l'engorgement côtier a provoqué une urbanisation sur près de 20 kilomètres de profondeur ;
- la Côte d'Azur offre la plus forte densité de marinas et de ports de plaisance ;
- un tourisme de haut de gamme y a été développé par élimination de la plupart des campings ou colonies de vacances, surtout s'ils étaient proches de la mer ;
- l'activité s'y prolonge pendant la basse saison grâce à la présence de nombreux retraités et à l'existence de multiples manifestations culturelles, sportives ou folkloriques.

■ **Le littoral varois :**
- l'urbanisation y est moins continue et sa profondeur généralement modeste (littoral des Maures) ;
- les marinas luxueuses (Port-Grimaud) et les stations chics (Le Lavandou, Saint-Tropez) alternent avec des secteurs où les campings sont encore en bord de mer.

■ **Le littoral du Languedoc-Roussillon :**
- six stations nouvelles alternent avec de plus anciennes qui sont les plages des villes de l'intérieur (Palavas pour Montpellier, Valras pour Béziers) ;
- beaucoup d'espaces non bâtis existent encore entre les pôles balnéaires ;
- en outre, la région est quasiment déserte en basse saison.

2. Le littoral atlantique est moins intensivement consacré au tourisme

■ **La Bretagne et les côtes du Calvados sont les plus touristiques :**
- la Bretagne est la deuxième région de tourisme balnéaire après la Provence-Côte d'Azur ;
- bien que la région soit encore fréquentée par une clientèle familiale, les stations « chics » (La Baule, Dinard) et quelques marinas (Port du Crouesty) attirent des touristes plus fortunés ;
- le Calvados, lieu de villégiature privilégié de la bourgeoisie parisienne (Deauville, Trouville, Cabourg, Houlgate), devient de plus en plus un centre de tourisme de proximité pour les Franciliens.

■ **D'Hendaye à l'estuaire de la Loire** les aménagements touristiques sont hétérogènes :
- les plus belles stations sont au sud : Biarritz, Hossegor, Arcachon ;
- les campings et les colonies de vacances occupent une place importante sur les côtes charentaise et vendéenne.

■ **De l'estuaire de la Seine à Dunkerque** le tourisme de proximité est en plein essor. Le Pas-de-Calais accueille désormais plus de touristes que l'Aude ou la Manche.

B. Le bord de mer demeure l'espace touristique le plus attractif

1. Les 20 premiers départements touristiques sont sur le littoral, à 4 exceptions près

■ Ces exceptions sont Paris, la Savoie, la Haute-Savoie et le Puy-de-Dôme.

■ Les 16 autres départements s'étirent des Alpes-Maritimes aux Pyrénées-Orientales et des Pyrénées-Atlantiques au Calvados.

2. 27 millions de touristes sur une période très courte

- Français et étrangers sont à égalité :
  - **40 %** des Français et **22 %** des étrangers séjournant en France prennent leurs vacances à la mer;
  - cela représente **13,5 millions** sur 34 millions de Français qui partent en vacances et 13,5 millions sur 60 millions d'étrangers qui viennent chaque année en France.
- Les séjours se font essentiellement de juin à septembre :
  - **80 %** des touristes viennent en juillet et en août;
  - il y a cependant **2 exceptions** : d'une part, le développement du tourisme littoral dans le Var et surtout dans les Alpes-Maritimes, en hiver et au printemps, rappelant les origines du tourisme sur la Côte d'Azur au XIXe siècle; et, d'autre part, la forte fréquentation touristique, pendant la même période, à la Réunion et surtout aux Antilles (métropolitains et Américains).
- L'augmentation des séjours de **fin de semaine** (24 à 72 heures) :
  - les littoraux proches des grandes agglomérations deviennent des destinations de week-end d'avril à septembre;
  - ce tourisme de proximité concerne de nombreux bords de mer : la Côte d'Opale pour les citadins de la région Nord-Pas-de-Calais, la côte normande pour les habitants de l'agglomération parisienne, le bassin d'Arcachon pour les Bordelais et les stations du Languedoc-Roussillon pour les Toulousains, les Montpelliérains et les Nîmois.

3. 27 millions de touristes sur un espace restreint

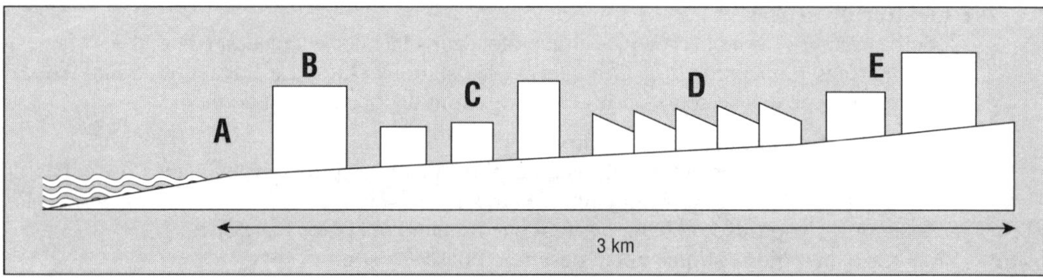

- L'espace littoral connaît partout **la même organisation** :
  - **la plage** (A) : étroite au bord de la Méditerranée (pas de marée), plus large sur la façade atlantique, est envahie par les touristes; la plupart des stations font de gros efforts pour la maintenir dans un bon état de salubrité;
  - **le front de mer** (B) : avec des logements coûteux et des commerces de luxe (la Croisette à Cannes, la promenade des Anglais à Nice, les Planches à Deauville...);
  - **l'arrière du front de mer** (C) : où se mêlent villas anciennes et nouveaux immeubles, commerces courants;
  - plus loin encore (D), sont implantées **les infrastructures de « logistique lourde »** : hypermarchés et supermarchés, grandes surfaces non alimentaires, garages et campings;
  - au-delà (E), se trouvent les zones résidentielles **les plus récentes**.
- Un fonctionnement **rythmé** et **discontinu** :
  - les touristes sont concentrés sur la plage et le front de mer le jour ; sur le front de mer le soir et la nuit;
  - les zones résidentielles sont souvent sans vie en dehors de la haute saison estivale.

C. Des aménagements spontanés et des aménagements concertés

1. Les aménagements spontanés constituent le cas de figure le plus fréquent

- Ils ont donné lieu à de **nombreux abus** :
  - constructions sur le domaine maritime : ports de plaisance et marinas, inesthétiques mais lucratifs (Côte d'Azur et côte varoise);

– constructions dans les zones forestières (massif de l'Estérel);
– mitage du paysage par l'installation d'une multitude de caravanes fixes ou de constructions légères (îles d'Oléron et de Ré);
– maîtrise difficile de la pollution engendrée par l'augmentation considérable de la population en juillet et en août;
– rejet à l'arrière des populations locales les plus modestes (quartier de Ranguin à Cannes, de l'Ariane à Nice) qui subissent en été la hausse des prix « réservée » aux touristes !

■ Cependant, ces aménagements **permettent d'accueillir** des millions de vacanciers dans des conditions de plus en plus satisfaisantes.

■ Les efforts faits par les pouvoirs publics depuis vingt-cinq ans pour faciliter le transport, le séjour et les loisirs de 27 millions de personnes, Français et étrangers, portent désormais leurs fruits. Sinon comment la poursuite de l'engouement pour le tourisme littoral s'expliquerait-elle?

2. Quelques aménagements concertés ont été réalisés depuis les années 60

■ Sur les côtes du **Languedoc-Roussillon** depuis 1962 :
– l'État a créé sur ce littoral, jadis peu hospitalier (lagunes, moustiques), des stations balnéaires : La Grande-Motte, Cap d'Agde, Gruissan, Port-Leucate, Port-Barcarès et Saint-Cyprien;
– la maîtrise foncière a été entièrement assurée par les pouvoirs publics qui ont imposé un cahier des charges strict aux promoteurs privés.

■ Sur les **côtes landaise et girondine** depuis 1967 : au bassin d'Arcachon, développé depuis la fin du XIXe siècle, sont venus s'ajouter quelques stations créées par la Mission d'aménagement de la côte aquitaine : Hossegor-Capbreton, Seignosse et sur un espace plus modeste, Mimizan et Biscarrosse.

■ **Dans les DOM :**
– sous le contrôle de l'État, les constructeurs privés comme le Club Méditerranée ont ouvert plusieurs villages de vacances;
– la loi Pons de 1986 a accéléré la création des centres touristiques.

■ Ces aménagements concertés présentent des **avantages** et des **inconvénients** :
– limités dans l'espace, ils évitent le « bétonnage » continu du littoral;
– ils créent de nouveaux espaces touristiques qui permettent d'accueillir un plus grand nombre de touristes et soulagent les autres bords de mer;
– ils constituent un **apport de richesses** en créant des emplois dans le BTP, le commerce et les services;
– toutefois, créés *ex nihilo*, ils sont **déconnectés** de la vie locale, en particulier dans les DOM et conservent un caractère artificiel (« usines à bronzage »);
– l'absence de ville-phare les transforme en cités fantômes pendant la morte saison;
– esthétiquement, ils sont souvent aussi laids que les nombreuses marinas azuréennes.

Aller à la mer demeure une aspiration très forte pour un grand nombre de Français et d'étrangers. En 1995, le tourisme littoral représentait **400 000 emplois directs** et **400 000 emplois induits** : construction et maintenance des équipements touristiques, services non touristiques (entretien et réparation automobile, par exemple). Beaucoup sont saisonniers et précaires. Le chiffre d'affaires du tourisme littoral représente **50 %** des recettes touristiques totales.

6 LE TOURISME MONTAGNARD

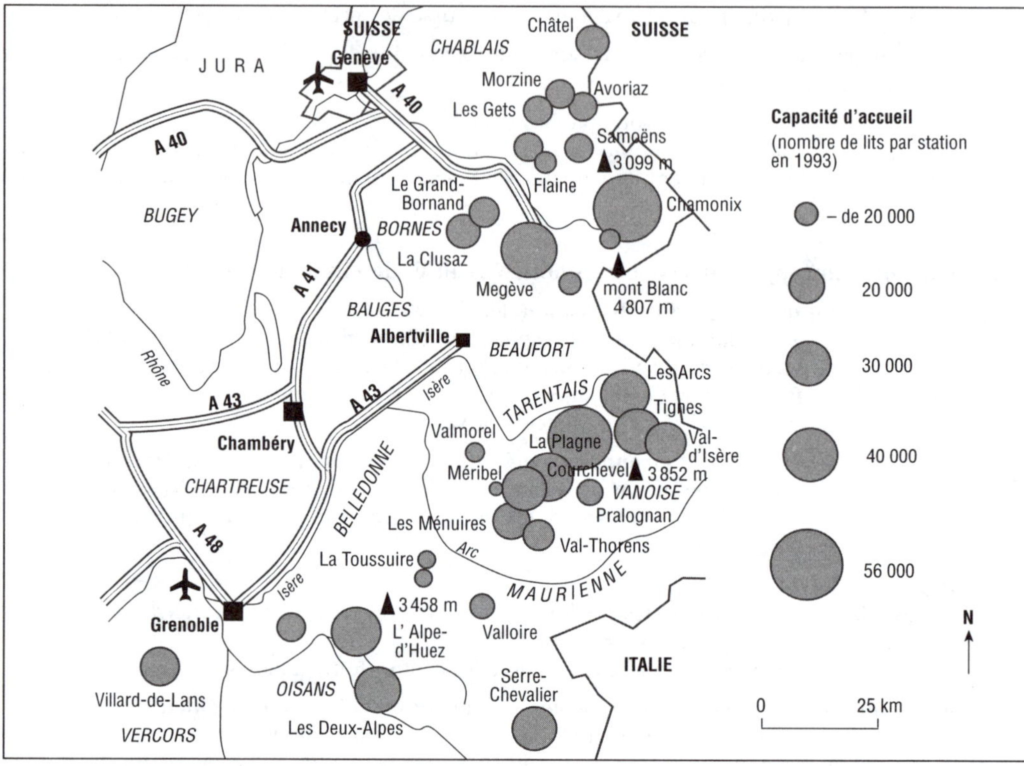

LES STATIONS ALPINES

La loi Montagne de 1985 précise que les communes montagnardes sont celles qui ont au moins 90 % de leur territoire au-dessus de 600 mètres d'altitude. Ce critère permet de dénombrer 5 667 communes de montagne, couvrant 118 000 kilomètres carrés et regroupant 3,5 millions d'habitants. Toutefois, **le domaine skiable** français ne représente que **1 600 kilomètres carrés,** soit **1,4 %** de l'espace montagnard.

- La civilisation des loisirs a fait de la montagne la deuxième destination touristique après la mer.
- Quelle est **l'ampleur du phénomène** et quelles en sont les **conséquences sur les montagnes françaises ?**

A. Le tourisme hivernal

1. Une minorité de Français se rend à la montagne en hiver

- Depuis 1985, 26 à 29 % des Français, selon les années, prennent des vacances en hiver (16 à 17 millions de personnes).

- Seuls **8 à 9 %** se dirigent vers la montagne (un peu plus de 5 millions de personnes) auxquels s'ajoutent 1,3 million d'étrangers.
- Après un doublement des départs aux sports d'hiver entre 1975 et 1985 (de 2,5 à 5 millions de touristes), **le nombre des départs stagne** depuis dix ans, ce qui entraîne des difficultés dans de nombreuses stations suréquipées et surendettées.

2. Les principaux foyers émetteurs sont les grandes villes

- **25 %** des habitants de la région parisienne et **9 %** de ceux des agglomérations de plus de 200 000 habitants pratiquent les sports d'hiver, c'est-à-dire respectivement 2,5 et 1,1 millions de personnes.
- 4 % seulement des habitants des agglomérations de moins de 200 000 habitants se rendent aux sports d'hiver (1,4 million de personnes).

3. Les Alpes constituent le principal foyer d'accueil

- **70 %** des Français (3,5 millions de personnes) et **80 %** des 1,3 million d'étrangers se rendent dans **les stations alpines**, alors que 400 000 Français vont skier hors de France.
- Les Pyrénées ne reçoivent que 14 % des touristes, les Vosges et le Jura 10 %, le Massif central 6 %.

4. Une grande concentration des déplacements dans l'espace et dans le temps

- L'essentiel des déplacements liés aux vacances d'hiver à la montagne se fait sur l'axe Paris-Lyon-Alpes du Nord : dans le massif alpin, **la Tarentaise** accueille 50 % des flux.
- **3 périodes**, correspondant aux vacances scolaires de Noël, d'hiver et de printemps, concentrent **85 %** des déplacements.
- Cette concentration sur un seul axe et 3 périodes a entraîné un étalement des vacances scolaires d'hiver et de printemps pour tenter de limiter la saturation des moyens de transport et d'assurer une plus longue utilisation des équipements des stations.

5. Les Alpes du Nord : un modèle d'urbanisation de la haute montagne

- Réservés à quelques privilégiés jusqu'à la Seconde Guerre mondiale, les sports d'hiver ont d'abord donné naissance à des stations installées dans les vallées près des bourgs et des villages, vers **1000 mètres** d'altitude, comme Chamonix, Megève et La Clusaz.
- Après la Seconde Guerre mondiale, une deuxième génération de stations apparaît vers **1800 mètres**, à la limite de la forêt et des alpages : Val-d'Isère, l'Alpe-d'Huez, Courchevel… L'enneigement, plus long à cette altitude, permet d'augmenter la durée de la saison de ski (170 jours par an) et, ainsi, de rentabiliser les coûts de plus en plus élevés des investissements.
- L'expansion économique qui engendre la « civilisation des loisirs » conduit, pendant les années 60, à la création d'une troisième génération de stations : ce sont des « villes d'altitude » situées vers **1800-2000 mètres** qui rassemblent, dans un espace vierge et restreint, immeubles, services, équipements sportifs et de loisirs. Très souvent, un seul promoteur a la maîtrise de l'ensemble de la station : c'est le cas à La Plagne, Les Arcs, Tignes, Avoriaz, Flaine…
- Facteur répulsif et dissuasif pendant longtemps, la durée de l'enneigement est ainsi devenue, en 2 décennies, **un facteur attractif et enrichissant**.
- Dans le même temps, l'organisation des vallées alpines s'est modifiée : l'économie agro-pastorale des *adrets* (versants ensoleillés) n'a pas résisté à l'exploitation de l'« or blanc » qui s'est développée sur les *ubacs* (versants à l'ombre).

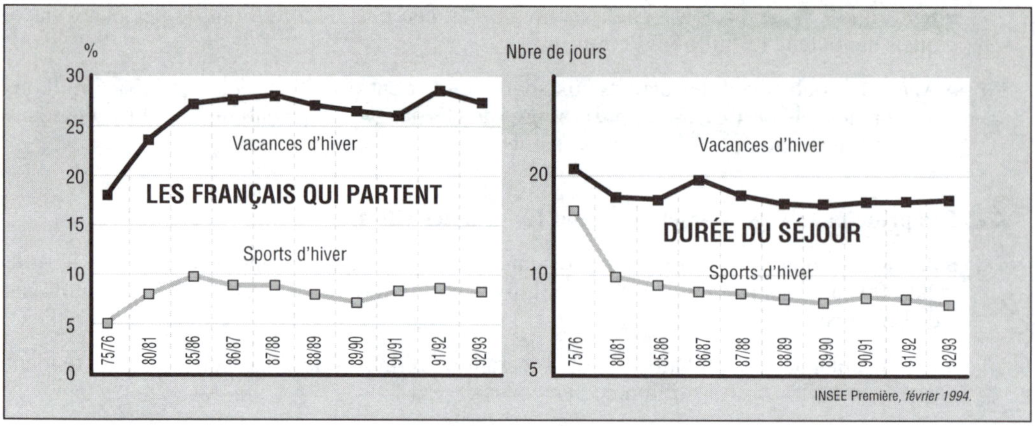

LE TOURISME MONTAGNARD

■ Ce modèle nord-alpin **s'est peu répandu** dans les autres massifs montagneux. Les Pyrénées et les Alpes du Sud, éloignées de Paris et des grands foyers de peuplement de l'Europe du Nord, n'ont connu qu'un développement modeste. Les autres massifs ont un enneigement et des pentes trop limités pour attirer un grand nombre de touristes.

6. Le poids économique des sports d'hiver

■ Pour 1995-1996, le chiffre d'affaires est estimé à 22 milliards de francs, dont 6 milliards en devises (80 % pour les Alpes).

■ **100 stations** sur 350 génèrent 90 % du chiffre d'affaires.

■ **110 000 emplois directs** dépendent des sports d'hiver (11 000 moniteurs de ski).

■ Depuis le début des années 90, la fréquentation et le chiffre d'affaires **stagnent** : le séjour moyen, qui était de 9 jours en 1985, est passé à 7 jours en 1995.

■ Les années sans neige (1989-1990-1991) et les incertitudes économiques ont amené les stations à se montrer prudentes. Les investissements portent sur l'amélioration des remontées mécaniques et sur les systèmes d'enneigement artificiel (canons à neige) mais beaucoup moins sur la création de pistes et plus du tout sur la création de nouvelles stations.

■ Une quinzaine de stations sont en difficulté (y compris dans les Alpes du Nord : Val-Fréjus, Valmeinier), et l'on commence à parler de « friches touristiques ».

■ Enfin, les sports d'hiver ont entraîné la création **d'une importante industrie** de matériel pour le ski avec les firmes Rossignol et Salomon qui représentent près de 40 % du marché mondial des sports d'hiver; la France exporte 5 fois plus de skis qu'elle n'en importe.

B. Le tourisme estival

Plus ancien que le tourisme hivernal, il a été fortement relancé par le développement des infrastructures d'accueil, créées à l'origine pour les sports d'hiver et par l'encombrement des littoraux.

1. La montagne est plus fréquentée l'été que l'hiver

■ Sur les 34 millions de Français qui prennent des vacances en été, **6 à 7 millions** se rendent dans les régions de montagne. Il faut y ajouter 2 millions d'étrangers environ.

- **Les foyers d'accueil sont beaucoup plus dispersés :** la moyenne montagne, peu ou pas fréquentée l'hiver, est très appréciée pendant l'été ; c'est le cas des Vosges, du Jura et du Massif central, qui reçoivent près de 35 % des touristes (16 % en hiver) et des **régions d'altitude moyenne** des grands massifs alpin et pyrénéen (Chartreuse, Vercors, Pays basque…).
- Cette dispersion des foyers d'accueil ainsi que la moindre concentration des départs n'entraînent pas la même surcharge des voies de communication, en particulier dans les Alpes du Nord.

2. Une consommation différente de l'espace montagnard

- Le tourisme estival comporte des activités spécifiquement montagnardes comme la varappe, le canoë-kayak ou le ski sur les glaciers qui nécessitent des équipements spéciaux.
- Mais la plupart des vacanciers sont des adeptes du « tourisme vert » attirés par les 5 parcs naturels nationaux et la dizaine de parcs régionaux situés en zone de montagne.
- Le thermalisme alpin, auvergnat et pyrénéen attire près de 300 000 curistes.
- les formes d'hébergement sont beaucoup plus variées : les campings et les gîtes ruraux viennent compléter les capacités d'accueil utilisées pendant l'hiver.
- Contrairement aux sports d'hiver, l'espace de loisir s'étend sur plusieurs milliers de kilomètres carrés.
- Malgré un nombre de touristes nettement plus élevé, des séjours plus longs (12 jours en moyenne), le chiffre d'affaires du tourisme estival est à peine supérieur à celui du tourisme hivernal (25 milliards de francs en 1996).
- Le tourisme estival en montagne connaît un essor continu depuis dix ans et permet de compenser la stagnation du tourisme hivernal, en particulier dans les Alpes du Nord.

La manne du tourisme montagnard est géographiquement concentrée sur la haute montagne en hiver ; elle est très dispersée en été et permet à la moyenne montagne de trouver une alternative partielle à son déclin agricole.

CONCLUSION

La forte tertiarisation de l'économie française, à l'image de celle des États-Unis, est-elle la marque d'un progrès conduisant à une société postindustrielle ou simplement le signe d'un déclin relatif de l'industrie?

BIBLIOGRAPHIE

– Baleste M., Boyer J.-C., Gras J., Montagné-Villette S., Vareille C., *La France, 22 régions de programme*, Paris, Masson, « Géographie », 1993, 252 p.
– Battiau-Queney Y., *Le Relief de la France*, Paris, Masson, « Géographie », 1993, 252 p.
– Brunet R., Sallois J., *France : les dynamiques du territoire*, Montpellier, DATAR/Reclus, 1986, 256 p.
– Brunet R., *La France dans l'espace européen*, Reclus, 1989, 32 p.
– Brunet R., *La France, un territoire à ménager*, Paris, Édition n° 1, 1994, 328 p.
– Cadars A., Badower A., *La France, industries, services*, Paris, Sirey, 5e édition, 1994, 272 p.
– Charrié J.-P., *Les Activités industrielles en France*, Paris, Masson, « Géographie », 1995, 240 p.
– Claval P., *Géographie de la France*, Paris, PUF, « Que sais-je ? » n° 1239, 1993, 128 p.
– Damette F., Scheibling J., *La France : Permanences et mutations,* Paris, Hachette, 1995, 255 p.
– Dézert B., *La France face à l'ouverture européenne : thèmes frontaliers*, Paris, Masson, 1993, 176 p.
– Drevet J.-F., *1992-2000 : les régions françaises entre l'Europe et le déclin*, Paris, Souffles, 1988, 253 p.
– Drevet J.-F., *La France et l'Europe des régions*, Paris, Syros, « Alternatives », 1991, 235 p.
– Eck J.-F., *La France dans la nouvelle économie mondiale*, Paris, PUF, 1994, 312 p.
– Estienne P., *Les Régions françaises*, Paris, Masson, 1991, 2 volumes, 264 et 271 p.
– Frémont A., *France, géographie d'une société*, Paris, Flammarion, 2e édition, 1988, 290 p.
– Froment R., Lerat S., *La France*, tome 1 : « Les fondements », Paris, Bréal, 1996, 416 p.; tome 2 : « Les activités », Paris, Bréal, 1996, 415 p.
– Goubet M., Roucolle J.-L., *Population et société françaises depuis 1945*, Paris, Sirey, 4e édition, 1992, 315 p.
– Gravier J.-F., *Paris et le désert français*, Paris, Le Portulan, 1947, 418 p., et Paris, Flammarion, 1972, 284 p.
– Guigou J.-L. (sous la direction de), *Prospective et territoire*, Paris, DATAR/Éditions de l'Aube, 1993. Dix ouvrages : *Les Territoires du futur – Naissance de nouvelles campagnes – Circuler demain – La Planète au village – Le Continent retrouvé – Les Villes, lieux d'Europe – Entre l'Europe et la décentralisation, les institutions territoriales françaises – Les Nouveaux Espaces de l'entreprise – Destin atlantique – La Méditerranée inquiète.*
– Jouve A., Stragiotti P., Fabries-Verfaillie M., *La France des régions*, Paris, Bréal, 1992, 384 p.
– Jouve A., Stragiotti P., Fabries-Verfaillie M., *La France des villes. Le temps des métropoles ?*, Paris, Bréal, 1994, 320 p.
– Lacoste Y. (sous la direction de), *Géopolitique des régions françaises*, 3 volumes, Paris, Fayard, 1986.
– Madiot Y., *L'Aménagement du territoire*, Paris, Masson, 2e édition, 1992, 221 p.
– Noin D., *La Population de la France*, Paris, Masson, 3e édition, 1992, 200 p.
– Noin D., *L'Espace français*, Paris, Armand Colin, 8e édition, 1995, 258 p.
– Pinchemel Ph., *La France*, Paris, Armand Colin, 2e édition, 1984, 2 tomes, 328 et 416 p.
– Pumain D., Saint-Julien Th., Ferras R., *France, Europe du Sud*, Paris, Hachette-Reclus, collection « Géographie universelle », 1990, 479 p.
– Roudié Ph., *La France, agriculture, forêt, pêche depuis 1945*, Paris, Sirey, 4e édition, 1993, 246 p.
– Uhrich R., *La France inverse ?*, Paris, Économica, 1987, 390 p.
– Wackermann G. (sous la direction de), *La France dans le monde*, ouvrage collectif du Comité national de géographie, Paris, Nathan, 1992, 400 p.

De nombreux recueils de statistiques sont publiés par les différents ministères, en particulier :
– *Agreste, la statistique agricole*, Graph Agri, Paris, ministère de l'Agriculture, de l'Alimentation et de la Pêche, 1996, 148 p.
– *Les Chiffres clés de l'industrie*, Paris, ministère de l'Industrie/Dunod, 1995-1996, 223 p.

Aubin Imprimeur
LIGUGÉ, POITIERS

Achevé d'imprimer en juin 1998
N° d'impression L 56099
Dépôt légal juin 1998
Imprimé en France